高等学校规划教材·机械工程

机械原理教程

（第3版）

主编　张伟社

西北工业大学出版社

【内容简介】 本书由 15 章及附录组成,主要介绍了平面机构的分析(结构分析、运动分析、动力学分析)方法、常用机构(连杆机构、凸轮机构、齿轮机构、间歇运动机构)的特点及运动设计方法、机械的动力学设计(平衡设计、飞轮设计、提高机械效率的机构参数设计)方法、机械系统(执行系统、传动系统)方案设计的方法以及方案评价的方法,简要地介绍了其他常用机构、空间机构以及各种原理综合机构的特点及应用。附录 1 给出了课程设计的内容、目的及示例,附录 2 给出了多种类型的课程设计题目,附录 3 给出了与本书配套的计算机辅助机构设计与分析软件说明。除绪论外,各章均附有一定数量的习题。

本书可作为高等院校工科机械类专业的教材,也可供其他有关专业的师生及工程技术人员参考。

图书在版编目(CIP)数据

机械原理教程/张伟社主编. —3 版. —西安:西北工业大学出版社,2013.1(2016.1 重印)
ISBN 978 - 7 - 5612 - 3581 - 2

Ⅰ.①机… Ⅱ.① 张… Ⅲ.①机构学—高等学校—教材 Ⅳ.TH111

中国版本图书馆 CIP 数据核字(2013)第 019854 号

出版发行:西北工业大学出版社
通信地址:西安市友谊西路 127 号 邮编:710072
电 话:(029)88493844 88491757
网 址:http://www.nwpup.com
印 刷 者:兴平市博闻印务有限公司
开 本:787 mm×1 092 mm 1/16
印 张:21.5
字 数:524 千字
版 次:2013 年 1 月第 3 版 2016 年 1 月第 2 次印刷
定 价:45.00 元

前　言

随着面向 21 世纪课程体系和教学内容改革的不断深入,"机械原理"课程教学实践也取得了成功。在这期间,我们进行的"机械基础系列课程的课程体系与教学内容"等教学的项目研究取得了 5 项省级优秀教学成果奖,"机械原理"课程也被授予陕西省"精品课程"。为此,我们根据多年来教学实践及教学改革成果,对全书进行了系统修订。此次修订,除了更正错漏之外,特别对课程设计内容进行了较多的改编。

本书从机械原理在机械设计系列课程中的地位出发,以培养学生具有一定的机械系统方案创新设计能力为目标,建立了"以机构与机械系统方案设计为主,分析为辅"的课程内容体系,配套建立了计算机辅助机构设计与分析软件。本书的具体特点如下:

(1)加强了有关机构设计的内容,特别是在机械系统方案设计、间歇运动机构设计以及机构组合形式方面作了较多的论述,以便加强学生机构设计能力的培养。

(2)机构运动分析、力分析和运动尺寸设计侧重于解析法,图解法帮助理解解析法。配套研制的计算机辅助机构设计与分析软件,能实现平面 Ⅱ 级机构运动与动态静力分析,实现预定运动规律的连杆机构设计、平面连杆机构特性分析、平面凸轮机构设计、变位齿轮计算分析,使学生在理解机构基本原理的同时,增强计算机处理机构设计与分析问题的能力。

(3)增加机构应用实例,特别是与其他原理综合的机构以及空间机构的应用实例,加强对空间机构的认识,开阔设计思路,培养学生工程意识与机构创新设计能力。

(4)机械系统运动方案的设计与课程设计内容有机地结合,精选以工程实例为背景的设计与分析题目,用实践的方式强化学生机构综合能力和机械系统方案设计能力的培养。

参加本书编写的有张伟社(第 1、2 章以及附录 3)、李珂(第 3、4 章)、古玉锋(第 5 章)、张涛(第 6 章)、夏纯达(第 7 章)、李昆鹏(第 8 章)、樊江顺(第 9 章)、张申林(第 10 章)、顾蓉(第 11 章)、刘琼(第 12 章)、田颖(第 13 章)、赵勇(第 14 章)、陈世斌(第 15 章,附录 1、附录 2)。插图由长安大学高勇、赵万芹、刘保国、陈世斌完成。全书由张伟社任主编并负责统稿。

本书由长安大学冯忠绪教授、西安建筑科技大学张小龙教授审阅,他们提出了宝贵的修改意见,在此谨致以衷心的感谢!

笔者还要感谢长安大学工程机械学院、教务处、教材供应中心以及西北工业大学出版社的领导,他们以全力支持教学改革为己任,对本书的编写给予了热情的关注和大力扶持。

由于时间紧迫,不当之处在所难免,敬请读者批评指正。

编　者

2012 年 9 月

目　录

第1章 绪 论

机械原理是研究机械内部普遍存在的共性规律的一门科学。当进入本课程学习时，首先需要熟悉机械原理的基本概念和术语，了解机械原理课程所研究的内容和所用的一般方法，从而初步明确本课程的重要性及在机械工程中的作用。

1.1 机械原理课程研究的对象

机械原理研究的对象是机械，机械是机器与机构的总称。

1.机器

机器是一种作机械运动的装置，它用来变换或传递能量、物料和信息，以代替或减轻人的体力劳动和脑力劳动。根据机器主要用途的不同可分为动力机器(如电动机、内燃机、发电机等)、加工机器(如金属切削机床、纺织机、包装机、缝纫机等)、运输机器(如汽车、拖拉机、起重机、输送机等)和信息机器(如计算机、机械积分仪、记账机等)等。虽然机器的种类繁多，并具有不同形式的构造和用途，但它们都具有3个共同的特征：

(1) 它们都是一种人为的实物(机件)组合体。

(2) 组成它们的各实体之间都具有确定的相对运动。

(3) 能够完成有用的机械功或转换机械能。

如图1-1(a)所示为一台内燃机。其工作原理如下：燃气由进气管通过进气阀3被下行的活塞2吸入汽缸，然后进气阀3关闭，活塞2上行压缩燃气，点火使燃气在汽缸中燃烧、膨胀产生压力，推动活塞2下行，通过连杆7带动曲轴8转动，向外输出机械能。当活塞2再次上行时，排气阀4打开，废气通过排气管排出。图中凸轮6、12和顶杆5、13用来启、闭进气阀3和排气阀4；齿轮9、10、11则用来保证进气阀、排气阀和活塞之间形成一定规律的动作。以上各部分协同配合动作，便能把燃气燃烧时的热能转变为曲轴转动的机械能。

2.机构

机构是用来传递运动和力的实物组合体，其各构件之间具有确定的相对运动。例如图1-1(a)所示内燃机中包含齿轮机构、凸轮机构及连杆机构。机构是机器的重要组成部分，它具有机器的前两个特征。

通过以上分析可知，机器是由各种机构组成的，它可以完成能量的转换或做有用的机械功；而机构则仅仅起着运动传递和形式转换的作用。从结构和运动的观点来看，机构和机器之间是没有区别的，因此，人们常用"机械"一词来作为它们的总称。

机械一般由以下几部分组成。

（1）原动部分。原动部分是机械动力的来源。常用的原动机有电动机、内燃机、液压缸或气动缸等。

（2）执行部分。执行部分处于整个传动路线的终端，完成机械预期的动作。其结构形式完全取决于机械本身的用途。

（3）传动部分。传动部分介于原动机和执行部分之间，把原动机的运动和动力传递给执行部分。

（4）控制部分。控制部分的作用是控制机械的其他基本部分，使操作者能随时实现或终止各种预定的功能。一般来说，现代机械的控制部分既包括机械控制系统，又包括电子、液压、声、光等控制系统，其作用包括监测、调节、控制等。

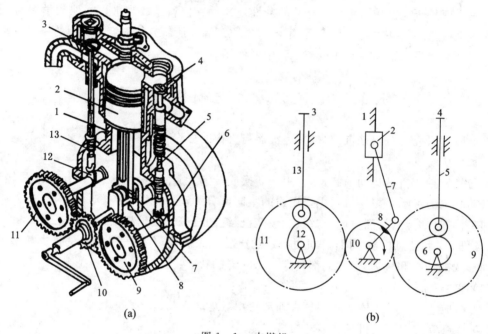

图 1-1　内燃机

（a）内燃机结构；（b）机构运动简图

1.2　机械原理课程研究的内容

如前所述，机械原理是一门以研究机构和机器为对象的科学，专门讨论各种机构与机器的共同性问题，其主要内容有以下几个方面。

1.机构分析

对已设计出来或正在使用的机器中的机构进行结构分析、运动分析、动力学分析等是评价设计质量或合理使用现有机器的前提。掌握其分析方法是工程技术人员应具备的能力。

（1）机构的结构分析。机构的结构分析是研究机构的运动确定性、机构的组成原理以及机构的结构分类；此外还研究机械运动简图的绘制方法，即研究如何用简单的图形把机构的结构状况表示出来的方法。

(2) 机构的运动分析。机构的运动分析不考虑引起机构运动的力的作用,而只从几何的观点来研究机构在给定原动件运动的条件下,求解其他构件各点的轨迹、位移、速度、加速度的基本原理和方法,进而考察输出构件的运动变化规律。对机构进行运动分析,将为机构受力和动力学分析提供依据。

(3) 机械的动力学分析。机械的动力学分析一方面将研究机构在给定运动及已知外力条件下,求解各运动副的反力,以便了解机构上的动压力及其变化情况;研究机械在运转过程中各运动副中的摩擦、构件受力及其所做的功、机械的效率。另一方面将研究由于各构件质量、转动惯量以及在惯性力(矩)和其他外力作用下,机构各构件的真实运动规律。

2. 机构设计

机构设计是指机构的运动设计和动力学设计,即根据运动和动力要求,对机构各部分的尺度关系进行设计;降低速度波动的调整装置设计;提高机械效率的机构参数设计;消除惯性力影响的平衡设计。

机构的运动设计主要介绍组成机器的基本机构(如齿轮机构、连杆机构、凸轮机构及间歇运动机构)的运动设计方法。

3. 机械系统方案设计

机械系统方案设计包括机械总体方案的拟定、机械执行系统的设计、机械传动系统的设计及原动机的选择等。这部分内容的重点是机械执行系统的方案设计,主要包括根据机械预期实现的功能,确定机械的工作原理;根据工艺动作的分解,确定机械的运动方案;合理地选择机构的形式并将其恰当地组合起来,实现机械的预期动作;根据工艺动作的要求,使各机构协调配合工作等。

1.3 机械原理课程的地位

机械原理是机械类或近机械类专业一门重要的技术基础课。它主要是在高等数学、普通物理、工程制图和理论力学等理论基础课后,将这些理论和实际机械相结合来探讨机械内部基本规律的基础性理论课程。

1. 后续专业课的基础

机械类各专业的同学在后续的专业课学习中,要遇到许多关于机械的设计和使用方面的问题,如汽车设计、工程机械设计、机床设计等课程均需要机构的运动和设计方面的知识。机械原理研究机械所具有的共性问题,是机械类专业课的基础。

2. 开发新产品的基础

要实现生产的机械化和自动化,就需要创造大量结构新颖、性能优良的新型机械。而要完成这一任务,有关机械原理的知识是必不可少的。一般工业产品的设计需要经历四个阶段:产品规划阶段、方案设计阶段、结构设计阶段和施工设计阶段。而产品是否具有创新性,在很大程度上取决于总体方案的设计,而这正是机械原理所研究的内容。

3. 合理使用和革新现有机械的基础

对于使用机械的工作人员来讲,要想充分地发挥机械设备的潜力,关键在于了解机械性能。只有通过学习机械原理这门课程,掌握机构和机器的分析方法,才能了解机械的性能,更合理地使用机械;只有掌握机构和机器的设计方法,才能对现有机械的革新改造提出方案。

第2章　平面机构的结构分析

机构是具有确定运动的实物组合体。作无规则运动或不能产生运动的实物组合体不能称为机构。了解机构的组成和结构特点,掌握机构组成的一般规律,无论对分析已有的机构,还是着手创新设计新机构,都具有十分重要的指导意义。

2.1　机构的组成

2.1.1　构件与零件

机构中每一个独立的运动单元体都称为构件。在机械原理中,一般认为构件是刚体或柔性体(如皮带、钢丝绳和链条等),而不是液体和气体。组成构件的制造单元体称为零件。构件可以由一个或多个零件组成,如图1-1(a)所示内燃机的曲轴8为一个零件;连杆7由多个零件组成(见图2-1)。因此,构件是相互连接在一起的零件组合体。

2.1.2　运动副

在机构中,每一构件都以一定方式与其他构件相互连接。这种使两构件直接接触的可动连接称为运动副。如图2-2(a)所示的轴1与轴承2间的连接,如图2-2(b)所示的凸轮1与平底2间的接触都构成了运动副。

构成运动副的两个构件间的接触不外乎点、线、面三种形式,两个构件上参与接触而构成运动副的点、线、面部分称为运动副元素。如图2-2(a)所示中运动副元素分别为圆柱面和圆孔面。至于两构件构成运动副后,它们之间尚能产生哪些相对运动,则与它们所构成的运动副的性质有关,亦即与该运动副所引入的约束数有关。

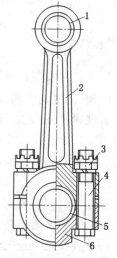

图 2-1　连杆

1— 轴套；　2— 连杆体；

3— 螺母；　4— 螺栓；

5— 轴瓦；　6— 连杆头

1.运动副的约束

由理论力学可知,作平面运动的构件可有 3 个独立的运动,即在直角坐标系中沿 x 轴和 y 轴的移动以及在坐标平面内的转动。构件的独立运动的数目称为构件的自由度。显然,作平面运动的构件有 3 个自由度。而作空间运动的构件有 6 个自由度(见图 2 - 3)。

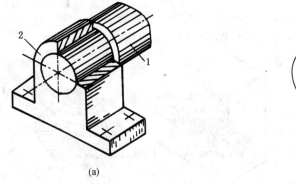

(a)　　　　　　　　　　　　　　(b)

图 2 - 2　运动副

(a)面接触的运动副;(b)线接触的运动副

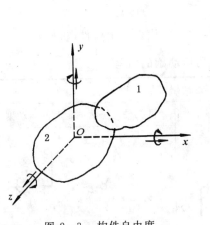

图 2 - 3　构件自由度

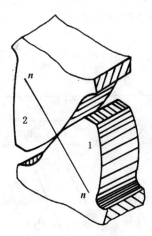

图 2 - 4　高副

在一构件与另一构件组成运动副后,构件间的直接接触,使构件的某些独立运动受到限制,构件自由度数便随之减少,这种对构件独立运动的限制称为约束。多一个约束,构件便失去一个自由度。显然,作平面运动(或空间运动)的构件其约束数不能超过 2(或 5),否则构件将没有相对运动。

2.运动副的分类

(1) 按运动副的接触形式分类。面与面接触的运动副(见图 2 - 2(a)中轴与轴承所形成的运动副)在承受载荷方面与点、线相接触的运动副(见图 2 - 2(b)中凸轮与平底所形成的运动副)相比,其接触部分的压强较低,故以面接触的运动副称为低副,而以点、线接触的运动副称为高副。如图 2 - 4 所示的齿轮副是高副,高副比低副易磨损。

(2) 按相对运动的形式分类。构成运动副的两构件之间的相对运动若为平面运动则称为平面运动副,若为空间运动则称为空间运动副。两构件之间只作相对转动的运动副称为转动副(见图2-2(a)),两构件之间只作相对移动的运动副则称为移动副(见图2-5)。两构件之间相对运动为螺旋运动的运动副称为螺旋副,如图2-6(a)所示的螺杆1与螺母2所组成的运动副。两构件间相对运动为球面运动的运动副称为球面副,如图2-6(b)所示的球1与球碗2所组成的运动副。

(3) 按运动副引入的约束数分类。引入一个约束的运动副称为 Ⅰ 级副,引入两个约束的运动副称为 Ⅱ 级副,依次类推,尚有 Ⅲ 级副、Ⅳ 级副和 Ⅴ 级副。

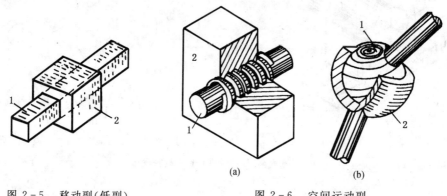

图 2-5 移动副(低副)   图 2-6 空间运动副
                              (a) 螺旋副;(b) 球面副

常用运动副的符号见表2-1,图中画斜线的构件代表固定构件(机架)。

表 2-1 常用运动副的符号

运动副名称	运动副符号	
	两运动构件构成的运动副	两构件之一为固定时的运动副
转动副		
平面运动副 / 移动副		
平面高副		

续 表

运动副名称		运动副符号	
		两运动构件构成的运动副	两构件之一为固定时的运动副
空间运动副	螺旋副		
	球面副及球销副		

2.1.3　运动链

两个以上的构件通过运动副的连接而成的系统称为运动链。如果运动链的各构件构成了首末封闭的系统,如图 2-7(a)(b) 所示,则称其为闭式运动链,简称闭链。如果运动链的构件未构成首末封闭的系统,如图 2-7(c)(d) 所示,则称其为开式运动链,简称开链。在各种机械中,一般采用闭链,开链多用在机械手等机械中。

此外,根据运动链中各构件间的相对运动为平面运动还是空间运动,也可以把运动链分为平面运动链和空间运动链(见图 2-8)。

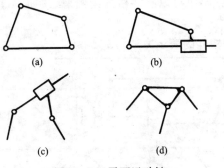

图 2-7　平面运动链

(a) 闭式运动链;(b) 闭式运动链;
(c) 开式运动链;(d) 开式运动链

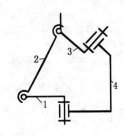

图 2-8　空间运动链

2.1.4　机构

将运动链中的某一构件固定,并且另外的一个(或几个)构件按给定运动规律独立运动时,其余构件便随之作确定的运动,则这种运动链便成为机构。机构中固定不动的构件称为机架,按照给定运动规律独立运动的构件称为原动件,而其余活动构件则称为从动件。从动件的运动规律决定于原动件的运动规律和机构的结构。根据机构中各构件之间的相对运动为平面运动或空间运动,也可以把机构分为平面机构和空间机构两类。本章主要介绍平面机构。

2.2　机构运动简图

在研究分析现有机械和设计新机械中,为便于分析,可以先不考虑那些与运动无关的因素,如构件的外形、断面尺寸、组成构件的零件数目及其连接方式,以及运动副的具体结构等,仅用简单的线条和符号来代表构件和运动副,并按一定比例确定各运动副的相对位置。这种表示机构中各构件间相对运动关系的简单图形称为机构运动简图。它完全能表达原机构具有的运动特性,如图1-1(b)所示内燃机的机构运动简图。如图2-9(b)所示为图2-9(a)所示的缝纫机的运动简图。

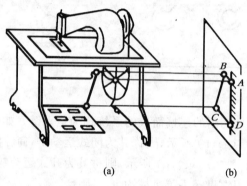

(a)　　　　　　　　　　(b)

图 2-9　缝纫机

(a)缝纫机结构;(b)运动简图

若只是为了表明机械的组成状况和结构特征,也可以不严格按比例来绘制简图,这样的简图通常称为机构示意图。

表 2-2　一般构件的表示方法

杆、轴类构件	
固定构件	
同一构件	
两副构件	
三副构件	

机构运动简图中,运动副的表示方法如表2-1所示,构件表示方法如表2-2所示,常用机构运动简图符号如表2-3所示。

表 2 - 3 常用机构运动简图符号(GB 4460 - 84)

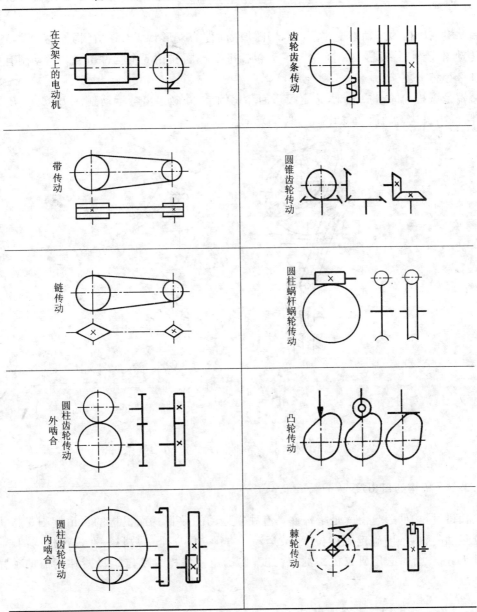

在支架上的电动机	齿轮齿条传动
带传动	圆锥齿轮传动
链传动	圆柱蜗杆蜗轮传动
圆柱齿轮传动 外啮合	凸轮传动
圆柱齿轮传动 内啮合	棘轮传动

绘制机构运动简图的步骤如下:

(1) 根据机构的实际结构和运动情况,找出机构的原动件及工作构件(即输出运动的构件)。

(2) 确定机构的传动部分,即确定构件数以及运动副数、类型和相对位置。

(3) 确定机架,并选择多数构件的运动平面作为绘制简图的投影面。

(4) 按适当比例尺,用构件和运动副的符号正确地绘制出机构运动简图。

例 2-1 如图 2-10(a)所示为一具有急回作用的冲床。图中绕固定轴心 A 转动的菱形盘 1 为原动件,其与滑块 2 在 B 点铰接,通过滑块 2 推动拨叉 3 绕固定轴心 C 转动,而拨叉 3 与圆盘 3′为同一构件;当圆盘 3′转动时,通过连杆 4 使冲头 5 实现冲压运动。试绘制其机构运动简图。

解 根据机构的运动情况,先找出冲床的原动件为菱形盘 1,而执行构件为冲头 5。该机构的传动路线为 1 → 2 → 3(3′) → 4 → 5,包括机架 6,机构由 6 个构件组成。运动副有 5 个转动副和 2 个移动副。

搞清楚该机构的组成情况,选定投影面和比例尺,并确定出各运动副 A、B、C、D、E、F 的位置,即可绘出机构运动简图,如图 2-10(b)所示。

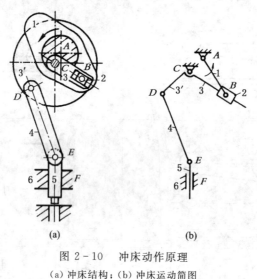

(a) 　　　　　　　　　(b)

图 2-10　　冲床动作原理
(a) 冲床结构;(b) 冲床运动简图

2.3　机构具有确定运动的条件

2.3.1　机构的自由度

前面讲过,构件的自由度是指构件具有独立运动的数目。而机构的自由度则是指机构具有独立运动的数目,即确定机构位置(或运动)的独立广义坐标数目。在进行机构的结构、运动及动力分析之前,必须研究机构的自由度,以确定使机构有确定运动规律所需的独立运动数目。

2.3.2　平面机构自由度计算

在平面机构中,各构件只作平面运动,当作平面运动的构件尚未与别的构件构成运动副时,共有 3 个自由度。所以,如设一平面机构共有 n 个活动构件(除机架外的构件),则当各构件尚未通过运动副而相连接时,显然它们共有 $3n$ 个自由度。但是,在机构中,每一构件必须至少与另一构件相连接而构成运动副。在两构件构成运动副后,它们的运动就受到约束,因而其自由度将减少。平面机构中的运动副只有平面低副(转动副和移动副)和平面高副两种。对于构成平面低副的两构件,转动副和移动副分别引入了两个约束,从而减少两个自由度。平面高副引入一个约束,减少一个自由度。因此,如果在平面机构中,有 n 个活动构件,共构成了 p_1 个低副和 p_h 个高副,其机构自由度的计算公式为

$$F = 3n - (2p_1 + p_h) \qquad\qquad (2-1)$$

该式也称为平面机构的结构公式。

例 2 - 2　如图 2 - 9(b) 所示机构,试计算其自由度。

解　　　　　　　$F = 3n - (2p_1 + p_h) = 3 \times 3 - (2 \times 4 + 0) = 1$

2.3.3　机构具有确定运动的条件

在机构分析和设计中,都要求机构有确定的运动,即当通过原动件(一般与机架相连)给定机构的独立运动时,其余从动件都应有确定的运动,就是说机构有一个独立运动,机构就必须有一个原动件来传递此独立运动,而机构的这些独立运动的数目正是该机构的自由度数。由此得到,机构具有确定运动的条件是机构的自由度数等于机构的原动件数,即机构有多少个自由度,就应给机构多少个原动件(见图 2 - 11(a))。如果机构的原动件数大于机构的自由度数,机构将不动甚至导致机构中最薄弱环节损坏(见图 2 - 11(b));如果机构的自由度小于零,机构成为超静定桁架结构(见图 2 - 11(c));如果机构的自由度等于零,机构成为刚性桁架结构(见图 2 - 11(d));当机构的自由度数大于原动件数时,机构的运动将不确定(见图 2 - 11(e)),这时机构的运动也不是毫无规律的乱动,而是机构将优先沿着阻力最小的方向运动。这种由机构阻力最小的运动副来确定机构运动状态的规律称为机构最小阻力定律。如图 2 - 11(e) 所示,曲柄 1 为原动件,在推程时,摇杆 3 将首先沿逆时针方向转动,直到连杆 2 与摇杆 3 重叠共线时,驱动力通过连杆 2 拉动摇杆 3 使滑块 4 向左移动。当滑块 4 移动到左极限位置时,摇杆 3 开始绕 D 点转动,此时滑块 4 不动。当摇杆 3 转动到与连杆 2 拉直共线时,滑块 4 向右移动,当移动到右极限位置时,摇杆 3 又开始绕 D 点转动,开始下一个运动循环。

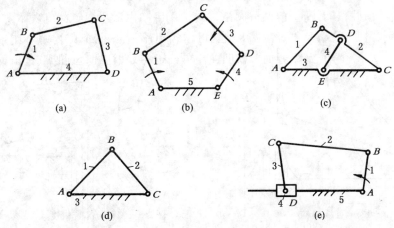

图 2 - 11　机构运动条件

(a) 有确定运动;(b) 运动干涉;(c) 超静定桁架;(d) 刚性桁架;(e) 运动不确定

2.4　计算平面机构自由度的注意事项

当利用公式(2-1)计算平面机构自由度时,还需要注意以下三方面的问题。

2.4.1　复合铰链

3个或3个以上的构件在同一处构成的转动副称为复合铰链。如图2-12(a)所示,就是3个构件在一处以转动副相连接而构成的复合铰链。而由图2-12(b)所示可以看出,此3个构件共构成了两个转动副。同理,若有m个构件以复合铰链相连接时,其构成的转动副数应等于$m-1$个。

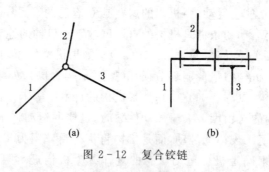

图 2-12　复合铰链

例 2-3　计算图2-13所示直线机构的自由度。

解　此机构B、C、E、F四处都是由3个构件组成的复合铰链,各具有两个转动副。因此有$n=7$,$p_l=10$,$p_h=0$,故由式(2-1)得

$$F=3n-(2p_l+p_h)=3\times7-(2\times10+0)=1$$

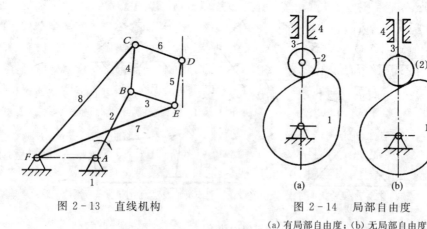

图 2-13　直线机构　　　　图 2-14　局部自由度
(a)有局部自由度;(b)无局部自由度

2.4.2　局部自由度

若机构中某些构件所具有的自由度仅与其自身的局部运动有关,并不影响其他构件的运动,则这种自由度称为局部自由度。

如图2-14(a)所示为凸轮机构,其中,$n=3$,$p_l=3$,$p_h=1$,由式(2-1)得$F=3\times3-$

$(2 \times 3 + 1) = 2$。实际上,构件2(小滚子)绕自身轴线的转动不影响构件1、3的运动,故滚子2的这个转动为局部自由度。局部自由度不影响机构运动,因此,计算机构的自由度时应将局部自由度除去不计,即假想把滚子2与构件3焊在一起,如图2-14(b)所示。机构真实的自由度应为 $F = 3 \times 2 - (2 \times 2 + 1) = 1$。

2.4.3　虚约束

机构的运动不仅与构件数、运动副类型和数目有关,而且与转动副间的距离、移动副的导路方向、高副元素的曲率中心等几何条件有关。在一些特定的几何条件或结构条件下,某些运动副所引入的约束可能与其他运动副所起的限制作用是一致的。这种不起实际作用的约束为虚约束,计算机构自由度时应将虚约束除去不计。

机构中虚约束常出现的形式有以下几种。

(1) 两构件间构成多个运动副。两构件组成若干个转动副,但其轴线互相重合(见图2-15(a));两构件组成若干个移动副,但其导路互相平行或重合(见图2-15(b));两构件组成若干个平面高副,且各接触处的公法线彼此重合(见图2-15(c))。在这些情况下,各只有一个运动副起约束作用,其余运动副所提供的约束均为虚约束。

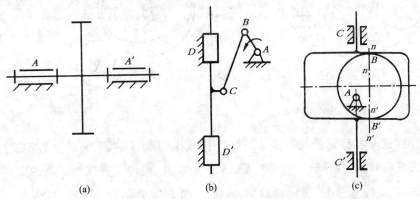

图 2-15　两构件构成多个运动副

(a) 两个转动副;(b) 两个移动副;(c) 两个高副

(2) 轨迹重合。在机构中,如果用运动副连接的是两构件上运动轨迹相重合的点,如图2-16(a)所示的平行四边形机构中,构件5上点E的轨迹与构件2上点E的轨迹重合,这时双转动副构件5引入 $F = 3 \times 1 - 2 \times 2 = -1$ 即一个约束,这个约束是虚约束。

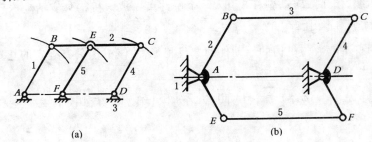

图 2-16　轨迹重合与相同

(a) 构件2与构件5上点E轨迹重合;(b) 点E与点F轨迹相同

（3）两构件上某两点间的距离在运动过程中始终保持不变。在机构运动过程中，若两构件上某两点之间的距离始终保持不变，则如用双转动副杆将此两点相连，也将带入一个虚约束。在如图 2-16(b) 所示的平行四边形机构 $ABCD$ 的运动过程中，构件 2 上的点 E 与构件 4 上的点 F 之间的距离始终保持不变（$EF \underline{\underline{\parallel}} AD$），故当用双转动副杆 5 将 E、F 两点相连时也必将带入 1 个虚约束。

（4）机构中运动重复的对称部分。如图 2-17 所示齿轮系中，为了改善受力情况，在主动齿轮 1 和内齿轮 3 之间采用了三个完全相同的齿轮（轮 2、2′ 及 2″），而实际上从机构运动传递的角度来说仅有一个齿轮就可以了，其余两齿轮并不影响机构的运动传递，故其带入的约束为虚约束。

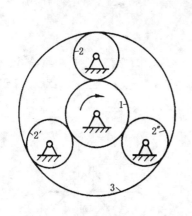
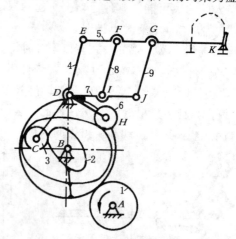

图 2-17　对称布置　　　　　　　　图 2-18　包装机送纸机构

需要指出，只有在特定的几何条件下才能构成虚约束，如果不满足这些特定的几何条件（如定长度关系、轴线重合导轨平行等）或加工误差太大，虚约束将成为实际约束，从而使机构卡住不能运动。虚约束虽不影响机构的运动，但却可以增加机构的刚度、改善受力情况、保持传动的可靠性等，因而在机构设计中被广泛使用。

例 2-4　试计算如图 2-18 所示某包装机送纸机构的自由度（图中：$\overline{ED} \underline{\underline{\parallel}} \overline{FI} \underline{\underline{\parallel}} \overline{GJ}$），并判断该机构是否具有确定的相对运动。

解　因在此机构中 C、H 两处滚子的转动为局部自由度，机构在运动过程中 F、I 两点间的距离始终保持不变，因而双转动副杆 8 引入一个虚约束。故该机构真实活动构件数 $n=6$，低副数 $p_l=7$，高副数 $p_h=3$，其自由度数为 $F=3 \times 6-(2 \times 7+3)=1$。

由于机构的自由度数与机构的原动件的数目相等，故该机构具有确定的相对运动。

2.5　平面机构的结构分析

2.5.1　平面机构的高副低代

为了使平面低副机构结构分析和运动分析的方法适用所有平面机构，可以根据一定的条件对机构中的高副虚拟地以低副代替,这种以低副来代替高副的方法称为高副低代。高副低代是瞬时替代,其替代条件是替代前后机构的自由度、瞬时速度和瞬时加速度保持不变。

如图 2-19 所示高副机构是由两个绕定轴转动的圆盘 1、2 和机架 3 组成的。当机构运动时,两圆盘的连心线 $\overline{K_1K_2}=r_1+r_2$ 始终保持不变。因此,该高副机构可以用铰链四杆机构 AK_1K_2B 来瞬时代替,并且代替机构和原机构的自由度和运动速度、加速度完全相同。

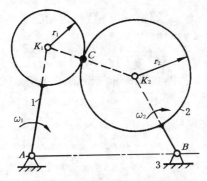

图 2-19　两圆弧构成的高副低代

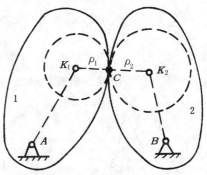

图 2-20　两曲线构成的高副低代

对含有任意曲线轮廓的高副机构(见图 2-20),过高副接触点 C 作公法线 K_1K_2,两高副元素接触点 C 的曲率中心分别为 K_1 和 K_2,曲率半径为 ρ_1 和 ρ_2,则可用铰链四杆机构 AK_1K_2B 来瞬时代替原高副机构,并且代替前后机构的自由度和运动速度、加速度完全相同。

综上所述,高副低代的方法是用一个带有两个转动副的构件来代替一个高副,并且两个转动副分别位于两曲线轮廓接触点的曲率中心处。

如果组成高副的运动副元素之一是直线,由于直线在接触点的曲率中心位于无穷远处,因此转动副转化为移动副,其代替方法如图 2-21 所示。如图 2-22 所示为组成高副的运动副元素之一为点的代替方法。

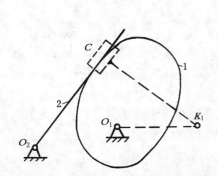

图 2-21　直线与曲线构成的高副低代

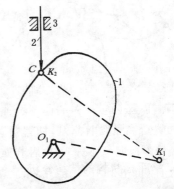

图 2-22　点与曲线构成的高副低代

2.5.2　平面机构的组成原理

任何机构均由机架、原动件和从动件系统组成。根据机构具有确定运动的条件,即原动件数应等于机构的自由度数,而从动件系统的自由度必然为零,该从动件系统称为杆组。有时它还可分解成若干个不可再分的自由度为零的杆组,称为基本杆组(或阿苏尔杆组)。因此,可认为任何机构都是由若干个基本杆组依次连接于原动件和机架上而构成的,这便是机构的组成原理。

对于全低副机构,设基本杆组的构件数为 n,低副数为 p_1,则构成基本杆组的条件是

$$F = 3n - 2p_1 = 0 \qquad\qquad (2-2)$$

或

$$3n = 2p_1$$

由于构件数和运动副数总是整数,所以满足基本杆组条件的构件数和运动副数的组合为

$$n = 2, 4, 6, 8, \cdots; \qquad p_1 = 3, 6, 9, 12, \cdots$$

最简单的基本杆组是由 2 个构件和 3 个低副构成的,把这种基本杆组称为 Ⅱ 级杆组。Ⅱ 级杆组是应用最多的基本杆组,Ⅱ 级杆组有如图 2-23 所示的 5 种类型(R 表示转动副,P 表示移动副)。

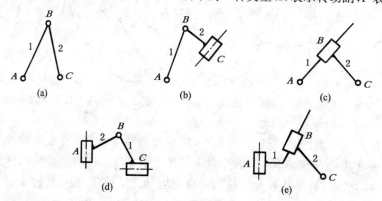

图 2-23　Ⅱ 级杆组

(a)RRR 杆组;(b)RRP 杆组;(c)RPR 杆组;(d)PRP 杆组;(e)PPR 杆组

如图 2-24 所示 3 种基本杆组是由 4 个构件和 6 个低副组成的,称为 Ⅲ 级杆组,依此类推。

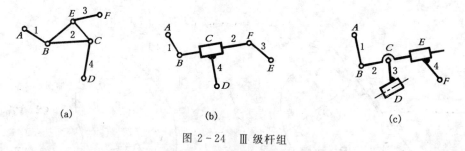

图 2-24　Ⅲ 级杆组

2.5.3　平面机构的结构分析

平面机构的结构分析是将已知机构分解为原动件、机架和基本杆组。它的分解过程与机构的组成过程相反,一般是从远离原动件的构件开始分解,拆基本杆组。拆基本杆组的步骤:

(1)首先除去虚约束和局部自由度,并将机构中的高副全部用低副代替,计算机构自由度,标出原动件。

(2)从远离原动件的构件开始先试拆 Ⅱ 级杆组,如试拆不成,再试拆 Ⅲ 级杆组。在拆去一个基本杆组后,再继续试拆 Ⅱ 级杆组,重复上述过程,直到只剩下机架和原动件为止。

拆基本杆组要求：

（1）拆除的基本杆组应满足式（2-2）。

（2）拆除基本杆组后剩下的原动件数应等于机构的自由度数。

（3）拆除基本杆组后，剩余机构不允许存在只有一个运动副的构件（原动件除外）和只属于一个构件的运动副，因为前者将产生局部自由度，后者将引入虚约束。

例 2-5　试对如图 2-25（a）所示机构进行组成结构分析。

解　该机构 $n=7$，$p_1=10$，没有局部自由度和虚约束，其自由度为

$$F=3\times7-2\times10=1$$

拆除基本杆组：① 标出原动件 1；② 试拆除 Ⅱ 级杆组 6-7、4-5 和 2-3。 如图 2-25（b）（c）（d）（e）所示，由此可见，该机构是由机架 8、原动件 1 和 3 个 Ⅱ 级杆组组成的。

机构可由不同级别的基本杆组组成，通常以机构中包含的基本杆组的最高组别来命名机构的级别。例如图 2-25（a）所示机构为 Ⅱ 级机构。对于只有一个原动件和机架组成的最简单的机构称为 Ⅰ 级机构。

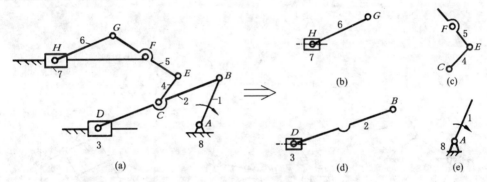

图 2-25　基本杆组划分

习　　题

2-1　绘制如题图 2-1 所示机构的运动简图。

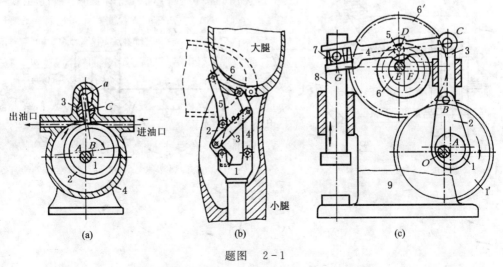

题图　2-1

（a）油泵机构；（b）假肢膝关节机构；（c）小型压力机

2-2　如题图2-2所示为外科手术用剪刀,其中弹簧的作用是保持剪刀口张开,并且便于医生单手操作。忽略弹簧,并以构件1为机架,分析机构的工作原理,画出机构的示意图,并说明机构的类型。

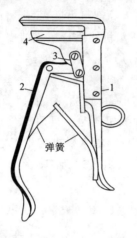

题图　2-2

2-3　计算如题图2-3所示机构的自由度,并指出复合铰链、局部自由度和虚约束。

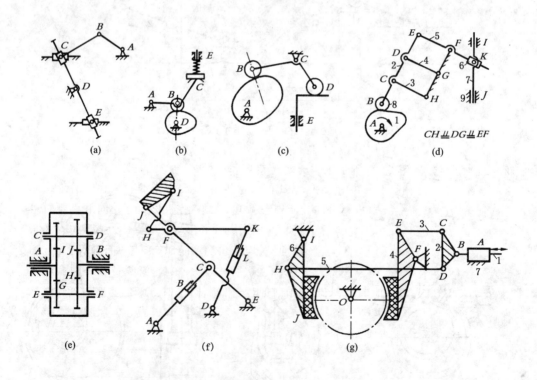

题图　2-3

2-4　判断如题图 2-4 所示机构是否有确定的运动,若否,提出修改方案。

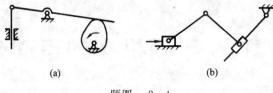

(a)　　　　　　　　　　(b)

题图　2-4

2-5　如题图 2-5 所示为胸腔牵开器,用于在外科手术中将软组织夹持住以便于手术。如果不考虑与软组织接触的前端构件 1、2,当以左边曲线构件 3 为机架时,机构的自由度为多少? 如果将构件 7、8 看成为一个整体,机构的自由度又为多少? 将计算结果与直观判断的结论进行比较。

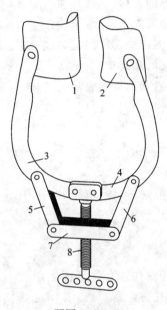

题图　2-5

2-6　计算如题图 2-6 所示机构自由度,并对机构进行组成分析,选 AB 构件为原动件。

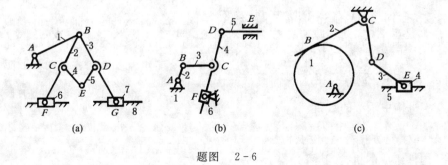

(a)　　　　　　　　(b)　　　　　　　　(c)

题图　2-6

第3章　平面机构的运动分析

机构的主要用途之一就是传递运动和力。而机构的运动分析是根据所给定的原动件运动规律,求解该机构从动件上任一点的位移、速度和加速度,以及这些构件的角位移、角速度和角加速度,并为进行力分析提供必要的数据。

机构运动分析的方法主要有图解法、解析法和实验法。而图解法又分为瞬心法和相对运动法。图解法的特点是形象直观、解法简单,但精度不高。解析法是把已知的机构尺寸参数和运动参数与未知参数之间关系用数学解析式表示出来,然后求解,因此,解析法计算精度高,随着计算机的发展和普及,解析法已得到广泛应用。

3.1　用瞬心法进行机构的速度分析

对构件数较少的平面机构,如凸轮机构、齿轮机构和简单连杆机构等,应用速度瞬心法进行机构的速度分析,将更为简便。

3.1.1　速度瞬心

由理论力学可知,当构件 1 相对构件 2 作平面运动时(见图 3-1),在任一瞬时,它们的运动都可以看作是绕某一重合点的相对转动,该重合点 P_{12} 称为它们的瞬时速度中心,简称瞬心。瞬心是相对运动两构件上相对速度为零的点。如果这两构件之一是静止的,则其瞬心被称为绝对瞬心,即运动构件上瞬时绝对速度为零点。如果两构件都是运动的,则其瞬心被称为相对瞬心,即两运动构件上瞬时绝对速度相同的重合点。因此,瞬心是作平面相对运动的两构件上的等速重合点。

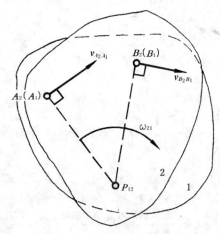

图 3-1　两构件的速度瞬心

3.1.2　机构中瞬心的数目

由于作相对运动的每两个构件就有一个瞬心,因此,由 N 个构件组成的机构,其瞬心数

$$K = \frac{N(N-1)}{2}$$

(3-1)

3.1.3 瞬心位置的确定

1.构成运动副的两构件的瞬心

（1）当两构件组成转动副时，转动副的中心即为瞬心，如图3-2(a)所示的P_{12}。

（2）当两构件组成移动副时，由于它们所有重合点的相对速度方向均平行于导路，故其瞬心P_{12}位于移动副导路的垂直方向上的无穷远处，如图3-2(b)所示。

（3）当两构件组成平面高副时，如果高副两元素间为纯滚动，其接触点的相对速度为零，则接触点就是瞬心P_{12}（见图3-3(a)）。如果高副两元素间既有相对滚动，又有相对滑动，其相对速度不为零而方向沿切线方向，则它们的瞬心必在过接触点的法线$n-n$上（见图3-3(b)），具体位置需要根据其他条件来确定。

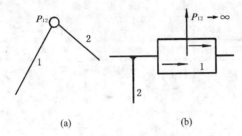

图 3-2 构成低副两构件瞬心位置
（a）转动副；（b）移动副

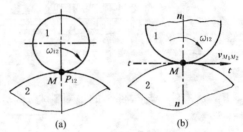

图 3-3 构成高副两构件瞬心位置
（a）纯滚动；（b）滚滑副

2.未构成运动副的两构件的瞬心

如果机构中两构件不直接连接，可利用三心定理来确定其瞬心的位置。所谓三心定理即是三个彼此作平面运动的构件共有三个瞬心，它们位于同一直线上。现证明如下：

设构件1、2和3为彼此作平面运动的三个构件，如图3-4所示。它们共有三个瞬心，即P_{12}、P_{23}和P_{13}。其中，P_{12}、P_{13}分别位于两转动副中心，现证明瞬心P_{23}在P_{12}、P_{13}的连线上。

假设构件1固定，则构件2和3上任一重合点K的速度必分别垂直于该点至P_{12}和P_{13}的连线，即$v_{K_2} \perp KP_{12}$，$v_{K_3} \perp KP_{13}$，显然v_{K_2}和v_{K_3}的方向不同，而瞬心P_{23}应是构件2和3上的等速重合点，所以K点不是P_{23}点。只有当P_{23}位于P_{12}和P_{13}的连线上时，构件2和3的重合点的速度方向才能一致，因此，P_{23}必位于P_{12}和P_{13}的连线上，其具体位置，只有当构件2和3的运动完全已知时才能确定。

3.1.4 瞬心在速度分析中的应用

利用瞬心法进行速度分析，可求出两构件的角速度比、构件的角速度及构件上某点的线速度。

在图3-5所示的机构中，设各构件的尺寸均已知，又知主动件2以角速度ω_2等速回转，求构件4的角速度ω_4及ω_3/ω_4。

此问题应用瞬心法求解极为方便。因为P_{24}为构件2及构件4的等速重合点，故得

$$\omega_2 \cdot \overline{P_{12}P_{24}} \cdot \mu_1 = \omega_4 \cdot \overline{P_{14}P_{24}} \cdot \mu_1$$

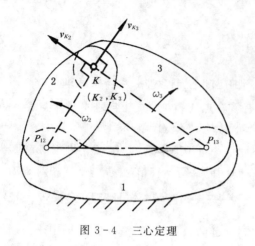

图 3-4　三心定理

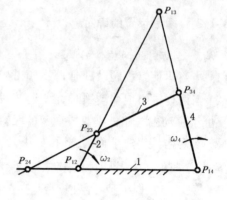

图 3-5　瞬心位置确定

$$\omega_4 = \omega_2 \frac{\overline{P_{12}P_{24}}}{\overline{P_{14}P_{24}}}$$

P_{13} 是构件 3 与构件 1 的绝对瞬心,则

$$v_{P_{34}} = \omega_3 \cdot \overline{P_{13}P_{34}} \cdot \mu_1 = \omega_4 \cdot \overline{P_{14}P_{34}} \cdot \mu_1$$

即

$$\frac{\omega_3}{\omega_4} = \frac{\overline{P_{14}P_{34}}}{\overline{P_{13}P_{34}}}$$

式中,μ_1 为机构的尺寸比例尺,它是构件的真实长度与图示长度之比,单位为 m/mm。

3.2　用解析法作平面机构的运动分析

平面机构运动分析的解析法因采用的数学工具不同而有各种不同的方法,这里介绍一种建立在矢量基础上的基本杆组法。

3.2.1　基本杆组法原理

由机构组成原理可知,任何平面机构都可以分解为原动件、基本杆组和机架三个部分,每一个原动件为一单杆构件。因此,只要分别对单杆构件和常见的基本杆组进行运动分析并编制成相应的子程序,那么在对机构进行运动分析时,就可以根据机构组成情况的不同,依次调用这些子程序,从而完成对整个机构的运动分析。这种方法称为机构分析的基本杆组法。该方法的主要特点是将一个复杂的机构分解成一个个较简单的基本杆组,按每一种基本杆组建立矢量方程式,先求解基本杆组中构件的角运动,然后再计算构件上某些点的运动。

工程实际中所用的大多数机构是 Ⅱ 级机构,它是由作为原动件的单杆构件和一些 Ⅱ 级杆组组成的。如图 2-22 所示的常见 Ⅱ 级基本杆组列于表 3-1 中。在气动和液压机械中,还经常有一种类似基本杆组的运动链,称为 Ⅱ 级有源组,它不属于基本杆组,只是为了便于分析,也将其列入表3-1中。

表 3-1　Ⅱ级基本杆组和Ⅱ级有源组

名称	第一种 Ⅱ级组	第二种 Ⅱ级组	第三种 Ⅱ级组	第四种 Ⅱ级组	第五种 Ⅱ级组	Ⅱ级有源组
代号	DY1	DY2	DY3	DY4	DY5	ADY
具有 运动副	RRR	RRP (或 PRR)	RPR	PRP	RPP (或 PPR)	RRPR (或 RPRR)
简图						

注:R— 转动副;P— 移动副。

3.2.2　基本杆组法

1. 单杆构件的运动分析

单杆构件如图 3-6 所示,已知其上 A、B 两点间的距离 l,点 A 的位置、速度和加速度以及构件的角位置、角速度和角加速度,求构件上另一点 B 的位置、速度和加速度。

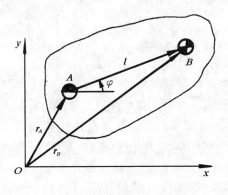

图 3-6　单杆构件位置分析

(1) 位置分析:如图 3-6 所示,构件上点 A 和点 B 的位置分别用矢量 r_A 与 r_B 表示,用矢量 l 连接运动已知点 A 和待求点 B,可得点 B 的位置矢量方程,即

$$r_B = r_A + l$$

上式在 x 轴和 y 轴上的分量分别为

$$x_B = x_A + l\cos\varphi \atop y_B = y_A + l\sin\varphi \Big\} \quad (3-2)$$

（2）速度分析：将上式对时间求导，即得速度方程为

$$\dot{x}_B = \dot{x}_A - l\sin\varphi \cdot \dot{\varphi} \atop \dot{y}_B = \dot{y}_A + l\cos\varphi \cdot \dot{\varphi} \Big\} \quad (3-3)$$

（3）加速度分析：将式(3-3)对时间求导，即得加速度方程为

$$\ddot{x}_B = \ddot{x}_A - l(\cos\varphi \cdot \dot{\varphi}^2 + \sin\varphi \cdot \ddot{\varphi}) \atop \ddot{y}_B = \ddot{y}_A - l(\sin\varphi \cdot \dot{\varphi}^2 - \cos\varphi \cdot \ddot{\varphi}) \Big\} \quad (3-4)$$

2. RRR 杆组的运动分析

如图3-7(a)所示，RRR杆组由3个转动副组成。已知两点A和C的位置、速度及加速度，杆长l_1、l_2，求构件1和2的角位置、角速度及角加速度以及点B的位置、速度和加速度。

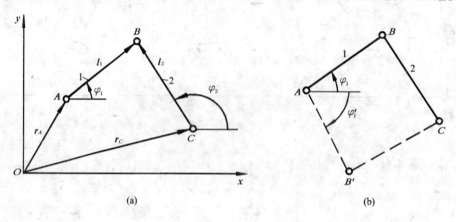

(a)　　　　(b)

图3-7 RRR杆组

（1）位置分析：点B的位置矢量为

$$\boldsymbol{r}_B = \boldsymbol{r}_A + \boldsymbol{l}_1 = \boldsymbol{r}_C + \boldsymbol{l}_2$$

其投影式为

$$x_A + l_1\cos\varphi_1 = x_C + l_2\cos\varphi_2 \atop y_A + l_1\sin\varphi_1 = y_C + l_2\sin\varphi_2 \Big\} \quad (3-5)$$

为了求φ_1，将式(3-5)整理成三角函数方程式

$$a\sin\varphi_1 + b\cos\varphi_1 = c \quad (3-6)$$

式中

$$a = 2l_1(y_C - y_A)$$
$$b = 2l_1(x_C - x_A)$$
$$c = l_1^2 + d^2 - l_2^2$$
$$d = \overline{AC} = \sqrt{(x_C - x_A)^2 + (y_C - y_A)^2}$$

解式(3-6)得

$$\varphi_1 = 2\arctan\frac{a \pm \sqrt{a^2 + b^2 - c^2}}{b + c}$$

或写成

$$\varphi_1 = 2\arctan\frac{a + M\sqrt{a^2 + b^2 - c^2}}{b + c} \tag{3-7}$$

式中, M 为位置模式系数, 用来确定 φ_1 的唯一值。当 $A \to B \to C$ 的次序为顺时针方向时, 即图 3-7(b) 中实线位置 ABC, 取 $M = 1$; 当 $A \to B \to C$ 为逆时针方向时, 即图 3-7(b) 中虚线位置 $AB'C$, 取 $M = -1$。求出 φ_1 后, 便可求出:

$$\left.\begin{aligned} x_B &= x_A + l_1\cos(\varphi_1) \\ y_B &= x_B + l_1\sin(\varphi_1) \end{aligned}\right\}$$

构件 2 的位置角为

$$\varphi_2 = \arctan\left(\frac{y_B - y_C}{x_B - x_C}\right) \tag{3-8}$$

在计算前应检查机构是否满足装配条件。对于 RRR Ⅱ 级杆组来说, 其可装配条件为

$$d \leqslant l_1 + l_2 \text{ 和 } d \geqslant |l_1 - l_2|$$

若不满足上述条件, 则该杆组不能成立, 此时无解。

(2) 速度分析: 将式(3-5)对时间求导, 可得

$$\left\{\begin{aligned} \dot{x}_A - l_1\sin\varphi_1 \cdot \dot{\varphi}_1 &= \dot{x}_C - l_2\sin\varphi_2 \cdot \dot{\varphi}_2 \\ \dot{y}_A + l_1\cos\varphi_1 \cdot \dot{\varphi}_1 &= \dot{y}_C + l_2\cos\varphi_2 \cdot \dot{\varphi}_2 \end{aligned}\right.$$

用

$$l_1\sin\varphi_1 = y_B - y_A$$
$$l_1\cos\varphi_1 = x_B - x_A$$
$$l_2\sin\varphi_2 = y_B - y_C$$
$$l_2\cos\varphi_2 = x_B - x_C$$

代入上式, 得

$$\left.\begin{aligned} -(y_B - y_A)\dot{\varphi}_1 + (y_B - y_C)\dot{\varphi}_2 &= \dot{x}_C - \dot{x}_A \\ (x_B - x_A)\dot{\varphi}_1 - (x_B - x_C)\dot{\varphi}_2 &= \dot{y}_C - \dot{y}_A \end{aligned}\right\} \tag{3-9}$$

解上式得构件 1、2 的角速度为

$$\left.\begin{aligned} \dot{\varphi}_1 &= \frac{(\dot{x}_C - \dot{x}_A)(x_B - x_C) + (\dot{y}_C - \dot{y}_A)(y_B - y_C)}{(y_B - y_C)(x_B - x_A) - (y_B - y_A)(x_B - x_C)} \\ \dot{\varphi}_2 &= \frac{(\dot{x}_C - \dot{x}_A)(x_B - x_A) + (\dot{y}_C - \dot{y}_A)(y_B - y_A)}{(y_B - y_C)(x_B - x_A) - (y_B - y_A)(x_B - x_C)} \end{aligned}\right\} \tag{3-10}$$

进一步可求得 B 点的速度分量为

$$\left.\begin{aligned} \dot{x}_B &= \dot{x}_A - \dot{\varphi}_1(y_B - y_A) \\ \dot{y}_B &= \dot{y}_A + \dot{\varphi}_1(x_B - x_A) \end{aligned}\right\} \tag{3-11}$$

(3) 加速度分析: 将式(3-9)对时间求导, 得

$$\left.\begin{aligned} -(y_B - y_A)\ddot{\varphi}_1 + (y_B - y_C)\ddot{\varphi}_2 &= c_1 \\ (x_B - x_A)\ddot{\varphi}_1 - (x_B - x_C)\ddot{\varphi}_2 &= c_2 \end{aligned}\right\} \tag{3-12}$$

式中

$$c_1 = \ddot{x}_C - \ddot{x}_A + (x_B - x_A)\dot{\varphi}_1^2 - (x_B - x_C)\dot{\varphi}_2^2$$
$$c_2 = \ddot{y}_C - \ddot{y}_A + (y_B - y_A)\dot{\varphi}_1^2 - (y_B - y_C)\dot{\varphi}_2^2$$

解式(3-12)得构件 1、2 的角加速度为

$$\left.\begin{aligned}
\ddot{\varphi}_1 &= \frac{c_1(x_B - x_C) + c_2(y_B - y_C)}{(x_B - x_A)(y_B - y_C) - (y_B - y_A)(x_B - x_C)} \\
\ddot{\varphi}_2 &= \frac{c_1(x_B - x_A) + c_2(y_B - y_A)}{(x_B - x_A)(y_B - y_C) - (y_B - y_A)(x_B - x_C)}
\end{aligned}\right\} \tag{3-13}$$

进一步可求得 B 点的加速度为

$$\left.\begin{aligned}
\ddot{x}_B &= \ddot{x}_A - (x_B - x_A)\dot{\varphi}_1^2 - (y_B - y_A)\ddot{\varphi}_1 \\
\ddot{y}_B &= \ddot{y}_A - (y_B - y_A)\dot{\varphi}_1^2 + (x_B - x_A)\ddot{\varphi}_1
\end{aligned}\right\} \tag{3-14}$$

3. RRP 杆组的运动分析

RRP 杆组如图 3-8 所示,它是由两个转动副和一个移动副组成的。

已知杆长 l_1 和 l_2,点 A 和 P 的位置、速度及加速度,滑块 C 方位、角速度及角加速度 θ、$\dot{\theta}$、$\ddot{\theta}$。求构件 1 的位置、角速度及角加速度 φ、$\dot{\varphi}$、$\ddot{\varphi}$,B 点的位置、速度和加速度及滑块 2 上 C 点相对于导路上参考点 P 的位移、速度和加速度 s、$\dot{s}$、$\ddot{s}$。

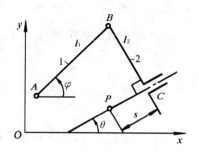

图 3-8　RRP 杆组位置分析

(1) 位置分析:由图 3-8 可知,B 点的位置矢量为

$$\boldsymbol{r}_B = \boldsymbol{r}_A + \boldsymbol{l}_1 = \boldsymbol{r}_P + \boldsymbol{s} + \boldsymbol{l}_2$$

其在两坐标轴上的投影式为

$$\left.\begin{aligned}
x_A + l_1\cos\varphi &= x_P + s\cos\theta - l_2\sin\theta \\
y_A + l_1\sin\varphi &= y_P + s\sin\theta + l_2\cos\theta
\end{aligned}\right\} \tag{3-15}$$

由式(3-15)得

$$s^2 + bs + c = 0 \tag{3-16}$$

式中　　$b = 2[(x_P - x_A)\cos\theta + (y_P - y_A)\sin\theta]$

$c = (x_P - x_A)^2 + (y_P - y_A)^2 + l_2^2 - l_1^2 - 2[(x_P - x_A)\sin\theta - (y_P - y_A)\cos\theta]l_2$

解式(3-16)得动点 C 相对于点 P 的位移

$$s = \frac{\left| -b \pm \sqrt{b^2 - 4c} \right|}{2}$$

或

$$s = \frac{\left| -b + M\sqrt{b^2 - 4c} \right|}{2} \tag{3-17}$$

式中,M 为位置模式系数,用来确定 s 的唯一值。过点 B 作 $\overline{BP'} /\!/ \overline{CP}$,如果 $\angle ABP' < 90°$,即如图 3-9 所示实线位置,取 $M=1$;如 $\angle AB'P' > 90°$,即如图3-9 所示虚线位置,取 $M=-1$。

求得 s 后,点 B 的位置和 $\overline{AB}$ 的角位置 φ 即可确定为

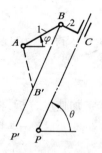

图 3-9　模式系数

$$\left.\begin{aligned}
x_B &= x_P + s\cos\theta - l_2\sin\theta \\
y_B &= y_P + s\sin\theta + l_2\cos\theta \\
\varphi &= \arctan\left(\frac{y_B - y_A}{x_B - x_A}\right)
\end{aligned}\right\} \tag{3-18}$$

注意,如果点 B 与点 A 分别位于 $\overline{CP}$ 的两侧,则 l_2 应为负值。

（2）速度分析：将式(3-15)对时间求导，整理后得

$$\left.\begin{array}{r} -l_1\sin\varphi\cdot\dot\varphi - \cos\theta\cdot\dot s = b_1 \\ l_1\cos\varphi\cdot\dot\varphi - \sin\theta\cdot\dot s = c_1 \end{array}\right\} \tag{3-19}$$

式中

$$b_1 = \dot x_P - \dot x_A - (s\sin\theta + l_2\cos\theta)\dot\theta$$

$$c_1 = \dot y_P - \dot y_A + (s\cos\theta - l_2\sin\theta)\dot\theta$$

解式(3-19)得

$$\left.\begin{array}{l} \dot\varphi = \dfrac{-b_1\sin\theta + c_1\cos\theta}{l_1\sin\varphi\sin\theta + l_1\cos\varphi\cos\theta} \\[3mm] \dot s = \dfrac{-b_1\cos\varphi - c_1\sin\varphi}{\sin\varphi\sin\theta + \cos\varphi\cos\theta} \end{array}\right\} \tag{3-20}$$

进一步可求得点 B 的速度分量，即

$$\left.\begin{array}{l} \dot x_B = \dot x_A - l_1\sin\varphi\cdot\dot\varphi \\ \dot y_B = \dot y_A + l_1\cos\varphi\cdot\dot\varphi \end{array}\right\} \tag{3-21}$$

（3）加速度分析：将式(3-19)对时间求导，得

$$\left.\begin{array}{r} -l_1\sin\varphi\cdot\ddot\varphi - \cos\theta\cdot\ddot s = b_2 \\ l_1\cos\varphi\cdot\ddot\varphi - \sin\theta\cdot\ddot s = c_2 \end{array}\right\} \tag{3-22}$$

式中　　$b_2 = \ddot x_P - \ddot x_A - (s\sin\theta + l_2\cos\theta)\ddot\theta - (s\cos\theta - l_2\sin\theta)\dot\theta^2 + l_1\cos\varphi\cdot\dot\varphi^2 - 2\dot\theta\dot s\sin\theta$

$c_2 = \ddot y_P - \ddot y_A + (s\cos\theta - l_2\sin\theta)\ddot\theta - (s\sin\theta + l_2\cos\theta)\dot\theta^2 + l_1\sin\varphi\cdot\dot\varphi^2 + 2\dot\theta\dot s\cos\theta$

解式(3-22)得

$$\left.\begin{array}{l} \ddot\varphi = \dfrac{-b_2\sin\theta + c_2\cos\theta}{l_1\sin\varphi\sin\theta + l_1\cos\varphi\cos\theta} \\[3mm] \ddot s = \dfrac{-b_2\cos\varphi - c_2\sin\varphi}{\sin\varphi\sin\theta + \cos\varphi\cos\theta} \end{array}\right\} \tag{3-23}$$

进一步可求得点 B 的加速度分量，即

$$\left.\begin{array}{l} \ddot x_B = \ddot x_A - l_1\sin\varphi\cdot\ddot\varphi - l_1\cos\varphi\cdot\dot\varphi^2 \\ \ddot y_B = \ddot y_A + l_1\cos\varphi\cdot\ddot\varphi - l_1\sin\varphi\cdot\dot\varphi^2 \end{array}\right\} \tag{3-24}$$

4. RPR 杆组的运动分析

RPR 杆组如图3-10所示，它由两个转动副和一个移动副组成。已知两点 A 和 C 的位置、速度及加速度，尺寸参数 e、s_1。求导杆1的角位移、角速度及角加速度；导杆上点 D 的位置、速度、加速度及滑块相对于导杆的位置、速度及加速度 s、$\dot s$、$\ddot s$。

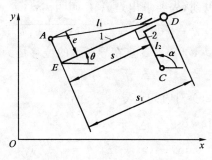

图 3-10　RPR 杆组位置分析

(1) 位置分析:点 B 的位置矢量为

$$\boldsymbol{r}_B = \boldsymbol{r}_A + \boldsymbol{l}_1 = \boldsymbol{r}_C + \boldsymbol{l}_2$$

其投影式整理后为

$$\left.\begin{array}{l} s\cos\theta + (e + l_2)\sin\theta = x_C - x_A \\ s\sin\theta - (e + l_2)\cos\theta = y_C - y_A \end{array}\right\} \tag{3-25}$$

为求 θ,消去 s,简化成

$$a\sin\theta - b\cos\theta = c \tag{3-26}$$

式中 $\qquad\qquad a = x_C - x_A, \quad b = y_C - y_A, \quad c = e + l_2$

将式(3-26)写成正切函数方程,即

$$(c - b)\tan^2\frac{\theta}{2} - 2a\tan\frac{\theta}{2} + (b + c) = 0$$

解上式得出导杆的位置角

$$\theta = 2\arctan\frac{a \pm \sqrt{a^2 + b^2 - c^2}}{c - b}$$

或

$$\theta = 2\arctan\frac{a - M\sqrt{a^2 + b^2 - c^2}}{c - b} + (M - 1)\frac{\pi}{2} \tag{3-27}$$

式中,M 为位置模式系数,用来确定 θ 的唯一值。当点 A 和点 C 分别位于导杆 ED 的两侧时,且 $A - B - C$ 按顺时针方向排列,则取 $M = 1$;反之,取 $M = -1$。当点 A 和点 C 在导杆 ED 同一侧时,l_2 为负值,此时,若 $A - B - C$ 按逆时针方向排列,则取 $M = 1$,反之,取 $M = -1$。当 $e = 0$ 时,取 $M = 1$。

杆 2 上点 B 的位置为

$$\left.\begin{array}{l} x_B = x_C + M_1 l_2\cos\alpha \\ y_B = y_C + M_1 l_2\sin\alpha \end{array}\right\} \tag{3-28}$$

式中 $\qquad\qquad\qquad \alpha = \theta + M_1 M\left(\frac{\pi}{2}\right)$

其中,M_1 的值取决于 l_2 的符号。若 l_2 为正,即 A、C 分别位于导杆 ED 两侧时,取 $M_1 = 1$;若 l_2 为负,即 A、C 位于导杆 ED 同一侧时,取 $M_1 = -1$。

杆 1 上点 D 的位置为

$$\left.\begin{array}{l} x_D = x_A + s_1\cos\theta + Me\sin\theta \\ y_D = y_A + s_1\sin\theta - Me\cos\theta \end{array}\right\} \tag{3-29}$$

在计算导杆的角位置 θ 以前,先要求出点 A、C 间距离 d:

$$d = \sqrt{(x_C - x_A)^2 + (y_C - y_A)^2}$$

该杆组的装配条件为 $d > e + l_2$。B 点在导杆上的位移量为

$$s = \sqrt{d^2 - (e + l_2)^2} \tag{3-30}$$

(2) 速度分析:将式(3-25)对时间求导,得

$$\left.\begin{array}{l} \dot{s}\cos\theta - (y_C - y_A)\dot{\theta} = \dot{x}_C - \dot{x}_A \\ \dot{s}\sin\theta + (x_C - x_A)\dot{\theta} = \dot{y}_C - \dot{y}_A \end{array}\right\} \tag{3-31}$$

解式(3-31),得导杆的角速度和 B 点的相对速度,即

$$\dot{\theta}=\frac{(\dot{y}_C-\dot{y}_A)\cos\theta-(\dot{x}_C-\dot{x}_A)\sin\theta}{(x_C-x_A)\cos\theta+(y_C-y_A)\sin\theta}$$

$$\dot{s}=\frac{(\dot{x}_C-\dot{x}_A)(x_C-x_A)+(\dot{y}_C-\dot{y}_A)(y_C-y_A)}{(x_C-x_A)\cos\theta+(y_C-y_A)\sin\theta}$$

(3-32)

进一步可求出点 D 的速度为

$$\dot{x}_D=\dot{x}_A-(s_1\sin\theta-Me\cos\theta)\dot{\theta}$$

$$\dot{y}_D=\dot{y}_A+(s_1\cos\theta+Me\sin\theta)\dot{\theta}$$

(3-33)

(3) 加速度分析：将式(3-31)对时间求导,得

$$\ddot{s}\cos\theta-\ddot{\theta}(y_C-y_A)=c_1$$

$$\ddot{s}\sin\theta+\ddot{\theta}(x_C-x_A)=c_2$$

(3-34)

式中

$$c_1=\ddot{x}_C-\ddot{x}_A+\dot{\theta}^2(x_C-x_A)+2\dot{\theta}\dot{s}\sin\theta$$

$$c_2=\ddot{y}_C-\ddot{y}_A+\dot{\theta}^2(y_C-y_A)-2\dot{\theta}\dot{s}\cos\theta$$

解式(3-34)得导杆的角加速度和构件 2 相对于导杆的加速度,即

$$\ddot{\theta}=\frac{c_2\cos\theta-c_1\sin\theta}{(x_C-x_A)\cos\theta+(y_C-y_A)\sin\theta}$$

$$\ddot{s}=\frac{c_2(y_C-y_A)+c_1(x_C-x_A)}{(x_C-x_A)\cos\theta+(y_C-y_A)\sin\theta}$$

(3-35)

由此可求得导杆上点 D 的加速度分量为

$$\ddot{x}_D=\ddot{x}_A-(s_1\sin\theta-Me\cos\theta)\ddot{\theta}-(s_1\cos\theta+Me\sin\theta)\dot{\theta}^2$$

$$\ddot{y}_D=\ddot{y}_A+(s_1\cos\theta+Me\sin\theta)\ddot{\theta}-(s_1\sin\theta-Me\cos\theta)\dot{\theta}^2$$

(3-36)

5. 有源 Ⅱ 级杆组的运动分析

有源 Ⅱ 级杆组如图 3-11 所示。已知两点 A 和 C 的位移、速度及加速度以及 $s,\dot{s}$ 和 $\ddot{s}$,长度参数 l_1 与 d。求 B 点的位置、速度及加速度。

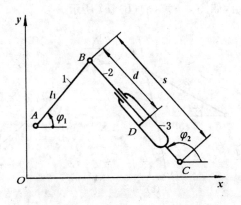

图 3-11　有源 Ⅱ 级杆组位置分析

点 B 的位置矢量方程为

$$r_B=r_A+l_1=r_C+s$$

投影式为

$$
\left.\begin{array}{l}
x_A + l_1\cos\varphi_1 = x_C + s\cos\varphi_2 \\
y_A + l_1\sin\varphi_1 = y_C + s\sin\varphi_2
\end{array}\right\} \tag{3-37}
$$

此方程与式(3-5)相似,可用同样的方法求得构件1、2的角位置φ_1、φ_2及点B位置。推导从略。

例 3-1 如图3-12所示六杆机构的运动简图。已知各杆长度为$l_{AB}=80$ mm,$l_{BC}=260$ mm,$l_{CD}=300$ mm,$l_{DE}=400$ mm,$l_{EF}=460$ mm;各构件质心S_1、S_2、S_3、S_4、S_5位置如图所示,$l_{BS2}=130$ mm,$l_{ES4}=230$ mm。曲柄1逆时针方向等角速度转动,转速$n_1=400$ r/min。试求曲柄1回转至$90°$时,滑块5上点F的位移、速度、加速度及构件2、3、4的角位移、角速度、角加速度。

解 第一步,建立坐标系如图3-12所示。

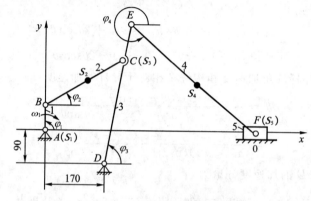

图3-12 六杆机构运动简图

第二步,进行机构的结构分析。该机构由1、2、3、4、5共5个活动构件,6个转动副(4个活动铰链、1个固定铰链)、1个移动副组成。

第三步,根据机构组成原理,将六杆机构拆成杆组:曲柄1为原动件,构件2、3组成RRR杆组,构件4、5组成RRP杆组,如图3-13(a)(b)(c)所示。

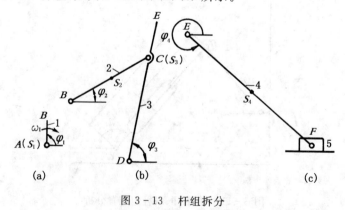

图3-13 杆组拆分

第四步,作机构的运动分析。原始数据如表3-2所示。

表 3 - 2　原始数据

转动副数:6	活动铰链数:4	铰链名	相联构件		长度总值数:7		
		B	1	2	A	B	0.08
		C	2	3	B	C	0.26
		E	3	4	C	D	0.3
		F	4	5	D	E	0.4
	固定铰链数:2	铰链名	相联构件	坐标位置	E	F	0.46
		A	1	0　　0	B	S_2	0.13
		D	3	0.17　-0.09	E	S_4	0.23

移动副数:1	移动副名	相联活动构件	导路上给定点		机构自由度:1	绕定轴转动的原动件数:1				
			坐标	点名	构件号	初始角	总转角	角速度	角加速度	转角增量
	F	5	0　　0	A	1	0	360	41.888	0	5

（1）运行 JYCAE 软件,按 1 → 2 → 4 → 5 → 6 → 6 → 6 → 1 → 1 顺序点选"基本单元"按钮,输入基本单元信息。完成后点选"计算"按钮,获得该机构 $\varphi_1 = 90°$ 时运动分析结果如表 3 - 3 和表 3 - 4 所示。

表 3 - 3　速度与加速度

运动副及质心	位置 /m		速度 /(m·s⁻¹)		加速度 /(m·s⁻²)	
	x	y	v_x	v_y	a_x	a_y
A	0.000 0	0.000 0	0.000 0	0.000 0	0.000 0	0.000 0
B	0.000 0	0.080 0	- 3.351 0	0.000 0	0.000 0	- 140.367 5
C	0.228 4	0.204 3	- 3.756 6	0.745 3	- 58.749 1	- 38.187 7
D	0.170 0	- 0.090 0	0.000 0	0.000 0	0.000 0	0.000 0
E	0.247 8	0.302 4	- 5.008 7	0.993 7	- 78.332 1	- 50.916 9
F	0.594 5	0.000 0	- 5.875 4	0.000 0	- 38.940 0	0.000 0
G_2	0.114 2	0.142 1	- 3.553 8	0.372 6	- 29.374 5	- 89.277 6
G_4	0.421 2	0.151 2	- 5.442 1	0.496 9	- 58.636 1	- 25.458 4

表 3 - 4　角速度与角加速度

构　件	角位置 /(°)	角速度 /(rad·s⁻¹)	角加速度 /(rad·s⁻²)
1	90.000 0	41.887 9	0.000 0
2	28.551 0	3.263 4	453.202 7
3	78.778 2	12.765 9	167.314 6
4	- 41.093 4	- 2.866 5	139.706 5

总之,用解析法作机构运动分析的关键是位置方程的建立和求解。至于其速度分析与加速度分析只不过是对其位置方程作进一步的数学运算而已。

习　　题

3-1　试确定如题图3-1所示各机构在图示位置的瞬心位置。

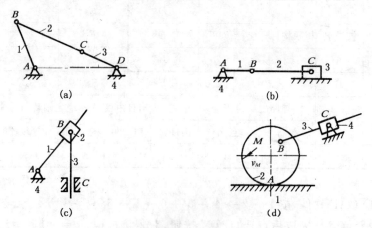

题图　3-1

3-2　在如题图3-2所示的四杆机构中,$l_{AB}=60$ mm,$l_{CD}=90$ mm,$l_{AD}=l_{BC}=120$ mm,$\omega_1=10$rad/s,试用瞬心法求:

(1) 当 $\varphi_1=45°$ 时,点 C 的速度 v_C;

(2) 当 $\varphi_1=165°$ 时,构件2的 BC 线上(或其延长线上)速度最小的一点 E 的位置及其速度大小;

(3) 当 $v_C=0$ 时,φ_1 角之值(有两个解)。

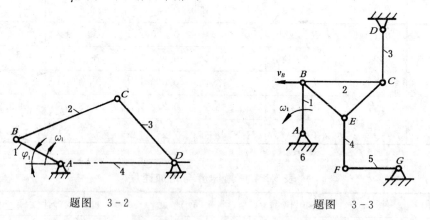

题图　3-2　　　　　　　　　　　　题图　3-3

3-3　在如题图3-3所示的机构中,设已知各构件的尺寸及点 B 的速度 v_B,试求点 F 的速度 v_F。

3-4　在如题图3-4所示的摇块机构中,已知 $l_{AB}=30$ mm,$l_{AC}=100$ mm,$l_{BD}=50$ mm,$l_{DE}=40$ mm,曲柄以等角速度 $\omega_1=10$rad/s回转,试求:当 $\varphi_1=45°$ 时,点 D 及点 E 的速度及

加速度,以及构件 2 的角速度及角加速度。

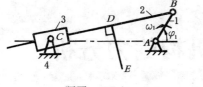 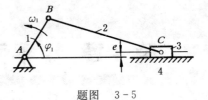

题图　3-4　　　　　　　　　　题图　3-5

3-5　在如题图 3-5 所示机构中,已知原动件 1 以等角速度 $\omega_1=10\text{rad/s}$ 逆时针方向转动,$l_{AB}=100$ mm,$l_{BC}=300$ mm,$e=30$ mm。当 $\varphi_1=60°$、$120°$、$220°$ 时,试求:构件 2 的转角 θ_2、角速度 ω_2 和角加速度 ε_2,构件 3 的速度 v_3 和加速度 a_3。

3-6　一摆动滑块机构如题图 3-6 所示,各构件尺寸为 $l_{AB}=1\,000$ mm,$l_{CE}=3\,000$ mm,$l_{CF}=2\,000$ mm,$\delta=45°$,导杆偏距 $e=500$ mm;固定铰链点为 $A(0,0)$ 及 $D(2\,000,0)$;曲柄 1 以 $\omega_1=100\text{rad/s}$ 等速转动。试计算当曲柄转角 $\varphi=60°$ 时导杆 2 的角运动参数,以及两点 E、F 的运动参数。

3-7　在如题图 3-7 所示的牛头刨床机构中,$h=800$ mm,$h_1=360$ mm,$h_2=120$ mm,$l_{AB}=200$ mm,$l_{CD}=960$ mm,$l_{DE}=160$ mm。设曲柄 1 以等角速度 $\omega_1=5\text{rad/s}$ 逆时针方向回转,试用解析法求机构在 $\varphi_1=135°$ 位置时,刨头上点 C 的位置、速度及加速度。(提示:按矢量封闭形 $ABDEA$ 和 $EDCFE$ 写出矢量投影方程式,然后对时间求一次、二次导数,推导出速度与加速度方程式。)

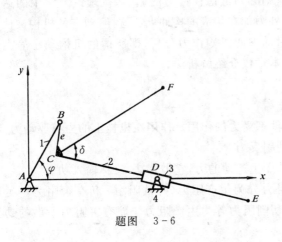 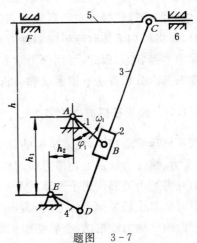

题图　3-6　　　　　　　　　　题图　3-7

3-8　如题图 3-8 所示的机构中,$l_{BC}=500$ mm,$v_{21}=\sqrt{2}/10$ m/s。当 $\theta=30°$ 时,$AC\perp BC$。试求:此位置时构件 1 和 3 的角速度 ω_1、ω_3 和角加速度 ε_1、ε_3。

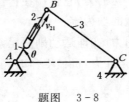

题图　3-8

第4章 平面机构的力分析

4.1 机构力分析概述

4.1.1 机构力分析的目的和方法

机构力分析的目的是,根据已知的机构尺寸、质量分布、原动件的运动规律和构件所受的外力,来求解运动副中的反力及为保证原动件按给定规律运动而应加于其上的平衡力或平衡力矩。平衡力(或平衡力矩)是与作用在机械上的已知外力和各构件的惯性力相平衡的未知外力(或外力矩),从而为进一步的机械设计、计算提供必要的资料和依据。

机构力分析分为静力分析和动态静力分析。静力分析是不计惯性力而对机构进行的力分析,适应一些低速机械。对于高速重载机械,则必须考虑惯性力的影响,按理论力学中的达朗贝尔原理,将机构运转时产生的惯性力视为外力加在相应的构件上。这样,动态的机构被认为处于静力平衡状态,因此,可用静力学方法对动态的机构作力分析,即所谓的机构动态静力分析。动态静力分析方法有图解法和解析法,本章仅介绍解析法。

4.1.2 作用在机械上的力

在机械运动过程中,组成机械的每个构件都受力的作用。作用在机械上的力有驱动力、阻抗力、重力、惯性力以及上述诸力引起的运动副反力。

驱动力是由外部作用于原动件上并使其产生运动的力,它做正功,又称输入功。

阻力是阻止机械运动的力,它做负功,阻力分为生产阻力(有效阻力)和有害阻力。生产阻力所做的功称为输出功,金属切削机床的切削阻力等为生产阻力。而有害阻力所做的功为损耗功,如摩擦力、介质阻力等均为有害阻力。

重力作用在构件质心上,当质心上升时它为阻力,当质心下降时它为驱动力,在一个运动循环中重力所做的功为零。

惯性力是构件作变速运动时所产生的力,它作用在构件质心上,其方向与质心加速度方向相反。在一个运动循环中惯性力所做的功为零。

运动副反力是运动副中的反作用力,亦即运动副两元素接触处彼此的作用力,对整个机构来说它是内力,而对某一构件来说它是外力,机械工作时,它将使运动副中产生摩擦力而阻止机械的运动。

4.2　构件惯性力的确定

在对机构进行动态静力分析之前,首先需要确定各构件的惯性力。而各构件的惯性力,因其运动形式的不同而不同。

4.2.1　作平面复合运动的构件

如图 4-1 所示的构件,由理论力学可知,其惯性力系可简化为一个加在质心 S 上的惯性力 $\boldsymbol{P}_\mathrm{I}$ 和一个惯性力偶矩 $\boldsymbol{M}_\mathrm{I}$。它们分别为

$$\boldsymbol{P}_\mathrm{I} = -m\boldsymbol{a}_s \qquad\qquad (4-1)$$
$$\boldsymbol{M}_\mathrm{I} = -J_s\boldsymbol{\varepsilon} \qquad\qquad (4-2)$$

式中,m 为构件的质量;$\boldsymbol{a}_s$ 为构件质心 S 的加速度;$\boldsymbol{\varepsilon}$ 为构件的角加速度;J_s 为构件对于过其质心轴的转动惯量。两式中的负号表示 $\boldsymbol{P}_\mathrm{I}$ 和 $\boldsymbol{M}_\mathrm{I}$ 分别与 $\boldsymbol{a}_s$ 和 $\boldsymbol{\varepsilon}$ 的方向相反。

惯性力 $\boldsymbol{P}_\mathrm{I}$ 和惯性力偶矩 $\boldsymbol{M}_\mathrm{I}$ 可用一大小等于 $\boldsymbol{P}_\mathrm{I}'$ 的总惯性力来代替。它们作用线间的距离为 $h = \dfrac{\boldsymbol{M}_\mathrm{I}}{\boldsymbol{P}_\mathrm{I}}$。

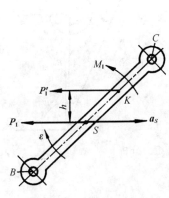

图 4-1　平面运动构件

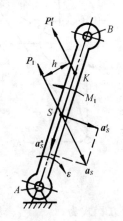

图 4-2　定轴转动构件

4.2.2　作平面移动的构件

对于作平面移动的构件,由于没有角加速度,故不产生惯性力偶矩,只是当构件作变速移动时,将有一个加在其质心 S 上的惯性力

$$\boldsymbol{P}_\mathrm{I} = -m\boldsymbol{a}_s$$

4.2.3　绕定轴转动的构件

对于绕定轴转动的构件,其惯性力和惯性力偶矩的确定有两种情况。

(1)绕通过质心的定轴转动的构件(如齿轮、飞轮等构件),因其质心的加速度为零,故惯性力为零。当构件作变速转动时,将产生一惯性力偶矩

$$\boldsymbol{M}_\mathrm{I} = -J_s\boldsymbol{\varepsilon}$$

（2）绕不通过质心的定轴转动的构件（如曲柄、凸轮等构件），如果构件是变速转动（见图 4-2），则将产生惯性力 $P_1 = -ma_S$ 及惯性力偶矩 $M_1 = -J_S\varepsilon$。

4.3　用解析法进行机构动态静力分析

用解析法进行机构动态静力分析是根据机构中每一个基本杆组（均为静定杆组）力的平衡方程式，建立机构中所有基本杆组的外力和外力矩（包括惯性力和惯性力矩）与未知的运动副反力和平衡力（或力矩）之间的关系式，从而求出各未知力（或力矩）。

4.3.1　RRR 杆组力分析

如图 4-3 所示为分离构件 1 和 2 后的受力情况，已知力 F_1、F_2、F_3、F_4 及其作用点位置 G_1、G_2；转矩 M_1、M_2；尺寸参数与运动副位置。求各运动副中的反力。

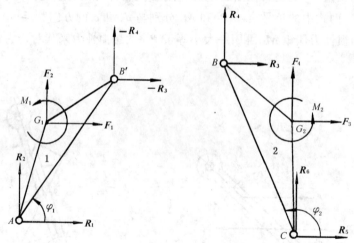

图 4-3　RRR 杆组力分析

力的平衡方程式为

$$\left.\begin{aligned}
R_1 - R_3 + F_1 &= 0 \\
R_2 - R_4 + F_2 &= 0 \\
R_3 + R_5 + F_3 &= 0 \\
R_4 + R_6 + F_4 &= 0 \\
(y_B - y_A)R_3 - (x_B - x_A)R_4 - F_5 &= 0 \\
-(y_B - y_C)R_3 + (x_B - x_C)R_4 - F_6 &= 0
\end{aligned}\right\} \qquad (4-3)$$

式中
$$F_5 = (y_{G1} - y_A)F_1 - (x_{G1} - x_A)F_2 - M_1$$
$$F_6 = (y_{G2} - y_C)F_3 - (x_{G2} - x_C)F_4 - M_2$$

解方程组式（4-3），得

$$R_3 = \frac{F_5(x_B - x_C) + F_6(x_B - x_A)}{(y_B - y_A)(x_B - x_C) - (y_B - y_C)(x_B - x_A)}$$

$$R_4 = \frac{F_5(y_B - y_C) + F_6(y_B - y_A)}{(y_B - y_A)(x_B - x_C) - (y_B - y_C)(x_B - x_A)}$$

$$\left. \begin{aligned} R_1 &= R_3 - F_1 \\ R_2 &= R_4 - F_2 \\ R_5 &= -R_3 - F_3 \\ R_6 &= -R_4 - F_4 \end{aligned} \right\} \tag{4-4}$$

4.3.2　RRP 杆组力分析

如图 4-4 所示为 RRP 杆组的构件 1、2 受力情况。已知力 F_1、F_2、F_3、F_4，力作用点 G_1、G_2；力矩 M_1、M_2；各转动副的位置及移动副的导路方位。求各运动副中的反力及移动副的反力矩 T。

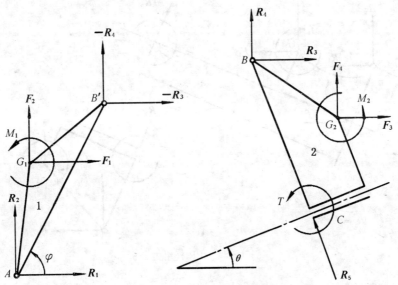

图 4-4　RRP 杆组力分析

由图 4-4 得力平衡方程为

$$\left. \begin{aligned} R_1 - R_3 + F_1 &= 0 \\ R_2 - R_4 + F_2 &= 0 \\ R_3 - R_5 \sin\theta + F_3 &= 0 \\ R_4 + R_5 \cos\theta + F_4 &= 0 \\ (y_B - y_A)R_1 - (x_B - x_A)R_2 &= F_5 \\ T = (x_B - x_{G2})F_4 - (y_B - y_{G2})F_3 - M_2 \end{aligned} \right\} \tag{4-5}$$

式中

$$F_5 = (y_{G1} - y_B)F_1 - (x_{G1} - x_B)F_2 - M_1$$

解方程组式(4-5)，得

$$R_5 = \frac{F_5 + (y_B - y_A)(F_3 + F_1) - (x_B - x_A)(F_2 + F_4)}{(y_B - y_A)\sin\theta + (x_B - x_A)\cos\theta}$$

$$R_4 = -F_4 - R_5\cos\theta$$

$$R_3 = -F_3 + R_5\sin\theta$$

$$R_2 = R_4 - F_2$$

$$R_1 = R_3 - F_1$$

(4 - 6)

4.3.3 RPR 杆组力分析

由图 3 - 10 得如图 4 - 5 所示 RPR 杆组 1 和 2 构件的受力图。已知力 F_1、F_2、F_3、F_4 及其作用点 G_1、G_2;力矩 M_1、M_2;转动副的位置及移动副的导路方位;尺寸参数 e 和 s。求各运动副的反力及移动副的反力矩 T。

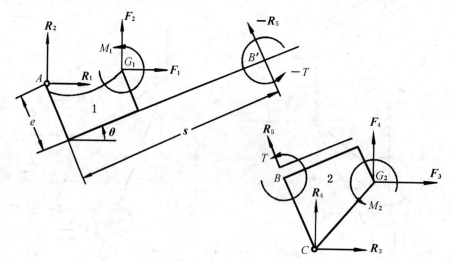

图 4 - 5　RPR 杆组力分析

由图 4 - 5 所示得力平衡方程为

$$R_1 + R_5\sin\theta + F_1 = 0$$

$$R_2 - R_5\cos\theta + F_2 = 0$$

$$R_3 - R_5\sin\theta + F_3 = 0$$

$$R_4 + R_5\cos\theta + F_4 = 0$$

$$-T - R_5 s + M_1 - F_1(y_{G1} - y_A) + F_2(x_{G1} - x_A) = 0$$

$$T = (y_{G2} - y_C)F_3 - (x_{G2} - x_C)F_4 - M_2$$

(4 - 7)

解方程组式(4 - 7),得

$$R_5 = \frac{M_1 + F_2(x_{G1} - x_A) - F_1(y_{G1} - y_A) - T}{s}$$

$$R_1 = -R_5\sin\theta - F_1$$

$$R_2 = R_5\cos\theta - F_2$$

$$R_3 = R_5\sin\theta - F_3$$

$$R_4 = -R_5\cos\theta - F_4$$

(4 - 8)

4.3.4　有源 Ⅱ 级杆组力分析

参考图 3 - 11 所示得有源 Ⅱ 级杆组中构件 1、2 和 3 的受力情况如图 4 - 6 所示。已知力 $F_i(i=1,2,\cdots,6)$ 及其作用位置分别为 G_1、G_2、G_3；力矩为 M_1、M_2，各转动副位置及尺寸参数 d 和 s。求各运动副反力及移动副反力矩 T 和有源力 P。

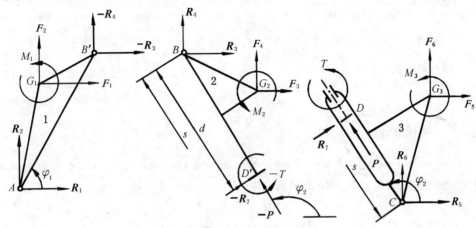

图 4 - 6　有源 Ⅱ 级杆组力分析

由图 4 - 6 所示得力平衡方程为

$$R_1 - R_3 + F_1 = 0$$
$$R_2 - R_4 + F_2 = 0$$
$$R_3 - R_7 \sin\varphi_2 - P\cos\varphi_2 + F_3 = 0$$
$$R_4 + R_7 \cos\varphi_2 - P\sin\varphi_2 + F_4 = 0$$
$$R_5 + R_7 \sin\varphi_2 + P\cos\varphi_2 + F_5 = 0 \tag{4-9}$$
$$R_6 - R_7 \cos\varphi_2 + P\sin\varphi_2 + F_6 = 0$$
$$R_1(y_A - y_B) + R_2(x_B - x_A) - F_1(y_B - y_{G1}) - F_2(x_{G1} - x_B) - M_1 = 0$$
$$R_7 d + T - F_3(y_B - y_{G2}) - F_4(x_{G2} - x_B) - M_2 = 0$$
$$R_7(d - s) + T - F_5(y_{G3} - y_C) + F_6(x_{G3} - x_C) + M_3 = 0$$

式 (4 - 9) 是以 $R_i(i=1 \sim 7)$、P、T 为变量的线性方程组，令 $R_8 = P$，$R_9 = T$，则式 (4 - 9) 可用矩阵形式表示为

$$AR = B$$

解得

$$R = A^{-1}B$$

式中

$$R = \begin{bmatrix} R_1 & R_2 & R_3 & R_4 & R_5 & R_6 & R_7 & R_8 & R_9 \end{bmatrix}^T$$

$$B = \begin{bmatrix} -F_1 & -F_2 & -F_3 & -F_4 & -F_5 & -F_6 & F_7 & F_8 & F_9 \end{bmatrix}^T$$

其中

$$F_7 = F_1(y_B - y_{G1}) + F_2(x_{G1} - x_B) + M_1$$
$$F_8 = F_3(y_B - y_{G2}) + F_4(x_{G2} - x_B) + M_2$$
$$F_9 = F_5(y_{G3} - y_C) - F_6(x_{G3} - x_C) - M_3$$

$$A = \begin{bmatrix} R_1 & R_2 & R_3 & R_4 & R_5 & R_6 & R_7 & R_8 & R_9 \\ 1 & 0 & -1 & 0 & 0 & 0 & 0 & 0 & 0 \\ 0 & 1 & 0 & -1 & 0 & 0 & 0 & 0 & 0 \\ 0 & 0 & 1 & 0 & 0 & 0 & -\sin\varphi_2 & -\cos\varphi_2 & 0 \\ 0 & 0 & 0 & 1 & 0 & 0 & \cos\varphi_2 & -\sin\varphi_2 & 0 \\ 0 & 0 & 0 & 0 & 1 & 0 & \sin\varphi_2 & \cos\varphi_2 & 0 \\ 0 & 0 & 0 & 0 & 0 & 1 & -\cos\varphi_2 & \sin\varphi_2 & 0 \\ y_A - y_B & x_B - x_A & 0 & 0 & 0 & 0 & 0 & 0 & 0 \\ 0 & 0 & 0 & 0 & 0 & 0 & d & 0 & 1 \\ 0 & 0 & 0 & 0 & 0 & 0 & d-s & 0 & 1 \end{bmatrix}$$

4.3.5 单杆力分析

如图 4-7 所示,已知力 F_1、F_2、F_3、F_4 及力作用点 G_1、B,转矩 M_1,尺寸参数与运动副位置。求运动副 A 中的反力 R_1、R_2 及平衡力矩 M_b。

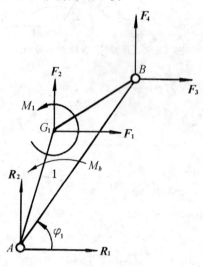

图 4-7 单杆的力分析

力的平衡方程式为

$$\left.\begin{aligned} & \boldsymbol{R}_1 + \boldsymbol{F}_1 + \boldsymbol{F}_3 = 0 \\ & \boldsymbol{R}_2 + \boldsymbol{F}_2 + \boldsymbol{F}_4 = 0 \\ & \boldsymbol{M}_b - (y_{G1} - y_A)\boldsymbol{F}_1 + (x_{G1} - x_A)\boldsymbol{F}_2 - (y_B - y_A)\boldsymbol{F}_3 + (x_B - x_A)\boldsymbol{F}_4 + \boldsymbol{M}_1 = 0 \end{aligned}\right\}$$

$$(4-10)$$

解方程组式(4-10),得

$$\boldsymbol{R}_1 = -\boldsymbol{F}_1 - \boldsymbol{F}_3$$

$$\boldsymbol{R}_2 = -\boldsymbol{F}_2 - \boldsymbol{F}_4$$

$$\boldsymbol{M}_b = (y_{G1} - y_A)\boldsymbol{F}_1 - (x_{G1} - x_A)\boldsymbol{F}_2 + (y_B - y_A)\boldsymbol{F}_3 - (x_B - x_A)\boldsymbol{F}_4 - \boldsymbol{M}_1$$

例 4-1 在例 3-1 中,已知 $m_1 = 3.673 \text{ kg}$,$m_2 = 6.122 \text{ kg}$,$m_3 = 7.347 \text{ kg}$,$m_4 = 8.673 \text{ kg}$,

$m_5 = 8.673$ kg；各构件对过其质心轴的转动惯量为 $J_{S1} = 0.03$ kg·m²，$J_{S2} = 0.08$ kg·m²，$J_{S3} = 0.1$ kg·m²，$J_{S4} = 0.2$ kg·m²；滑块上的水平生产阻力 $Q = 4\,000$ N，如图 4-8 所示。试计算曲柄 AB 转一周时，各运动副中反力变化和加在曲柄 AB 上的平衡驱动力矩 T_{MA} 的变化。

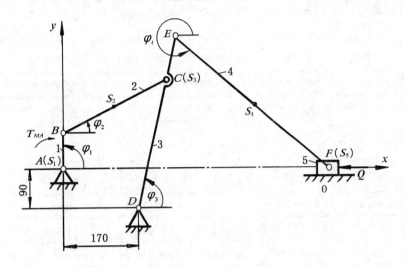

图 4-8　六杆机构力分析

解　在例 3-1 运动分析的基础上，点击 JYCAEYL 件中"动态静力分析"按钮，输入"动态静力分析参数"如图 4-9 所示。点击"运算"按钮，得到力分析计算结果(部分)如表 4-1 所示。点击"线图与矢量端图"按钮，在对应框中输入 SF0-5R、BLT-1 得到如图 4-10 所示机架给滑块 5 反力变化线图、作用在构件 1 上的平衡力矩 T_{MA} 变化曲线图。

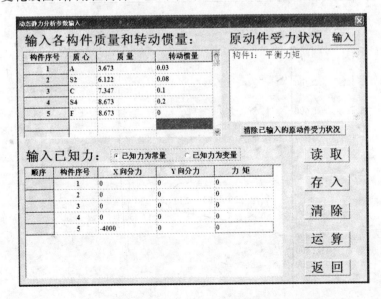

图 4-9　动态静力分析参数输入界面

表 4-1　运动副反力及平衡力矩

计算参数	$\varphi_1/(°)$	0	30	60	⋯	330	最大值
活动铰链 B、C、E、F 中的反力	R_{12x}/N	− 26 072.800	− 18 770.000	− 2 529.370	⋯	12 737.600	$\varphi_1 = 321°$ 53 025.300
	R_{12y}/N	− 30 789.900	− 12 782.300	− 1 530.110	⋯	43 212.100	
	R_{23x}/N	− 24 121.300	− 17 394.900	− 1 835.010	⋯	12 541.100	$\varphi_1 = 321°$ 52 959.900
	R_{23y}/N	− 30 853.700	− 13 033.300	− 1 311.710	⋯	43 686.600	
	R_{34x}/N	− 7 785.610	− 5 350.200	− 126.023	⋯	12 066.800	$\varphi_1 = 321°$ 18 294.0
	R_{34y}/N	4 177.420	3 122.700	− 493.907	⋯	− 10 594.500	
	R_{45x}/N	− 1 940.670	− 970.462	1 853.190	⋯	8 661.840	$\varphi_1 = 321°$ 14 157.700
	R_{45y}/N	4 085.270	2 271.160	− 755.876	⋯	− 9 264.030	
固定铰链 A、D 中的反力	R_{01x}/N	− 26 072.800	− 18 770.000	− 2 529.370	⋯	12 737.600	$\varphi_1 = 321°$ 53 060.700
	R_{01y}/N	− 30 753.800	− 12 746.300	− 1 494.070	⋯	43 248.200	
	R_{03x}/N	12 683.100	9 637.450	558.012	⋯	890.532	$\varphi_1 = 321°$ 64 682.600
	R_{03y}/N	35 112.100	17 202.000	1 114.640	⋯	− 56 007.700	
移动副 F 中的反力	SB_{05R}/N	− 4 000.190	− 2 186.070	840.958.	⋯	9 349.120	$\varphi_1 = 322°$ 10 535.100
平衡力矩	$T_{MA}/(N·m)$	− 2 463.190	− 134.786	114.036	⋯	3 503.33	$\varphi_1 = 324°$ 3 841.470

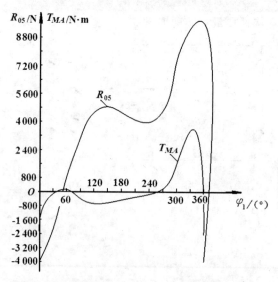

图 4-10　滑块 5 反力与平衡力矩 T_{MA} 变化曲线

习　　题

4-1　如题图 4-1 所示的曲柄滑块机构中,设已知 $l_{AB}=0.5$ m,$l_{BC}=0.33$ m,$n_1=1\,500$ r/min(为常数),活塞及其附件的重力 $G_3=21$ N,连杆的重力 $G_2=25$ N,$J_{S_2}=0.042\,5$ kg·m²,连杆质心 S_2 至转动副 B 的距离 $l_{BS_2}=l_{BC}/3$。试确定在图示位置时活塞的惯性力及连杆的总惯性力。

4-2　在题图 4-2 所示的曲柄摆动导杆机构中,已知 $l_{AB}=150$ mm,$l_{AC}=360$ mm;S_1、S_2 和 S_3 分别为构件 1、2 和 3 的质心,$l_{CS_3}=200$ mm;构件 3 质量 $m_3=10$ kg,转动惯量 $J_{S_3}=0.2$ kg·m²;$\omega_1=100$ rad/s(常数)。试求平衡力矩 M_1 及各运动副中反力。

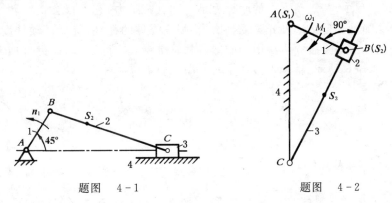

题图　4-1　　　　　　　　　题图　4-2

4-3　在题图 4-3 所示的机构中,已知各构件的尺寸为 $l_{AB}=108$ mm,$l_{CS_3}=320$ mm,$H_1=350$ mm,构件 1 的质心 S_1 在 l_{AB} 中点,构件 2 的质心 S_2 在转动副 B,$m_2=2$ kg,构件 2 对质心的转动惯量 $J_{S_2}=0.001\,1$ kg·m²,$m_3=12$ kg,$J_{S_3}=0.04$ kg·m²,曲柄 1 以等角速度转动,转速为 $n_1=255$ r/min。作用在构件 3 上的工作阻力矩 $M_3=350$ N·m。试求 $\varphi_1=60°$ 时各运动副中的反力及作用在曲柄 1 上的平衡力矩 M_B。

4-4　在题图 4-4 所示的轴承衬套压缩机中,已知 $x_1=400$ mm,$x_2=260$ mm,$y=400$ mm,$l_{DE}=340$ mm,$l_{DF}=270$ mm,$l_{CD}=690$ mm;压缩力 $Q=5\,000$N。试求当构件 DE 在铅直位置时作用在气缸活塞上的平衡力 F_B 及各运动副中的反力。

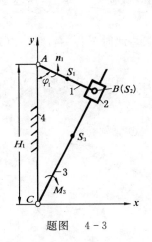
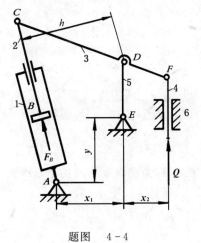

题图　4-3　　　　　　　　　题图　4-4

第5章   机械中的摩擦和机械效率

机械在运转过程中,其运动副中的摩擦力是一种有害阻力,它不仅会造成动力的浪费,从而降低机械效率,而且会使运动副元素受到磨损,削弱零件的强度,降低运动精度和工作可靠性,从而缩短机械的寿命。研究机械中的摩擦及其对机械效率的影响,通过合理设计,改善机械运转性能和提高机械效率,是摆在设计工作者面前的重要任务。

5.1   机械中的摩擦

5.1.1   移动副中的摩擦

1.移动副中摩擦力的确定

如图 5-1 所示,滑块 1 与水平平台 2 构成移动副。Q 力为作用于滑块 1 上的铅垂载荷,N_{21} 为平台 2 对滑块 1 的法向反力。当滑块 1 在水平力 P 作用下等速向右移动时,平台 2 作用在滑块 1 上的摩擦力 F_{21} 的大小为

$$F_{21} = fN_{21} \qquad (5-1)$$

式中,f 为摩擦系数。对不同的材料组合而构成的运动副,f 数值不同,可参考有关资料。

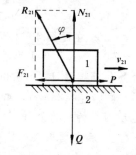

图 5-1   移动副中的摩擦

由式(5-1)可知,在摩擦系数 f 为定值的情况下,摩擦力的大小取决于两运动副元素间法向反力 N_{21} 的大小。而当外载荷 Q 一定时,两运动副元素间法向反力的大小则与两运动副元素的几何形状有关。

如图 5-2(a)所示,两构件沿平面接触构成了移动副。此时 $N_{21} = Q$,摩擦力为

$$F_{21} = fQ \qquad (5-2)$$

如图 5-2(b)所示,两构件是沿 V 形槽面接触构成了移动副。设槽形角为 2θ,则因为此时 $Q = N_{21}\sin\theta$,所以 $N_{21} = Q/\sin\theta$,故摩擦力大小为

$$F_{21} = fN_{21} = \frac{f}{\sin\theta}Q = f_v Q \qquad (5-3)$$

式中,$f_v = f/\sin\theta$,称为槽面摩擦时的当量摩擦系数。

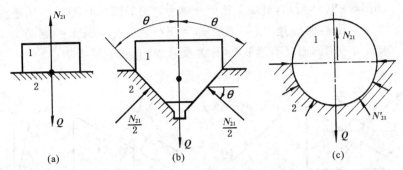

图 5-2　不同运动副元素中的摩擦

(a) 平面；(b) 槽面；(c) 弧面

如图 5-2(c) 所示，两构件沿一半圆柱面接触。此时接触面各点处的法向反力均沿圆柱面的径向。设构件 1 上所受的沿整个接触面各处法向反力的数量总和为 N'_{21}，而其向量和为 N_{21}，显然有 $N_{21} = -Q$，而 $N'_{21} > N_{21}$。设取 $N'_{21} = kQ$，式中，$k = 1 \sim \pi/2$，为与接触面接触情况有关的系数，当两接触面为点、线接触时，$k = 1$；当两接触面沿整个半圆周均匀接触时，$k = \pi/2$；其余情况下，k 介于上述两者之间。于是有

$$F_{21} = fN'_{21} = fkQ = f_v Q \tag{5-4}$$

式中，$f_v = kf$，称为圆柱面摩擦时的当量摩擦系数。

由上述分析可知，在 f 和 Q 相同的条件下，由于引入当量摩擦系数的概念，不论两运动副元素的几何形状如何，其摩擦力大小均可用统一的表达形式 $F_{21} = f_v Q$ 来表示。这样，可以直观地分析比较不同运动副情况下产生的摩擦力。从式(5-2)、式(5-3) 和式(5-4) 可知，槽面和圆柱面摩擦时当量摩擦系数较大，其摩擦力也较大，故在机械中采用 V 形和 O 形带传动、用三角形牙型(普通)的螺纹作紧固连接，都是利用上述原理来增加摩擦力。

值得注意的是，上述摩擦力的增大并不是运动副元素材料间摩擦系数发生了变化，而是运动副元素的几何形状发生变化所致。

2. 移动副中总反力的确定

为方便机械的受力分析，常将 N_{21} 和 F_{21} 合为一个总反力 R_{21}，如图5-1所示。设 R_{21} 和 N_{21} 之间的夹角为 φ，则

$$\tan\varphi = F_{21}/N_{21} = f$$

或

$$\varphi = \arctan f \tag{5-5}$$

角 φ 称为摩擦角。

若两运动副元素的材料和状态在各方向均相同，则构件 1 相对于构件 2 沿不同方向运动的总反力 R_{21} 的轨迹为一圆锥体的表面，该圆锥称为摩擦锥，如图5-1所示。

由上述分析可知，总反力 R_{21} 的作用线方位有如下两个特征：

(1) R_{21} 的作用线与两移动副元素接触面的公法线总是要偏斜一个摩擦角 φ。

(2) R_{21} 的作用线与公法线偏斜的方向，总是与构件 1 相对构件 2 的相对速度 v_{12} 的方向相反，即 R_{21} 与 v_{12} 成 $90° + \varphi$ 角。

根据上述两特征，可以迅速地确定出移动副总反力 R_{21} 作用线的方位。

例 5-1 如图 5-3(a)所示,滑块 1 置于升角为 α 的斜面 2 上,Q 为作用于滑块 1 上的铅垂载荷。求使滑块 1 沿斜面等速上行(通常称为正行程)时所需水平驱动力 P;以及如图 5-3(c)所示,求滑块 1 沿斜面 2 等速下滑(称为反行程)时的水平力 P'。

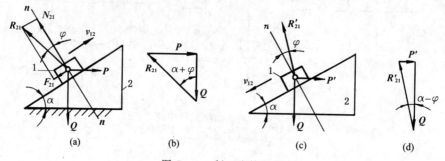

图 5-3　斜面摩擦分析

(a) 正行程运动;(b) 正行程力求解;(c) 反行程运动;(d) 反行程力求解

解 (1)正行程:如图 5-3(a)所示,根据前述原理可确定出总反力 R_{21} 的方位,由力的平衡条件可得

$$P+Q+R_{21}=0$$

上式中,仅 P 和 R_{21} 的大小未知,故可作出力的三角形如图 5-3(b)所示。由图 5-3(b)可得

$$P=Q\tan(\alpha+\varphi) \tag{5-6}$$

(2)反行程:如图 5-3(c)所示,仍以滑块 1 为示力体研究,滑块 1 所受总反力为 R'_{21}。同理可得

$$P'+R'_{21}+Q=0$$

从图 5-3(d)的力三角形可求得

$$P'=Q\tan(\alpha-\varphi) \tag{5-7}$$

分析式(5-7)可知:

(1) 若 $\alpha>\varphi$,P' 为正,与图示方向相同,说明 P' 是阻止滑块下滑的阻力。

(2) 若 $\alpha<\varphi$,P' 为负,与图示方向相反,说明 P' 成为驱动力,它和 Q 力共同作用才能驱动滑块 1 沿斜面等速下滑;否则,仅靠 Q 力驱动,不论多大都不能使滑块运动,即所谓移动副自锁。

5.1.2 螺旋副中的摩擦

1.矩形螺纹螺旋副中的摩擦

如图 5-4(a)所示,螺母 1 与螺杆 2 旋合构成螺旋副。通常当研究螺旋副的摩擦时,假定螺母与螺杆之间的压力是作用在螺旋中径 d_2 的螺旋线上,$d_2=(d+d_1)/2$。若将螺杆沿其中径 d_2 的圆柱面展开,则其上螺旋线将展成一个斜面。该斜面的倾角 α 即为螺杆在其中径 d_2 上的螺旋升角,由图 5-4(b)可知

$$\tan\alpha=l/(\pi d_2)=zp/(\pi d_2) \tag{5-8}$$

式中,l 为螺纹的导程;z 为螺纹的头数;p 为螺距。

如在螺母上加一力矩 M,使螺母旋转并逆着 Q 力方向等速向上运动(这时为拧紧螺母),则如图 5-4(b)中所示,也就相当于在滑块 1 上施加了一个水平力 $P(P=2M/d_2)$,使滑块 1 沿着斜面 2 等速向上滑动。根据式(5-6)得

$$P = Q\tan(\alpha + \varphi)$$

而拧紧螺母时所需的力矩 M 为

$$M = P\frac{d_2}{2} = \frac{d_2}{2}Q\tan(\alpha + \varphi) \tag{5-9}$$

反之，当螺母顺着 Q 力的方向等速向下运动时（这时为松退螺母），即相当于滑块 1 沿着斜面 2 等速下滑。根据式（5-7）可求得

$$P' = Q\tan(\alpha - \varphi)$$

而放松螺母时所需的力矩 M' 为

$$M' = P'\frac{d_2}{2} = \frac{d_2}{2}Q\tan(\alpha - \varphi) \tag{5-10}$$

分析式（5-10）可知：

(1) 当 $\alpha > \varphi$ 时，M' 为正值，它是阻止螺母加速放松的阻抗力矩。

(2) 当 $\alpha < \varphi$ 时，M' 为负值，它是匀速放松螺母时所必须外加的驱动力矩。若不加 M'，螺母保持拧紧状态而不会松退。

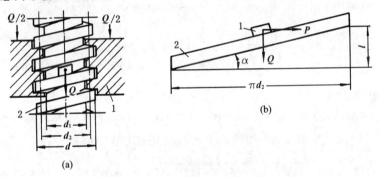

图 5-4　矩形螺旋副中的摩擦

(a) 受力分析；(b) 等高模型

2. 三角形螺纹螺旋副中的摩擦

如图 5-5 所示，三角形螺纹螺旋副与矩形螺纹螺旋副相比，后者相当于平滑块与斜平面的摩擦，而前者相当于楔形滑块与楔形槽面的摩擦，只是此时楔形槽面半角 $\theta = 90° - \beta$（β 为螺纹工作面牙形半角），其当量摩擦系数为

$$f_v = \frac{f}{\sin(90° - \beta)} = \frac{f}{\cos\beta}$$

而

$$\varphi_v = \arctan f_v$$

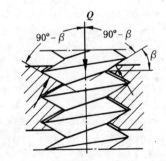

图 5-5　三角形螺纹中的摩擦

将式（5-9）和式（5-10）中的 φ 用 φ_v 代替，即可得三角形螺纹螺旋副在拧紧和放松螺母时所需的力矩，分别为

$$M = \frac{d_2}{2}Q\tan(\alpha + \varphi_v) \tag{5-11}$$

$$M' = \frac{d_2}{2}Q\tan(\alpha - \varphi_v) \tag{5-12}$$

由于 $\varphi_v > \varphi$，故三角形螺纹螺旋副的摩擦力大于矩形螺纹螺旋副的摩擦力。因此，三角形

螺纹被广泛用作紧固连接螺纹,而矩形螺纹和梯形螺纹等被用作传递运动和动力的螺纹,如起重螺旋和传动丝杠等。

5.1.3 转动副中的摩擦

转动副在各种机械中应用很广,常见的有轴与轴承等。轴放在轴承中的部分称为轴颈。按载荷作用方向不同,轴颈分为径向轴颈(见图5-6(a))和止推轴颈(见图5-6(b)),径向轴颈载荷沿轴颈半径方向作用,止推轴颈载荷沿轴颈轴线方向作用。

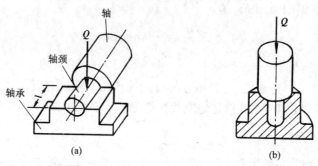

图 5-6 转动副中的摩擦

(a) 径向轴颈摩擦;(b) 止推轴颈摩擦

1. 径向轴颈的摩擦

如图5-7(a)所示,轴颈1置于轴承2中,设受有径向载荷 Q 作用的轴颈在驱动力矩 M_d 的作用下,在轴承2中以等角速度 ω_{12} 回转。由于转动副间存在法向反力 N_{21},则轴承2对轴颈1的摩擦力 $F_{21}=fN_{21}=f_vQ$,式中,f_v 为当量摩擦系数。对于非跑合的径向轴颈,$f_v=\dfrac{\pi}{2}f$;而对于跑合的径向轴颈,$f_v=\dfrac{4}{\pi}f$。摩擦力 F_{21} 对轴颈形成的摩擦力矩 M_f 为

$$M_f=F_{21}r=f_vQr \qquad\qquad (5-13)$$

根据力平衡条件,得

$$R_{21}=-Q$$
$$M_d=-R_{21}\rho=M_f$$

故

$$\rho=f_vr \qquad\qquad (5-14)$$

对于一个具体的轴颈,轴颈半径 r 和 f_v 为定值,因此 ρ 为定值。以轴心 O 为圆心,以 ρ 为半径画的圆称为摩擦圆。利用摩擦圆可以确定转动副中总反力 $\boldsymbol{R}_{21}$ 作用线的方位,其步骤如下:

(1) 不计摩擦,根据构件受力状态和力平衡条件,初步确定总反力的方向。

(2) 总反力应与摩擦圆相切。

(3) 构件2对构件1的总反力 R_{21} 对轴颈中心之矩的方向,必与构件1相对于构件2的相对角速度 ω_{12} 的方向相反。

如图5-7(b)所示,若用对轴颈1中心有偏距 e 的单一载荷 Q 来代替图5-7(a)所示的 Q 和驱动力矩 M_d,则此时有

$$M_d=Qe$$

显然,当 $e>\rho$ 时,Q 作用线在摩擦圆之外,此时 $M_d>M_f$,轴作加速转动。当 $e=\rho$ 时,Q 作用线与摩擦圆相切,此时 $M_d=M_f$,轴作等速转动。当 $e<\rho$ 时,Q 作用线与摩擦圆相割,此时 $M_d<M_f$,轴作减速运动直至停止。此时不论 Q 力有多大,都不能使轴转动,这种现象称为转动副的自锁。

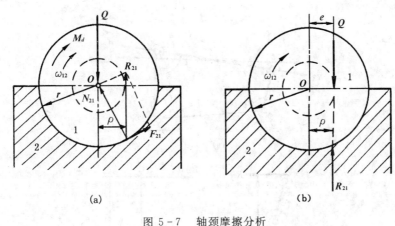

图 5-7　轴颈摩擦分析

(a)$e=0$; (b)$e=\rho$

2.止推轴颈的摩擦

止推轴颈以其端部承受轴向载荷 Q,它与轴承的接触面可以是任意的回转表面,常见的是圆形平面或环面等,如图 5-8 所示。

止推轴颈和轴承间的摩擦力矩的大小,决定于接触面上压强的分布规律。止推轴颈分为跑合的和非跑合的两种情况。设 Q 为轴向载荷,f 为接触面间的摩擦系数(见图 5-8),则当轴颈 1 在轴承 2 内转动时,其摩擦力矩的大小为

$$M_f=fQr' \qquad (5-15)$$

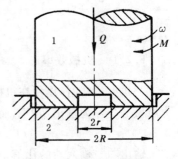

式中,r' 称为当量摩擦圆半径,其值随压强 p 的分布规律而异。对于非跑合的止推轴颈,则有

$$r'=\frac{2}{3}\times\frac{R^3-r^3}{R^2-r^2}$$

图 5-8　止推轴颈摩擦

而对于跑合的止推轴颈,则有

$$r'=\frac{R+r}{2}$$

例 5-2　图 5-9(a)所示为一四杆机构。曲柄 1 为主动件,在力矩 M_1 的作用下沿 ω_1 方向转动,试求转动副 B 及 C 中作用力的方向线的位置。图中虚线小圆为摩擦圆,解题时不考虑构件的自重及惯性力。

解　不计摩擦时,各转动副中的作用力应通过轴颈中心。构件 2 在两力 $\boldsymbol{R}'_{12}$、$\boldsymbol{R}'_{32}$ 的作用下处于平衡,故此两力应大小相等、方向相反、作用在同一条直线上,作用线应与轴颈 B、C 的中心连线重合。同时根据机构的运动情况可知,连杆 2 所受的力为拉力。

当计及摩擦时,作用力应切于摩擦圆。因在转动副 B 处构件 2、1 之间的夹角 γ 在逐渐减小,故知构件 2 相对于构件 1 的相对角速度 ω_{21} 为顺时针方向。又由于连杆 2 受拉力,因此,作

用力 R_{12} 应切于摩擦圆上方;而在转动副 C 处,构件 2、3 之间的夹角 β 在逐渐增大,故构件 2 相对于构件 3 的相对角速度 ω_{23} 为顺时针方向,因此,作用力 R_{32} 应切于摩擦圆下方。又因此时构件 2 仍在两力 R_{12}、R_{32} 作用下平衡,故此二力仍应共线,即它们的作用线应同时切于 B 处摩擦圆上方和 C 处摩擦圆下方(见图 5-9(a))。构件 1 和构件 3 的运动副反力方向如图 5-9(b)(c) 所示。

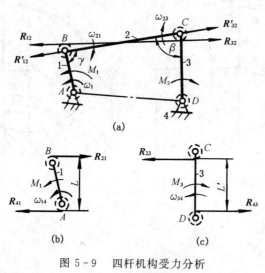

图 5-9　四杆机构受力分析

5.2　机械效率和自锁

5.2.1　机械效率

当机械运转时,作用在机械上的驱动力所做的功称为驱动功 W_d(即输入功),克服生产阻力所做的功称为输出功 W_r,而克服有害阻力所做的功称为损耗功 W_f。机械在稳定运转时有

$$W_d = W_r + W_f \tag{5-16}$$

输出功与输入功的比值,反映了机械对输入功的有效利用程度,称为机械效率,通常用 η 表示,即

$$\eta = \frac{W_r}{W_d} = 1 - \frac{W_f}{W_d} \tag{5-17}$$

效率也可用功率比表示,即

$$\eta = \frac{N_r}{N_d} = 1 - \frac{N_f}{N_d} \tag{5-18}$$

因为损耗功 W_f 或损耗功率 N_f 不可能为零,所以由式(5-17)及式(5-18)可知机械的效率总是小于 1 的,且 W_f 或 N_f 越大,机械效率就越低。因此,机械设计时,为了使其具有较高的机械效率,应设法减少运动副中的摩擦,如采用滚动摩擦代替滑动摩擦,选用适当的润滑剂以及选用合理的运动副元素形状及其材料等。

为了计算方便,常将机械效率用力或力矩的形式表达。如图 5-10 所示为一机械传动装置示意图,设 F 为驱动力,Q 为生产阻力,v_F 和 v_Q 分别为沿 F 和 Q 作用线方向的速度大小,根据

式(5-18) 可得

$$\eta = \frac{N_r}{N_d} = \frac{Qv_Q}{Fv_F} \qquad (5-19)$$

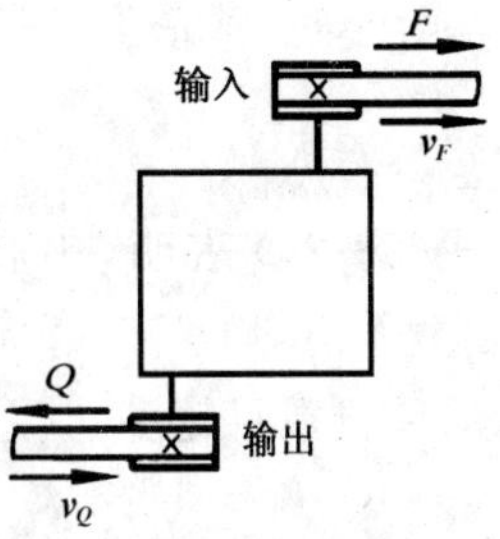

假设在该机械中不存在摩擦,此机械称为理想机械。这时为了克服同样的生产阻力 Q,其所需的驱动力称为理想驱动力 F_0,此力必小于实际驱动力 F,对于理想机械有

图 5-10　传动装置

$$\eta_0 = \frac{Qv_Q}{F_0 v_F} = 1$$

故

$$Qv_Q = F_0 v_F$$

将上式代入式(5-19),得

$$\eta = \frac{F_0}{F} \qquad (5-20)$$

式(5-20)表明,在克服同样生产阻力 Q 的情况下,机械效率等于理想驱动力 F_0 与实际驱动力 F 之比值。

同理,机械效率也可以用力矩之比的形式表达,即

$$\eta = \frac{M_0}{M} \qquad (5-21)$$

式中,M_0 和 M 分别表示为了克服同样的生产阻力所需的理想驱动力矩和实际驱动力矩。

例 5-3　试求图 5-4 所示螺旋机构中拧紧和放松螺母时的效率 η_1 和 η_2。

解　拧紧螺母时的驱动力矩由式(5-9) 得

$$M = d_2 Q\tan(\alpha + \varphi)/2$$

作为理想机械 $\varphi = 0$,则克服载荷 Q 而所需的理想驱动力矩 M_0 为

$$M_0 = d_2 Q\tan\alpha/2$$

于是得

$$\eta_1 = \frac{M_0}{M} = \tan\alpha/\tan(\alpha + \varphi) \qquad (5-22)$$

放松螺母时,此时载荷 Q 为驱动力,所以机械效率应为

$$\eta_2 = Q_0/Q$$

而由式(5-10)可得

$$Q = 2M'/d_2\tan(\alpha - \varphi)$$

理想的驱动力 Q_0 为

$$Q_0 = \frac{2M'}{d_2\tan\alpha}$$

因此得

$$\eta_2 = \tan(\alpha - \varphi)/\tan\alpha \qquad (5-23)$$

5.2.2　机组的机械效率

根据单机或机构间组合方式的不同,可以将机组分为串联、并联和混联三种,故机械效率也有相应的三种不同计算方法。

1. 串联

如图 5-11 所示,设有 k 台单机依次串联组成一个机组。其各台单机的效率分别为 η_1、

η_2、$\cdots$、η_k，则整个机组的总效率应为

$$\eta = \frac{N_k}{N_d} = \frac{N_1}{N_d}\frac{N_2}{N_1}\frac{N_3}{N_2}\cdots\frac{N_k}{N_{k-1}} = \eta_1\eta_2\eta_3\cdots\eta_k \tag{5-24}$$

式(5-24)表明，串联机组的总效率等于组成该机组各个单机的效率的连乘积。由于 η_1、η_2、$\cdots$、η_k 均小于1，所以串联机组的总效率 η 必小于其中任何一台单机的效率，而且组成机组的单机数目越多，其总效率将越低。

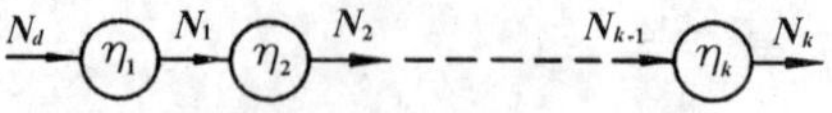

图 5-11　串联机组

2. 并联

如图5-12所示为 k 台单机相互并联组成机组，此时，以整个机组而言，其总的输入功率为

$$N_d = N_1 + N_2 + \cdots + N_k = \sum_{i=1}^{k} N_i$$

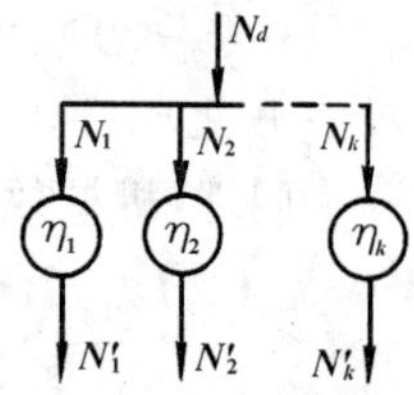

总的输出功率为

$$N_r = N'_1 + N'_2 + \cdots + N'_k =$$
$$\eta_1 N_1 + \eta_2 N_2 + \cdots + \eta_k N_k = \sum_{i=1}^{k} \eta_i N_i$$

图 5-12　并联机组

所以总效率为

$$\eta = \frac{N_r}{N_d} = \sum_{i=1}^{k} \eta_i N_i \Big/ \sum_{i=1}^{k} N_i \tag{5-25}$$

式(5-25)表明，并联机组的总效率 η 不仅与各单机的效率有关，而且还与总的输入功率如何分配有关。设 $\eta_{\max}$ 和 $\eta_{\min}$ 为各个单机的效率中的最大值和最小值，则 $\eta_{\min} < \eta < \eta_{\max}$。要提高并联机组的效率，则应着重提高传递功率大的单级的效率。

3. 混联

如图5-13所示为兼有串联和并联的混联式机组。其总效率的求法因组合的方法不同而异，可先将输入功率至输出功率的路线弄清，然后分别按各部分连接方式(并联或串联)，参照式(5-24)和式(5-25)，导出混联机组总效率计算公式。

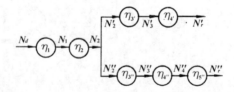

图 5-13　混联机组

例 5-4　如图5-14所示的减速器中，已知每一对圆柱齿轮和圆锥齿轮的效率分别为0.95和0.92(包含转动副效率)，求其总效率 η。

解　由图5-14可知，功率 N_d 由 $1 \rightarrow 2$ 传递，然后由 $3 \rightarrow 4 \rightarrow 5 \rightarrow 6 \rightarrow 7 \rightarrow 8$ 路线传递功率 N_{A1}，由 $9 \rightarrow 10 \rightarrow 11 \rightarrow 12 \rightarrow 13 \rightarrow 14$ 路线传递功率 N_{A2}，因此有

$$\eta_{3-8} = \eta_{3-4}\,\eta_{5-6}\,\eta_{7-8} = 0.95^2 \times 0.92 = 0.79$$

$$\eta_{9-14} = \eta_{9-10}\,\eta_{11-12}\,\eta_{13-14} = 0.95^2 \times 0.92 = 0.79$$

总的输出功率为

$$N_r = N_{A1}\,\eta_{3-8} + N_{A2}\,\eta_{9-14} = 0.79 \times (N_{A1} + N_{A2})$$

故

$$\eta = \frac{N_r}{N_d} = \frac{(N_{A1} + N_{A2}) \times 0.79}{(N_{A1} + N_{A2})/0.95} = 0.79 \times 0.95 = 0.75$$

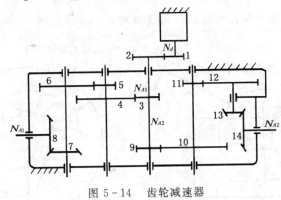

图 5-14　齿轮减速器

5.2.3　机械的自锁

实际机械中,由于摩擦的存在,会出现无论施加多大的驱动力,都不能使机械产生运动的现象,这种现象称为机械的自锁。如图 5-15 所示的螺旋千斤顶,在转动手柄 6 将物体举起后,无论物体 4 的重力有多大,都不能驱动螺母 5 反转,致使物体 4 自行降落下来。

在如图 5-16 所示的移动副中,使滑块 1 产生运动的有效分力为 $P_t = P\sin\beta = P_n\tan\beta$,此滑块所受的摩擦阻力为 $F_{\max} = P_n\tan\varphi$。当 $\beta \leqslant \varphi$ 时,$P_t \leqslant F_{\max}$,此移动副出现自锁现象。

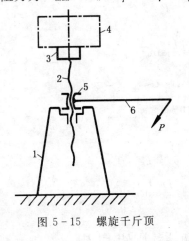

图 5-15　螺旋千斤顶

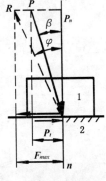

图 5-16　自锁原理

如图 5-7(b) 所示转动副的自锁条件为 $e \leqslant \rho$。这时 Q 力无论有多大,都不能使轴颈在轴承中转动。

由上述分析可知,机械自锁是与驱动力作用线位置及方向有关的。当机械出现自锁时,无论驱动力多大都不能超过由它所产生的摩擦阻力,即此时驱动力所做的功总小于或等于由它

所产生的摩擦阻力所做的功。由式(5-17)知,此时机械效率小于或等于零,即

$$\eta \leqslant 0 \qquad (5-26)$$

故也可以借助机械效率的计算式,来判断机械是不是发生自锁和分析自锁产生的条件。但注意,此时 η 已没有通常效率的意义。

例 5-5　如图5-17(a)所示的偏心夹具,O 点为偏心圆盘3的回转中心,A 为偏心圆盘的几何中心。偏心圆盘外径为 D,偏心距为 e,偏心轴颈的摩擦圆半径为 ρ,偏心盘3与工件2之间摩擦角为 φ。试求当夹具反行程自锁时的楔紧角 δ 的取值范围(见图5-17(b))。

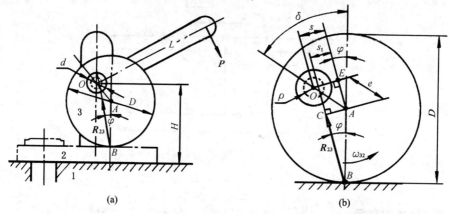

图 5-17　偏心夹具

(a) 偏心夹具结构；(b) 偏心夹具参数

解　根据题意知,当 P 力去掉后,偏心盘有沿逆时针方向(反行程)松退的运动趋势,由此可确定出运动副反力 R_{23} 的方位如图5-17(b)所示,要使偏心夹具反行程自锁,则 R_{23} 应与摩擦圆相割或相切,即应满足如下的自锁条件:

$$s - s_1 \leqslant \rho$$

由直角三角形 $\triangle ABC$ 可求得

$$s_1 = \overline{AC} = \frac{D}{2}\sin\varphi$$

又由直角三角形 $\triangle OAE$ 可求得

$$s = \overline{OE} = e\sin(\delta - \varphi)$$

由此三式可得

$$e\sin(\delta - \varphi) - \frac{D}{2}\sin\varphi \leqslant \rho$$

即

$$\delta \leqslant \arcsin\left[\frac{1}{e}\left(\rho + \frac{D}{2}\sin\varphi\right)\right] + \varphi$$

5.3　摩擦在机械中的应用

机械中的摩擦虽然对机械的工作有许多不利的影响,但在某些情况下也有其有利的一面。工程实际中不少机械正是利用摩擦来工作的,车辆就是利用车轮和地面之间的摩擦力来行驶的。常见的应用摩擦工作的机构有以下几种。

5.3.1　带轮机构

　　带轮机构主要由主动轮 1、从动轮 2 和张紧在两轮上的传动带 3 组成（见图 5-18），当原动机驱动主动轮时，借助带轮和带间的摩擦，传递两轴间的运动和动力。带轮机构具有结构简单、传动平稳、造价低廉、不需要润滑以及有缓冲作用等优点。其缺点是传动比不准确，一般不适用于高温或有腐蚀性介质的环境中。

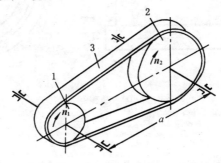

图 5-18　带传动机构

5.3.2　摩擦离合器

　　摩擦离合器的种类很多，最简单的单片离合器如图 5-19(a) 所示。此外还有多片离合器如图 5-19(b) 所示、锥面离合器如图 5-19(c) 所示、定向离合器和离心离合器等。其优点是离合平稳、安全等。

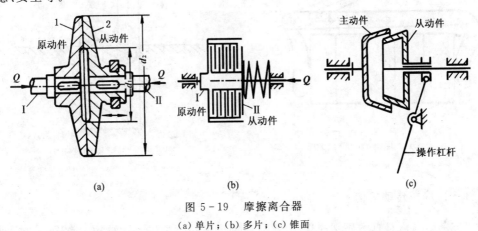

图 5-19　摩擦离合器
(a) 单片；(b) 多片；(c) 锥面

5.3.3　摩擦制动器

　　摩擦制动器广泛应用在机械制动中，常用的有带式（见图 5-20(a)）和块式（见图 5-20(b)）制动器。摩擦制动器的优点是制动平滑、安全。

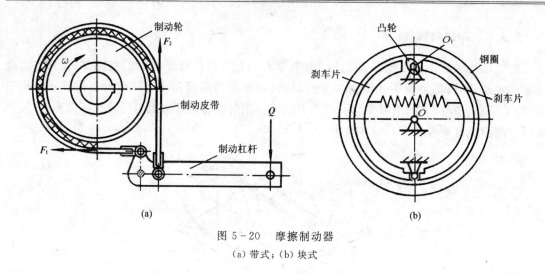

图 5-20　摩擦制动器

(a) 带式；(b) 块式

5.3.4　摩擦式夹紧机构

如图 5-21 所示装卸砖块用的夹钳式握持器，铰链 A 可调节夹持砖块的数量。如图 5-22 所示也是一种搬运夹具，构件 1 作原动件，搬运重物，构件 5 作原动件，可使夹具与重物脱离。

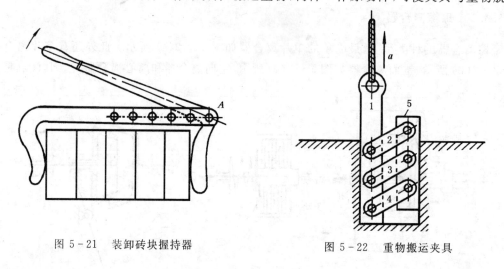

图 5-21　装卸砖块握持器

图 5-22　重物搬运夹具

5.3.5　摩擦传动机构

如图 5-23 所示是日本研制成功的 SCM 型锥形滚轮行星传动的结构示意图。在这种传动装置中太阳（滚）轮 1、行星（滚）轮 2 和套圈 3 全部用渗碳淬火钢制造。该传动装置依靠太阳轮、行星轮和套圈之间的摩擦力传递动力。在该传动装置中有自动调压机构 4，用来调整行星架 5 的轴向位置，使行星轮 2 压紧太阳轮 1。套圈 3 可轴向调节位置，以实现传动比的改变。这种机构的优点是结构简单、制造容易、运转平稳、过载可以打滑以及能无级改变传动比，因而有较大的应用范围。但由于运转中有滑动、传动效率低、结构尺寸较大、作用在轴和轴承上的载荷大等缺点，故只适宜用于传递动力较小的场合。

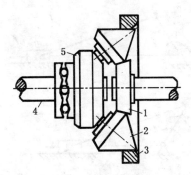

图 5-23　锥形滚轮行星传动

习　　题

5-1　填空题：

(1) 槽面摩擦力比平面摩擦力大是因为 ＿＿＿＿＿＿＿＿＿＿＿＿＿ 。

(2) 从受力观点分析，移动副的自锁条件是 ＿＿＿＿ ；转动副的自锁条件是 ＿＿＿＿＿ ；从效率观点分析，机械自锁的条件是 ＿＿＿＿＿ 。

(3) 三角形螺纹比矩形螺纹摩擦 ＿＿＿＿ ，故三角形螺纹多用于 ＿＿＿＿ ，矩形螺纹多应用于 ＿＿＿＿＿ 。

5-2　如题图 5-1 所示，比较图示两种螺纹当量摩擦系数 f_v 的大小，已知螺纹的牙形角为 β 。

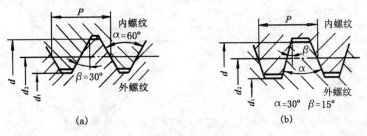

题图　5-1

5-3　如题图 5-2 所示为一曲柄滑块机构的 3 个不同位置，P 为作用在活塞上的力，转动副 A 及 B 上所画的虚线小圆为摩擦圆，试确定在此 3 个位置时作用在连杆 AB 上的作用力的真实方向（构件质量及惯性力略去不计）。

5-4　如题图 5-3 所示，已知 $r=40$ cm，$R=60$ cm，$f=0.15$，不计转动副中的摩擦，试确定偏心夹紧装置自锁时的最小距离 H 。

5-5　如题图 5-4 所示的双滑块机构中，设已知 $l=200$ mm，转动副 A、B 处轴颈直径 $d=20$ mm，转动副处的摩擦系数 $f_v=0.15$，移动副处的摩擦系数 $f=0.1$，试求：

(1) F 与 Q 的关系式，且 $\alpha=45°$，$Q=100$ N 时，$F=$？

(2) 在 F 力为驱动力时，机构的自锁条件（不计各构件的重力）。

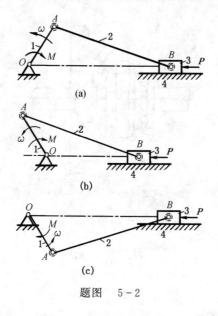

题图　5-2

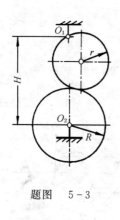

题图　5-3

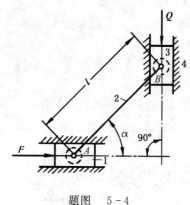

题图　5-4

5-6　对如图5-3所示的斜面机构以及如图5-4所示的螺旋机构,当其反行程自锁时,其正行程的效率 $\eta \leqslant 1/2$,试问这是不是一个普遍规律? 试分析题图5-5所示斜面机构,当其处于临界自锁时的情况,由之可得出什么重要的结论(设 $f=0.2$)?

5-7　如题图5-6所示为一颚式破碎机在破碎矿石时要矿石不至被向上挤出,试问 α 角应满足什么条件? 经分析可得出什么结论?

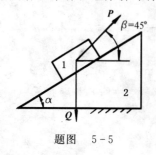

题图　5-5

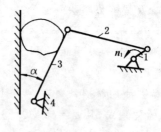

题图　5-6

5-8　如题图5-7所示为一带式运输机,由电动机1经带轮机构2及一个两级齿轮减速器带动运输带 9。设已知运输带 9 所需的曳引力 $P = 5\,500\,\text{N}$，运送速度 $v = 1.2\,\text{m/s}$。带轮机构（包括轴承）的效率 $\eta_1 = 0.95$，每对齿轮（包括其轴承）的效率 $\eta_2 = 0.97$，运输带 9 的机械效率（包括轴承）$\eta_3 = 0.92$，联轴器 3、8 的效率均为 $\eta_4 = 0.99$。试求该系统的总效率 η 及电动机所需的功率。

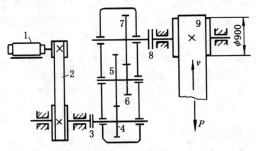

题图　5-7

5-9　如题图 5-8 所示，电动机通过三角带传动及圆锥、圆柱齿轮传动带动工作机 A 及 B。设每对齿轮的效率 $\eta_1 = 0.97$（包括轴承的效率在内），联轴器 3 的效率 $\eta_2 = 0.99$，带传动 2 的效率 $\eta_3 = 0.92$，工作机 A 及 B 的功率分别为 $N_A = 5\,\text{kW}$，$N_B = 1\,\text{kW}$，效率分别为 $\eta_A = 0.8$，$\eta_B = 0.5$。试求电动机所需的功率。

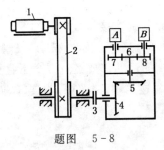

题图　5-8

5-10　两种轴向压力式制动器，如题图 5-9 所示。已知 $d_1 = 100\,\text{mm}$，$d_2 = 200\,\text{mm}$，$d'_1 = 170\,\text{mm}$，$\alpha = 10°$，$f = 0.3$，两者轴向压力相等。试按跑合情况求两种制动器产生的制动力矩（即 M 和 M'）分别为多大？并比较之。

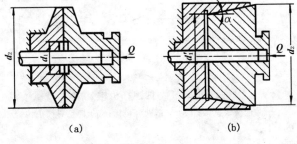

(a)　　　　　　　　(b)

题图　5-9

第6章 平面连杆机构

连杆机构是由刚性构件用低副连接而成的。它是一种应用十分广泛的机构,例如机器人的行走机构,内燃机的做功机构,自卸车车箱的举升机构,等等,都使用连杆机构。由于平面连杆机构较空间连杆机构应用更为广泛,故本章仅介绍平面连杆机构。

6.1 连杆机构的特点及应用

6.1.1 连杆机构的特点

连杆机构是由许多刚性构件和低副连接组成的。如图 6-1(a) 所示的曲柄滑块机构,如图 6-1(b) 所示的铰链四杆机构和图 6-1(c) 所示的摆动导杆机构是最常见的连杆机构形式。这些机构的共同特点是其原动件 1 的运动都要经过一个不直接与机架相连的中间构件 2 才能带动从动件 3,这个不直接与机架相连的中间构件称为连杆,而把具有连杆的这些机构统称为连杆机构。

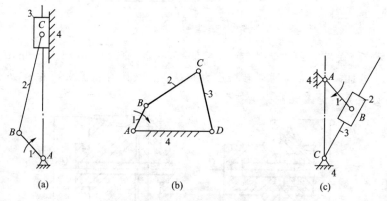

图 6-1 四连杆机构

(a)曲柄滑块机构;(b)铰链四杆机构;(c)摆动导杆机构

连杆机构具有以下传动特点:

(1) 连杆机构中构件间以低副相连,低副两元素为面接触,在承受同样载荷的条件下压力较低,因而可用来传递较大的动力。又由于低副元素的几何形状比较简单(如平面、圆柱面),故容易加工制造。

（2）构件运动形式具有多样性。连杆机构中既有绕定轴转动的曲柄、绕定轴往复摆动的摇杆，又有作平面运动的连杆、作往复直线移动的滑块等，利用连杆机构可以获得多种形式的运动，这在工程实际中具有重要的价值。

（3）在主动件运动规律不变的情况下，只要改变连杆机构各构件的相对尺寸，就可以使从动件实现不同的运动规律和运动要求。

（4）连杆曲线具有多样性。连杆机构中的连杆，可以看作是在所有方向上无限扩展的一个平面，该平面称为连杆平面。在机构的运动过程中，固接在连杆平面上的各点，将描绘出各种不同形状的曲线，这些曲线称为连杆曲线，如图 6-2 所示。连杆上点的位置不同（如图 6-2 中点 M、C、C_1、C_2），曲线形状不同；改变各构件的相对尺寸，曲线形状也随之变化。这些千变万化、丰富多彩的曲线可用来满足不同轨迹的设计要求，在机械工程中得到广泛应用。

（5）在连杆机构的运动过程中，一些构件（如连杆）的质心在作变速运动，由此产生的惯性力不好平衡，因而会增加机构的动载荷，使机构产生强迫振动，所以连杆机构一般不适用在高速场合。

（6）连杆机构中运动的传递要经过中间构件，而各构件尺寸不可能做得绝对准确，再加上运动副间的间隙，故运动传递的累积误差比较大。

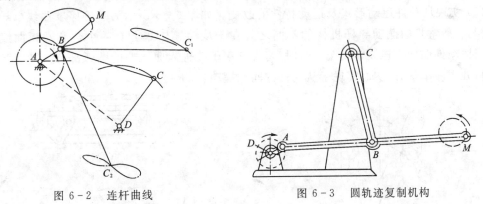

图 6-2　连杆曲线　　　　　　　图 6-3　圆轨迹复制机构

6.1.2　连杆机构应用

平面连杆机构因其构件运动形式和连杆曲线的多样性被广泛地应用于工程实际中，其功能主要有以下几个方面。

（1）实现有轨迹、位置或运动规律要求的运动。如图 6-3 所示的四杆机构为圆轨迹复制机构，利用该机构能实现预定的圆形轨迹。

如图 6-4 所示为对开胶辊印刷机中的供纸机构。它利用连杆 2 和连杆 3 运动曲线的配合，实现了提纸和递纸动作：当固结在连杆 2 上的提纸吸头到最低点时，吸头吸住一张纸并将其提起；当固结在连杆 3 上的递纸吸头到达最左侧时，吸头吸住纸并向右运动，将这张纸输送一段距离而进入印刷机的送纸辊中。

如图 6-5 所示为水稻插秧器的导向机构。秧爪 5 模拟人手动作，由秧箱中取秧苗，然后插入土中。秧爪 5 从秧箱中分秧时走的轨迹要近似圆弧，以便秧爪顺利分秧和取秧牢靠；并要求秧爪入土后到插深位置时稍向后运动随即近似垂直出土，以利不把已插秧苗重新带上。这些要求都由图 6-5 所示秧爪导向机构来实现。轨迹 I、II 分别为秧爪 5 上点 E 相对机架 4 和相对地面的运动轨迹(即秧爪上点 E 一方面相对机架运动,一方面又随机架 4 一起向前运动),由轨迹 Ⅱ 可看出,秧爪在入土后稍向后退并近似垂直出土。

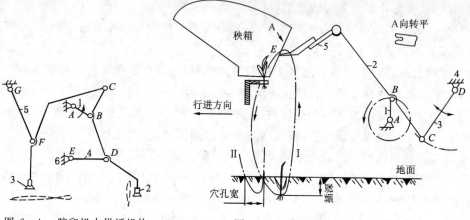

图 6-4　胶印机中供纸机构　　　　图 6-5　水稻插秧器的导向机构

（2）实现从动件运动形式及运动特性的改变。如图 6-6 所示为单侧停歇曲线槽导杆机构,它与一般常见的摆动导杆机构的不同之处在于从动导杆 3 上有一个含有圆弧曲线的导槽。当原动件曲柄 1 连续转动至左侧时,将带动滚子 2 进入曲线槽的圆弧部分。此时从动导杆 3 将处于停歇状态,从而实现了从动件的间歇摆动。

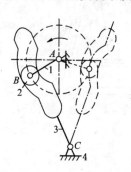

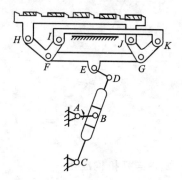

图 6-6　曲线槽导杆机构　　　　　图 6-7　步进式工件输送机构

如图 6-7 所示为步进式工件输送机构。当曲柄 AB 带动摆杆 CD 向左摆动时,将带动工作台升高并托住工件一起运动;当摆杆急速向右摆动时,工作台将下降且快速返回。利用该机构不仅实现了步进传递,且具有急回功能。

（3）实现较远距离的传动。由于连杆机构中构件的基本形状是杆状,因此可以传递较远距离的运动。例如,自行车的车闸,通过装在车把上的闸杆,利用一套连杆机构,可以把刹车动作传递到车轮的刹车块上;在锻压机械中,操作者可以在地面上通过连杆机构把控制动作传递到机床上方的离合器,以控制机床的暂停或换向。

（4）调节、扩大从动件行程。如图 6-8 所示为可变行程滑块机构,通过调节导槽 6 与水平线的倾角 α,可方便地改变滑块 5 的行程。

如图 6-9 所示为汽车用空气泵的机构简图。其特点是曲柄 CD 较短而活塞滑块的行程较长。该行程的大小由曲柄的长度及$\overline{CE}$与$\overline{BC}$之比值决定。

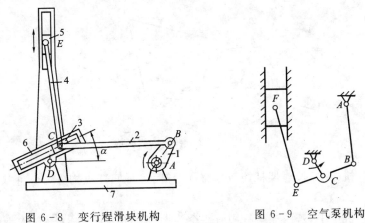

图 6-8　变行程滑块机构　　　　　　图 6-9　空气泵机构

（5）获得较大的机械增益。利用连杆机构，可以获得较大的机械增益，从而达到增力的目的。

如图 6-10 所示为偏心轮式肘节机构的运动简图。在图示工作位置，DCE 的构形如同人的肘关节一样，该机构即由此而得名。该机构在图示位置具有较大的机械增益，产生增力效果。该机构常用于压碎机、冲床等机械中。

如图 6-11 所示为杠杆式剪切机的示意图，利用该机构也可以获得较大的机械增益。

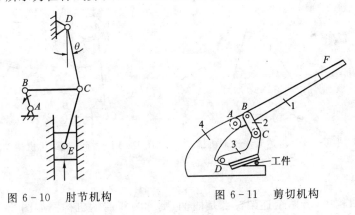

图 6-10　肘节机构　　　　　　　图 6-11　剪切机构

6.2　平面连杆机构的类型

在平面连杆机构中，结构最简单且应用最广泛的是由 4 个刚性构件及 4 个低副组成的平面四杆机构，其他多杆机构均可以看成是在此基础上通过演化而形成的。

6.2.1　平面四杆机构的基本形式

在最基本的平面四杆机构中，连接各构件的运动副都是转动副。其中如组成转动副的两构件能整周相对转动，则该转动副又称为周转副；不能作整周相对转动的则称为摆转副。通常把由转动副组成的四杆机构又称为铰链四杆机构。如图 6-12 所示，在此机构中，构件 4 为机架，与机架相连的构件 1、3 为连架杆，不与机架相连的构件 2 称为连杆，能作整周回转的连架杆 1 称为曲柄,只能在一定范围内摆动的连架杆 3 则称为摇杆。

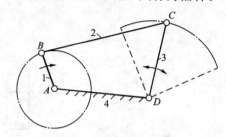

图 6-12　铰链四杆机构

在铰链四杆机构中,按连架杆能否作整周回转,可将四杆机构分为 3 种基本形式。

1. 曲柄摇杆机构

在铰链四杆机构中,若两连架杆中有一个为曲柄,另一个为摇杆,则称为曲柄摇杆机构。在此机构中,当曲柄为原动件,摇杆为从动件时,可将曲柄的连续转动,转变成摇杆的往复摆动,此机构应用广泛,如图 6-13 所示的雷达天线俯仰机构即为此种机构。

在曲柄摇杆机构中也有以摇杆为原动件的,如图 6-14 所示的缝纫机踏板机构,便是将原动摇杆 CD 的往复摆动,转换成从动曲柄 AB 的整周转动。

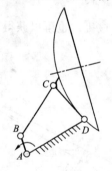
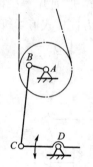

图 6-13　雷达天线俯仰机构　　　图 6-14　缝纫机踏板机构

2. 双曲柄机构

在铰链四杆机构中,若两个连架杆都是曲柄,则称为双曲柄机构。如图 6-15 所示为惯性筛机构,它利用从动曲柄 3 的变速回转,使筛子 6 具有所需的加速度,从而达到筛分物料的目的。

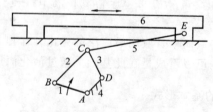

图 6-15　惯性筛机构

在双曲柄机构中,若两对边构件长度平行且相等,则成为平行四边形机构。其运动特点是两曲柄以相同的角速度同向转动,而连杆作平移运动。如图 6-16 所示机车车轮的联动机构就利用了其两曲柄等速同向转动的特性。如图6-17所示的摄影平台升降机构及图6-18所示的播种机料斗机构中则利用了连杆作平移运动的特性。

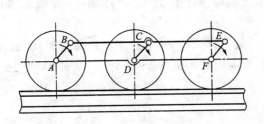

图 6-16　车轮联动机构

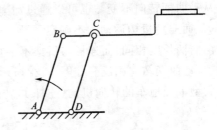

图 6-17　摄影平台升降机构

　　如图6-19所示为船码头活动跳板。当船随水位涨落时,要求跳板能始终搁在船的甲板上,并且其踏脚板始终呈水平状态。图中利用平行四边形机构的对边杆具有平行关系并作圆轨迹平移的特性,使跳板虽有上下移动但仍能保持踏脚板呈水平状态。

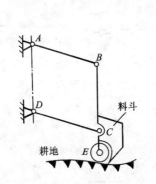

图 6-18　播种机料斗机构

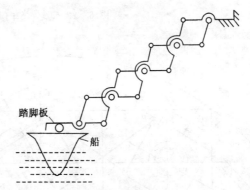

图 6-19　船码头活动跳板

　　如图6-20所示为利用平行四边形(等边菱形)机构做成的栅栏式拉门。该机构中,菱形的对角线可伸缩,水平对角线位置不变,铅垂对角线始终平行。

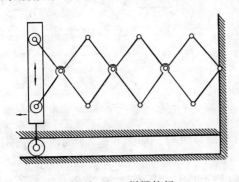

图 6-20　栏栅拉门

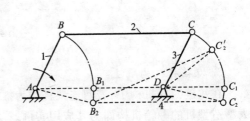

图 6-21　平行四边形运动不确定

　　平行四边杆形机构有一个位置不确定问题。如图6-21所示,当主动曲柄1转到AB_1位置时,从动曲柄3转到DC_1,这时,主、从动曲柄与机架4重合在一条线上。主动曲柄1再继续转

动到 AB_2 位置时,从动曲柄 3 可能的运动位置为 DC_2 和 DC_2',即从动曲柄 3 在 DC_1 位置运动出现不确定现象。为解决此问题,可以在从动曲柄 CD 上加装一个惯性较大的轮子,利用惯性维持从动曲柄转向不变。也可以通过加虚约束使机构保持平行四边形,如图 6-37 所示的 EF、$E'F'$,从而避免机构运动的不确定问题。

　　两曲柄长度相同,而连杆与机架不平行的铰链四杆机构,称为反平行四边形机构,这种机构主、从动曲柄转向相反。如图 6-22 所示的汽车车门开闭机构(车门 1'、3',气缸 6)和图 6-23 所示大型平板拖车的转向机构(连杆 1,转向臂 2,转向架 3、5,车身 4)即为其应用实例。

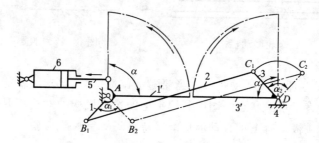

图 6-22　汽车车门开闭机构

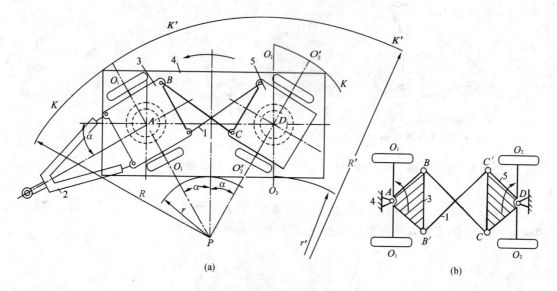

(a)　　　　　　　　　　　　　　　　　　　(b)

图 6-23　平板拖车转向机构
(a) 转向；(b) 左行

3. 双摇杆机构

　　在铰链四杆机构中,若两连架杆均为摇杆,则称为双摇杆机构。如图 6-24 所示的铸造用大型造型机的翻箱机构即为其应用实例。

　　在双摇杆机构中,若两摇杆长度相等,则形成等腰梯形机构,如图 6-25 所示的车辆前轮的转向机构,即为其应用实例。

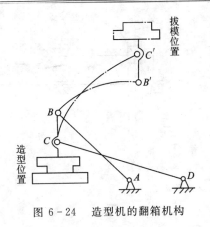

图 6-24　造型机的翻箱机构

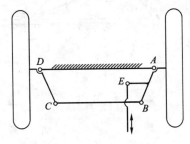

图 6-25　车轮转向机构

6.2.2　平面四杆机构的演化形式

除了上述 3 种铰链四杆机构外,在工程实际中还广泛应用着其他类型的四杆机构。这些四杆机构都可以看作是由基本铰链四杆机构通过下述不同方法演化而来的,掌握这些演化方法有利于对连杆机构进行创新设计。

1. 转动副转化成移动副

在如图 6-26(a) 所示的曲柄摇杆机构 1 中,当曲柄转动时,摇杆 3 上点 C 的轨迹是圆弧 $\overset{\frown}{mm}$,当摇杆长度愈长时,曲线 mm 愈平直。当摇杆为无限长时,mm 将成为一条直线,这时可以把摇杆做成滑块,转动副 C 将演化成移动副,这种机构称为曲柄滑块机构,如图 6-26(b) 所示。滑块移动导路到曲柄回转中心 A 之间的距离 e 称为偏距。如果 e 不为零,称为偏置曲柄滑块机构;如果 e 等于零,称为对心曲柄滑块机构,如图 6-27(a) 所示。内燃机、空气压缩机及冲床等的主机构都是曲柄滑块机构。

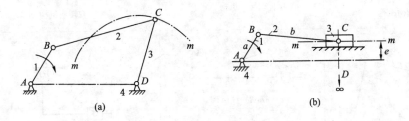

图 6-26　转动副转化成移动副

在图 6-27(a) 所示的对心曲柄滑块机构中,连杆 2 上的点 B 相对于转动副 C 的运动轨迹为圆弧 $\overset{\frown}{nn}$,如果设想连杆 2 的长度变为无限长,圆弧 $\overset{\frown}{nn}$ 将变成直线,如把连杆做成滑块,则该曲柄滑块就演化成具有两个移动副的四杆机构,如图 6-27(b) 所示。这种机构多用于仪表、解算装置中。由于从动件位移 s 和曲柄转角 φ 的关系为 $s = l_{AB}\sin\varphi$,故将该机构称为正弦机构。

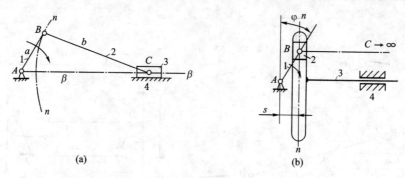

图 6-27　转动副转化成移动副

2.选用不同构件为机架

以低副相连的两构件之间的相对运动关系,不会因取其哪一个构件为机架而改变,这一性质称为"低副运动可逆性"。利用此性质可获得如表 6-1 所示的各种机构。

表 6-1　四杆机构的几种形式

Ⅰ 铰链四杆机构	Ⅱ 含有一个移动副的四杆机构	Ⅲ 含有两个移动副的四杆机构	机架
曲柄摇杆机构	曲柄滑块机构	正弦机构　　正切机构	4
双曲柄机构	转动导杆机构	双转块机构	1
曲柄摇杆机	摆动导杆机构　　曲柄摇块机构	正弦机构	2
双摇杆机构	移动导杆机构	双滑块机构	3

带有一个或两个移动副的机构,变换机架时的应用实例可参看表 6-2 和表 6-3。

表 6-2　带有一个移动副的机构及应用

作为机架的构件	机构简图	应用实例
4	 曲柄滑块机构	 内燃机、压缩机、冲床等
1	 转动导杆机构	 小型刨床
2	 曲柄摇块机构	 自卸汽车卸料机构
3	 移动导杆机构	 手压抽水机构

表 6－3　　带有两个移动副的机构及应用

作为机架的构件	机构简图	应用实例
4	双滑块机构	椭圆仪
1 或 3	正弦机构	压缩机
2	双转块机构	

6.2.3　变换构件的形态

在图 6-28(a) 所示的机构中,滑块 3 绕点 C 作定轴往复摆动,此机构称为曲柄摇块机构。当设计机构时,由于实际需要,可将此机构中的杆状构件 2 做成块状,而将块状构件 3 做成杆状机构,如图 6-28(b) 所示。此时构件 3 为摆动导杆,故称此机构为摆动导杆机构。

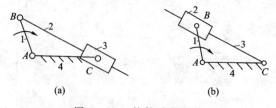

(a)　　　　　　　　　　(b)

图 6-28　构件形态变换
(a) 构件 3 包容构件 2；(b) 构件 2 包容构件 3

6.2.4　扩大转动副的尺寸

在图 6-29(a) 所示的曲柄摇杆机构中,如果将曲柄 1 端部的转动副 B 的半径加大至超过曲柄 1 的长度 AB,便得到如图 6-29(b) 所示的机构。此时,曲柄 1 变成了一个几何中心为 B,

回转中心为 A 的偏心圆盘,其偏心距 e 即为原曲柄长。该机构与原曲柄摇杆机构的运动特性完全相同,其机构运动简图也完全一样。当设计机构时,曲柄长度很短,曲柄销需承受较大冲击载荷而工作行程很小时,常采用这种偏心盘结构形式,在冲床、剪床、压印机床、柱塞油泵等设备中,均可见到这种结构。

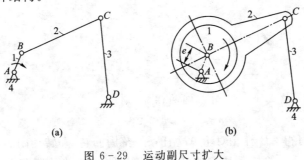

图 6 - 29　运动副尺寸扩大

(a) 曲柄摇杆机构;(b) 扩大转动副 B 的半径

6.3　平面连杆机构的工作特性

平面连杆机构具有传递和变换运动、实现力的传递和变换的功能,前者称为平面连杆机构的运动特性,后者称为平面连杆机构的传力特性。了解这些特性,对于正确选择平面连杆机构的类型,进而进行机构设计具有重要指导意义。

6.3.1　运动特性

1. 转动副为周转副的条件

机构中具有周转副的构件是关键构件,因为只有这种构件才有可能用电机等连续转动的装置来驱动。若具有周转副的构件是与机架铰接的连架杆,则该构件即为曲柄。

下面以图 6 - 30 所示的四杆机构为例,说明转动副成为周转副的条件。

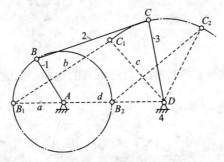

图 6 - 30　周转副条件

如图 6 - 30 所示,设 $d > a$,在杆 1 绕转动副 A 转动过程中,铰链点 B 与 D 之间的距离 g 是不断变化的,当点 B 到达图示点 B_1 和 B_2 两位置时,g 值分别达到最大值 $g_{max} = d + a$ 和最小值 $g_{min} = d - a$。

如要求杆 1 能绕转动副 A 相对杆 4 作整周转动,则杆 1 应能通过 AB_1 和 AB_2 这两个关键位置,即能构成 $\triangle B_1 C_1 D$ 和 $\triangle B_2 C_2 D$。根据三角形构成条件即可推出以下各式:

由 $\triangle B_1 C_1 D$ 可得

$$a + d \leqslant b + c \qquad (6-1)$$

由 $\triangle B_2 C_2 D$ 可得

$$b - c \leqslant d - a$$
$$c - b \leqslant d - a$$

两式可改写为

$$a + b \leqslant c + d \qquad (6-2)$$
$$a + c \leqslant b + d \qquad (6-3)$$

将式(6-1)、式(6-2)及式(6-3)分别两两相加,则得

$$a \leqslant b, \quad a \leqslant c, \quad a \leqslant d \qquad (6-4)$$

分析以上各式,可得 AB 杆相对于 AD 杆互作整周回转,即转动副 A 为周转副的条件:

(1) 最短杆与最长杆的长度和应小于或等于其他两杆的长度和。此条件称为"杆长条件"。

(2) 组成该周转副的两杆中必有一杆为四杆中的最短杆。

上述条件表明,在有周转副存在的铰链四杆机构中,即满足杆长条件时,最短杆两端的转动副均为周转副。此时,若取最短杆为机架,则可得双曲柄机构;若取最短杆为连架杆,则得曲柄摇杆机构;若取最短杆为连杆,则得双摇杆机构。

如果四杆机构不满足杆长条件,则在该四杆机构中将不存在周转副。这时不论如何选取机架,所得机构均为双摇杆机构。

应用类似的方法,可分析曲柄滑块机构和导杆机构存在曲柄的条件。

2. 急回运动特性

如图 6-31 所示的曲柄摇杆机构中,当主动曲柄 1 位于 $B_1 A$ 而与连杆 2 成一直线时,从动摇杆 3 位于右极限位置 $C_1 D$。当曲柄 1 以等角速度 ω_1 逆时针转过角 φ_1 而与连杆 2 重叠时,曲柄到达位置 $B_2 A$,而摇杆 3 则到达其左极限位置 $C_2 D$。当曲柄继续转过角 φ_2 而回到位置 $B_1 A$ 时,摇杆 3 则由左极限位置 $C_2 D$ 摆回到右极限位置 $C_1 D$。从动件的往复摆角均为 ψ。由图可以看出,曲柄相应的两个转角 φ_1 和 φ_2 为

$$\varphi_1 = 180° + \theta$$
$$\varphi_2 = 180° - \theta$$

式中,θ 为摇杆位于两个极限位置时曲柄两位置所夹的锐角,称为极位夹角。

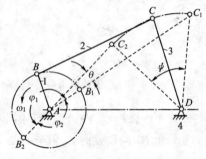

图 6-31　曲柄摇杆机构的极位

由于 $\varphi_1 > \varphi_2$，因此，当曲柄以等角速度 ω_1 转过这两个角度时，对应的时间 $t_1 > t_2$，并且 $\varphi_1 / \varphi_2 = t_1 / t_2$。而摇杆 3 的平均角速度为

$$\omega_{m1} = \psi / t_1, \quad \omega_{m2} = \psi / t_2$$

显然，$\omega_{m1} < \omega_{m2}$，即摇杆往复摆动的平均角速度不等，这样的运动称为急回运动。通常用行程速比系数 K 来衡量急回运动的急回程度，即

$$K = \frac{\omega_{m2}}{\omega_{m1}} = \frac{\psi / t_2}{\psi / t_1} = \frac{\varphi_1}{\varphi_2} = \frac{180° + \theta}{180° - \theta} \tag{6-5}$$

如已给定 K，即可求得极位夹角 θ 为

$$\theta = 180° \times \frac{K-1}{K+1} \tag{6-6}$$

上述分析表明：当曲柄摇杆机构在运动过程中出现极位夹角 θ 时，机构便具有急回运动特性。θ 角愈大，K 值愈大，机构的急回运动性质也愈显著。

图 6-32(a) 和 (b) 分别表示偏置曲柄滑块机构和摆动导杆机构的极位夹角。用式(6-5)同样可以求得相应的行程速比系数 K。

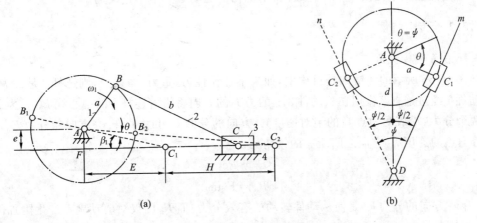

图 6-32　演化机构的极位
(a) 曲柄滑块机构的极位；(b) 摆动导杆机构的极位

3. 运动的连续性

当主动件连续运动时，从动件也能连续地占领预定的各个位置，称为机构具有运动的连续性。如图 6-33 所示的曲柄摇杆机构中，当主动件曲柄 AB 连续地转动时，从动摇杆 CD 可以占据在其摆角 ψ 或 ψ' 内的某一预定位置。

角度 ψ 或 ψ' 所决定的从动件运动范围称为运动的可行域（图中阴影区域）。由图 6-33 可知，从动件摇杆不能在 α 或 α' 所决定的区域，这个区域称为运动的非可行域。

可行域的范围受机构中构件长度的影响。在已知各构件的长度后，其可行域可以用作图法求得，如图 6-34 所示。图中 $r_{max} = a + b$，$r_{min} = b - a$。至于摇杆究竟能在哪个可行域内运动，则取决于机构的初始位置。

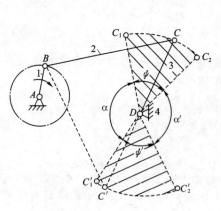 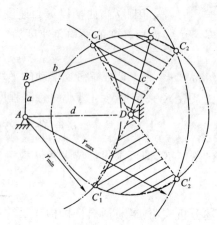

图 6-33 运动连续性区域   图 6-34 可行域求解

综上所述,在铰链四杆机构中,若机构的可行域被非可行域分隔成不连续的几个域,而从动件各给定位置又不在同一个可行域内,则机构的运动必然是不连续的。

6.3.2 传力特性

1. 压力角和传动角

如图 6-35 所示的铰链四杆机构中,如果不计惯性力、重力、摩擦力,则连杆 2 是二力构件,由主动件 1 经过连杆 2 作用在从动件 3 上的力 F 的方向将沿着连杆 2 的中心线 BC。力 F 可分解为两个分力:沿着受力点 C 的绝对速度 v_C 方向的分力 F_t 和垂直于 v_C 方向的分力 F_n。设力 F 与着力点的速度 v_C 方向之间所夹的锐角为 α,则

$$\begin{cases} F_t = F\cos\alpha \\ F_n = F\sin\alpha \end{cases}$$

式中,沿 v_C 方向的分力 F_t 是使从动件转动的有效分力;而 F_n 则仅对转动副 C 产生附加的径向压力。α 越大,径向压力 F_n 越大,故称角 α 为压力角。压力角的余角称为传动角,用 γ 表示,$\gamma = 90° - \alpha$。显然,γ 角越大,有效分力 F_t 越大,而径向压力 F_n 越小,对机构的传动越有利。因此,在连杆机构中常用 γ 角的大小及变化情况来表示机构传力性能的好坏。

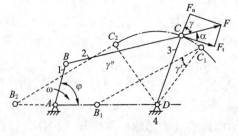

图 6-35 压力角与传动角

在机构的运动过程中,传动角 γ 的大小是变化的。当曲柄 AB 与机架共线(AB_1 位置)和主动件 AB 处于机架的延长线上(AB_2 位置)时,传动角将出现极值 γ' 和 γ''(取锐角)。它们的大小为

$$\gamma' = \arccos\frac{b^2 + c^2 - (d-a)^2}{2bc} \tag{6-7}$$

若 $\angle B_2C_2D > 90°$，则

$$\gamma'' = 180° - \arccos \frac{b^2 + c^2 - (d+a)^2}{2bc} \qquad (6-8)$$

它们中的较小者，即为机构的最小传动角 γ_{min}。为了保证机构的传动性能良好，设计时通常保证 $\gamma_{min} \geqslant 40°$；对于传递大功率的机械应使 $\gamma_{min} \geqslant 50°$。

2. 死点位置

如图 6-36 所示的曲柄摇杆机构中，当摇杆 CD 为主动件时，则当机构处于图 6-34 所示的两个虚线位置时，连杆与曲柄共线，此时传动角 $\gamma = 0$。这时主动件 CD 通过连杆作用于从动件 AB 上的力恰好通过其回转中心。所以，构件 AB 将不能转动，机构的此种位置称为死点。检查机构中是否出现死点，就是看机构在运动过程中从动件是否与连杆共线。

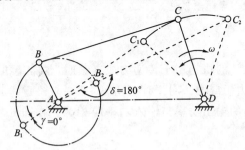

图 6-36　死点位置

对于传动机构来说，机构有死点是不利的，必须采取适当的措施使机构能顺利通过死点位置，如图 6-14 所示的缝纫机脚踏板驱动机构就是借助带轮的惯性通过死点；也可以采用机构错位排列的方法，即将两组以上的机构组合起来，而使各机构的死点位置相互错开，如图 6-37 所示的蒸汽机车车轮联动机构，就是由两组曲柄滑块机构 EFG 和 $E'F'G'$ 组成的，而两者的曲柄位置相互错开 90°。

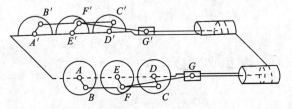

图 6-37　蒸汽机车轮联动机构

机构的死点位置也常常被用于实现特定的工作要求。如图 6-38 所示的夹紧工件用的连杆式快速夹具，就是利用死点来夹紧工件的。在工件夹紧后 BCD 成一直线，即机构在工件反力 T 的作用下处于死点。即使反力很大，也不会使工件松脱。如图 6-39 所示为飞机起落架处于放下机轮的位置，此时连杆 BC 与从动件 CD 位于一直线上。因机构处于死点位置，故机轮着地时产生的巨大冲击力不会使从动件反转，从而保持着支撑状态。

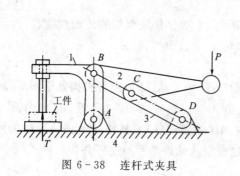

图 6-38　连杆式夹具

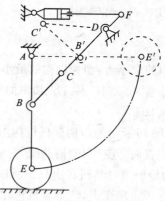

图 6-39　飞机轮起落机构

3.机构增益

在工程实际中,当所设计的机构用于传递力或夹紧时,常希望机构具有增力作用,即机构的输出力矩或力大于输入力矩或力。对于理想机械,即在忽略重力、惯性力,不计运动副中的摩擦及其能量损失时,机构的输出功率与输入功率应相等。在图 6-40 所示的铰链四杆机构中,有

$$M_1\omega_1 = M_3\omega_3$$

即

$$\frac{M_3}{M_1} = \left|\frac{\omega_1}{\omega_3}\right|$$

又由于

$$\omega_1 = \frac{v_B}{AB}, \quad \omega_3 = \frac{v_C}{CD} \quad \text{和} \quad v_B\sin\beta = v_C\sin\gamma$$

故

$$\frac{M_3}{M_1} = \left|\frac{v_B\ \overline{CD}}{v_C\ \overline{AB}}\right| = \frac{\overline{CD}\sin\gamma}{\overline{AB}\sin\beta}$$

上式表明,在机构尺寸确定后,机械增益随着传动角 γ 的增大而增大,同时又受 β 角的影响。当 β 角取值合理时,机械增益可以很大。如图 6-41 所示的杠杆式夹紧钳就是利用上述增力原理设计而成的。

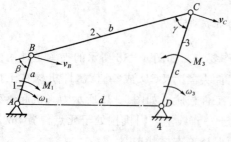

图 6-40　增力机构

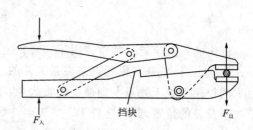

图 6-41　杠杆式夹紧钳

6.4　平面连杆机构的设计

连杆机构的设计就是根据实际工作要求,正确地确定机构形式以及机构中各构件尺寸。

6.4.1　连杆机构设计的基本问题

如前所述,平面连杆机构在工程实际中应用广泛。根据工作对机构所要实现的运动要求不同,即机械的用途和性能要求的不同,对连杆机构设计的要求是多种多样的,但它们通常可归纳为三大类设计问题。

1. 实现连杆给定位置的设计

在这类设计问题中,要求连杆能依次占据一系列的预定位置。如图 6-39 所示的飞机起落架机构,应满足机轮在放下和收起时连杆 BC 所占据的两个位置。在图 6-24 所示的铸造造型机砂箱翻转机构中,应满足砂箱造型振实和拔模时连杆 BC 所占据的两个位置。

2. 实现预定运动规律的设计

在这类设计问题中,要求两连架杆的转角能够满足预定的对应关系;或者要求在原动件运动规律一定的条件下,从动件能够准确地或近似地满足预定的运动规律要求。

如图 6-22 所示的汽车车门开闭机构,其连架杆 1、3 的转角应满足大小相等、转向相反的要求。如图 6-42 所示的牛头刨床机构中的导杆机构,应满足给定的行程速比系数 K 的要求。图 6-43 所示的对数计算机构,在一定的转角范围内,应满足当连架杆 AB 的转角正比于 x 时,CD 的转角应正比于 $y=\lg x$ 的要求等。

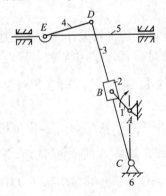
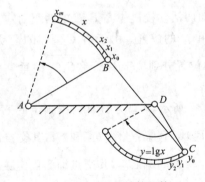

图 6-42　牛头刨床机构　　　　　　　图 6-43　对数计算机构

3. 实现预定轨迹的设计

在这类设计问题中,要求所设计的机构连杆上一点的轨迹,能与给定的曲线一致,或者能依次通过给定曲线上的若干有序列的点。如图 6-44 所示的鹤式起重机机构,为避免被吊货物上下不必要的起伏,连杆上吊钩滑轮中心点 E 应沿水平直线 EE' 移动;图 6-45 所示的搅拌机机构,应保证连杆上点 E 能按预定的轨迹 $\beta\beta$ 运动等,都属于这类问题。

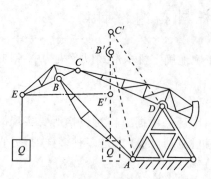

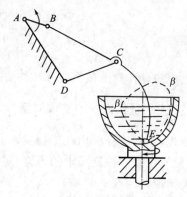

图 6-44　鹤式起重机构　　　　　图 6-45　搅拌机机构

　　连杆机构的设计方法有图解法、解析法和实验法三类。图解法直观性强、简单易行,对于设计精度要求低的某些设计,图解法比解析法方便有效,对于较复杂的设计要求,图解法很难解决。解析法精度较高,但计算量大,目前,由于计算机及数值计算方法的迅速发展,解析法已得到广泛应用。实验法通常用于设计运动要求比较复杂的连杆机构,或者用于对机构进行初步设计。设计时选用哪种方法,应视具体情况决定。

6.4.2　平面四杆机构的运动设计

1. 实现连杆给定位置的设计

　　如图 6-46 所示,设工作要求某刚体在运动过程中依次占据 B_1C_1、B_2C_2 两个位置,求此四杆机构。

　　由于已知两活动铰链中心 B、C 的两组对应位置,因此该机构设计的主要问题是确定两固定铰链点 A 和 D 的位置。由于 B、C 两点的运动轨迹是圆,该圆的中心就是固定铰链的位置,因此,A、D 的位置分别位于 $\overline{B_1B_2}$ 和 $\overline{C_1C_2}$ 的垂直平分线 b_{12} 和 c_{12} 上,具体位置可根据需要选取,故有无穷多解。

　　如图 6-47 所示,若要求连杆占据预定的三个位置 B_1C_1、B_2C_2、B_3C_3,则可用上述方法分别作 $\overline{B_1B_2}$ 和 $\overline{B_2B_3}$ 垂直平分线 b_{12} 和 b_{23},其交点即为固定铰链 A 的位置;同理,分别作 $\overline{C_1C_2}$ 和 $\overline{C_2C_3}$ 的垂直平分线 c_{12} 和 c_{23},其交点即为固定铰链 D 的位置。连接 AB_1 及 C_1D 即得所求的四杆机构。

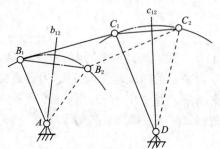
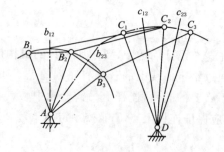

图 6-46　给定连杆两位置　　　　　图 6-47　给定连杆 3 位置

当给定连杆 4 个位置时,因任一点的 4 个位置并不总在同一圆周上,因而活动铰链 B、C 的位置就不能任意选定。但总可以在连杆上找到一些点,它的 4 个位置是在同一圆周上,故满足连杆 4 个位置的设计也是可以解决的,且有无穷多解。如果要求连杆占据 5 个位置,根据德国学者布尔梅斯特尔的研究,可能有解,也可能无解。关于这个问题,需要时可参阅文献[33]。

2. 实现预定运动规律的设计

(1) 按两连架杆预定的对应位置设计四杆机构。如图 6-48 所示,设已知四杆机构中两固定铰链 A 和 D 的位置,连架杆 AB 的长度,要求从动件 3 与主动件 1 的转角之间满足一系列的对应位置关系,即 $\varphi_{3i} = f(\alpha_{1i})$,$i = 1, 2, 3, \cdots, n$,设计此四杆机构。

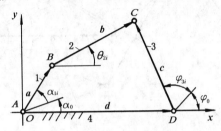

图 6-48　两连架杆对应位置

当取 $n = 2$ 时,如图 6-49 所示四杆机构,即求两连架杆转角能实现当主动件 AB_1 转过 α_{12} 角到 AB_2 位置时,从动件则由 DC_1 转过 φ_{12} 角到 DC_2 位置。

现在假设,当机构在第二位置时,给整个机构一个反转运动,使绕轴心 D 按与 CD 转向相反的方向转过 φ_{12} 角,即转过 $-\varphi_{12}$ 角。根据相对运动的原理,这并不影响各构件间的相对运动,但这时构件 DC_2 却转到位置 DC_1 而与之重合。机构的第二位置则转到了 $DC_1B_2'A'$ 位置。此时可以认为,机构已转化成了以 CD 为机架、AB 为连杆的机构。而连杆机构 AB 分别占据 AB_1 和 $A'B_2'$ 两位置。于是,按两连架杆预定的对应位置设计四杆机构的问题,也就转化成了按连杆预定位置设计四杆机构的问题,上述的这种方法称为反转法或转化机构法。

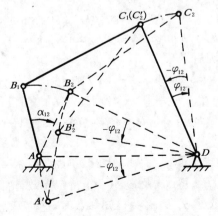

图 6-49　两连架杆对应两位置

如图 6-50 所示,设计 $n = 3$ 四杆机构的具体步骤如下:

1) 选定固定铰链 A 与 D 的位置。

2) 任取连架杆 AB 的第一位置 AB_1,然后作 $\angle B_1AB_2 = \alpha_{12}$,$\angle B_1AB_3 = \alpha_{13}$,则 AB_2、AB_3

即为第二、三位置。

3）分别连接 B_2D、B_3D，使 B_2D、B_3D 绕轴心 D 分别转过角 $-\varphi_{12}$ 和 $-\varphi_{13}$，亦即作 $\angle B_2DB'_2 = -\varphi_{12}$，$\angle B_3DB'_3 = -\varphi_{13}$，求得 B'_2 和 B'_3。

4）分别作 $\overline{B_1B'_2}$、$\overline{B'_2B'_3}$ 的垂直平分线 b_{12}、b_{23}，它们交于点 C_1，则 AB_1C_1D 即为所求的四杆机构。

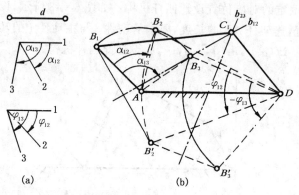

图 6-50　两连架杆对应 3 位置

上述设计问题用解析法设计时，其过程如下：

建立如图6-48所示的坐标系，使 x 轴与机架重合，各构件以矢量表示，其转角从 x 轴正向沿逆时针方向度量。根据各构件所构成的矢量封闭形，可写出下列矢量方程式，即

$$a + b = d + c$$

将上式向坐标轴投影，可得

$$\left.\begin{array}{l} a\cos(\alpha_{1i}+\alpha_0) + b\cos\theta_{2i} = d + c\cos(\varphi_{3i}+\varphi_0) \\ a\sin(\alpha_{1i}+\alpha_0) + b\sin\theta_{2i} = c\sin(\varphi_{3i}+\varphi_0) \end{array}\right\} \qquad (6-9)$$

令 $a/a=1, b/a=t, c/a=n, d/a=l$，则

$$\left.\begin{array}{l} t\cos\theta_{2i} = l + n\cos(\varphi_{3i}+\varphi_0) - \cos(\alpha_{1i}+\alpha_0) \\ t\sin\theta_{2i} = n\sin(\varphi_{3i}+\varphi_0) - \sin(\alpha_{1i}+\alpha_0) \end{array}\right\} \qquad (6-10)$$

从以上两式消去 θ_{2i}，整理后得

$$\begin{aligned} \cos(\alpha_{1i}+\alpha_0) = {}& n\cos(\varphi_{3i}+\varphi_0) - (n/l)\cos(\varphi_{3i}+\varphi_0-\alpha_{1i}-\alpha_0) + \\ & (l^2 + n^2 + 1 - t^2)/(2l) \end{aligned} \qquad (6-11)$$

令　　　　　$P_0 = n, \quad P_1 = -n/l, \quad P_2 = (l^2 + n^2 + 1 - t^2)/(2l)$

则式（6-11）可化为

$$\cos(\alpha_{1i}+\alpha_0) = P_0\cos(\varphi_{3i}+\varphi_0) + P_1\cos(\varphi_{3i}+\varphi_0-\alpha_{1i}-\alpha_0) + P_2 \qquad (6-12)$$

式（6-12）中包含有 P_0、P_1、P_2、α_0 及 φ_0 共5个待定参数，由此可知，两连架杆转角对应关系最多只能给出5组。当预选了 α_0 及 φ_0 为已知参数时，这时只能按3个对应位置要求进行精确设计。

（2）按期望函数设计四杆机构。如果给定的设计要求是用铰链四杆机构两连架杆的转角关系 $\varphi_{3i}=f(\alpha_{1i})$ 在 $x_0 \leqslant x \leqslant x_m$ 区间来模拟给定函数 $y=P(x)$，则这时按给定函数要求设计四杆机构的首要问题，是先要按一定比例关系把给定函数 $y=P(x)$ 转换成两连架杆对应的角位移方程 $\varphi_{3i}=f(\alpha_{1i})$，再按上述的方法进行设计。

这里称 $y=P(x)$ 为期望函数。由于连杆机构的待定参数较少,故一般不能准确实现该期望函数。现设连杆机构实际实现的函数为 $y=F(x)$,称它为再现函数。这两个函数一般是不完全一致的。为了求解,在自变量 x 的变化区间 $x_0 \sim x_m$ 内的某些点上,使再现函数与期望函数值相等,即 $F(x)-P(x)=0$,也就是两函数曲线在这些点上相交,这些交点称为插值节点。

由上述已知节点的数目不能超过 5 个,否则便不能精确求解。关于节点的选取,根据函数逼近理论可知,按如下方式选取较为有利,即取

$$x_i = (x_m + x_0)/2 - (x_m - x_0)\cos[180°(2i-1)/(2m)]/2 \tag{6-13}$$

式中,$i=1,2,\cdots,m$;m 为插值节点总数。

下面结合实例介绍设计的具体步骤。

设计时,先确定节点数 m,由给定的 x_0、x_m 值,用式(6-13)算出节点处的 x_i 的值,且算出 y_i 的值;再根据选定的 φ_m 和 ψ_m 算出 μ_φ 和 μ_ψ,通过这两个比例系数把 x_i、y_i 换算为对应的 φ_i 和 ψ_i 值(见式 6-14)。此时,问题就转化为按两连架杆对应位置设计铰链四杆机构。

$$\begin{cases} \varphi_i = \dfrac{1}{\mu_\varphi}(x_i - x_0) \\[2mm] \psi_i = \dfrac{1}{\mu_\psi}(y_i - y_0) \end{cases} \qquad i=1,2,\cdots,m \tag{6-14}$$

例 6-1　如图 6-51 所示,设计一铰链四杆机构,使铰链四杆机构两连架杆转角的对应关系近似地实现期望函数 $y=\lg x$,$1 \leqslant x \leqslant 2$。选定机架长度 $d=100$ mm,主、从动连架杆的起始角分别为 $\varphi_0=86°$,$\psi_0=23.5°$,转角范围分别是 $\varphi_m=60°$,$\psi_m=90°$。

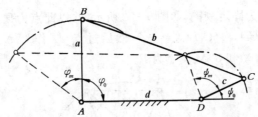

图 6-51　两连架杆转角实现期望函数

解　由式(6-13)得插值节点为

$$x_i = \frac{1}{2}(x_m + x_0) - \frac{1}{2}(x_m - x_0)\cos\frac{2i-1}{2m}\pi$$

取 $x_0=1$,$x_m=2$,对应的 $y_0=0$,$y_m=0.301$,若取 $m=3$,则插值节点的坐标分别为

$$\begin{aligned} x_1 &= 1.067, & y_1 &= 0.028\,2 \\ x_2 &= 1.5, & y_2 &= 0.176\,1 \\ x_3 &= 1.933, & y_3 &= 0.286\,2 \end{aligned}$$

由于自变量的变化范围为 $x_0 \leqslant x \leqslant x_m$,函数的变化范围为 $y_0 \leqslant y \leqslant y_m$;对应的转角范围为 $\varphi_0 \leqslant \varphi \leqslant \varphi_m$,$\psi_0 \leqslant \psi \leqslant \psi_m$,则其比例系数为

$$\mu_\varphi = \frac{x - x_0}{\varphi} = \frac{x_m - x_0}{\varphi_m} = \frac{1}{60°}$$

$$\mu_\psi = \frac{y - y_0}{\psi} = \frac{y_m - y_0}{\psi_m} = \frac{0.301}{90°}$$

利用式(6-14),可求得

$$\varphi_1 = 4.02°, \qquad\qquad \psi_1 = 8.432°$$
$$\varphi_2 = 30°, \qquad\qquad \psi_2 = 52.65°$$
$$\varphi_3 = 55.98°, \qquad\qquad \psi_3 = 85.58°$$

将各节点的坐标值,即三组对应角位移(φ_i, ψ_i)以及初始角φ_0, ψ_0代入式(6-12)中,可得

$$\cos 90.02° = P_0 \cos 31.93° + P_1 \cos 58.09° + P_2$$
$$\cos 116° = P_0 \cos 76.15° + P_1 \cos 39.85° + P_2$$
$$\cos 141.98° = P_0 \cos 109.07° + P_1 \cos 32.91° + P_2$$

解方程式可得

$$P_0 = 0.568\,719, \quad P_1 = -0.382\,598, \quad P_2 = -0.280\,782$$

求出机构各构件的相对长度为

$$a = 1, \quad b = 2.089\,9, \quad c = 0.568\,72, \quad d = 1.486\,5$$

当$d = 100$ mm时,其余杆的长度为

$$a = 67.387 \text{ mm}, \quad b = 140.668 \text{ mm}, \quad c = 38.302 \text{ mm}$$

3.急回机构的设计

设计一个四杆机构作为急回机构,通常是给定行程速比系数K设计四杆机构。

已知曲柄摇杆机构中摇杆长CD和其摆角ψ以及行程速比系数K,要求设计该四杆机构。

首先,根据行程速比系数K,计算极位夹角θ,即

$$\theta = 180° \times \frac{K-1}{K+1}$$

其次,任选一点D作为固定铰链,如图6-52所示,并以此点为顶点作等腰三角形DC_2C_1,使两腰之长等于摇杆长CD,$\angle C_1DC_2 = \psi$。然后过点C_1作$C_1N \perp C_1C_2$,再过点C_2作$\angle C_1C_2M = 90° - \theta$,得$C_1N$和$C_2M$交点为$P$。

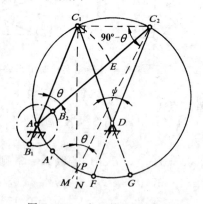

图 6-52　急回铰链四杆机构

最后以线段$\overline{C_2P}$为直径作圆,则此圆周上任一点与C_1、C_2连线所夹之角度均为θ。而曲柄转动中心A可在圆弧$\overset{\frown}{C_1PF}$或$\overset{\frown}{C_2G}$上任取。由图6-52可知,曲柄与连杆重叠共线和拉直共线的两个位置为$\overline{AC_1}$和$\overline{AC_2}$,则

$$\overline{AC_1} = \overline{B_1C_1} - \overline{AB_1}$$
$$\overline{AC_2} = \overline{AB_2} + \overline{B_2C_2}$$

由以上两式可解得曲柄长度

$$\overline{AB} = \overline{AB_2} = \frac{\overline{AC_2} - \overline{AC_1}}{2} = \frac{\overline{EC_2}}{2}$$

线段 $\overline{EC_2}$ 可由以 A 为圆心、$\overline{AC_1}$ 为半径作圆弧与 $\overline{AC_2}$ 的交点 E 来求得,而连杆长 $\overline{BC}$ 为

$$\overline{BC} = \overline{B_2C_2} = \overline{AC_2} - \overline{AB_2}$$

由于曲柄中心 A 位置有无穷多,故该设计方案有无穷多个。如果要求机构具有较大的传动角,又给出了其他附加条件,如给定机架尺寸,则点 A 的位置也随之确定。

如果工作要求所设计的急回机构为曲柄滑块机构,则如图 6-53 所示的点 C_1、C_2 分别对应于滑块行程的两个端点,其设计方法与上述相同。如果工作要求所设计的机构为摆动导杆机构,则利用极位夹角 θ 与导杆摆角 ψ 相等(见图 6-32(b))这一特点,即可方便地得到设计结果。

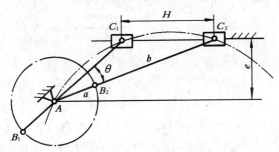

图 6-53　急回曲柄滑块机构

4. 轨迹生成机构的设计

该设计即为前面所讲的按给定的运动轨迹设计四杆机构。

在图 6-54 中,nn 所示为工作要求实现的运动轨迹,欲设计一铰链四杆机构,使其连杆上某一点 M 的运动轨迹与该给定轨迹相符。

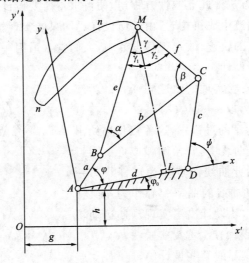

图 6-54　轨迹生成机构

为了确定机构的尺寸参数和连杆上点 M 的位置，首先须建立四杆机构连杆上点 M 的位置方程，亦即连杆曲线方程。设在坐标系 xAy 中，连杆上点 M 的坐标为 (x,y)，该点的位置方程可如下求得：由四边形 $ABML$ 可得

$$x = a\cos\varphi + e\sin\gamma_1$$
$$y = a\sin\varphi + e\cos\gamma_1$$

由四边形 $DCML$ 可得

$$x = d + c\cos\psi - f\sin\gamma_2$$
$$y = c\sin\psi + f\cos\gamma_2$$

将前两式平方相加消去 φ，后两式平方相加消去 ψ，可分别得

$$x^2 + y^2 + e^2 - a^2 = 2e(x\sin\gamma_1 + y\cos\gamma_1)$$
$$(d-x)^2 + y^2 + f^2 - c^2 = 2f[(d-x)\sin\gamma_2 + y\cos\gamma_2]$$

根据 $\gamma_1 + \gamma_2 = \gamma$ 的关系，消去上述两式中的 γ_1 和 γ_2，即可得连杆上点 M 的方程为

$$U^2 + V^2 = W^2 \tag{6-15}$$

式中

$$U = f[(x-d)\cos\gamma + y\sin\gamma](x^2 + y^2 + e^2 - a^2) - ex[(x-d)^2 + y^2 + f^2 - c^2]$$
$$V = f[(x-d)\sin\gamma - y\cos\gamma](x^2 + y^2 + e^2 - a^2) + ey[(x-d)^2 + y^2 + f^2 - c^2]$$
$$W = 2ef\sin\gamma[x(x-d) + y^2 - dy\cot\gamma]$$

而

$$\gamma = \arccos[(e^2 + f^2 - b^2)/(2ef)]$$

上式中共有 6 个待定尺寸参数 a、c、d、e、f、γ，故在给定的轨迹中选取 6 组坐标值 (x_i,y_i)，分别代入上式，联立求解这 6 个方程，即可解出全部待定尺寸。这说明连杆曲线上只有 6 个点与给定的轨迹重合。为了使连杆曲线上能有更多点与给定轨迹重合，可引入坐标系 $x'Oy'$，然后用坐标变换的方法将式 (6-15) 的方程变换到坐标系 $x'Oy'$ 中，即可得在该坐标系中的位置方程式

$$F(x',y',a,c,d,e,f,g,h,\gamma,\varphi_0) = 0$$

上式中含有 9 个待定尺寸参数。若在给定的轨迹上选定 9 个点的坐标为 (x_i,y_i)，即可得 9 个非线性方程，利用数值方法解此非线性方程组，便可求得所要设计机构的 9 个尺寸参数。

当用上述方法设计轨迹生成机构时，由于所设计机构只能实现给定轨迹上的 9 个精确点，而不能完全精确实现给定的轨迹，故在工程设计中，人们常常采用一种比较直观可行的实验法或连杆曲线图谱法来进行设计。

如图 6-55 所示，设要求实现的轨迹为 mm。为解决此设计问题，在连杆上另取一些点 C、C'、C''、$\cdots$，在点 M 沿着预期的轨迹 mm 运动的过程中，这些点将描绘出各自的连杆曲线。在这些曲线中，找出圆弧或近似圆弧的曲线。于是即可将描绘此曲线的点作为连杆与另一连架杆的铰接点 C，而将此曲线的曲率中心作为连架杆与机架的铰接点 D。这样，就设计出了实现预期运动轨迹 mm 的四杆机构，这种设计方法称为实验法。

除实验法外，在工程实际的某些设计中，还利用"连杆曲线图谱"来进行轨迹生成机构的设计。如图 6-56

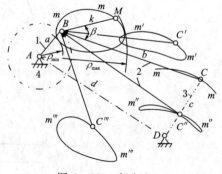

图 6-55　实验法

所示即为"连杆曲线图谱"中的一张图,图中 A、D 为固定铰链中心;B、C 为活动铰连中心,各虚线所示曲线分别为连杆平面上 9 个点在机构运动过程中所描绘的连杆曲线。图右下角所示数字表示各构件的相对杆长。在根据预期运动轨迹设计四杆机构时,可先从图谱中查找与给定轨迹形状相同或相似的连杆曲线,并查出相应的各构件的相对长度;然后用缩放仪确定连杆曲线与所需要的轨迹曲线之间相差的倍数,再按各构件的相对长度乘以此倍数,就可求得机构中各构件的实际尺寸参数。

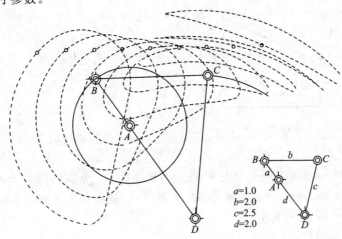

图 6-56 连杆曲线图谱法

习　　题

6-1 试绘制出题图 6-1 所示机构的运动简图,并说明它们各为何种机构。

6-2 在题图 6-2 所示铰链四杆机构中,已知 $l_{BC}=50$ mm,$l_{CD}=35$ mm,$l_{AD}=30$ mm,取 AD 为机架。

(1) 如果该机构能成为曲柄摇杆机构,且 AB 为曲柄,求 l_{AB} 的取值范围;

(2) 如果该机构能成为双曲柄机构,求 l_{AB} 的取值范围;

(3) 如果该机构能成为双摇杆机构,求 l_{AB} 的取值范围。

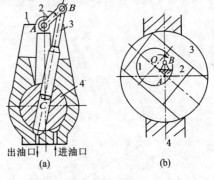

题图　6-1

6-3 在题图 6-3 所示铰链四杆机构中,各杆长度分别为 $l_{AB}=28$ mm,$l_{BC}=52$ mm,$l_{CD}=50$ mm,$l_{AD}=72$ mm。

(1) 若取 AD 为机架,求该机构的极位夹角 θ,杆 CD 的最大摆角 φ 和最小传动角 γ_{min};

(2) 若取 AB 为机架,该机构将演化成何种类型的机构?为什么?请说明这时 C、D 两个转动副是周转副还是摆转副。

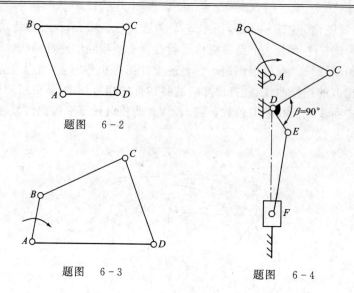

题图 6-2

题图 6-3

题图 6-4

6-4　在题图6-4所示的连杆机构中,已知各构件的尺寸为 $l_{AB}=160\ \text{mm}$,$l_{BC}=260\ \text{mm}$,$l_{CD}=200\ \text{mm}$,$l_{AD}=80\ \text{mm}$,并已知构件 AB 为原动件,沿顺时针方向匀速回转,试确定:

(1) 四杆机构 $ABCD$ 的类型;

(2) 该四杆机构的最小传动角 $\gamma_{\min}$;

(3) 滑块 F 的行程速比系数 K。

6-5　试求出如题图6-5所示四杆机构曲柄存在的条件。若偏距 $e=0$,则杆 AB 为曲柄的条件又如何?

6-6　如题图6-6所示为加热炉的炉门,关门时位置为 E_1,开启时位置为 E_2,试设计一四杆机构来驱动炉门的开闭,在开启时炉门应向外开启,炉门与炉体不得发生干涉。而在关闭时,炉门应有一自动压向炉体的趋势。B、C 为活动铰链位置,S 为炉门质心位置,其余尺寸如题图6-6所示。

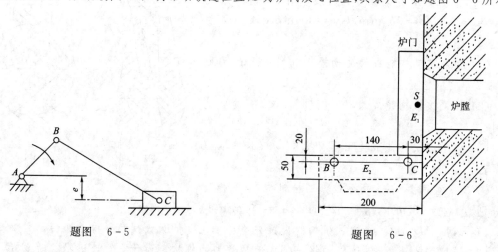

题图 6-5

题图 6-6

6-7　如题图6-7所示为一已知的曲柄摇杆机构,现要求用一连杆将摇杆 CD 与滑块 F 连接起来,使摇杆的已知三位置 C_1D、C_2D、C_3D 和滑块的三位置 F_1、F_2、F_3 相对应,试用图解法确定此连杆 EF 的长度及其与摇杆 CD 的铰接点位置 E。

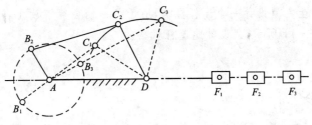

题图　6-7

6-8　如题图6-8所示,设已知破碎机的行程速比系数 $K = 1.2$,颚板长度 $l_{CD} = 300$ mm,颚板摆角 $\varphi = 35°$,曲柄长度 $l_{AB} = 80$ mm,求连杆的长度,并检验最小传动角 γ_{min} 是否符合要求。

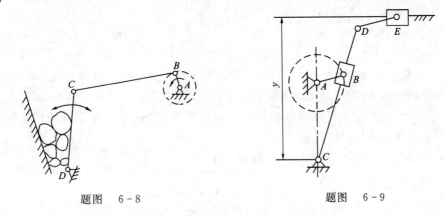

题图　6-8　　　　　　　　　　　题图　6-9

6-9　如题图6-9所示为牛头刨床机构,已知行程速比系数 $K = 1.5$,刨头 E 行程 $H = 320$ mm,曲柄长 $l_{AB} = 95$ mm,要求刨头在整个行程中有较小的压力角。试求导杆长度 l_{CD}、中心距 l_{AC} 及导路至铰链 C 的距离 y。

6-10　如题图6-10所示为六杆机构。已知 $l_{AB} = 200$ mm,$l_{AC} = 585$ mm,$l_{CD} = 300$ mm,$l_{DE} = 700$ mm,试求:

(1) 机构的行程速比系数 K;

(2) 构件5的冲程 H;

(3) 机构最大压力角 α_{max} 发生的位置及大小;

(4) 在其他尺寸不变的条件下,欲使冲程为原冲程的2倍,问曲柄长度为多少?

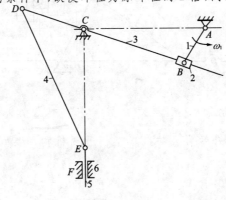

题图　6-10

6-11　一位学生希望设计一个连杆机构,用于将一辆自行车放在自己床的上方,存放架的两个位置如题图 6-11 所示,试设计此连杆机构。

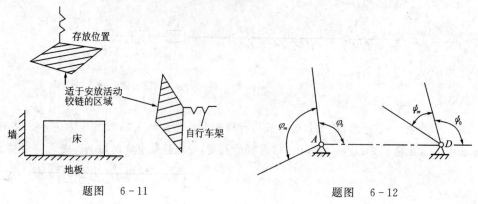

题图　6-11　　　　　　　　　　题图　6-12

6-12　如题图 6-12 所示,设计一四杆机构,使其两连架杆的对应转角关系近似实现已知函数 $y = \sin x (0 \leqslant x \leqslant 90°)$。设计时取 $\varphi_0 = 90°$,$\psi_0 = 105°$,$\varphi_m = 120°$,$\psi_m = 60°$。

6-13　设计一铰链四杆机构近似实现所要求的轨迹曲线,轨迹曲线坐标值如题表 6-1 所示。

题表　6-1

i	0	1	2	3	4	5	6
x	38	48	59	71	83	94	102
y	41	48	52	53	52	46	35

6-14　如题图 6-13 所示为机床变速箱中操纵滑动齿轮的操纵机构,已知:滑动齿轮行程 $H = 60$ mm,$l_{DB} = 100$ mm,$l_{CD} = 120$ mm,$l_{AD} = 250$ mm,其相互位置如题图 6-13 所示。当滑动齿轮在行程的另一端时,操纵手柄为垂直方向。试求构件 AB 和 BC 的长度。

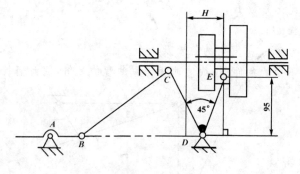

题图　6-13

6-15　如题图 6-14 所示为公共汽车车门开闭机构,已知车门宽 1 000 mm,试设计此机构。

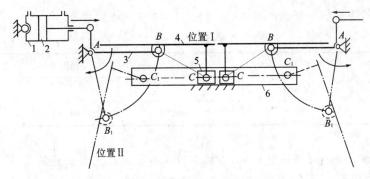

题图 6-14

6-16 如题图 6-15 所示为万能绘图仪。试设计一个能画 0 号图的此种绘图仪。

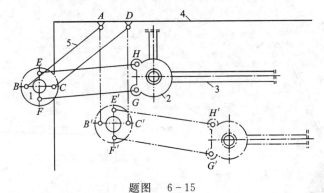

题图 6-15

6-17 如题图 6-16 所示为机构的示意图,分析机构的工作原理,哪一个构件为运动输入构件,哪一个构件为运动输出构件,各自都作什么样的运动,并且说明各个机构是否为四杆机构,如不是四杆机构,与四杆机构有什么联系。

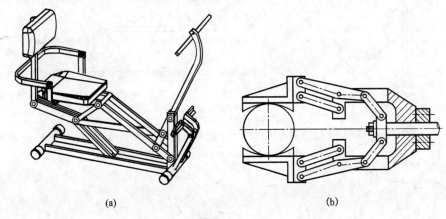

(a) (b)

题图 6-16

(a) 健身器;(b) 机械手

6-18 如题图 6-17 所示为往复式草地喷水器,构件 AD 由液压泵驱动进行单向连续转动,$a=0.625$ m,$c=1.625$ m,$f=1.625$ m,构件 BC 上有一个可以调整杆长 b 和角度 α 的装置

（图中没有画出），调整的设置如题表6-2所示。试分析其喷水范围。

题表　6-2

b 和 α 的可调整值	1组	2组	3组	4组
b/m	0.875	1.5	1.5	2.125
$\alpha/(°)$	105	140	88	130

6-19　在设计轮椅手操纵系统时，按照多数人的生理状况的统计结果，手柄的三个位置 P_1、P_2、P_3 与大轮转角 φ_2、φ_3 之间的对应关系如题图6-18所示，图示比例为 $\mu = 0.20$ m/mm。设计一个铰链四杆机构 $ABCD$，实现手柄位置与大轮转角之间的对应关系，固定铰链分别设置在点 A、D。确定机构中各个构件的长度，并检验机构是否存在曲柄。

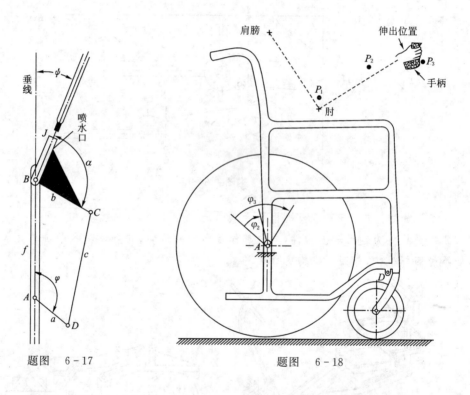

题图　6-17　　　　　　　　　　　题图　6-18

6-20　试用解析法设计一四杆机构，使其两连架杆的转角关系能实现期望函数 $y = \sqrt{x}$，$1 \leqslant x \leqslant 10$。

第7章 凸轮机构

7.1 概　述

7.1.1 凸轮机构的应用

在实际生产中,有时要求机械实现某种特殊的、不规则的运动规律,这时可以采用各种形式的凸轮机构。现举两例加以说明。

如图7-1(a)所示为内燃机的配气机构。实现上述运动如图7-1(a)所示,为了配合好气缸内的进气、排气,要求进气阀门在短时间内打开,随即关闭,直至下一个循环再进气之前为止。阀门的运动规律如图7-1(b)所示。同样,对于排气阀门也有类似的要求。实现上述运动如图7-1(a)所示,当凸轮1回转时,其轮廓将迫使从动件2往复摆动,推动气阀3开启或关闭(关闭是借弹簧4的作用)。对于这种特殊的运动规律,若用连杆机构来实现则很困难。而采用凸轮机构时,阀门的运动规律仅取决于凸轮的轮廓曲线。

如图7-2所示为自动车床上使用的走刀机构。当圆柱凸轮1回转时,利用其曲线凹槽带动摆杆2绕固定轴O往复摆动,再通过扇形齿轮和齿条3的啮合传动,使刀架按一定的规律运动。同样可以看出,刀架的运动规律取决于凸轮上的凹槽的曲线形状。

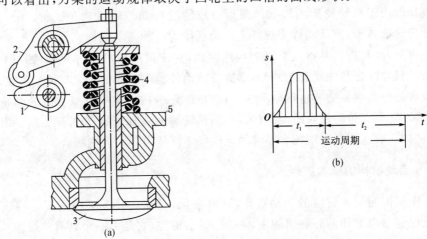

图7-1　内燃机配气机构

(a)内燃机配气机构;(b)气阀运动规律

如图 7-3 所示为马铃薯挖掘机的挖掘机构，凸轮 1 与 3 的转动轴 1′ 固连，轮 3 上铰接带铲子 M 的构件 2，构件 2 上的滚子 4 与凸轮 1 廓线形成高副。当挖掘机的轮 3 在地面上滚动前行时，铲子 M 在凸轮廓线控制下走图示自交轨迹（细实线），自交部分伸出在轮缘以外的土地中，完成挖掘动作。

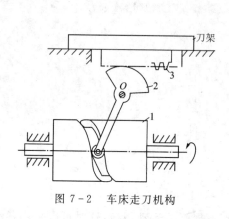

图 7-2　车床走刀机构

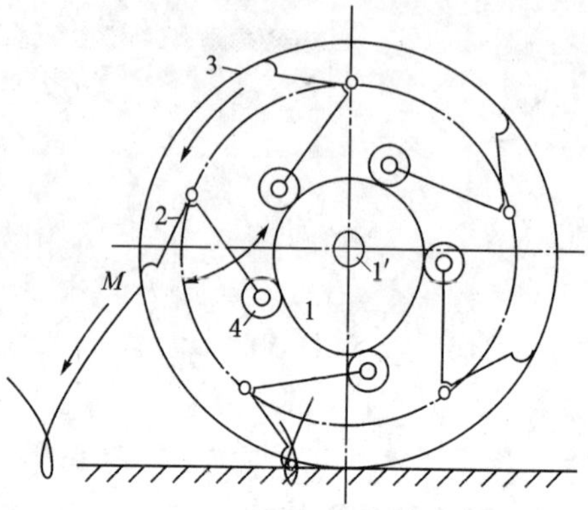

图 7-3　马铃薯挖掘机构

7.1.2　凸轮机构的基本组成

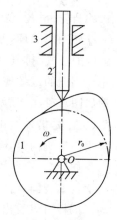

从上面例子可以看出，凸轮机构主要由凸轮、从动件和机架三个构件组成。最基本的形式如图 7-4 所示，其中构件 1 的轮廓具有曲线形状，它各处的半径不等。如果以其最小半径画一个圆，则这种曲线轮廓可以看成是在这个圆的基础上凸出一部分形成的。这种具有曲线轮廓的构件称为凸轮。以凸轮轮廓上最小半径所画的圆称为凸轮的基圆，其半径以 r_0 表示。当凸轮 1 绕固定轴 O 转动（常为等角速转动）时，利用其本身的曲线轮廓推动构件 2 在固定导路（机架）3 中往复移动。这种通过高副接触直接被凸轮轮廓推动的构件称为从动件（或称为推杆）。显然，从动件的运动规律取决于凸轮轮廓的形状。根据组成情况可知凸轮机构是利用构件外形轮廓传动，使从动件实现特定运动规律的一种高副机构。

图 7-4　凸轮机构

由上述可知，凸轮机构基本上由三个构件组成，它比最简单的连杆机构（四杆机构）还简单、紧凑，而且只要改变凸轮轮廓的外形，就能使从动件实现不同的运动规律。因此，利用凸轮机构可以较容易地实现复杂的特定运动规律，这是凸轮机构的主要优点。因为凸轮机构中包含有高副，所以它不宜传递较大的动力；另外，凸轮轮廓曲线加工制造比较复杂。由于上述优缺点，凸轮机构一般适用于实现特殊要求的运动规律而传力不太大的场合。

7.1.3　凸轮机构的基本类型

由于凸轮机构能实现特定的运动规律，在机械化、自动化装置中得到广泛的应用。如图 7-5 所示的是包装书籍用的打包机的主体——送书机构，它是由一个具有曲线沟槽的盘形凸轮 1、经摆杆 2、连杆 3、滑块 4 推动书进行打包的，此机构的凸轮形式不同于前面几种。由此看出，凸轮机构的类型是多种多样的，其基本类型可由凸轮和从动件的不同形式来区分。

1. 按凸轮的形式分

(1) 盘形凸轮。这种凸轮是轮廓各点到转轴具有不同半径的盘形构件,它是凸轮的最基本的形式。如图7-1、图7-3、图7-4和图7-5中所示的凸轮均为此种凸轮,前3种凸轮利用外轮廓推动从动件运动,称为盘形外轮廓凸轮;后一种凸轮是利用凹槽推动从动件运动,称为盘形槽凸轮。

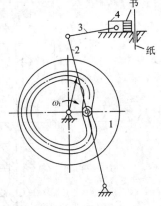

图7-5 打包机送书机构

(2) 移动凸轮。如图7-6所示的是靠模车削机构,工件1转动时,靠模板3和工件一起向右移动,由于靠模板的曲线轮廓推动,刀架2带着车刀按一定规律作上、下移动,从而车削出具有曲线表面的手柄1。其中作移动的模板3,利用其曲线轮廓推动刀架运动,因此模板3是移动凸轮。

上述两种凸轮组成机构时,凸轮与从动件的相对运动是平面运动,因此,这种凸轮机构称为平面凸轮机构,平面凸轮机构中的凸轮称为平面凸轮。

(3) 柱体凸轮。如图7-2所示机构中,凸轮1是开有曲线沟槽的圆柱体构件,因此称为槽形柱体凸轮;当圆柱体的端面作成曲线轮廓时,如图7-7中的构件1,称为端面柱体凸轮,简称端面凸轮。在柱体凸轮机构中,凸轮与从动件的相对运动是空间运动,因此,这种凸轮机构称为空间凸轮机构,柱体凸轮则称为空间凸轮。

空间凸轮中还有锥体凸轮和球体凸轮等其他类型,由于应用较少,这里不予介绍。

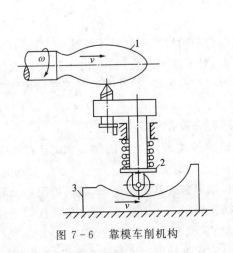

图7-6 靠模车削机构

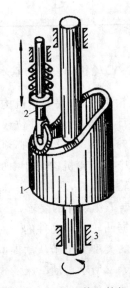

图7-7 端面柱体凸轮机构

2. 按从动件的形式分

根据从动件的运动形状和端部形式区分,基本类型见表7-1。

表 7 - 1　凸轮机构从动件的基本类型

接触形式	运动形式		主　要　特　点
	移　动	摆　动	
尖　顶	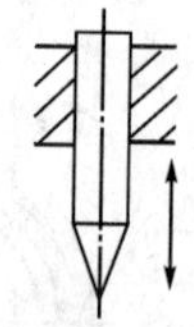	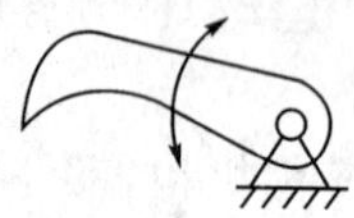	运动副少,结构紧凑,可实现任意的运动规律;不耐磨损,承载能力小
滚　子	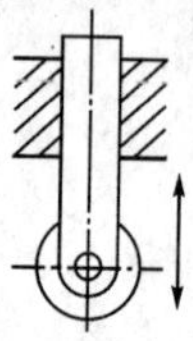	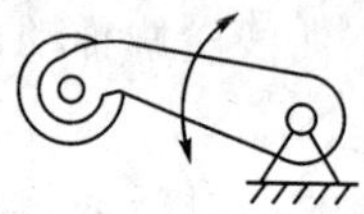	磨损小,承载能力较大;运动规律有局限性;滚子轴处有间隙,不宜用于高速
平　底	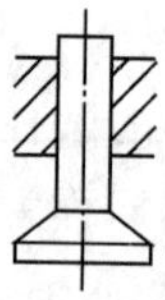	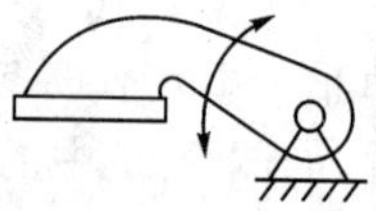	运动副少,结构紧凑,润滑性能好,适用于高速;但凸轮轮廓不能呈凹形,因此运动规律受到一定的限制
曲　面	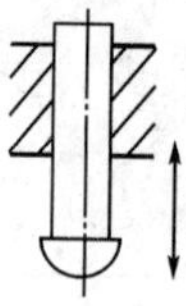	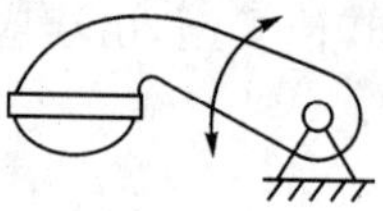	介于滚子和平底两者之间

7.1.4　凸轮机构设计的基本问题

设计凸轮机构时,要确定机构的类型及凸轮的轮廓。一般对于低速和中速的凸轮机构,主要是运动设计,即满足从动件位移规律的要求;对于高速凸轮机构,由于高速引起惯性力对工作有相当大的影响,当设计时必须把惯性力所引起的振动、弹性变形等因素考虑进去。本章仅讨论低速和中速凸轮机构设计中的基本问题。

设计凸轮机构时,通常需要解决的基本问题和设计步骤大致如下:

(1) 根据工作条件的要求,合理选择凸轮的种类和从动件的类型,确定从动件的运动规律。例如根据凸轮与从动件的相对位置和相对运动的关系,决定采用平面凸轮或空间凸轮,并决定从动件的类型。至于从动件的运动规律,则要根据其工作要求、载荷情况和凸轮转速等决定。例如图7-2所示自动车床的走刀机构,根据切削工艺的要求,应使车刀按等速运动的规律移动,因此,从动件(摆杆)2应作等角速的运动;又如书籍打包机(见图7-5)中从动件2的运动则主要根据书籍尺寸来确定位移量,有时还要考虑推动书时的稳定性来选定加速度值。

(2) 根据凸轮在机器中安装位置的限制、从动件升程的大小以及凸轮形式等情况,合理确定凸轮的最大尺寸(最大半径)或最小尺寸(最小半径,即基圆半径)。必要时,可根据给定条件,利用图解法或解析法准确地求出凸轮基圆半径的大小。

（3）根据从动件的运动规律,用图解法或解析法设计凸轮轮廓,例如位移曲线 $s=s(\delta)$。

（4）检查凸轮轮廓是否合理,例如检查压力角是否太大,能否准确实现预期的运动规律等。

（5）最后进行材料和结构上的具体设计。

本章主要讨论前四条的内容。

7.2 从动件运动规律的设计

7.2.1 凸轮与从动件的运动循环过程

凸轮机构中,常用的一种形式为凸轮作回转运动,从动件作往复移动,如图7-8(a)所示。从动件的运动形式如图7-8(b)所示,当凸轮回转时,从动件按照升－停－降－停的过程运动。由于绝大多数的凸轮均作等速回转,这时凸轮的转角与时间成正比,因此运动线图的横坐标轴既可以代表凸轮的转角 δ,也可以代表时间 t。

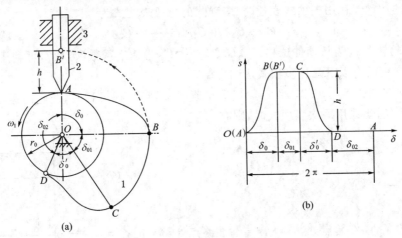

图 7-8 凸轮机构运动分析

(a)凸轮机构；(b)从动件位移

如图7-8(a)所示的从动件位于最低位置,它的尖顶与凸轮轮廓上点 A（即基圆与曲线 AB 的连接点）接触。当凸轮1按逆时针方向转动时,凸轮的曲线轮廓 AB 部分将依次与从动件2的尖顶接触。由于这段轮廓的向径是逐渐加大的,将推动从动件按一定的运动规律逐渐升高（即远离凸轮转轴）,当轮廓上最大半径的点 B 转至 B' 位置时,从动件到最高位置的过程称为推程,距离 AB' 即为从动件的最大位移,称为升程量,或升程,以 h 表示。推动从动件实现推程时的凸轮转角 $\angle B'OB$（在从动件导路线通过转轴的情况下,它与 $\angle AOB$ 相同）称为推程运动角（简称推程角或升程角）,以 δ_0 表示。当凸轮继续回转时,以 O 为圆心的一段圆弧轮廓 $\overset{\frown}{BC}$ 与从动件接触,从动件将在最高位置（即最远位置）停止不动,与此对应的凸轮转角 $\angle BOC$ 称为远休止角,以 δ_{01} 表示。当向径逐渐减小的一段轮廓 CD 部分依次与从动件接触时,从动件按一定的运动规律下降（即返回）到初始位置,由于是推程的反向,这一过程称为回程,与此对应的凸轮转角 $\angle COD$ 称为回程运动角（简称回程角）,以 δ_0' 表示。同理,当基圆的圆弧 $\overset{\frown}{DA}$ 与从动件接触时,从动件将在最低位置（即距凸轮转轴最近位置）停止不动,与此对应的凸轮转角

∠DOA 称为近休止角,用 δ_{02} 表示。凸轮再继续回转时,从动件将重复前面所述的升－停－降－停的运动循环。

7.2.2 从动件常用运动规律

凸轮的轮廓形状取决于从动件的运动规律,因此,在设计凸轮轮廓之前,首先要确定从动件的运动规律。所谓从动件的运动规律,是指从动件在推程或回程时,其位移 s、速度 v 和加速度 a 随凸轮的转角 δ(或者时间 t)变化的规律。从动件的位移规律是凸轮轮廓设计的依据。如图 7-8(b)所示为将上述凸轮与从动件运动循环画成运动线图形式,即从动件的位移变化规律。

从动件运动规律所用数学表达形式不同,常用的主要有多项式运动规律和三角函数运动规律两大类,现将从动件运动规律表示出来,以供选择时参考。这里只就推程进行讨论,回程的情况是相同的,将不赘述。

1. 多项式运动规律

从动件的运动规律用多项式表达时,多项式的一般表达式为

$$s = C_0 + C_1\delta + C_2\delta^2 + \cdots + C_n\delta^n \tag{7-1}$$

式中,δ 为凸轮转角;s 为从动件位移;C_0、C_1、C_2、$\cdots$、C_n 为待定系数(常数),可利用边界条件等来确定。而常用的有以下几种多项式运动规律。

(1) 一次多项式运动规律。设凸轮以等角速度 ω 转动,在推程时,凸轮的运动角为 δ_0,从动件完成升程 h,当采用一次多项式时,则有

$$\left.\begin{aligned} s &= C_0 + C_1\delta \\ v &= \frac{ds}{dt} = \omega C_1 \\ a &= \frac{dv}{dt} = 0 \end{aligned}\right\} \tag{7-2}$$

设取边界条件:在始点处,$\delta = 0$,$s = 0$;在终点处,$\delta = \delta_0$,$s = h$。则由式(7-2)可得 $C_0 = 0$,$C_1 = h/\delta_0$,故从动件推程的运动方程为

$$\left.\begin{aligned} s &= h\delta/\delta_0 \\ v &= h\omega/\delta_0 \\ a &= 0 \end{aligned}\right\} \tag{7-3}$$

由式(7-3)可知,当从动件采用一次多项式运动规律时,从动件为等速运动,故这种运动规律又称为等速运动规律。

如图 7-9 所示为其运动线图(推程)。据图可知,这种运动规律

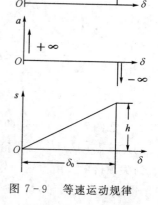

图 7-9　等速运动规律

在行程的开始位置,速度由零突变为常数 v_0,其加速度为 $a = \lim\limits_{\Delta t \to 0} \dfrac{v_0 - 0}{\Delta t} = \infty$。同理,在行程终止位置,速度由常数 v_0 突变为零,其加速度为 $-\infty$。在这两个位置上,由无穷大的加速度产生的惯性力在理论上也是无穷大,这将引起非常大的冲击力(实际上由于材料不是绝对刚体,因而有弹性变形,加速度和惯性力不会达到无穷大)。这种由于加速度达到无穷大而引起的冲击称为刚性冲击。刚性冲击对构件的破坏力很大,因此,等速运动规律只适用于低速轻载的凸轮机构。

（2）二次多项式运动规律。当采用二次多项式时，其表达式为

$$
\left.\begin{array}{l}
s = C_0 + C_1\delta + C_2\delta^2 \\[2mm]
v = \dfrac{\mathrm{d}s}{\mathrm{d}t} = \omega C_1 + 2\omega C_2\delta \\[2mm]
a = \dfrac{\mathrm{d}v}{\mathrm{d}t} = 2\omega^2 C_2
\end{array}\right\} \tag{7-4}
$$

由式（7-4）可见，这时从动件的加速度为常数。为了保证凸轮机构的平稳性，通常应使从动件先作加速运动，后作减速运动。常设在推程加速段与减速段凸轮的运动角及从动件的升程各占一半（即各为 $\delta_0/2$ 及 $h/2$）。

设加速段的边界条件：

在始点处：$\delta = 0, s = 0, v = 0$；

在终点处：$\delta = \delta_0/2, s = h/2$。

将其代入式（7-4），可得 $C_0 = 0, C_1 = 0, C_2 = 2h/\delta_0^2$，故从动件等加速推程段的运动方程为

$$
\left.\begin{array}{l}
s = 2h\delta^2/\delta_0^2 \\[2mm]
v = 4h\omega\delta/\delta_0^2 \\[2mm]
a = 4h\omega^2/\delta_0^2
\end{array}\right\} \tag{7-5}
$$

式中，δ 的变化范围为 $0 \sim \delta_0/2$。

同理，设减速段的边界条件如下：

在始点处：$\delta = \delta_0/2, s = h/2$；

在终点处：$\delta = \delta_0, s = h, v = 0$。

将其代入式（7-4），可求得 $C_0 = -h, C_1 = 4h/\delta_0, C_2 = -2h/\delta_0^2$，故从动件等减速推程段的运动方程为

$$
\left.\begin{array}{l}
s = h - 2h(\delta_0 - \delta)^2/\delta_0^2 \\[2mm]
v = 4h\omega(\delta_0 - \delta)/\delta_0^2 \\[2mm]
a = -4h\omega^2/\delta_0^2
\end{array}\right\} \tag{7-6}
$$

式中，δ 的变化范围为 $\delta_0/2 \sim \delta_0$。

上述两种运动规律的结合，构成从动件的等加速和等减速运动规律。根据式（7-5）和式（7-6）可以画出从动件推程时的运动线图，如图 7-10 所示。由运动线图可以看出，其位移曲线为两段曲率相反的抛物线。速度曲线是连续曲线，因此不会出现刚性冲击。但是，加速度曲线在 A、B、C 处仍有突变，因而从动件还存在有限值的惯性力突变，由此产生有限值的冲击力，这种由于加速度有限值的突变所引起的冲击称为柔性冲击。因此，该运动规律适用于中速、轻载的场合。

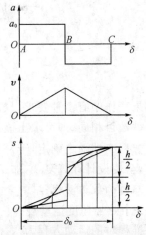

图 7-10　等加速、等减速运动规律

（3）五次多项式运动规律。当采用五次多项式时，其表达式为

$$
\left.
\begin{aligned}
s &= C_0 + C_1\delta + C_2\delta^2 + C_3\delta^3 + C_4\delta^4 + C_5\delta^5 \\
v &= \frac{\mathrm{d}s}{\mathrm{d}t} = C_1\omega + 2C_2\omega\delta + 3C_3\omega\delta^2 + 4C_4\omega\delta^3 + 5C_5\omega\delta^4 \\
a &= \frac{\mathrm{d}v}{\mathrm{d}t} = 2C_2\omega^2 + 6C_3\omega^2\delta + 12C_4\omega^2\delta^2 + 20C_5\omega^2\delta^3
\end{aligned}
\right\}
\tag{7-7}
$$

设边界条件：

在始点处：$\delta = 0, s = 0, v = 0, a = 0$；

在终点处：$\delta = \delta_0, s = h, v = 0, a = 0$。

代入式(7-7)可求得 $C_0 = C_1 = C_2 = 0, C_3 = 10h/\delta_0^3, C_4 = -15h/\delta_0^4, C_5 = 6h/\delta_0^5$，故其在推程时的运动方程式为

$$
\left.
\begin{aligned}
s &= \frac{10h}{\delta_0^3}\delta^3 - \frac{15h}{\delta_0^4}\delta^4 + \frac{6h}{\delta_0^5}\delta^5 \\
v &= \left(\frac{30h}{\delta_0^3}\delta^2 - \frac{60h}{\delta_0^4}\delta^3 + \frac{30h}{\delta_0^5}\delta^4\right)\omega \\
a &= \left(\frac{60h}{\delta_0^3}\delta - \frac{180h}{\delta_0^4}\delta^2 + \frac{120h}{\delta_0^5}\delta^3\right)\omega^2
\end{aligned}
\right\}
\tag{7-8}
$$

式(7-8)称为五次多项式(或 3-4-5 多项式)，如图 7-11 所示为其运动线图，由图可见，速度曲线和加速度曲线均为连续曲线，故此运动规律既无刚性冲击也无柔性冲击。

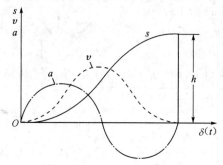

图 7-11   五次多项式运动规律

如果工作中有多种要求，只需把这些要求作成相应的边界条件，并使多项式的系数数目与边界条件数目相同，即可求出该多项式，也就是从动件的位移方程式。而从动件的速度方程和加速度方程亦即随之确定，于是就可据此作出从动件位移、速度及加速度线图。但当边界条件增多时，会使设计计算复杂，加工精度也难以达到，故通常不宜采用太高次数的多项式。

2. 三角函数运动规律

(1) 余弦加速度运动规律(又称简谐运动规律)。当从动件加速度按余弦规律变化时，其从动件推程时的运动方程为

$$
\left.
\begin{aligned}
s &= h[1 - \cos(\pi\delta/\delta_0)]/2 \\
v &= \pi h\omega \sin(\pi\delta/\delta_0)/(2\delta_0) \\
a &= \pi^2 h\omega^2 \cos(\pi\delta/\delta_0)/(2\delta_0^2)
\end{aligned}
\right\}
\tag{7-9}
$$

由图 7-12 所示推程运动线图中的位移曲线可知，这种运动规律是简谐运动规律。从加速度曲线可以看出，这种运动规律只在始末两点才有加速度有限值的突变，故也有柔性冲击。但是当从动件作无停歇的升 — 降 — 升往复运动时，将得到连续的加速度曲线(图中虚线所示)，

从而完全消除了柔性冲击,这种运动规律的凸轮机构可用于高速传动。

（2）正弦加速度运动规律（又称摆线运动规律）。当从动件加速度按正弦规律变化时,其从动件推程的运动方程为

$$
\left.
\begin{aligned}
s &= h[\delta/\delta_0 - \sin(2\pi\delta/\delta_0)/2\pi] \\
v &= h\omega[1 - \cos(2\pi\delta/\delta_0)]/\delta_0 \\
a &= 2\pi h\omega^2 \sin(2\pi\delta/\delta_0)/\delta_0^2
\end{aligned}
\right\}
\tag{7-10}
$$

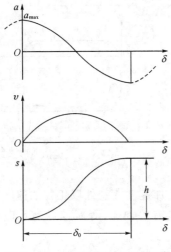 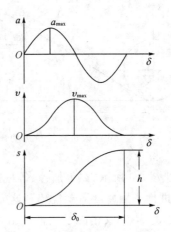

图 7-12 余弦加速度运动规律　　　　图 7-13 正弦加速度运动规律

由图 7-13 所示推程运动线图可知,这种运动规律正好是摆线运动规律。由图可见,因为这种运动规律的速度曲线和加速度曲线都是始终连续变化的,所以既没有刚性冲击,也没有柔性冲击,可以用在高速传动中。

3. 改进型运动规律

上面讨论的五种运动规律是生产中常采用的基本运动规律。它们各有一定的运动特点和适用范围。但是在实际生产中,有时由于机构工作的某些要求,单一的运动规律不能满足时,可以将上述运动规律加以改进。改进时,可以是上述运动规律的局部修正,也可以是两种以上的运动规律的组合,这两种形式的运动规律统称为改进型。为了获得良好的运动性质,改进型的运动曲线在两种运动规律曲线的衔接处必须是连续的。对于速度较低的凸轮机构,只要满足位移曲线和速度曲线的连续性即可;对于较高速的凸轮机构,则必须同时使位移、速度、加速度 3 个曲线都具有连续性。当凸轮机构转速更高时,除要求位移、速度、加速度曲线连续以外,还要求加速度的最大值及其变化率尽量小些。例如根据工作要求,从动件需要作等速运动时,为了避免运动的始点和终点产生刚性冲击,可将位移曲线在开始和终止附近的两小段直线改为圆弧、抛物线或其他过渡曲线。

如图 7-14 所示为修正式的改进型等速运动规律的位移线图。为了避免由于速度突变引起的刚性冲击,将位移曲线在开始后和终止前的一小段直线用圆弧代替;同时为了使圆弧与直线的衔接点有同样大小的速度,图中斜直线 BC 必须分别与两端的圆弧相切。显然,改进后的 AB 和 CD 区间,从动件不可能保持等速的运动。这种改进型等速运动规律比起单一的等速运动规律,机构的工作速度可以较高一些。同理,也可选用其他合适的运动规律,例如,把从动件

的等速运动规律在其行程两端与正弦加速度运动规律组合起来,如图 7 - 15 所示,以使其动力性能得到改善。

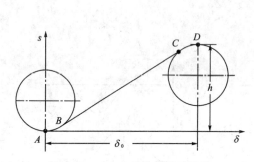

图 7 - 14　改进型等速运动规律　　　　图 7 - 15　等速与正弦加速度运动规律合成

又如图 7 - 16 所示,在等加速、等减速运动规律的加速度突变处以正弦加速度曲线过渡而组成的"改进梯形加速度运动规律",这样的组合,既具有等加速、等减速运动其理论最大加速度 a_{max} 最小的优点,又消除了柔性冲击,从而具有较好的性能。

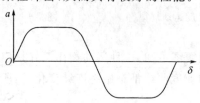

图 7 - 16　改进梯形加速度运动规律

7.2.3　从动件运动规律的选择

选择推杆运动规律涉及的问题很多。首先须满足对机器工作的要求,同时还应使凸轮机构具有良好的动力特性和使设计的凸轮便于加工等。这里不可能作深入的探讨,下面仅就凸轮机构的工作条件区分几种情况作一简要的说明。

(1) 机器的工作过程只要求当凸轮转过某一角度 δ_0 时,从动件完成一行程 h(移动推杆)或 φ(摆动推杆)。至于从动件在完成此行程中的运动规律如何,则不作严格要求。如图 7 - 17(a) 所示在加工中用以夹紧工件的凸轮机构即为一例。在此凸轮机构中,只要使凸轮的轮廓曲线通过 a、b 两点,就可以保证当凸轮 1 转过角 δ_0 时,从动件 2 完成一行程 φ,实现夹紧工件的目的。至于点 a、b 之间曲线的形状如何则无严格要求。在此情况下可只从方便加工考虑,采用圆弧、直线或其他易于加工的曲线作为凸轮轮廓曲线。

(2) 机器工作过程不仅要求当凸轮转过角 δ_0 时,从动件完成一行程 h 或 φ,而且还要求从动件按一定的运动规律运动。如图 7 - 17(b) 所示带动刀架的凸轮机构即为一例。为了保证刀架等速进给,凸轮轮廓曲线不仅必须通过 a、b 两点,而且点 a、b 之间的曲线必须严格按照工作所要求的运动规律来设计。

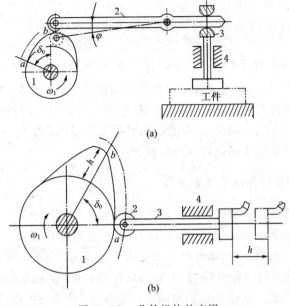

图 7-17 凸轮机构的应用

(a) 夹紧工件；(b) 刀架移动

（3）对于较高速的凸轮机构，即使机器工作过程对从动件的运动规律并无特定要求，但考虑到机构的运动速度较高，如从动件的运动规律选择不当，可能会产生很大惯性力和冲击力，从而使凸轮机构加剧磨损和降低寿命，甚至影响工作。所以，为了改善其动力性能，就必须选择合适的从动件运动规律。

当选择从动件的运动规律时，除去要考虑刚性与柔性冲击外，还应当对各种运动规律所产生的最大速度 v_{max}、最大加速度 a_{max} 以及其影响加以分析和比较。v_{max} 愈大，则动量 mv 愈大，当大质量的从动件突然被阻止时，将出现很大的冲击力，因此，大质量的从动件 v_{max} 不宜太大；a_{max} 愈大，则惯性力愈大，由于惯性力而引起的动压力对机构的强度和磨损都有较大的影响。因此，对于高速运动的凸轮机构要注意 a_{max} 不宜太大。

为了比较上述五种运动规律的特点及适用范围，表 7-2 列出了其基本运动规律的 v_{max}、a_{max}，可供设计运动规律时参考。

表 7-2　从动件运动规律特性比较表

运动规律	最大速度 v_{max}	最大加速度 a_{max}	冲　击	推荐应用范围
等　　速	$1.00 \times \dfrac{h}{\delta_0}\omega$	∞	刚　性	低速轻载
等加等减速	$2.00 \times \dfrac{h}{\delta_0}\omega$	$4.00 \times \dfrac{h}{\delta_0^2}\omega^2$	柔　性	中速轻载
简　谐	$1.57 \times \dfrac{h}{\delta_0}\omega$	$4.93 \times \dfrac{h}{\delta_0^2}\omega^2$	柔　性	中速中载
正弦加速度	$2.00 \times \dfrac{h}{\delta_0}\omega$	$6.28 \times \dfrac{h}{\delta_0^2}\omega^2$	无	高速轻载
五次多项式	$1.89 \times \dfrac{h}{\delta_0}\omega$	$5.77 \times \dfrac{h}{\delta_0^2}\omega^2$	无	高速中载

7.3 盘形凸轮廓线的设计

根据工作要求和结构条件选定凸轮机构的形式,并确定凸轮的基圆半径等基本尺寸。在选定从动件的运动规律以后,就可进行凸轮轮廓曲线设计了。凸轮轮廓曲线设计的方法有图解法和解析法。图解法比较简便易行,而且直观,但精度有限,因此适用于要求较低的凸轮设计中;解析法精确度高,并能主动地控制精度,但计算工作量比较繁重,一般用于要求较高的凸轮设计中。下面讨论凸轮廓线的设计原理和方法。

7.3.1 凸轮廓线设计方法的基本原理

无论是采用图解法还是解析法设计凸轮轮廓曲线,其所依据的基本原理是相同的,为了说明凸轮廓线设计方法的基本原理,先对一已有的凸轮机构进行分析。

如图7-18所示为尖顶移动从动件盘形凸轮机构。当从动件位于最低位置时,与凸轮在 A 点接触。当凸轮按 ω 的方向转过角 δ_1 时,凸轮的向径 OA 将转到 OA' 的位置上,而凸轮轮廓则转到图中虚线所示的位置。从动件在凸轮轮廓的推动下,沿导路由点 A 接触上升到点 B' 接触,从而上升了一段位移 s_1。这时,若将整个机构连同导路反方向(即按 $-\omega$ 的方向)转过原来凸轮所转的角 δ_1,则凸轮将回到原来的实线位置;点 A' 也回到了原来的 A 点位置上,而接触点 B' 将随凸轮轮廓转回到点 B 的位置。与此同时,从动件和导路则转到图中虚线所示的位置。

明显看出,$\overline{A_1B} = \overline{AB'} = s_1$。这时,相当于凸轮在原来位置不动,而从动件随着导路一起围绕凸轮反向转动,并同时在凸轮轮廓的推动下在导路中作相对的移动,其相对于导路的移动规律显然就是从动件的运动规律,亦即机构中各构件之间的相对运动并未改变(这种反转的过程,也相当于站在凸轮上观察凸轮机构的运动过程)。因此,若已知从动件的位移规律,而未知凸轮轮廓时,采用上述反转的方法,即令从动件一方面随着导路绕凸轮中心沿凸轮转动的反方向(即 $-\omega$ 的方向)转动;另一方面又以已知的运动规律在导路中作相对的移动,由于从动件尖顶应该始终与凸轮轮廓接触,这时从动件尖顶的运动轨迹即为凸轮的轮廓曲线,因此,可以利用这种方法绘制凸轮的轮廓。

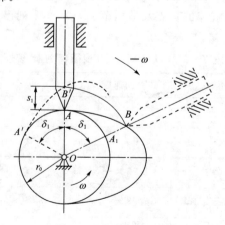

图 7-18 反转法原理

　　根据上述分析,当设计凸轮廓线时,可假设凸轮静止不动,而使从动件和机架(固定不动的导路)相对于凸轮作反转运动;同时从动件按给定的规律对导路作相对运动,作出从动件在这种复合运动中的一系列位置,则其尖顶的轨迹就是所要求的凸轮轮廓线。这就是凸轮廓线设计方法的基本原理。而这种设计凸轮轮廓线的方法,称之为反转法。

　　凸轮机构的形式虽然多种多样,但是绘制凸轮轮廓的基本原理是一样的,只是具体的画法不尽相同。下面对几种常用的盘形凸轮轮廓的绘制加以叙述。

7.3.2　图解法设计凸轮廓线

1. 移动从动件盘形凸轮廓线的设计

根据从动件与凸轮的接触形式不同分为下列 3 种情况。

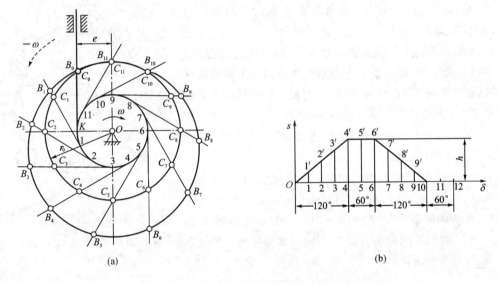

(a)　　　　　　　　　　　　　　　　(b)

图 7-19　尖顶移动从动件凸轮轮廓的求法

(a) 凸轮廓线;(b) 从动件位移图

　　(1) 尖顶接触形式。如图 7-19(a) 所示为一尖顶偏置移动从动件的盘形凸轮机构,如图 7-19(b) 所示为给定的从动件位移曲线。假设凸轮以等角速度 ω 顺时针方向转动,其基圆半径 r_0 和从动件导路的偏距 e 均为已知,则作图步骤如下:

　　1) 选定合适的比例尺,画出基圆和从动件的最低位置,如图 7-19(a) 中所示在点 $B_0(C_0)$ 接触。另外,以同一长度比例尺作出从动件的位移曲线 $s = s(\delta)$,如图 7-19(b) 所示。

　　2) 将位移曲线的横坐标分别分成若干等份(见图 7-19(b)),得点 1、2、3、…、12。

　　3) 在基圆上自 C_0 开始,沿 ω 的反方向取推程角 $\delta_0 = 120°$、远休止角 $\delta_{01} = 60°$、回程角 $\delta'_0 = 120°$、近休止角 $\delta_{02} = 60°$,并将推程角和回程角分成与图 7-19(b) 所示对应的相同等份,得点 C_1、C_2、C_3、…、C_{11}。

　　4) 为了确定从动件的运动方向线,以偏距 e 为半径、O 为圆心,画出偏距圆。它与从动件的导路线切于点 K。

　　5) 过点 C_1、C_2、C_3、… 作偏距圆的一系列切线,这些切线就是从动件反转后的一系列导路线。

　　6) 在位移曲线上量取各转角位置时的位移量 $11'$、$22'$、$33'$、…,并在上述各对应的从动件导路线上,从基圆开始向外量取各对应位移量$\overline{C_1B_1}=\overline{11'}$,$\overline{C_2B_2}=\overline{22'}$,$\overline{C_3B_3}=\overline{33'}$,…得出反转后从动件尖顶的一系列位置$B_1$、$B_2$、$B_3$、…。

7) 将点B_0、B_1、B_2、…连接成光滑的曲线(B_4、B_6之间和B_{10}、B_0之间均为以O为圆心的圆弧),即得出所求的凸轮轮廓曲线。

需要说明的是,当画图时,推程角和回程角的等分数要根据运动规律的复杂程度和精度的要求来决定,不一定相同。

(2) 滚子接触形式。为了便于与上述尖顶接触的情况进行比较,仍采用上述的已知条件,只是从动件端部加上一个半径为r_r的滚子。它的作图步骤如下:

1) 由于滚子中心是从动件上的一个固定点,它的运动就是从动件的运动,因此,首先把滚子中心看成是尖顶从动件的尖点,按照上述尖顶从动件作图法画出一条轮廓曲线η,如图7-20所示。

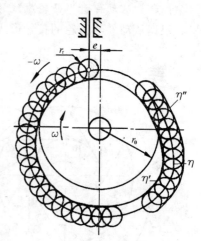

图7-20 滚子从动件凸轮外轮廓

2) 曲线η实际上是滚子中心相对于凸轮的运动轨迹,以滚子半径r_r为半径,以曲线η上各点为中心画一系列的滚子圆,最后作这些滚子圆的内包络线η',它就是滚子从动件的凸轮所需要的实际轮廓。它所相当的尖顶(滚子中心)接触的轮廓曲线η则称为该凸轮的理论轮廓。显然,实际轮廓与理论轮廓是两条法向等距曲线。

另外,在一系列滚子圆的外侧,同样可以画出一条外包络线η'',如图7-20所示。当以该外包络线η''作为凸轮轮廓时,称为内轮廓凸轮(见图7-21)。相反,上述轮廓为内包络线η'的凸轮则称为外轮廓凸轮。如果一个凸轮上同时画上两个轮廓η'和η'',则为如图7-5所示的槽型凸轮。

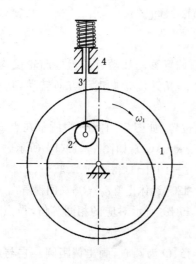

图7-21 滚子从动件凸轮内轮廓

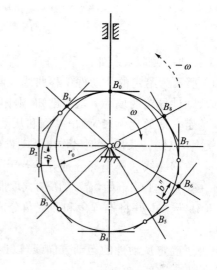

图7-22 平底从动件凸轮轮廓

必须说明一点,当从动件为滚子接触时,凸轮的基圆仍然指的是其理论轮廓的基圆,即凸轮的基圆是以理论轮廓最小半径所画的圆。显然,凸轮实际轮廓的最小半径等于凸轮基圆半径减去或加上滚子的半径。

(3)平底接触形式。当从动件的端部是平底形式时,其轮廓求法类似于上述滚子接触形式。如图 7-22 所示,首先取从动件上一个固定点 B_0 当作从动件的尖顶,依照上述方法求出凸轮理论轮廓上的一系列点 B_1、B_2、B_3、$\cdots$,然后过这些点画直线,分别垂直于从动件反转后各对应的导路线,这些直线代表着从动件反转时,其平底相对凸轮的一系列位置。最后,作这些直线的内包络线,即为凸轮的实际轮廓。另外由图上可看出,平底上与实际轮廓的接触点(即切点)随从动件位于不同反转位置而改变,从图上可以找到左右两侧距导路最远(见图 7-22 所标出的 b' 和 b'')的两个切点。为了保证在所有位置上平底都能与轮廓相切,平底左右两侧的长度必须分别大于同侧最远切点的距离(b' 和 b'')。

综合上述三种接触形式的凸轮轮廓画法,其基本概念和方法是相同的,即反转法。反转法的关键是掌握凸轮和从动件的相对位置和相对运动。根据画图过程可以看出下列两点:

(1)尖顶从动件的凸轮轮廓绘制是最基本的方法。

(2)反转法绘制凸轮轮廓时,包括两个主要步骤:首先是反转从动件,再根据从动件的位移规律求出它相对于凸轮的一系列位置;最后再根据从动件与凸轮的接触形式画出凸轮的实际轮廓。

2.摆动从动件盘形凸轮廓线的设计

摆动从动件的凸轮机构也是一种常用的类型。下面以最基本的尖顶接触形式为例,说明这种凸轮轮廓的绘制方法。

如图 7-23 所示是尖顶摆动从动件盘形凸轮机构,已知凸轮基圆半径 r_0、凸轮与摆杆的中心距 l_{OA}、摆杆长度 l_{AB},当凸轮逆时针方向回转时,推动从动件顺时针方向向外摆动,并给出了从动件的运动规律,如图 7-23(b)所示,其纵坐标的高度既可以表示从动件的摆角 ψ,也可以表示从动件尖顶的弧线位移。这种凸轮轮廓的绘制步骤如下:

(1)选定合适的比例尺,根据给定的 l_{OA} 定出 O、A_0 的位置。以 O 为圆心、r_0 为半径画出基圆,以 A_0 为圆心、l_{AB} 为半径画圆弧,两者交于点 $B_0(C_0)$(如果要求从动件推程是顺时针方向摆动时,则应取两者在 OA_0 下边的交点,图 7-23 中未画出),从而定出从动件尖顶的起始位置。

(2)将 ψ-δ 线图的推程角和回程角各分为若干等份,如图 7-23(b)所示。

(3)根据反转法原理,将机架 OA_0 以 $-\omega$ 方向绕 O 点转动,这时点 A 将位于以 O 为圆心、OA 为半径的大圆上。因此,以 O 为圆心画出半径为 l_{OA} 的大圆,然后沿凸轮回转的反方向(顺时针方向),自 OA_0 开始,依次取推程角 $\delta_0 = 180°$、远休止角 $\delta_{01} = 30°$、回程角 $\delta'_0 = 90°$ 和近休止角 $\delta_{02} = 60°$,再将推程角和回程角各分为与图 7-23(b)对应相等的等份,得点 A_1、A_2、A_3、$\cdots$,它们就是从动件反转时转轴 A 的一系列位置。

(4)以 l_{AB} 为半径,以 A_1、A_2、A_3、$\cdots$ 为圆心,画一系列的圆弧分别与基圆交于 C_1、C_2、C_3、$\cdots$,自 A_1C_1、A_2C_2、A_3C_3、$\cdots$ 开始,向外量取与图 7-23(b)对应的摆角 ψ(例如 $\angle C_1A_1B_1 = 11'$)或者对应的弧长,得点 B_1、B_2、B_3、$\cdots$。

(5)将点 B_1、B_2、B_3、$\cdots$ 连接成光滑的曲线,即为该凸轮的轮廓曲线。

说明一点:从图中可以看到,凸轮廓线与直线 $\overline{AB}$ 在某些位置(如 $\overline{A_2B_2}$,$\overline{A_3B_3}$ 等)已经相交,因此考虑具体结构形状时,应将从动件做成弯杆(见表 7-1)或其他形式,以避免两构件相碰,但作为机构简图,图 7-23(a)所示的画法是可以的。

如果采用滚子或平底接触形式的摆动从动件,则上面求得的轮廓相当于理论轮廓。如前所述,只要在该理论轮廓上各点画一系列的滚子圆或平底的直线,再作其包络线,即可求出凸轮的实际轮廓。

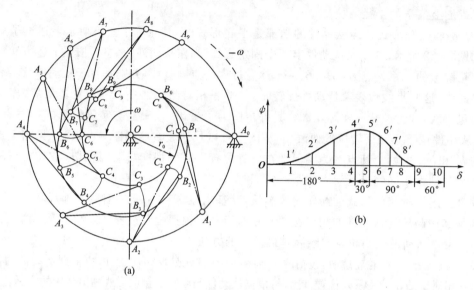

图 7-23　摆动从动件凸轮轮廓的求法
(a)凸轮轮廓;(b)从动件位移

在实际生产中,有时为了便于制造,常常把按照给定的运动规律设计出来的凸轮轮廓用若干段圆弧来替代。这样,凸轮轮廓就由若干段规则的圆弧所组成,用它推动从动件时,所得运动规律与原来给定的近似,因此称为凸轮轮廓的圆弧近似替代。这种凸轮的画法是先用前面所述反转法求出凸轮原来应有的轮廓曲线,然后通过观察并用圆规试画法,将原来的轮廓曲线分成几段,分别用不同半径的圆弧代替。为使凸轮轮廓表面成为光滑曲线,圆弧之间必须依次相切地衔接,因此,相邻两段圆弧的衔接点一定要位于这两段圆弧的中心连线上。

7.3.3　解析法设计凸轮廓线

解析法设计凸轮,就是根据给定的从动件运动规律和基本尺寸及其他条件,求出凸轮轮廓曲线的解析方程,由此解析方程可计算出轮廓上各点的坐标值,从而可以精确地确定和加工凸轮轮廓。凸轮的设计精度,由求解过程中计算精度所决定,因此,利用解析法可以根据设计要求主动地控制其精度。解析法设计的凸轮,最适合在数控机床上进行加工。根据数控机床类型的不同,表达凸轮轮廓的方程可以用直角坐标形式,也可以用极坐标形式。下面将以盘形凸轮机构的解析法设计为例加以介绍。

1.偏置移动滚子从动件盘形凸轮廓线设计

如图 7-24 所示,其凸轮基圆半径 r_0、偏距 e 和从动件运动规律 $s = s(\delta)$ 均为已知。假设凸轮轮廓为曲线 β(图 7-24 中点画线),凸轮以等角速度 ω 逆时针方向转动,推动从动件按给定的运动规律往复移动。选取 Oxy 坐标系如图所示,从动件位于最低位置时与凸轮轮廓在点 B_0 接触,当凸轮转过角 δ 时,从动件上升位移 s,利用反转法原理,画出从动件反转 δ 角后的位置,与凸轮轮廓在点 B 接触。

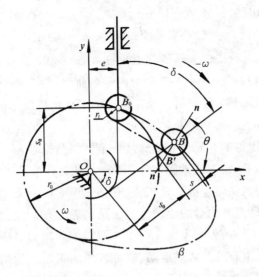

图 7 - 24 滚子从动件凸轮轮廓曲线的设计

当以直角坐标方程表示凸轮轮廓曲线时,其直角坐标为

$$\left. \begin{array}{l} x = (s_0 + s)\sin\delta + e\cos\delta \\ y = (s_0 + s)\cos\delta - e\sin\delta \end{array} \right\} \tag{7-11}$$

式中,$s_0 = \sqrt{r_0^2 - e^2}$。式(7-11)即为凸轮的理论廓线方程。

由图解法设计凸轮廓线可知,实际廓线与理论廓线在法线方向距离处处相等,且等于滚子半径 r_r。当已知理论轮廓线上任意一点 $B(x, y)$ 时,只要沿理论廓线在该点的法线 $n - n$ 方向取长度 r_r(见图 7-24),即得实际廓线的相应点 $B'(x', y')$。由高等数学可知,理论廓线点 B 处法线 $n - n$ 的斜率(与其切线斜率互为负倒数)应为

$$\tan\theta = \frac{\mathrm{d}x}{-\mathrm{d}y} = \frac{\mathrm{d}x}{\mathrm{d}\delta} \Big/ \left(-\frac{\mathrm{d}y}{\mathrm{d}\delta}\right) = \frac{\sin\theta}{\cos\theta} \tag{7-12}$$

所以

$$\left. \begin{array}{l} \sin\theta = (\mathrm{d}x/\mathrm{d}\delta) \Big/ \sqrt{(\mathrm{d}x/\mathrm{d}\delta)^2 + (\mathrm{d}y/\mathrm{d}\delta)^2} \\ \cos\theta = - (\mathrm{d}y/\mathrm{d}\delta) \Big/ \sqrt{(\mathrm{d}x/\mathrm{d}\delta)^2 + (\mathrm{d}y/\mathrm{d}\delta)^2} \end{array} \right\} \tag{7-13}$$

根据式(7-11)对 δ 求导有

$$\left. \begin{array}{l} \mathrm{d}x/\mathrm{d}\delta = (\mathrm{d}s/\mathrm{d}\delta - e)\sin\delta + (s_0 + s)\cos\delta \\ \mathrm{d}y/\mathrm{d}\delta = (\mathrm{d}s/\mathrm{d}\delta - e)\cos\delta - (s_0 + s)\sin\delta \end{array} \right\} \tag{7-14}$$

式中,e 为代数值,其正负规定如下:如图 7-24 所示,当凸轮沿逆时针方向回转时,若推杆处于凸轮回转中心右侧,e 为正,反之为负;若凸轮沿顺时针方向回转,则相反。代入式(7-13)可求得 θ。θ 角可在 $0° \sim 360°$ 范围变化,当式(7-13)中的 $\mathrm{d}x/\mathrm{d}\delta$,$-(\mathrm{d}y/\mathrm{d}\delta)$ 为

$$\left. \begin{array}{l} (\mathrm{d}x/\mathrm{d}\delta) > 0,\ (-\mathrm{d}y/\mathrm{d}\delta) > 0 \\ (\mathrm{d}x/\mathrm{d}\delta) > 0,\ (-\mathrm{d}y/\mathrm{d}\delta) < 0 \\ (\mathrm{d}x/\mathrm{d}\delta) < 0,\ (-\mathrm{d}y/\mathrm{d}\delta) < 0 \\ (\mathrm{d}x/\mathrm{d}\delta) < 0,\ (-\mathrm{d}y/\mathrm{d}\delta) > 0 \end{array} \right\} \text{时,} \theta \text{角为} \left\{ \begin{array}{l} 0° \sim 90° \\ 90° \sim 180° \\ 180° \sim 270° \\ 270° \sim 360° \end{array} \right.$$

实际廓线上对应点 $B'(x',y')$ 的坐标为

$$x' = x \mp r_\mathrm{r}\cos\theta \atop y' = y \mp r_\mathrm{r}\sin\theta \Big\} \tag{7-15}$$

此即为凸轮的实际廓线方程式。式中"一"号为内等距曲线,"+"号为外等距曲线。

按照式(7-11)、式(7-15)可编制出计算移动滚子从动件盘形凸轮的理论轮廓和实际轮廓的坐标值的计算机程序。

另外,当在数控铣床上铣削凸轮或在凸轮磨床上磨削凸轮时,需要求出刀具中心运动轨迹的方程式。如果使用的刀具(铣刀或砂轮)的半径 r_c 和从动件滚子半径 r_r 相同,则凸轮的理论廓线方程式即为刀具中心运动轨迹的方程式。如果 r_c 不等于 r_r,那么由于刀具的外圆总是与凸轮的工作廓线相切的,即刀具中心的运动轨迹应是凸轮工作廓线的等距曲线。其等距曲线的方程式,只须将式(7-15)中的 r_r 换成 $(r_\mathrm{r}-r_\mathrm{c})$ 即得。而当刀具中心运动轨迹的方程求得后,加工凸轮时,使刀具的中心沿此轨迹运动,便可自然加工出凸轮的实际轮廓曲线,据此,并不一定需要求出凸轮的实际廓线方程式。但当凸轮是采用划线后加工,或者为了在光学投影仪上进行检验,而需要绘制凸轮轮廓曲线的样板时,则必须求出凸轮的实际廓线方程式。

2. 平底从动件盘形凸轮廓线设计

如图 7-25 所示,设取坐标系的 y 轴与从动件轴线重合。转角为 δ 时,从动件的位移为 s,根据反转法原理,此时从动件与凸轮在点 B 处相切。

由瞬心法可知,此时凸轮与推杆的相对瞬心为点 P,故知从动件的速度为

$$v = v_\mathrm{p} = \overline{OP}\omega$$

或

$$\overline{OP} = \frac{v}{\omega} = \frac{\mathrm{d}s}{\mathrm{d}\delta} \tag{7-16}$$

由图可知点 B 的坐标 x、y 为

$$x = (r_0 + s)\sin\delta + (\mathrm{d}s/\mathrm{d}\delta)\cos\delta \atop y = (r_0 + s)\cos\delta - (\mathrm{d}s/\mathrm{d}\delta)\sin\delta \Big\} \tag{7-17}$$

此即为凸轮实际廓线的方程式。

3. 摆动滚子从动件盘形凸轮廓线设计

如图 7-26 所示,取摆动从动件的轴心 A_0 与凸轮轴心 O 之连线为坐标系的 y 轴,在反转运动中,当从动件相对于凸轮转过 δ 角时,摆动从动件处于图 7-26 所示 AB 位置,其角位移为 φ,则点 B 之坐标 x、y 为

$$x = a\sin\delta - l\sin(\delta + \varphi + \varphi_0) \atop y = a\cos\delta - l\cos(\delta + \varphi + \varphi_0) \Big\} \tag{7-18}$$

式中,a 为凸轮轴心 O 与摆动从动件转动中心 A_0 之间的距离;l 为摆动从动件的长度;$\varphi_0 = \arccos[(a^2 + l^2 - r_0^2)/(2al)]$。式(7-18)即为凸轮理论廓线的方程式。凸轮实际廓线方程式仍为式(7-15)。

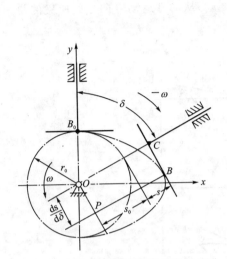
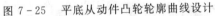

图7-25 平底从动件凸轮轮廓曲线设计

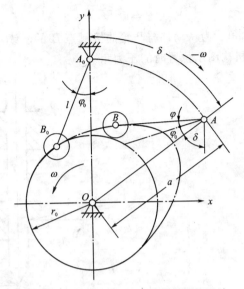

图7-26 摆动从动件凸轮轮廓曲线设计

7.4 凸轮机构基本尺寸的设计

当进行凸轮轮廓设计时,其基圆半径r_0、滚子半径r_r和平底尺寸等参数都是预先给定的。在实际设计中,这些参数都要设计者自行选定。恰当地选取这些参数可使凸轮机构受力合理、动作灵活、尺寸紧凑等。否则,选取不当将会影响凸轮机构的工作质量,严重时甚至使机构根本不能工作。下面讨论这些参数选取的原则和方法。

7.4.1 压力角和基圆半径

凸轮的基圆半径 r_0 是凸轮机构的重要的基本尺寸,它对凸轮机构的尺寸、受力、效率和磨损等都有重要的影响。下面就基圆半径的确定以及与其有关的压力角问题进行分析讨论。

1.压力角及其许用值

如图7-27所示为凸轮机构在推程中的某一位置,从动件与凸轮在点B接触。当凸轮逆时针方向转动时,推动从动件向上运动。图7-27所示力P为凸轮推动从动件运动的作用力;力Q为从动件上作用的载荷(包括工作阻力、重力、弹簧力及惯性力等);R_1、R_2分别为导轨两侧作用于从动件上的总反力;φ_1、φ_2为摩擦角。

由力的平衡条件

$$\sum F_X = 0, \quad \sum F_Y = 0, \quad \sum M_B = 0$$

可得

$$
\left.
\begin{array}{l}
-P\sin(\alpha+\varphi_1)+(R_1-R_2)\cos\varphi_2=0 \\
-Q+P\cos(\alpha+\varphi_1)-(R_1+R_2)\sin\varphi_2=0 \\
R_2\cos\varphi_2(l+b)-R_1\cos\varphi_2 b=0
\end{array}
\right\}
\tag{7-19}
$$

整理后得

$$P = Q/[\cos(\alpha + \varphi_1) - (1 + 2b/l)\sin(\alpha + \varphi_1)\tan\varphi_2] \qquad (7-20)$$

式中,角 α 为从动件与凸轮的接触点 B 的法线 $n-n$ 与从动件运动方向之间所夹的锐角,称为凸轮机构图示位置时的压力角。

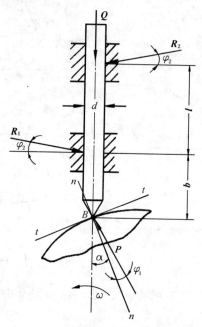

图 7-27　凸轮机构受力分析

由式(7-20)可以看出,在其他条件相同的情况下,压力角 α 愈大,凸轮推动从动件运动的作用力 P 将愈大;当压力角 α 增加到某一数值时,使式(7-20)中的分母为零,则作用力将增至无穷大,将使凸轮根本不能推动从动件运动,此时机构呈自锁状态。机构开始自锁时的压力角称为临界压力角 α_c,其值为

$$\alpha_c = \arctan[1/(1 + 2b/l)\tan\varphi_2] - \varphi_1 \qquad (7-21)$$

它不仅与机构的摩擦系数有关,而且还与导路的长度 l 以及从动件的悬臂长度 b 等尺寸有关。实际上,当压力角 α 增大到接近临界值时,虽然尚未出现自锁,但是由于所需推动力 P 的急剧增大,将导致机构效率的大幅度降低和轮廓的严重磨损,使凸轮机构处于极恶劣的工作状态。因此,当设计时,为使机构顺利地工作,规定了压力角的许用值 $[\alpha]$,其数值远比临界值 α_c 小。根据分析和实践,一般设计中,推荐许用压力角 $[\alpha]$ 的数值:

移动从动件的推程: $[\alpha] = 30°$;

摆动从动件的推程: $[\alpha] = 35° \sim 45°$。

机构在回程时,由于从动件实际上不是由凸轮推动的,发生自锁的可能性极小,因此,对移动和摆动从动件,其回程的压力角 $[\alpha']$ 可取大些,通常取 $[\alpha'] = 70° \sim 80°$。

在以上推荐的数值中,如果使用滚子从动件,支承刚性比较好,润滑状态良好,以及载荷不大,转速也不高,压力角可取较大数值,否则应该取小值。在凸轮机构中,压力角 α 是影响凸轮机构受力情况的一个主要参数。

2. 压力角与基圆半径的关系

由上述分析看出,从减少机构受力方面来考虑,希望压力角愈小愈好。但这仅是问题的一

个方面,还要考虑另一个方面,即当从动件实现一定的运动规律时,如果要减小压力角,则凸轮的基圆半径必须加大,这将使整个凸轮的尺寸变得很大。

如图 7-28 所示,两个凸轮的基圆半径分别为 r_{01} 和 r_{02},而 $r_{01} < r_{02}$。当凸轮转过相同的角度 φ 时,从动件上升相同位移 s。将这段轮廓近似地用直线表示为 ab 和 cd 两段。利用反转法将从动件反转角 $\varphi/2$ 后,求得两凸轮的压力角分别为 α_1 和 α_2,由于 $\overset{\frown}{ab'} < \overset{\frown}{cd'}$,位移量 s 相等,因此直线轮廓 ab 比 cd 要陡,从而明显看出 $\alpha_1 > \alpha_2$。由此可知,在同样的运动规律下,基圆较小的凸轮,其压力角则较大;为了得到较小的压力角,就必须选取较大的基圆,而凸轮的尺寸也随之增大。因此,从减少凸轮尺寸的角度来考虑,则希望压力角愈大愈好。

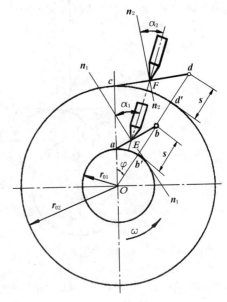

图 7-28　压力角与基圆半径

由以上分析看出,从减少凸轮尺寸和改善机构受力两种出发点考虑压力角,是互相矛盾的。当实际设计凸轮时,要正确处理这一矛盾。一般是在许可的情况下尽量把压力角取得大些,以便得到尽可能小的凸轮尺寸。

当设计凸轮时,多数情况是先设计出凸轮轮廓,然后检查轮廓的压力角。由于轮廓上各点的压力角大小不等,应该检查其最大值,使它不超过许用值。如果压力角太大,可适当加大凸轮的基圆半径,然后再重新设计凸轮轮廓。在某些要求严格的设计中,可以根据给定的许用压力角确定基圆半径。

3. 按许用压力角确定凸轮的基圆半径

如上所述,当实现一定的运动规律时,凸轮的压力角与基圆半径有直接的关系。因此,可根据许用压力角的大小确定出基圆半径的尺寸。

如图 7-29(a) 所示为移动从动件的盘形凸轮机构位于推程时的某个位置上,法线 n—n 与从动件速度 v_{B2} 的夹角 α 为轮廓在点 B 的压力角,P_{12} 为凸轮与从动件的相对速度瞬心。故 $v_{P12} = v_{B2} = \omega_1 \overline{OP_{12}}$,从而有

$$\overline{OP_{12}} = v_{B2}/\omega_1 = ds/d\delta$$

由图 7-29(a) 中的 $\triangle BCP_{12}$ 可知

$$\tan\alpha = \frac{\overline{OP_{12}} - e}{s_0 + s} = \frac{ds/d\delta - e}{(r_0^2 - e^2)^{1/2} + s} \tag{7-22}$$

将上式移项整理可得基圆半径计算公式,即

$$r_0 = \sqrt{\left(\frac{ds/d\delta - e}{\tan\alpha} - s\right)^2 + e^2} \tag{7-23}$$

当已知 e 和 $s = s(\delta)$ 时,可求出 $ds/d\delta$,再给定 $\alpha = [\alpha]$,可利用式(7-23)计算出 r_0 的大小,从式(7-23)可以看出,当 α 愈大时,基圆半径 r_0 愈小,当用式(7-23)来计算凸轮的基圆半径时,由于凸轮廓线上各点的 $ds/d\delta$ 和 s 值不同,计算 r_0 值也不同。所以当设计时,需确定 r_0 的极

值,因此有些从动件运动规律在确定基圆半径 r_0 时并不容易。

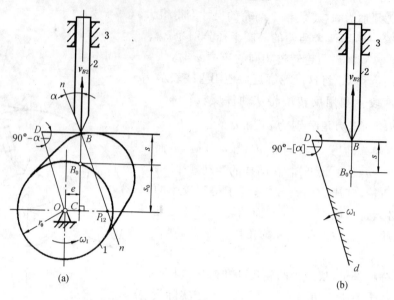

图 7 - 29　许用压力角与基圆半径
(a) 位置 B 处凸轮机构参数;(b) 按许用压力角确定 Dd 线

需要指出的是,偏距 e 对压力角的影响取决于凸轮的转动方向和从动件的偏置方向,若凸轮逆时针回转,从动件轴线偏于凸轮轴心右侧;或凸轮顺时针回转,从动件轴线偏于凸轮轴心左侧均可使推程压力角减小,但这时回程压力角增大。

为了使实际应用更方便,下面介绍另一方法,根据许用压力角确定基圆半径的大小。

如图 7 - 29(a) 所示,过点 B 作直线 $BD \perp v_{B2}$(即平行于 OP_{12}),它与过点 O 所作平行于 BP_{12}(即 n—n)的直线相交于点 D。显然

$$l_{BD} = l_{OP_{12}} = \frac{v_{B2}}{\omega_1} = \frac{\mathrm{d}s}{\mathrm{d}\delta} \tag{7-24}$$

由以上分析可知:

(1) 连线 $\overline{DO}$ 的方向即凸轮轮廓接触点的法线方向,因此 $\angle BDO = 90° - \alpha$。

(2) 从动件上升到某一位置时,BD 的指向按如下规则来确定:将 v_{B2} 按凸轮角速度 ω_1 的方向转过 $90°$,即为 BD 的指向。因此,当已知凸轮的转向和从动件的位置及其运动规律 $s = s(\delta)$ 时,可根据给定的许用压力角 $[\alpha]$,按下列步骤确定凸轮的基圆半径。

1) 画出从动件的位置 $\overline{B_0B} \cdot \mu_s = s$,如图 7 - 29(b) 所示,并画出 v_{B2} 和 ω_1 的方向。

2) 由 $s = s(\delta)$ 求出 $l_{BD} = \frac{v_{B2}}{\omega_1} = \frac{\mathrm{d}s}{\mathrm{d}\delta}$,将 v_{B2} 按 ω_1 方向转过 $90°$,画出 $\overline{BD} = \frac{l_{BD}}{\mu_s}$。

3) 自点 D 作直线 Dd,使 $\angle BDd = 90° - [\alpha]$。

于是,当凸轮转轴选在线 Dd 上时,凸轮的压力角正好是 $[\alpha]$,相当于图 7 - 29(a) 的情况;若选在 Dd 的右上方,则使线 DO 与 BD 的夹角减小,因而轮廓压力角将超过许用值 $[\alpha]$;若在线 Dd 的左下方选取凸轮转轴,则轮廓压力角将比许用值 $[\alpha]$ 更小。因此可得结论:为了获得

不大于许用值$[\alpha]$的压力角,凸轮转轴的位置必须选在Dd线左下方的非阴影区。在选定转轴以后,将它与从动件的最低位置点B_0连接即为凸轮的基圆半径。

上述为从动件在一个位置上的确定基圆半径方法。当从动件上升到另一位置时,用同样方法可找出相应的禁区和可用区。如图7-30所示,在位移s_1时求出线D_1d_1,它的右侧为禁用的阴影区,左下方为选定凸轮转轴的许用区;同样方法可画出线D_2d_2,此时凸轮转轴又应选在线D_2d_2的左下方。依次类推,在位移s_3、s_4、$\cdots$求出线D_3d_3、D_4d_4、$\cdots$,因为线D_1d_1、D_2d_2、D_3d_3、$\cdots$均互相平行,所以应以最低位置的一条线为准来决定许用区的界限,为保证从动件在任何位置都不超过许用值$[\alpha]$,把各条$B_iD_i(i=1,2,\cdots)$的端点D_1、D_2、D_3、$\cdots$连成光滑曲线,然后作方向线与曲线相切,即得最低位置的一条方向线$D'd'$。以线$D'd'$为界,在其左下方选定凸轮转轴后,即可保证所有位置上的压力角均小于许用值$[\alpha]$。

当考虑从动件下降时,同理可分析出$\dfrac{v_{B2}}{\omega_1}$线的右边(确定方法仍然是将v_{B2}的方向按ω_1方向转过$90°$),如图7-30所示,B_6D_6、B_7D_7、$\cdots$同样根据回程的许用压力角$[\alpha']$作回程曲线的切线$D''d''$,使它与B_7D_7的夹角为$90°-[\alpha']$。要使回程时不超过许用压力角$[\alpha']$,凸轮轴应选在线$D''d''$的右下方。显然,为了使全部升、降行程满足压力角的要求,应将凸轮转轴选在$D'd'$与$D''d''$相交的下三角(即$\angle d'Od''$)区域内。当选取交点O作为凸轮转轴时,上升和下降两个行程中的最大压力角将正好分别等于相应的许用值$[\alpha]$和$[\alpha']$,即$\alpha_{max}=[\alpha]$和$\alpha'_{max}=[\alpha']$,此时凸轮的最小基圆半径为$r_{0min}=\overline{OB_0}\mu_s$。

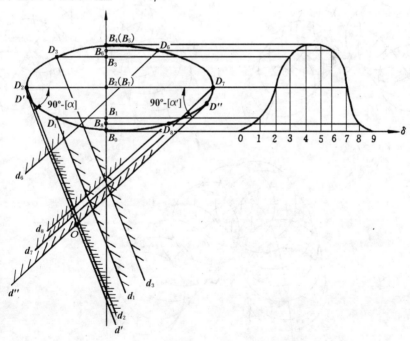

图7-30 按许用压力角确定最小基圆半径

上述根据$\alpha=[\alpha]$的条件所确定的基圆半径r_0,一般都比较小。在实际设计工作中还要考虑凸轮的具体结构及强度条件来选择。例如,当凸轮与轴作成一体时,显然凸轮廓线的基圆半径应略大于轴的半径。当凸轮是单独制作,再装在轴上时,凸轮上要作轮毂,此时基圆半径r_0

应略大于轮毂的外径 r_D，故通常可取 $r_0 \geqslant (1.6 \sim 2)r_D$。

7.4.2　滚子半径和平底尺寸的确定

1. 运动失真

凸轮轮廓决定着从动件的运动规律。但是，当采用滚子从动件时，如果滚子的大小选择不当，将使凸轮的实际轮廓不能满足运动规律的要求，即得到的实际轮廓推动从动件运动时，不能实现原设计时所预期的运动规律，这就是所谓的运动失真问题。

如图 7－31(a) 所示，根据凸轮的理论轮廓求实际轮廓时，可用滚子半径 r_r 画出一系列的圆，然后画出这些圆的包络线。显然，在轮廓外凸情况下，实际轮廓的曲率半径 ρ_a 等于理论轮廓的曲率半径 ρ 减去滚子半径 r_r，即 $\rho_a = \rho - r_r$。当 $r_r = \rho$ 时，如图 7－31(b) 所示，则实际轮廓的曲率半径为零，于是实际轮廓出现尖点。尖点处的压强很大，易磨损，一旦磨损后就破坏了原来应有的运动规律。但是，如果滚子半径大于理论轮廓的曲率半径（$\rho < r_r$），则实际轮廓的曲率半径为负值。如图 7－31(c) 所示滚子圆族的包络线为两条相交的曲线，实际轮廓出现交叉，在制造中，实际轮廓只能达到两包络线的交点，图中阴影部分在加工中将会被切去，这样滚子中心走出的轨迹将不能按原理论轮廓，因而不能实现原设计时预期的运动规律。这时就出现了运动失真问题。显然这种情况（即 $r_r > \rho$）是不允许的。

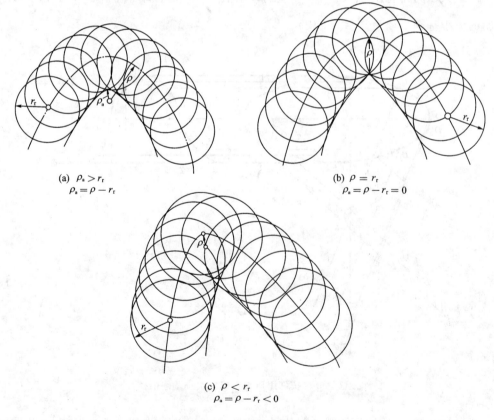

(a) $\rho_a > r_r$
$\rho_a = \rho - r_r$

(b) $\rho = r_r$
$\rho_a = \rho - r_r = 0$

(c) $\rho < r_r$
$\rho_a = \rho - r_r < 0$

图 7－31　滚子半径的确定

平底从动件更可能出现运动失真问题。一方面从动件平底的尺寸需要足够大，否则就有失真的问题；另一方面，平底从动件的凸轮，其轮廓的向径不能变化太快，即从动件的位移曲线不能太陡，更不能有凹形表面的轮廓，否则将出现如图7-32所示情况，图7-32(a)表示一个凹形轮廓的凸轮，显然，从动件不能和凸轮的凹形轮廓部分上的各点(例如点K)接触；图7-32(b)所示为绘制凸轮实际轮廓时的情况。按从动件的运动规律，其位移应该依次为图中所示的$11'$、$22'$、$33'$、…，但因位移$22'$太大，所以图中所画出的实际轮廓将不能与位置$22'$的平底从动件接触。因此，用这一轮

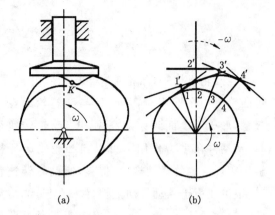

图7-32 平底从动件凸轮机构的运动失真
(a) 凹形轮廓；(b) 位移过大

廓推动平底从动件时，同样也将出现运动失真问题。由此看出，平底从动件的运动规律不能使位移变化太快，这也是平底从动件的一个缺点。为了解决这个问题，可适当增大凸轮的基圆半径。

2. 滚子半径 r_r 的确定

通过上述分析，对于外凸凸轮轮廓，为了避免运动失真，凸轮理论轮廓的最小曲率半径 ρ_{min} 与滚子半径 r_r 的关系，应选取为

$$r_r \leqslant 0.8\rho_{min} \tag{7-25}$$

由高等数学可知，理论轮廓曲线上任一点的曲率半径计算公式为

$$\rho = (\dot{x}^2 + \dot{y}^2)^{\frac{3}{2}}/(\dot{x}\ddot{y} - \dot{y}\ddot{x}) \tag{7-26}$$

式中，$\dot{x} = \mathrm{d}x/\mathrm{d}\delta$，$\dot{y} = \mathrm{d}y/\mathrm{d}\delta$，$\ddot{x} = \mathrm{d}^2x/\mathrm{d}\delta^2$，$\ddot{y} = \mathrm{d}^2y/\mathrm{d}\delta^2$。再求极值确定 ρ_{min} 值。

解决从动件的运动失真问题，可从两方面着手，一方面是选择直径较小的滚子，但它受到强度、结构的限制，因而不能做得太小；另一方面，适当加大凸轮基圆半径(即提高 ρ_{min} 值)；有时则必须修改从动件运动规律，以便将凸轮实际轮廓上出现尖点的地方代以合适的曲线。通常取滚子半径 $r_r = (0.1 \sim 0.15)r_0$，其中，r_0 为凸轮基圆半径。

3. 平底尺寸的确定

当平底尺寸不够大时，会出现运动失真问题。如图7-22所示，平底尺寸的长度应大于从动件平底中心至从动件平底与凸轮轮廓的接触点间的最大距离 $l_{max} = \max[b', b'']$，一般取为

$$L = 2l_{max} + (5 \sim 7)\,\mathrm{mm} \tag{7-27}$$

由图7-25所示，从动件的运动导路通过凸轮的轴心 O 时，平底与凸轮接触点 B 与从动件的运动导路的距离为

$$l = \overline{OP} = \overline{BC} = \mathrm{d}s/\mathrm{d}\delta$$

因此

$$l_{max} = |\,\mathrm{d}s/\mathrm{d}\delta\,|_{max} \tag{7-28}$$

式中 $|\,\mathrm{d}s/\mathrm{d}\delta\,|_{max}$ 应根据推程和回程时从动件运动规律分别计算，取其较大值，代入式(7-27)可得

$$L = 2|\,\mathrm{d}s/\mathrm{d}\delta\,|_{max} + (5 \sim 7)\,\mathrm{mm} \tag{7-29}$$

7.5　高副封闭的设计

在凸轮机构中,凸轮轮廓与从动件组成的高副是单面约束的开式运动副。图 7-33(a) 所示凸轮机构在推程时,从动件与凸轮轮廓在点 B 接触,形成了单面约束的高副。当凸轮转速很低时,从动件在重力作用下可以与凸轮轮廓保持接触而实现给定的运动规律;但是,当凸轮转速较高时,很可能由于从动件向上惯性力大于重力,从动件在接触到某点 m 之后即发生与凸轮轮廓脱离接触的现象,如图 7-33(b) 所示。当从动件再落下时,则将与凸轮在 n 点接触,如图 7-33(c) 所示。从动件与凸轮轮廓上 $\overparen{mn}$ 一段不能接触,因而从动件将不能实现轮廓上 $\overparen{mn}$ 一段所要求的运动规律,

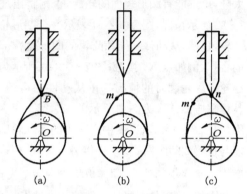

图 7-33　单面约束高副运动失真现象

即发生运动失真现象。此外,当脱离后的从动件落下来再次与凸轮轮廓接触时,还将产生很大的冲击力。这种冲击力对于从动件和凸轮都是不利的,轻者产生压痕,重者造成破坏,因此,为了避免上述的运动失真和冲击,必须采取一定的措施,使从动件总能与凸轮轮廓保持接触而不脱开,即形成高副封闭。

1. 力封闭

这是最简单的方法,可有两种方式。

(1) 重力封闭。如图 7-34 所示为制作型砂砂样的凸轮机构。它是利用从动件本身的重力实现高副封闭的。显然,当利用重力封闭时,凸轮机构必须是直立式的,而且从动件要位于凸轮的上方,此外,重力封闭只适用于低速(从动件下降时的加速度小于重力加速度)或者运动规律要求不严格的机构中。至于水平放置的从动件,则不能利用这种封闭方法。

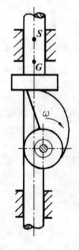

图 7-34　重力封闭

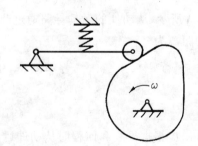

图 7-35　弹簧力封闭

（2）弹簧力封闭。如前所述，对于从动件在水平运动的凸轮机构以及较高速的凸轮机构，用重力封闭是不可能或不可靠的。这时为了防止脱离接触，可在从动件上加一弹簧。如图 7-35 所示凸轮机构中，为使从动件准确地按照凸轮轮廓所决定的规律运动，在从动件上端装上一个弹簧，利用弹簧压缩时产生的回复力，使摆杆上的滚子与凸轮轮廓总保持着接触。这种方法比前一种可靠，而且比较简单易行，但它使凸轮经常承受一个附加的弹簧压力。因此，这种方法适用于小型、中高速和载荷不大的凸轮机构中。

2. 几何封闭

它是利用机构中构件的几何形状实现高副封闭的。常用形式有下列几种：

（1）利用槽型凸轮。如图 7-36 所示，从动件滚子嵌入槽中之后，形成双面约束，被限制在槽中不会脱离接触。这种槽型凸轮的优点是简单可靠，易于制造，并且没有附加的压力。但缺点是加大了凸轮的尺寸和质量；此外，在运动过程中，滚子实际上是与凸轮槽的两侧轮廓交替接触，因此，滚子的回转方向经常变化，因而对滚子和凸轮的润滑不利，易于磨损；同时滚子只能与凸轮槽的一侧作相对滚动，与另一侧却有相对的滑动现象。因此，这种槽型凸轮只适用于中、低速的凸轮机构中。

（2）利用从动件形式。如图 7-37 所示，为了防止从动件与凸轮脱离接触，在从动件上安装两个滚子，它们在凸轮的两侧同时与凸轮轮廓接触。两个滚子使凸轮与从动件成双面约束，达到高副封闭。由于两个滚子装在同一个从动件上，它们的中心距是固定长度 d，因此，为使凸轮在整周回转中都能同时与两侧的滚子接触，必须使凸轮的理论轮廓各个方向的径向尺寸相等。这种各个方向径向尺寸为定值的凸轮称为等径凸轮。等径凸轮的优点是每个滚子只与凸轮的一侧轮廓接触，传动时作单方向的相对滚动，因而润滑和运动性能较好。但是，凸轮轮廓只有半周（180°）能够根据要求的运动规律进行设计，另一半则由等径条件和前半周的轮廓所决定。同理，如果从动件是平底接触，当把从动件做成凸轮两侧同时接触时，则形成如图 7-38 所示的方框形的从动件。这时，要求凸轮的轮廓在各个方向的宽度保持不变，因此，这种凸轮称为等宽凸轮。它的优缺点类似于等径凸轮。

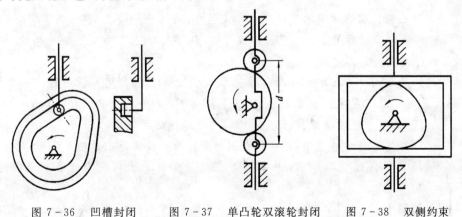

图 7-36　凹槽封闭　　图 7-37　单凸轮双滚轮封闭　　图 7-38　双侧约束

（3）综合利用凸轮和从动件的形式。如图 7-39 所示为利用凸轮内、外两侧的轮廓分别与从动件上两个滚子接触。这种凸轮常称为内外双面凸轮。凸轮对于从动件的约束类似于槽形凸轮，但由于是两个滚子，克服了槽形凸轮中滚子经常变换回转方向的现象，有利于润滑。因此,这种凸轮适用于较高的速度。原理相近的另一种凸轮如图 7-40 所示,它具有两个不同的曲线轮廓,分别与从动件上的两个滚子相接触。这两个滚子的相互位置类似于图 7-37,但凸轮则不同,它具有两个形状完全不同的凸轮轮廓。设计时,根据要求的从动件运动规律,首先求出一个凸轮轮廓,然后再根据两个滚子距离不变的条件求出另一个轮廓。凸轮回转时,一个轮廓推动从动件滚子完成工作行程,另一个轮廓则推动从动件的另一个滚子完成返回行程,因此,这种凸轮称为主回凸轮(有时称为共轭凸轮或双轮廓凸轮)。

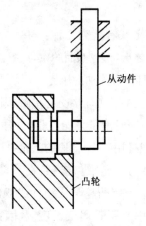

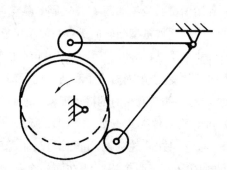

图 7-39　双联滚轮封闭　　　　　　　　　图 7-40　双凸轮双滚子封闭

　　上述两种凸轮综合利用了前面介绍的两种形式,因而克服了单一形式的缺点,保持了优点。因此,这两种凸轮不仅润滑情况好,而且凸轮的全周在 360° 范围内能够根据要求的运动规律自由设计轮廓。但是这两种凸轮在结构上比较复杂,制造成本较高。

习　　题

　　7-1　何谓凸轮机构传动中的刚性冲击和柔性冲击?

　　7-2　何谓凸轮工作廊线的变尖现象和推杆运动的失真现象?它对凸轮机构的工作有何影响?如何加以避免?

　　7-3　已知从动件的升程 $h=50$ mm,推程运动角 $\delta=120°$,试用作图法画出 $s-\delta$ 位移曲线(要求分点间隔 $\leqslant 20°$,要用同一比例尺,建议用 $\mu_\delta=1°/$ mm,$\mu_s=1$ mm/ mm)。

　　(1) $0°\sim 60°$ 用等加速运动规律,$60°\sim 120°$ 用等减速运动规律。

　　(2) $0°\sim 120°$ 用简谐运动规律,要求画在同一坐标系上以便与上面的曲线相比较。

　　(3) $0°\sim 120°$ 用摆线运动规律,并要求画在同一坐标系上以便与上面的两条曲线相比较。

　　7-4　如题图 7-1(a)(b) 和(c)所示为三个凸轮机构。已知 $R=40$ mm,$a=20$ mm,$e=15$ mm,$r_r=20$ mm。试用图解法(反转法)求出从动件的位移曲线 $s=s(\delta)$ 并比较之,并从受力方面比较哪种最好,哪种最差,说明其理由。

　　7-5　如题图 7-2(a)所示为自动闪光对焊机机构简图。其中,凸轮 1 为主动件,通过滚子 2 推动滑板 3 移动进行焊接。滑板所需运动规律如题图 7-2(b)所示。设已知凸轮的最小

半径 $r_0 = 90$ mm，滚子半径 $r_r = 15$ mm，试用反转法绘制凸轮轮廓（建议画图时用 $\mu_s = 2$ mm/mm，$\mu_\delta = 8°$/mm，推程的分点间隔 $\leqslant 20°$，回程的分点间隔 $\leqslant 10°$）。

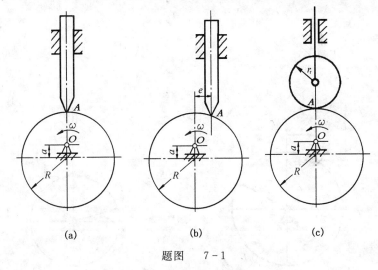

(a)　　　　　　　(b)　　　　　　　(c)

题图　7 - 1

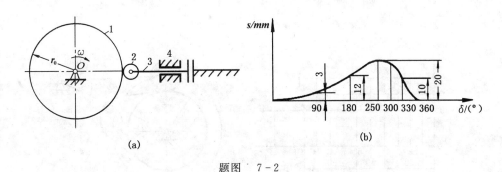

(a)　　　　　　　　　　(b)

题图　7 - 2

7 - 6　设计一偏置移动滚子从动件盘形凸轮机构。凸轮回转方向和从动件初始位置如题图 7 - 3 所示。已知偏距 $e = 10$ mm，基圆半径 $r_0 = 40$ mm，滚子半径 $r_r = 10$ mm。从动件的运动规律如下：$\delta_0 = 180°$，$\delta_{01} = 30°$，$\delta'_0 = 120°$，$\delta'_{02} = 30°$，从动件在推程中以简谐运动规律上升，升程 $h = 30$ mm；回程以等加速、等减速运动规律返回原处。试用图解法绘制从动件位移线图 $s = s(\delta)$ 及凸轮轮廓（要求推程和回程的分点数 $\geqslant 6$ 个）。

7 - 7　设计一平底移动从动件盘形凸轮机构，凸轮回转方向和从动件初始位置如题图 7 - 4 所示。已知基圆半径 $r_0 = 40$ mm，从动件运动规律同题 7 - 6。试用图解法绘出凸轮轮廓并决定从动件底面应有的长度。

7 - 8　已知凸轮机构摆杆的运动规律 $\varphi = f(\delta)$，摆杆长 $l_{AB} = 120$ mm，凸轮以 ω 逆时针等速转动，其理论基圆半径 $r_0 = 100$ mm，滚子半径 $r_r = 15$ mm，如题图 7 - 5 所示，试设计盘形凸轮的轮廓曲线。

7 - 9　设计一平底摆动从动件盘形凸轮机构。凸轮回转方向和从动件初始位置如题图 7 - 6 所示。已知 $l_{OA} = 75$ mm，$r_0 = 30$ mm，从动件运动规律如下：$\delta_0 = 180°$，$\delta_{01} = 0°$，$\delta'_0 = 180°$，$\delta'_{02} = 0°$，从动件推程以简谐运动规律顺时针摆动，$\varphi_{max} = 20°$；回程以等加速、等减速运动规律返回原处。试用图解法绘出凸轮轮廓，并确定从动件的长度（要求分点间隔≤30°）。

7-10　用作图法求题图7-7所示各凸轮从图示位置转过45°后轮廓上的压力角，并在图上标注出来。

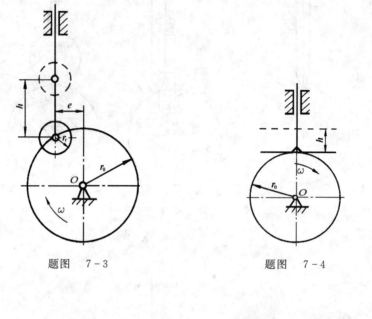

题图　7-3　　　　　　　　　　　　题图　7-4

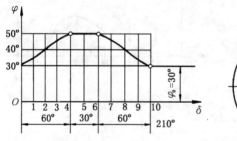

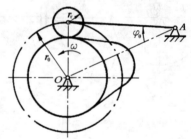

题图　7-5

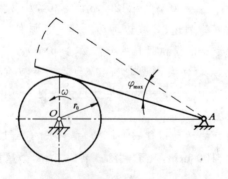

题图　7-6

7-11　已知从动件的运动规律 $s=s(\delta)$ 如题图7-8(a)所示，机构简图如题图7-8(b)所示，基圆半径 $r_0=30$ mm，偏距 $e=15$ mm。试求：

（1）尖顶接触，凸轮顺时针转动时，用图解法绘出凸轮轮廓。

（2）尖顶接触，凸轮逆时针转动时，用图解法绘出凸轮轮廓。

（3）从动件改为滚子接触时，取滚子半径 $r_r = 10$ mm，凸轮逆时针转动，用图解法绘出凸轮轮廓。

（4）在图上量出上列各轮廓在 $\varphi = 60°$ 时的压力角 α，并比较之。同时比较在第2和第3两种问题情况下的运动失真（作图时分点角度 $\leqslant 20°$）。

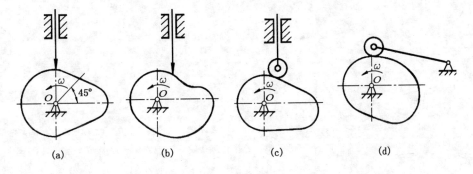

题图 7-7

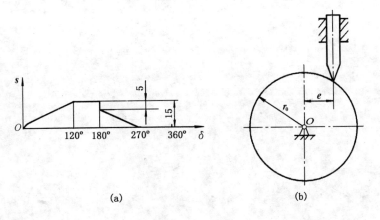

(a)　　　　　　　(b)

题图 7-8

7-12　用解析法求移动从动件盘形凸轮机构的最小基圆半径。已知升程许用压力角 $[\alpha] = 30°$，回程许用压力角 $[\alpha'] = 70°$，从动件升程 $h = 20$ mm，推程运动角 $\delta_0 = 60°$，远休止角 $\delta_{01} = 10°$，回程运动角 $\delta'_0 = 60°$，从动件在升、回程均以正弦加速度规律运动。

7-13　用解析法设计对心尖顶从动件盘形凸轮机构。已知凸轮逆时针转动，当工作行程凸轮转过180°时，从动件等速上升30 mm，工作行程许用压力角 $[\alpha] = 30°$，当空行程凸轮继续转过90°时，从动件以等加速、等减速运动规律回至原处，空行程许用压力角 $[\alpha'] = 70°$，其余90°，从动件不动。

7-14　用解析法设计偏置滚子从动件盘形凸轮机构。已知凸轮顺时针转动，当转过150°时，从动件等速上升30 mm；再转过90°时，从动件以简谐运动下降至原位；再转过其余20°时，从动件静止不动。滚子半径 $r_r=10$ mm,许用压力角均为 $[\alpha]=35°$,试求出理论轮廓和工作轮廓曲线。

7-15 用解析法设计对心平底从动件盘形凸轮。从动件平底与从动件导路垂直,凸轮基圆半径 $r_0=50$ mm,当凸轮转过 $\frac{5}{8}\pi$ 时,从动件以简谐运动上升 30 mm,再转过 $\frac{7}{8}\pi$ 时,仍以简谐运动下降至原位;转过其余 $\frac{\pi}{2}$ 时,从动件不动。

第8章 齿轮机构

齿轮机构是应用最为广泛的传动机构之一。它可以用来传递空间任意两轴之间的运动和力,具有传动功率范围大、效率高、传动比准确、使用寿命长、工作安全可靠等特点。本章主要讨论定传动比齿轮机构。

8.1 齿轮机构的类型

按照一对齿轮传动的传动比是否恒定,齿轮机构可以分为两大类:其一是定传动比的齿轮机构,齿轮是圆形(圆柱形或圆锥形),又称为圆形齿轮机构;其二是变传动比齿轮机构,又称非圆齿轮机构。

按照一对齿轮在传动时的相对运动是平面运动还是空间运动,圆形齿轮机构又可以分为平面齿轮机构和空间齿轮机构,具体类型如表 8-1 所示。

8.2 齿廓啮合基本定律

如图 8-1 所示为一对平面齿廓曲线 C_1、C_2 在点 K 处的接触情况。C_1、C_2 分别绕轴 O_1、O_2 转动,过接触点 K 所作的两齿廓曲线的公法线 nn 与连心线 $\overline{O_1O_2}$ 相交于点 P。由三心定理可知,点 P 是 C_1、C_2 的相对速度瞬心,齿廓曲线 C_1、C_2 在该点有相同的速度,即

$$v_P = \overline{O_1P}\omega_1 = \overline{O_2P}\omega_2$$

由此可得

$$i_{12} = \frac{\omega_1}{\omega_2} = \frac{\overline{O_2P}}{\overline{O_1P}} \tag{8-1}$$

点 P 称为两齿廓的啮合节点,简称节点。i_{12} 称为两齿廓的传动比。由上述分析可得**齿廓啮合基本定律**:相互啮合传动的一对齿廓,在任一位置时的传动比,都与其连心线 O_1O_2 被其啮合齿廓接触点处公法线所分成的两段成反比。

凡满足齿廓啮合基本定律的一对齿廓称为共轭齿廓,共轭齿廓的齿廓曲线称为共轭曲线。

由式(8-1)可知,要使两齿轮的传动比为常数,则其齿廓曲线必须满足以下条件:两齿廓在任一位置接触点处的公法线必须与两齿轮的连心线相交于一定点。若分别以 r'_1 和 r'_2 表示 $\overline{O_1P}$ 和 O_2P,则有

表 8－1　圆形齿轮机构的分类

平面齿轮机构				
直齿轮	斜齿轮	人字齿轮	内啮合齿轮	齿轮齿条
空间齿轮机构				
直齿锥齿轮	斜齿锥齿轮	曲线齿锥齿轮	交错轴斜齿轮	蜗杆蜗轮

$$i_{12} = \frac{\omega_1}{\omega_2} = \frac{\overline{O_2 P}}{\overline{O_1 P}} = \frac{r'_2}{r'_1} = 常数$$

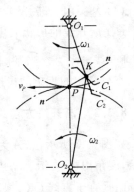

当两轮作定传动比传动时,节点 P 在两轮的运动平面上的轨迹是两个圆,分别称为轮1和轮2的节圆,其半径分别为 r'_1 和 r'_2,故两齿轮的啮合传动可以视为这一对节圆作无滑动的纯滚动。

凡是能满足定传动比(或某种变传动比规律)要求的一对齿廓曲线,从理论上讲,都可以作为实现定传动比(或某种变传动比规律)传动的齿轮的齿廓曲线。但在生产实际中,必须从制造、安装和使用等各方面综合考虑,选择适当的曲线作为齿廓曲线。目前常用齿廓曲线有渐开线、摆线和圆弧等。采用渐开线作为齿廓

图 8-1 一对相啮合的齿廓

曲线,有容易制造和便于安装等优点,所以目前绝大多数齿轮都采用渐开线齿廓。

8.3 圆的渐开线及其性质

8.3.1 渐开线的形成

如图 8-2所示,当直线 nn 沿半径为 r_b 的圆作纯滚动时,该直线上任一点 K 的轨迹称为该圆的渐开线,这个圆称为渐开线的基圆,直线 nn 称为渐开线的发生线,$\theta_K = \angle AOK$ 称为渐开线上点 K 的展角。

8.3.2 渐开线的性质

(1)发生线沿基圆滚过的长度,等于基圆上被滚过的圆弧长度,即 $\overline{KB} = \overset{\frown}{AB}$。

(2)渐开线上任一点的法线恒与基圆相切,图 8-2所示直线 nn 即为渐开线在点 K 的法线。

(3)渐开线上离基圆愈远的部分,其曲率半径越大,渐开线愈平直。图 8-2所示点 B 是渐开线在点 K 的曲率中心,而 KB 是相应的曲率半径。

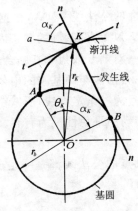

图 8-2 渐开线齿廓的性质

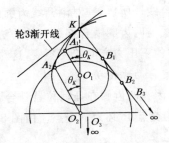

图 8-3 不同基圆的渐开线

（4）基圆内无渐开线。

（5）渐开线的形状取决于基圆的大小。如图 8-3 所示，基圆愈小，渐开线愈弯曲；基圆愈大，渐开线愈平直。当基圆半径为无穷大时，其渐开线将成为一条垂直于 $\overline{B_3K}$ 的直线，它就是后面将要介绍的齿条的齿廓曲线。

8.3.3　渐开线方程式

如图 8-2 所示，点 A 为渐开线在基圆上的起始点，点 K 为渐开线上任意点，它的向径用 r_K 表示，展角用 θ_K 表示。若用此渐开线作齿轮的齿廓，则当齿轮绕点 O 转动时，齿廓上点 K 的速度方向垂直于直线 OK，把法线 BK 与点 K 速度方向线（沿 Ka 方向）之间所夹的锐角称为渐开线齿廓在该点的压力角，记作 α_K，则 $\alpha_K = \angle KOB$。下面推导以 α_K 为参数的渐开线极坐标方程式。

由 $\triangle OBK$ 可知

$$r_K = \frac{r_b}{\cos\alpha_K}$$

又由渐开线的性质，有

$$\tan\alpha_K = \frac{\overline{KB}}{\overline{OB}} = \frac{\widehat{AB}}{r_b} = \frac{r_b(\alpha_K + \theta_K)}{r_b} = \alpha_K + \theta_K$$

即

$$\theta_K = \tan\alpha_K - \alpha_K$$

式中，θ_K 称为压力角 α_K 的渐开线函数，工程上用 $\mathrm{inv}\alpha_K$ 表示 θ_K。

综上所述，渐开线的极坐标方程式为

$$\left.\begin{array}{l} r_K = \dfrac{r_b}{\cos\alpha_K} \\[2mm] \theta_K = \mathrm{inv}\alpha_K = \tan\alpha_K - \alpha_K \end{array}\right\} \tag{8-2}$$

8.3.4　渐开线齿廓的啮合特性

1. 啮合线为一条定直线

如图 8-4(a) 所示，主动齿轮 1 以角速度 ω_1 顺时针回转，带动齿轮 2 以角速度 ω_2 逆时针回转，点 K 为其渐开线的接触点，过该点作两渐开线齿廓的公法线 N_1N_2，根据渐开线的性质可知，此公法线 N_1N_2 必同时与两齿廓的基圆相切，即 N_1N_2 为两基圆的一条内公切线。当这对渐开线齿廓继续啮合时，其啮合点必沿 N_1N_2 移动。一对渐开线齿廓在啮合过程中，其啮合点的轨迹称为啮合线。所以，一对渐开线齿廓的啮合线、公法线与两基圆的内公切线重合。

由于啮合线与两齿廓啮合接触点的公法线重合，且为一条定直线，所以在渐开线齿轮传动过程中，齿廓间的正压力方向始终不变，这对于齿轮传动的平稳性极为有利。

2. 能实现定传动比传动

如上所述，因为两齿廓在任何位置啮合，啮合接触点的公法线都是一条定直线，所以其与连心线 O_1O_2 的交点 P 必为一定点。由图 8-4(a) 知

$$i_{12} = \frac{\omega_1}{\omega_2} = \frac{\overline{O_2P}}{\overline{O_1P}} = \frac{r'_2}{r'_1} = \frac{r_{b2}}{r_{b1}} \tag{8-3}$$

上式表明两渐开线齿廓啮合时,其传动比 i_{12} 不仅与两轮的节圆半径成反比,也与两轮基圆半径成反比。

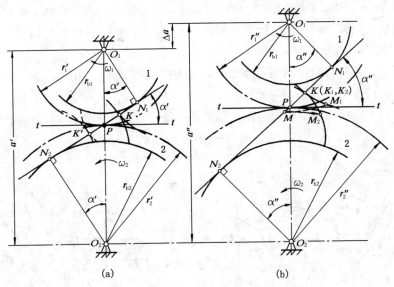

图 8-4 渐开线齿廓的啮合特性

3.渐开线齿廓的可分性

渐开线齿廓加工完成后,其基圆大小是不变的。制造、安装或使用中轴承磨损等原因造成中心距有偏差 Δa,不等于原设计中心距 a'(见图 8-4(b)),节圆半径变为 r''_1 和 r''_2,其比值为原来的 r_{b1} 和 r_{b2} 之比,因此传动比仍为 $i_{12} = \dfrac{r''_2}{r''_1} = \dfrac{r_{b2}}{r_{b1}}$。这说明即使中心距有所变化,只要一对渐开线齿廓仍能啮合传动,就仍能保持原来的传动比不变,这一特性称为渐开线齿廓的可分性。这对渐开线齿轮的加工、安装和使用都十分有利,是渐开线齿廓被广泛采用的主要原因之一。如图 8-4(b) 也示出了与齿廓 1 上点 M_1 将要啮合的齿廓 2 上点 M_2 的位置。

8.4 渐开线标准直齿圆柱齿轮

8.4.1 外齿轮

1.齿轮各部分的名称和符号

如图 8-5 所示是标准直齿圆柱外齿轮的一部分,齿轮上每个凸起的部分称为齿,齿轮的齿数用 z 表示。

(1)分度圆。设计齿轮的基准圆,其直径、半径分别以 d、r 表示。

(2)齿顶圆。过所有轮齿顶端的圆称为齿顶圆,其直径、半径分别以 d_a、r_a 表示。分度圆与齿顶圆之间的径向距离称为齿顶高,用 h_a 表示。

(3)齿根圆。过所有轮齿齿槽底部的圆称为齿根圆,其直径、半径分别以 d_f、r_f 表示。分度圆与齿根圆之间的径向距离称为齿根高,用 h_f 表示。

(4)全齿高。齿顶圆与齿根圆之间的径向距离称为全齿高,用 h 表示,$h = h_a + h_f$。

（5）基圆。产生渐开线的圆称作基圆，其直径、半径分别用 d_b、r_b 表示。

（6）齿厚。沿任意圆周所量得的轮齿的弧长称为该圆周上的齿厚，以 s_k 表示。分度圆上的齿厚用 s 表示。

（7）齿槽宽。相邻两轮齿之间的齿槽沿任意圆周所量的弧长，称为该圆周上的齿槽宽，以 e_k 表示。分度圆上的齿槽宽用 e 表示。

（8）齿距。相邻两个轮齿同侧齿廓之间的圆周弧长称为齿距，用 p_k 表示，显然 $p_k = e_k + s_k$。分度圆上的齿距用 p 表示，$p = s + e$。

（9）法向齿距。相邻两个轮齿同侧齿廓之间在法线方向上的距离称为法向齿距，用 p_n 表示。由渐开线的性质知 $p_n = p_b$，其中 p_b 为基圆上的齿距。

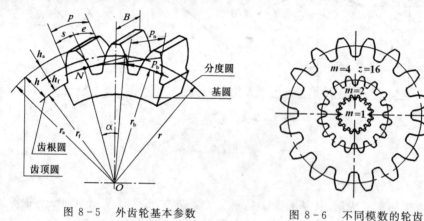

图 8-5　外齿轮基本参数　　　　　图 8-6　不同模数的轮齿

2.基本参数

（1）齿数 z。

（2）模数 m。模数指分度圆模数，其大小为 $m = p/\pi$，具体数值须按表 8-2 取定。因此，$d = zp / \pi = mz$。

模数 m 是决定齿轮尺寸的一个基本参数。齿数相同的齿轮，模数大，则尺寸也大，如图8-6所示。

表 8-2　　标准模数系列（GB 1357-87）　　　　　单位:mm

第一系列	0.1	0.12	0.15	0.2	0.25	0.3	0.4	0.5	0.6
	0.8	1	1.25	1.5	2	2.5	3	4	5
	6	8	10	12	16	20	25	32	40
	50								
第二系列	0.35	0.7	0.9	1.75	2.25	2.75	(3.25)	3.5	(3.75)
	4.5	5.5	(6.5)	7	9	(11)	14	18	22
	28	(30)	36	45					

注:优先采用第一系列,括号内的数值尽量不用。

(3) 分度圆压力角 α。由渐开线方程式(8-2)知,分度圆压力角 α 大小为

$$\alpha = \arccos(r_b/r)$$

即

$$r_b = r\cos\alpha$$

由上式可知,分度圆大小相同的齿轮,如果其压力角 α 不同,则其基圆大小也不同,因而其齿廓渐开线的形状也就不同,所以 α 是决定渐开线齿廓形状的一个基本参数。国家标准(GB 1356-88)中规定压力角 α 为标准值,$\alpha = 20°$,在某些场合也有采用 α 为 $14.5°$、$15°$、$22.5°$ 及 $25°$ 等的齿轮。

(4) 齿顶高系数 h_a^*。齿顶高用齿顶高系数与模数的乘积表示,$h_a = h_a^* m$。

(5) 顶隙系数 c^*。顶隙系数用于计算齿根高,即 $h_f = (h_a^* + c^*)m$。

我国规定了齿顶高系数与顶隙系数的标准值:

1) 正常齿制:当 $m \geqslant 1$ 时,$h_a^* = 1$,$c^* = 0.25$;当 $m < 1$ 时,$h_a^* = 1$,$c^* = 0.35$。

2) 短齿制:$h_a^* = 0.8$,$c^* = 0.3$。

3. 几何尺寸计算公式

根据图8-5很容易推出齿轮的齿顶圆、齿根圆及全齿高等其他尺寸计算公式。为了便于计算和设计,现将渐开线标准直齿圆柱齿轮几何尺寸的计算公式列于表8-3中,这里所说的标准齿轮是指 m、α、h_a^*、c^* 均为标准值,而且 $e = s$ 的齿轮。

综上所述,渐开线标准直齿圆柱齿轮的几何尺寸和齿廓形状完全由 z、m、α、h_a^*、c^* 这5个基本参数确定。

表 8-3 标准直齿圆柱齿轮几何尺寸计算公式

名　称	符号	计　算　公　式
分度圆直径	d	$d = mz$
齿顶高	h_a	$h_a = h_a^* m$
齿根高	h_f	$h_f = (h_a^* + c^*)m$
全齿高	h	$h = h_a + h_f = (2h_a^* + c^*)m$
齿顶圆直径	d_a	$d_a = d \pm 2h_a = (z \pm 2h_a^*)m$
齿根圆直径	d_f	$d_f = d \mp 2h_f = (z \mp 2h_a^* \mp 2c^*)m$
基圆直径	d_b	$d_b = d\cos\alpha$
齿距	p	$p = \pi m$
齿厚	s	$s = \pi m/2$
齿槽宽	e	$e = \pi m/2$
标准中心距	a	$a = (z_2 \pm z_1)m/2$
顶隙	c	$c = c^* m$
基圆齿距	p_b	$p_n = p_b = \pi m\cos\alpha$
法向齿距	p_n	

注:(1) 凡有"±"或"∓"号时,上面的符号用于外齿轮,下面的符号用于内齿轮。

(2) 角标2、1分别代表大、小齿轮。

8.4.2　内齿轮

如图 8-7 所示为一直齿内齿轮的一部分,它与外齿轮的不同点如下:

(1) 内齿轮的齿顶圆小于分度圆,齿根圆大于分度圆。

(2) 内齿轮齿廓是内凹的,其齿厚与齿槽宽分别对应于外齿轮的齿槽宽和齿厚。

(3) 齿顶圆须大于基圆以保证啮合齿廓全部为渐开线。

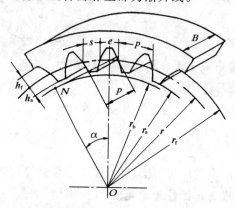

图 8-7　内齿轮基本参数

8.4.3　齿条

如图 8-8 所示为一齿条,它可以看作一个齿数为无穷多的齿轮的一部分,这时齿轮的各圆均变成直线,作为齿廓的渐开线也变为直线。齿条与齿轮相比具有下列两个特点:

(1) 由于齿条齿廓是直线,所以齿廓上各点的法线是平行的,而且在传动时齿条是作平动的,齿廓上各点速度的大小和方向都相同,所以齿条齿廓上各点的压力角都相同,且等于齿廓的倾斜角,此角称为齿形角,标准值为 20°。

(2) 由于齿条上各齿同侧的齿廓是平行的,所以不论在分度线(中线)上或齿顶线上或与其平行的其他线上,其齿距都相等,即 $p = \pi m$。

标准齿条的齿廓尺寸 $h_a = h_a^* m, h_f = (h_a^* + c^*) m$,与标准齿轮相同。

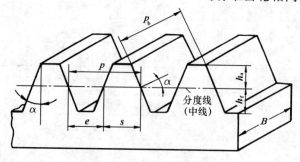

图 8-8　渐开线齿条基本参数

8.5　渐开线直齿圆柱齿轮的啮合传动

8.5.1　正确啮合的条件

如前所述,一对渐开线齿廓能够实现定传动比传动,但这并不表明任意两个渐开线齿轮都能正确地啮合传动。一对渐开线齿轮实现正确啮合传动的条件称为正确啮合条件。

如图 8-9 所示为一对渐开线齿轮的啮合传动,其齿廓啮合点 K、K' 都应在啮合线 N_1N_2 上。要使各对轮齿都能正确地在啮合线上啮合而不互相嵌入或分离,则相邻两齿的 $\overline{KK'}$ 长度应相等,即 $\overline{K_1K'_1}=\overline{K_2K'_2}=\overline{KK'}$,$\overline{K_1K'_1}$ 是齿轮 1 的法向齿距 p_{n1},$\overline{K_2K'_2}$ 是齿轮 2 的法向齿距 p_{n2},亦即

$$p_{n1}=p_{n2} \tag{8-4}$$

而

$$p_{n1}=p_{b1}=\pi m_1\cos\alpha_1,\qquad p_{n2}=p_{b2}=\pi m_2\cos\alpha_2$$

由此得到两齿轮的正确啮合条件为

$$m_1\cos\alpha_1=m_2\cos\alpha_2$$

式中 m_1、m_2 和 α_1、α_2 分别为两齿轮的模数和压力角。由于两齿轮的模数和压力角均已标准化,故两渐开线直齿圆柱齿轮的正确啮合条件为两齿轮的模数和压力角应分别相等,即

$$m_1=m_2=m,\qquad \alpha_1=\alpha_2=\alpha \tag{8-5}$$

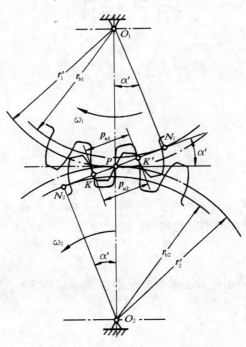

图 8-9　正确啮合的条件

8.5.2　渐开线的无齿侧间隙啮合条件

1. 一对齿轮的无齿侧间隙啮合及标准安装

（1）无齿侧间隙啮合。为了使齿轮在正转和反转两个方向的传动中避免撞击，要求相啮合的轮齿的两齿侧间没有间隙，但由于制造和装配误差及轮齿受力变形的不可避免，在两齿轮的非工作齿侧间总要留有一定的间隙，这种齿侧间隙一般都很小，通常是由制造公差来保证的。而在计算齿轮的公称尺寸时，都按齿侧间隙为零来考虑。

由于一对齿轮在传动时，其节圆作纯滚动，因此在无齿侧间隙啮合时，一个齿轮节圆上的齿槽宽应等于另一个齿轮节圆上的齿厚，即

$$s'_1 = e'_2 \quad \text{或} \quad s'_2 = e'_1 \tag{8-6}$$

这就是一对齿轮无齿侧间隙啮合的几何条件。

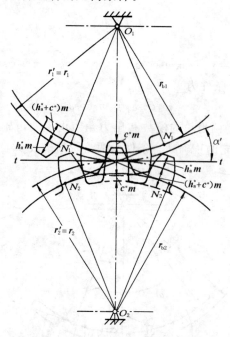

图 8-10　标准安装外啮合齿轮传动

（2）标准齿轮的标准安装。如图 8-10 所示为一对满足正确啮合条件的外啮合标准直齿圆柱齿轮，其中心距为两分度圆半径之和，即

$$a = r_1 + r_2 = \frac{m}{2}(z_1 + z_2) \tag{8-7}$$

此中心距称为标准中心距。由于这时两齿轮分度圆正好相切，两轮基圆内公切线 N_1N_2 通过切点 P，分度圆与节圆重合，因此

$$s'_1 = s_1 = s'_2 = s_2 = e'_1 = e_1 = e'_2 = e_2 = \frac{\pi m}{2}$$

满足无齿侧间隙的几何条件。这时一轮齿齿顶与另一轮齿齿根之间的径向间隙为

$$c = a - r_{a1} - r_{f2}$$

代入各自的值解得

$$c = c^* m$$

称其为标准顶隙。顶隙的存在可以避免一齿轮的齿顶与另一齿轮的齿根过渡曲线相抵触,并便于存储润滑油。

上述这种标准齿轮的安装情况称为标准安装。

(3) 啮合角。把两齿轮传动时其节点 P 的圆周速度方向与啮合线 N_1N_2 之间所夹的锐角称为齿轮传动的啮合角,通常以 α' 表示。根据啮合角的定义可知,啮合角恒等于节圆压力角。

当一对标准齿轮在实际中心距大于标准中心距,即 $a' > a$ 非标准安装时,节圆与分度圆分离,$\alpha' > \alpha$,顶隙大于 $c^* m$,齿侧产生了间隙(见图 8-11(b))。

由图 8-11(a) 可知

$$r_{b1} = r_1 \cos\alpha, \quad r_{b2} = r_2 \cos\alpha$$

同理,由图 8-11(b) 可知

$$r_{b1} = r'_1 \cos\alpha', \quad r_{b2} = r'_2 \cos\alpha'$$

由此得

$$r_{b1} + r_{b2} = (r_1 + r_2)\cos\alpha = (r'_1 + r'_2)\cos\alpha'$$

即

$$a\cos\alpha = a'\cos\alpha' \tag{8-8}$$

2. 齿轮与齿条的啮合传动

如图 8-12 所示为齿轮与齿条啮合传动情况,其啮合线为垂直齿条齿廓并与齿轮基圆相切的直线 N_1N_2,点 N_2 在无穷远处,过齿轮轴心并垂直齿条分度线的直线与啮合线的交点即为节点 P。

当标准齿轮分度圆与齿条分度线相切安装(即标准安装)时,保证了标准顶隙和无侧隙啮合,同时齿轮的节圆与分度圆重合,齿条节线与分度线重合(见图 8-12(a)),故传动啮合角 α' 等于齿轮分度圆压力角 α,也等于齿条的齿形角。

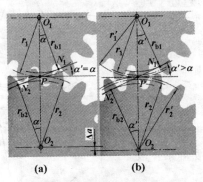

图 8-11 外啮合齿轮传动
(a) 标准安装;(b) 非标准安装

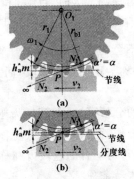

图 8-12 齿轮与齿条的啮合传动
(a) 标准安装;(b) 非标准安装

当非标准安装时,由于齿条的齿廓是直线,齿条位置改变后,其齿廓总是与原始位置平行,故啮合线 N_1N_2 位置不变,所以节点 P 的位置也不变。因此,齿轮节圆的大小也不变,而且恒与分度圆大小相重合,其啮合角 α' 也恒等于齿轮分度圆压力角 α(即齿条齿形角)。但齿条的节线与其分度线不再重合(见图 8-12(b))。

8.5.3　连续传动的条件

1.轮齿的啮合过程

如图8-13所示为一对满足正确啮合条件的渐开线齿轮的啮合过程。主动轮1顺时针方向转动,推动从动轮2逆时针方向转动,从动轮齿顶圆与啮合线 N_1N_2 的交点 B_2 是一对轮齿啮合的起始点,这时主动轮的齿根与从动轮齿顶接触,如图8-13(a)所示,随着啮合传动的进行,两齿廓的啮合点将沿着啮合线向左下方移动,一直到主动轮1的齿顶与啮合线 N_1N_2 的交点 B_1 时,两轮齿即将脱离接触,故点 B_1 为两轮齿的啮合终止点(见图8-13(b))。

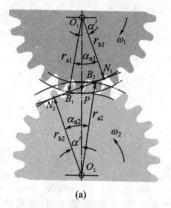 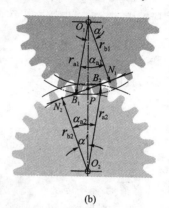

(a)　　　　　　　　　　　(b)

图8-13　齿轮的啮合过程

(a) B_2 点开始啮合;(b) B_1 点终止啮合

从一对轮齿的啮合过程看,啮合点实际走过的轨迹只是啮合线 N_1N_2 上的一段 $\overline{B_1B_2}$,故把 $\overline{B_1B_2}$ 称为实际啮合线段。当两轮齿顶圆加大时,点 B_1 和 B_2 将分别趋近于点 N_2 和 N_1,实际啮合线段将加长。但因基圆内无渐开线,所以实际啮合线段不会超过 $\overline{N_1N_2}$,即 $\overline{N_1N_2}$ 是理论上可能的最长啮合线段,特称为理论啮合线段,而点 N_1、N_2 则称为啮合极限点。

由上面的分析可知,在两轮齿啮合的过程中,并非全部齿廓都参加工作,而只是限于从齿顶到齿根的一段齿廓参与啮合,实际上参与啮合的这段齿廓称为齿廓的实际工作段。

2.连续传动条件

一对齿轮正确啮合的条件是两齿轮啮合传动的必要条件。两齿轮的连续传动是靠两轮的轮齿交替接触实现的,即必须保证在前一对轮齿尚未脱离啮合时,后一对轮齿应及时进入啮合。为了达到这一目的,就要求实际啮合线段 $\overline{B_1B_2}$ 应大于或等于齿轮的法向齿距 p_n(见图8-14)。把 $\overline{B_1B_2}$ 与 p_n 的比值用 ε_a 表示,则齿轮连续传动的条件为

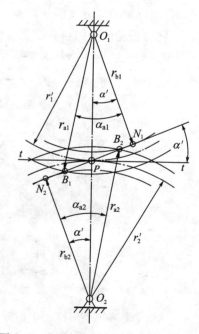

图8-14　重合度的基本参数关系

$$\varepsilon_\alpha = \frac{\overline{B_2 B_1}}{p_n} \geqslant 1 \tag{8-9}$$

式中，ε_α 称为齿轮传动的重合度。

从理论上讲，$\varepsilon_\alpha = 1$ 就能保证齿轮的连续传动，但考虑到制造和安装的误差，为了确保齿轮传动的连续性，实用中的 ε_α 应满足 $\varepsilon_\alpha \geqslant [\varepsilon_\alpha]$，$[\varepsilon_\alpha]$ 的推荐值见表 8-4。

表 8-4 $[\varepsilon_\alpha]$ 的推荐值

使用场合	一般机械制造业	汽车拖拉机	金属切削机床
$[\varepsilon_\alpha]$	1.4	1.1～1.2	1.3

至于重合度 ε_α 的计算，可由图 8-14 推导而得。

$$\overline{B_1 B_2} = \overline{B_1 P} + \overline{B_2 P}$$

而
$$\overline{B_1 P} = r_{b1}(\tan\alpha_{a1} - \tan\alpha'), \quad \overline{B_2 P} = r_{b2}(\tan\alpha_{a2} - \tan\alpha')$$

于是可得

$$\varepsilon_\alpha = \frac{\overline{B_2 B_1}}{p_n} = \frac{\overline{B_1 P} + \overline{B_2 P}}{\pi m \cos\alpha} = \frac{1}{2\pi}[z_1(\tan\alpha_{a1} - \tan\alpha') + z_2(\tan\alpha_{a2} - \tan\alpha')] \tag{8-10}$$

式中，α' 为啮合角；α_{a1}、α_{a2} 分别为齿轮 1 和齿轮 2 的齿顶圆压力角。

由式(8-10)可见，重合度 ε_α 与模数 m 无关，随齿轮齿数增多而增大，当两轮齿数趋于无穷大时，ε_α 将趋于理论极限值 $\varepsilon_{\alpha\max}$，由于此时

$$\overline{B_1 P} = \overline{B_2 P} = \frac{h_a^* m}{\sin\alpha} \tag{8-11}$$

所以
$$\varepsilon_{\alpha\max} = \frac{4 h_a^*}{\pi \sin 2\alpha}$$

当 $\alpha = 20°$，$h_a^* = 1$ 时，$\varepsilon_{\alpha\max} = 1.981$。

事实上，由于两轮均变为齿条，将吻合成一体而无法啮合传动，因此，实际上的直齿圆柱齿轮传动的重合度是不可能达到这一理论极限值的。

同理，齿轮齿条啮合传动时，其重合度为

$$\varepsilon_\alpha = \frac{1}{2\pi}\left[z_1(\tan\alpha_{a1} - \tan\alpha') + \frac{4 h_a^*}{\sin 2\alpha}\right] \tag{8-12}$$

内啮合齿轮传动的重合度计算公式为

$$\varepsilon_\alpha = \frac{1}{2\pi}[z_1(\tan\alpha_{a1} - \tan\alpha') - z_2(\tan\alpha_{a2} - \tan\alpha')] \tag{8-13}$$

重合度的大小表示同时参与啮合轮齿对数的平均值。例如 $\varepsilon_\alpha = 1.65$，表示有 35% 时间是一对齿啮合，有 65% 时间是两对齿啮合。由图 8-15 所示可知，在实际啮合线段 $\overline{B_2 D}$ 和 $\overline{CB_1}$ 这两段长度上，各有一对轮齿同时参与啮合，而在 $\overline{DC}$ 这一段长度上只有一对轮齿参与啮合。把 $\overline{DC}$ 段称为单齿啮合区，而把 $\overline{B_2 D}$ 段和 $\overline{CB_1}$ 段称为双齿啮合区。

齿轮传动的重合度愈大，表明同时参与啮合的轮齿对数愈多，传动愈平稳，每对轮齿所承受的载荷愈小，因此，重合度是衡量齿轮传动性能的重要指标之一。

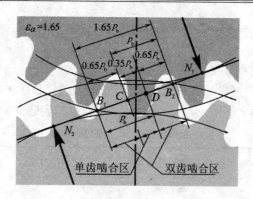

图 8-15　重合度的物理意义

例 8-1　一对标准外啮合直齿圆柱齿轮,已知 $m=5$ mm,$\alpha=20°$,$h_a^*=1$,$c^*=0.25$,$z_1=20$,$z_2=40$。试求:

(1) 这对齿轮标准安装(见图 8-11(a))时的重合度 ε_a;

(2) 两轮从开始啮合到终止啮合所转过的角度 φ_1、φ_2;

(3) 以 $\varepsilon_a=1.2$ 安装时的中心距偏差 Δa。

解　(1) 计算重合度 ε_a。

$$\alpha_{a1}=\arccos\frac{r_{b1}}{r_{a1}}=\arccos\frac{z_1\cos\alpha}{z_1+2h_a^*}=\arccos\frac{20\times\cos20°}{20+2}=31.321°$$

$$\alpha_{a2}=\arccos\frac{r_{b2}}{r_{a2}}=\arccos\frac{z_2\cos\alpha}{z_2+2h_a^*}=\arccos\frac{40\times\cos20°}{40+2}=26.499°$$

$$\alpha'=\alpha=20°$$

由式(8-10)得 $\varepsilon_a=1.635$。

(2) 计算齿轮 1、2 转角 φ_1、φ_2。

$$\varphi_1=\frac{\overline{B_1B_2}}{r_{b1}}=\frac{\varepsilon_a p_b}{r_{b1}}=\frac{2\varepsilon_a\pi m\cos\alpha}{mz_1\cos\alpha}=\frac{2\pi\varepsilon_a}{z_1}=\frac{1.635}{20}\times360°=29.34°$$

同理

$$\varphi_2=\frac{1.635}{40}\times360°=14.715°$$

(3) 计算中心距偏差 Δa。

由式(8-10)得

$$\alpha'=\arctan\frac{z_1\tan\alpha_{a1}+z_2\tan\alpha_{a2}-2\pi\varepsilon_a}{z_1+z_2}$$

代入数值得中心距偏差

$$\Delta a=a'-a=a\left(\frac{\cos\alpha}{\cos\alpha'}-1\right)=\frac{m(z_1+z_2)}{2}\left(\frac{\cos\alpha}{\cos\alpha'}-1\right)$$

代入数值解得

$$\Delta a=2.316\ \text{mm}$$

8.5.4　齿廓滑动与磨损

一对渐开线齿廓啮合传动时,只有在节点处具有相同的速度,而在啮合线的其他位置啮合,两齿廓上啮合点的速度是不同的,因而齿廓间必存在相对滑动,在干摩擦和润滑不良的情况下,相对滑动会引起齿面磨损。越靠近齿根部分,齿廓相对滑动越严重,尤其是小齿轮更为严重。为了减轻磨损,进行齿轮传动设计时,应设法使实际啮合线段$\overline{B_2B_1}$尽可能远离极限啮合点 N_1,使大小两轮的磨损接近相等。

8.6 渐开线齿廓的切削加工

齿轮的加工方法很多,如切削法、铸造法、热轧法、电加工法等。但就加工原理来看,可分为两大类,即仿形法和范成法。所谓仿形法,是指用与齿槽形状相同的成形刀具或模具将轮坯齿槽的材料去掉,常用的方法是用圆盘铣刀(见图 8-16)或指状铣刀(见图 8-17)在普通铣床上进行加工。所谓范成法,是指利用一对齿轮作无侧隙啮合传动时,两轮的齿廓互为包络线(见图 8-18(a))的原理来加工齿轮,因而又称包络法。本节仅介绍范成法。

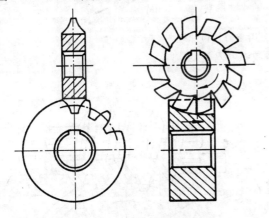

图 8-16 盘形铣刀切齿原理

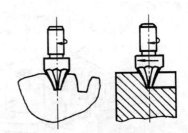

图 8-17 指状铣刀切齿原理

8.6.1 范成法切削齿廓的基本原理

范成法是目前齿轮加工中最常用的一种切削加工方法。常用刀具有齿轮插刀、齿条插刀和齿轮滚刀。

(1)齿轮插刀。齿轮插刀的外形就像一个具有刀刃的外齿轮。其加工齿轮有 4 个运动,如图 8-18 所示。

1)范成运动。刀具与轮坯按定传动比 $i=\omega_0/\omega=z/z_0$($z、z_0$ 分别表示被加工齿轮与刀具的齿数)转动(见图 8-18(a))加工出齿廓渐开线。

2)切削运动。刀具沿轮坯齿宽方向作往复运动来切削齿宽(见图 8-18(b)箭头 Ⅰ)。

3)进给运动。轮坯作径向进给运动来加工齿全高(见图 8-18(b)箭头 Ⅲ)。

4)让刀运动。轮坯作径向退刀运动以免损伤加工好的齿面(见图 8-18(b)箭头 Ⅱ)。

(2)齿条刀具。齿条刀具加工齿轮的原理与用齿轮插刀加工相同,仅仅是范成运动变为齿条与齿轮的啮合运动且齿条移动速度为 $v=\omega mz/2$(见图 8-19)。

齿轮插刀和齿条插刀的切削加工都是不连续的,因而影响了生产率的提高。

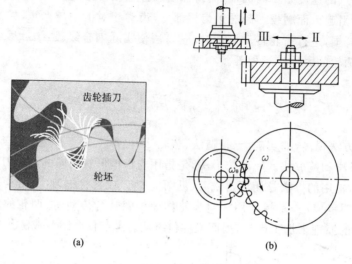

图 8-18　齿条刀切齿原理

（a）包络原理；（b）刀具运动

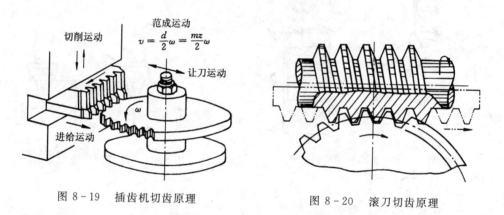

图 8-19　插齿机切齿原理　　　　　图 8-20　滚刀切齿原理

（3）齿轮滚刀。滚刀的形状像一个开口的螺旋且在其轴剖面（即轮坯端面）内的形状相当于一个齿条（见图 8-20），其加工原理与用齿条插刀加工时基本相同。但滚刀转动时刀刃的螺旋运动代替了齿条插刀的范成运动和切削运动。当滚刀回转时，还需沿轮坯轴向作缓慢进给运动以便切削一定的齿宽。当加工直齿轮时，滚刀轴线与轮坯端面之间的夹角应等于滚刀螺旋升角 γ，如图 8-20 所示，以使其螺旋的切线方向与轮坯齿向相同，而滚刀的回转就像一个无穷长的齿条刀在移动，故齿轮滚刀的切削加工是连续的，生产率高。总之，范成法加工齿轮，只要刀具和被加工齿轮的模数 m 及压力角 α 相同，任何齿数的齿轮均可用一把刀具来加工。大批量生产中多采用这种方法。

8.6.2　用标准齿条形刀具加工齿轮

1. 标准齿条形刀具

如图 8-21 所示为一标准齿条形刀具的齿廓，它的外形与普通齿条相似，所不同的是它的顶部比普通齿条多出一段 $c^* m$。这高出的部分，是为了在被加工齿轮根部切制出顶隙。刀具中线上的齿厚与齿槽宽相等,均为 $\pi m/2$。在齿顶线上的一段刀刃不是直线而是一般圆弧(半径 $\rho=0.38m$),它是用来切制被加工齿轮的齿根过渡曲线,这条过渡曲线把渐开线与齿根圆弧光滑地连接起来。在正常情况下,齿根过渡曲线是不参与啮合的。刀具根部的 c^*m 段是为了保证刀具与轮坯外圆之间有一个顶隙,而轮坯外圆在切齿前已根据设计尺寸加工完成。

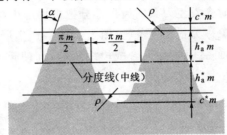

图 8-21　标准齿条刀具的齿廓

2. 用标准齿条型刀具加工齿轮

用标准齿条形刀具加工齿轮,按刀具中线(分度线)与被加工齿轮分度圆的相对位置,可分为 3 种情况:

(1) 刀具中线与被加工齿轮分度圆相切,加工出的齿轮是标准齿轮,如图 8-22(a)所示。

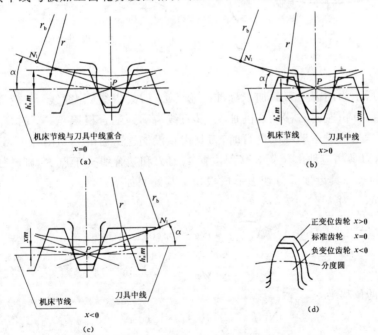

图 8-22　标准齿条刀具切齿原理

(a) 切制标准齿轮；(b) 切制正变位齿轮；(c) 切制负变位齿轮；(d) 同一基圆齿形比较

(2) 刀具中线与被加工齿轮分度圆相离一段径向距离 xm(x 称为径向变位系数,m 为模数),这样加工出的齿轮称为正变位齿轮,$xm>0$,$x>0$,如图 8-22(b)所示。

(3) 刀具中线与被加工齿轮分度圆相割,这时加工出的齿轮称为负变位齿轮,$xm<0$,$x<0$,如图 8-22(c)所示。

由上述三种情况加工出来的齿数相同的齿轮,虽然其齿顶高、齿根高、齿厚和齿槽宽各不相同,但是其模数、压力角、分度圆、齿距和基圆均相同。它们的齿廓曲线是由相同基圆范成的渐开线,只不过截取的部位不同,如图 8 - 22(d) 所示。

8.6.3 渐开线齿廓的根切

用范成法加工齿轮,有时会发生刀具的齿顶部分把被加工齿轮根部已经切制出来的渐开线齿廓切去一部分,这种现象称为根切现象(见图 8 - 23)。产生严重根切的齿轮,一方面削弱了轮齿的抗弯强度,另一方面会使实际啮合线段缩短,从而使重合度降低,影响传动的平稳性。因此,在设计齿轮时应尽量避免发生根切现象。

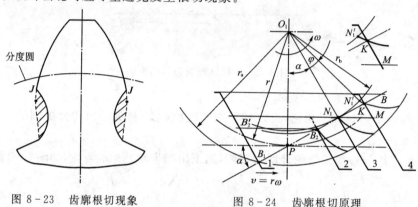

图 8 - 23 齿廓根切现象   图 8 - 24 齿廓根切原理

1.根切原因

如图 8 - 24 所示为用齿条刀具加工标准齿轮情形,刀具中线(分度线)与轮坯分度圆相切并作纯滚动。当刀具由左向右移动切削加工,其直线齿廓到啮合极限点 N_1 时,轮坯渐开线齿廓全部加工完成。当范成运动继续进行时,刀具齿顶没能退出而继续切削加工,设轮坯由位置 3 再转过 φ 角时,刀具相应地由位置 3 移到位置 4,刀刃和啮合线交于点 K,则已加工好的渐开线齿廓 $\overline{N'_1 K}$ 段即被刀具齿顶部分切去形成根切。其证明如下:

基圆转过的弧长为

$$\overparen{N_1 N'_1} = r_b \varphi = r\varphi \cos\alpha$$

此时刀具位移为

$$\overline{N_1 M} = r\varphi$$

而刀具沿啮合线的位移为

$$\overline{N_1 K} = \overline{N_1 M} \cos\alpha = r\varphi \cos\alpha$$

故得到

$$\overparen{N_1 N'_1} = \overline{N_1 K} > \overline{N_1 N'_1}$$

即渐开线齿廓上点 N'_1 必落在刀刃左下方而被切掉,而发生这种情况的根本原因是刀具齿顶超过了 N_1 点,所以不产生根切的几何条件是

$$\overline{PB} \leqslant \overline{PN_1} \tag{8-14}$$

2.避免根切的措施

由于刀具的 m、α、h_a^* 与被加工齿轮是相同的,所以要使 $\overline{PB} \leqslant \overline{PN_1}$ 成立有两个途径:

（1）增加被加工齿轮的齿数。随着齿数的增加，基圆将随之加大，点 N_1 将远离节点 P 外移，从而使 $\overline{PN_1}$ 增大。

（2）增大刀具与轮坯中心距离。由图 8-25 可知，若将刀具远离轮坯中心一段距离 xm（由图中虚线移至实线位置），则点 B' 将沿啮合线移至点 B，从而使 $\overline{PB'}$ 减少至 $\overline{PB}$。

总之，要使齿轮轮廓不产生根切就必须使被加工齿轮的齿数 z 或径向变位系数 x 满足一定的条件。

由图 8-25 可知

$$\overline{PN_1} = r\sin\alpha = \frac{mz}{2}\sin\alpha$$

$$\overline{PB} = \frac{\overline{BD}}{\sin\alpha} = \frac{(h_a^* - x)m}{\sin\alpha}$$

代入不根切的几何条件式（8-14）得

$$x \geqslant h_a^* - \frac{z\sin^2\alpha}{2} \qquad (8-15)$$

于是得出不发生根切的最小变位系数为

$$x_{\min} = h_a^* - \frac{z\sin^2\alpha}{2} \qquad (8-16)$$

当 $\alpha = 20°$，$h_a^* = 1$ 时，有

$$x_{\min} = \frac{17 - z}{17} \qquad (8-17)$$

同理得

图 8-25　避免根切的条件

$$z_{\min} = \frac{2(h_a^* - x)}{\sin^2\alpha} \qquad (8-18)$$

当 $\alpha = 20°$，$h_a^* = 1$ 时，$z_{\min} = 17(1 - x)$。可见，用齿条形刀具加工标准齿轮（$x = 0$）而不发生根切的最少齿数为 17。

8.7　渐开线变位齿轮

8.7.1　变位齿轮几何尺寸的变化

1. 分度圆槽宽和齿厚

如图 8-26 所示为标准齿条形刀具加工变位齿轮的情况，刀具中线远离轮坯中心移动了 xm 的距离，从图中可以看出，刀具节线上的齿厚较刀具中线上的齿厚减少了 $2\overline{PJ}$。由于用范成法加工齿轮的过程相当于齿轮齿条作无侧隙啮合传动，轮坯分度圆与刀具节线作纯滚动，所以被加工齿轮分度圆上的槽宽 e 应等于刀具节线上的齿厚 $s'_{刀}$，即被加工齿轮分度圆上的槽宽也减少了 $2\overline{PJ}$，即 $e = \frac{\pi m}{2} - 2\overline{PJ}$。由图中 $\triangle PKJ$ 可知，$\overline{PJ} = xm\tan\alpha$。因此正变位齿轮分度圆上的槽宽为

$$e = \frac{\pi m}{2} - 2\overline{PJ} = \left(\frac{\pi}{2} - 2x\tan\alpha\right)m \qquad (8-19)$$

分度圆齿厚为

$$s = \frac{\pi m}{2} + 2\,\overline{PJ} = \left(\frac{\pi}{2} + 2x\tan\alpha\right)m \tag{8-20}$$

对于负变位齿轮也可用上式计算,只需将式中变位系数 x 用负值代入即可。

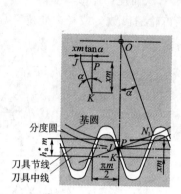

图 8-26　变位齿轮分度圆齿厚

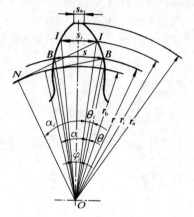

图 8-27　任意圆上的齿厚

2. 任意圆上的齿厚

如图 8-27 所示 $\widehat{II}$ 是任意半径 r_i 圆上的齿厚,其所对应的中心角为 φ_i,θ_i 是渐开线上点 I 的展角,α_i 是渐开线点 I 的压力角。$\widehat{BB}$ 是分度圆齿厚,α 是分度圆压力角,θ 是渐开线上点 B 的展角。由图可知

$$s_i = \widehat{I\,I} = r_i\varphi_i$$

$$\varphi_i = \angle BOB - 2\angle BOI = \frac{s}{r} - 2(\theta_i - \theta) =$$

$$\frac{s}{r} - 2(\operatorname{inv}\alpha_i - \operatorname{inv}\alpha)$$

所以

$$s_i = s\frac{r_i}{r} - 2r_i(\operatorname{inv}\alpha_i - \operatorname{inv}\alpha) \tag{8-21}$$

由式(8-21)可得齿顶圆齿厚为

$$s_a = s\frac{r_a}{r} - 2r_a(\operatorname{inv}\alpha_a - \operatorname{inv}\alpha) \tag{8-22}$$

式中

$$\alpha_a = \arccos\frac{r_b}{r_a}$$

节圆齿厚为

$$s' = s\frac{r'}{r} - 2r'(\operatorname{inv}\alpha' - \operatorname{inv}\alpha) \tag{8-23}$$

式中

$$\alpha' = \arccos\frac{r_b}{r}$$

基圆齿厚为

$$s_b = s\frac{r_b}{r} + 2r_b\operatorname{inv}\alpha = \cos\alpha(s + mz\operatorname{inv}\alpha) \tag{8-24}$$

3. 齿根圆半径与齿顶圆半径

如图 8-26 所示，加工正变位齿轮时，刀具中线与节线分离，移出 xm 距离，因此齿根高比标准齿轮减少了 xm，即 $h_f = (h_a^* + c^* - x)m$，故齿根圆半径为

$$r_f = \frac{mz}{2} - (h_a^* + c^* - x)m \qquad (8-25)$$

若为了保持全齿高不变，仍等于 $(2h_a^* + c^*)m$，则齿顶高为 $h_a = (h_a^* + x)m$，齿顶圆半径为

$$r_a = \frac{mz}{2} + (h_a^* + x)m \qquad (8-26)$$

如果是负变位齿轮，则 x 用负值代入以计算齿根圆半径与齿顶圆半径。

8.7.2 变位齿轮的啮合传动

1. 无侧隙啮合方程式

变位齿轮传动同样应满足无侧隙啮合和标准顶隙的要求。

当一对齿轮作无侧隙啮合时，一齿轮的节圆齿厚应等于另一齿轮的节圆齿槽宽，即 $s_1' = e_2'$，$s_2' = e_1'$，所以节圆齿距为

$$p' = s_1' + e_1' = s_2' + e_2' = s_1' + s_2' \qquad (8-27)$$

根据式 (8-23) 得

$$s_i' = s_i \frac{r_i'}{r_i} - 2r_i'(\mathrm{inv}\alpha' - \mathrm{inv}\alpha), \quad i = 1, 2$$

式中

$$s_i = \left(\frac{\pi}{2} + 2x_i \tan\alpha\right)m, \quad i = 1, 2$$

又知

$$r_i'/r_i = p'/p = \cos\alpha/\cos\alpha'$$

将上述关系式代入式 (8-27) 得

$$p\frac{\cos\alpha}{\cos\alpha'} = s_1 \frac{\cos\alpha}{\cos\alpha'} + 2r_1 \frac{\cos\alpha}{\cos\alpha'}(\mathrm{inv}\alpha - \mathrm{inv}\alpha') + s_2 \frac{\cos\alpha}{\cos\alpha'} + 2r_2 \frac{\cos\alpha}{\cos\alpha'}(\mathrm{inv}\alpha - \mathrm{inv}\alpha')$$

或

$$p = s_1 + 2r_1(\mathrm{inv}\alpha - \mathrm{inv}\alpha') + s_2 + 2r_2(\mathrm{inv}\alpha - \mathrm{inv}\alpha')$$

即

$$\pi m = m\left(\frac{\pi}{2} + 2x_1 \tan\alpha\right) + z_1 m(\mathrm{inv}\alpha - \mathrm{inv}\alpha') + m\left(\frac{\pi}{2} + 2x_2 \tan\alpha\right) + z_2 m(\mathrm{inv}\alpha - \mathrm{inv}\alpha')$$

可得

$$2m\tan\alpha(x_1 + x_2) + m(z_1 + z_2)(\mathrm{inv}\alpha - \mathrm{inv}\alpha') = 0$$

即

$$\mathrm{inv}\alpha' = \frac{2(x_1 + x_2)\tan\alpha}{z_1 + z_2} + \mathrm{inv}\alpha \qquad (8-28)$$

式 (8-28) 称为无侧隙啮合方程式，它表明了无侧隙啮合时的变位系数之和 $(x_1 + x_2)$ 与啮合角 α' 之间的关系。该式和中心距与啮合角关系 $a'\cos\alpha' = a\cos\alpha$ 是变位齿轮传动设计的基本关系式，通常是成对使用的。

2. 中心距变动系数 y

所谓中心距变动系数 y，是无侧隙啮合时变位齿轮传动的中心距 a' 与标准中心距 a 的差值和模数 m 之比，即

$$y = \frac{a' - a}{m} = \frac{z_1 + z_2}{2}\left(\frac{\cos\alpha}{\cos\alpha'} - 1\right) \qquad (8-29)$$

这时无侧隙啮合时的中心距又可表示为

$$a' = a + ym = \frac{m}{2}(z_1 + z_2) + ym$$

即两轮分度圆之间的距离为 ym。

3.齿顶高变动系数 σ

为保持两变位齿轮间有标准顶隙 $c^* m$,两轮中心距 a'' 应为

$$a'' = r_{a1} + c^* m + r_{f2}$$

可推得

$$a'' = \frac{m}{2}(z_1 + z_2) + (x_1 + x_2)m$$

即两轮分度圆之间的距离为 $(x_1 + x_2)m$。

若要同时满足无侧隙啮合和标准顶隙条件,应使 $a' = a''$,即 $y = x_1 + x_2$。可以证明,只要 $x_1 + x_2 \neq 0$,则 $x_1 + x_2 > y$,也就是说,实际总是 $a'' > a'$。因此,若要按 a' 安装,则能保证无侧隙啮合,而不能保证标准顶隙;若按 a'' 安装,则能保证标准顶隙,但不能保证无侧隙啮合。为解决此矛盾,实际设计时,按无侧隙中心距安装,同时将两轮的齿顶削减一部分,以满足标准顶隙的要求,设齿顶削减量用 σm 表示,即 $\sigma m = a'' - a' = (x_1 + x_2)m - ym$,故 σ 为

$$\sigma = x_1 + x_2 - y \geqslant 0 \tag{8-30}$$

σ 称为齿顶高变动系数。只要 $x_1 + x_2 \neq 0$,齿顶高总要降低 σm,则齿顶高尺寸变为

$$h_a = (h_a^* + x - \sigma)m$$

相应的齿顶圆直径变为

$$d_a = mz + 2(h_a^* + x - \sigma)m \tag{8-31}$$

由于 σ 对齿根高无影响,故两齿轮齿根圆半径仍按式(8-25)计算。

为了便于计算和设计,现将渐开线变位直齿圆柱齿轮几何尺寸的计算公式列于表 8-5 中。

表 8-5　外啮合直齿圆柱齿轮机构的几何尺寸计算公式

渐开线方程式		$r_k = \dfrac{r_b}{\cos\alpha_k}$ $\mathrm{inv}\alpha_k = \tan\alpha_k - \alpha_k$		基本参数 $z, m, \alpha,$ h_a^*, c^*, x
名　称	符　号	标准齿轮传动	高度变位齿轮传动	正传动和负传动
变位系数	x	$x_1 = x_2 = 0$	$x_1 = -x_2 \neq 0$	$x_1 + x_2 \neq 0$
分度圆直径	d	$d = mz$		$d = mz$
啮合角	α'	$\alpha' = \alpha$		$\mathrm{inv}\alpha' = \dfrac{2(x_1 + x_2)}{z_1 + z_2} \times$ $\tan\alpha + \mathrm{inv}\alpha$
中心距	$a(a')$	$a = \dfrac{m}{2}(z_1 + z_2)$		$a' = \dfrac{\cos\alpha}{\cos\alpha'}a$
节圆直径	d'	$d' = d = mz$		$d' = \dfrac{\cos\alpha}{\cos\alpha'}d$
中心距变位系数	y	$y = 0$		$y = \dfrac{z_1 + z_2}{2}\left(\dfrac{\cos\alpha}{\cos\alpha'} - 1\right)$
齿高变位系数	σ	$\sigma = 0$		$\sigma = x_1 + x_2 - y$
齿顶高	h_a	$h_a = h_a^* m$	$h_a = (h_a^* + x)m$	$h_a = (h_a^* + x - \sigma)m$

续 表

齿根高	h_f	$h_f = (h_a^* + c^*)m$	$h_f = (h_a + c^* - x)m$	$h_f = (h_a^* + c^* - x)m$
齿全高	h	$h = h_a + h_f$		
齿顶圆直径	d_a	$d_a = d + 2h_a$		
齿根圆直径	d_f	$d_f = d - 2h_f$		
重合度	ε_α	$\varepsilon_\alpha = \dfrac{1}{2\pi}[z_1(\tan\alpha_{a1} - \tan\alpha') + z_2(\tan\alpha_{a2} - \tan\alpha')]$		
分度圆齿厚	s	$s = \pi m/2$		$s = \dfrac{\pi m}{2} + 2xm\tan\alpha$
齿顶厚	s_a	$s_a = s\dfrac{r_a}{r} - 2r_a(\mathrm{inv}\alpha_a - \mathrm{inv}\alpha)$		

8.8　渐开线直齿圆柱齿轮的传动设计

8.8.1　传动的类型及选择

按照一对齿轮变位系数之和$(x_1 + x_2)$的不同,齿轮传动可分为 3 种类型。

1.零传动

零传动即一对齿轮的变位系数之和等于零。零传动又可分为两种情况:

(1)标准齿轮传动。两齿轮的变位系数都为零,即 $x_1 = x_2 = 0$,其应有如下关系式,即

$$z_1 > z_{\min}, \quad z_2 > z_{\min}, \quad \alpha' = \alpha, \quad y = 0, \quad \sigma = 0$$

传动特点:设计简单,便于互换。

(2)高度变位齿轮传动。这种齿轮传动的变位系数满足 $x_1 = -x_2 \neq 0, x_1 + x_2 = 0$。一般小齿轮应采用正变位,大齿轮采用负变位,并应有如下关系式,即

$$x_1 \geqslant \frac{h_a^*(z_{\min} - z_1)}{z_{\min}}, \quad x_2 \geqslant \frac{h_a^*(z_{\min} - z_2)}{z_{\min}}$$

$$z_1 + z_2 \geqslant 2z_{\min}, \quad \alpha' = \alpha, \quad a' = a, \quad y = \sigma = 0$$

传动特点如下:

1)小齿轮正变位时,可能设计出 $z < z_{\min}$ 而又不根切的齿轮。

2)小齿轮正变位,齿根变厚,大齿轮负变位,齿根变薄,大小齿轮抗弯强度相近,可相对地提高齿轮机构的承载能力。

3)可以使大、小齿轮齿根磨损接近,相对地改善了两齿轮的磨损情况。

4)互换性差,须成对设计、制造和使用。

5)重合度略有降低。

2.正传动

如果一对齿轮的变位系数之和大于零,则这种齿轮传动称为正传动,即 $x_1 + x_2 > 0$。正传动应有如下关系式,即

$$\alpha' > \alpha, \quad a' > a, \quad y > 0, \quad \sigma > 0$$

并且可以实现 $z_1 + z_2 < 2z_{\min}$。

正传动的特点:

（1）可以减小齿轮机构的尺寸，因为两齿轮齿数不受 $z_1 + z_2 \geqslant 2z_{\min}$ 的限制。

（2）可以减轻轮齿的磨损程度。由于啮合角增大和齿顶的降低，使得实际啮合线段 $\overline{B_2B_1}$ 缩短，因而点 B_1、B_2 远离极限啮合点 N_1、N_2。

（3）可以配凑中心距。在给定中心距的情况下适当地选择两轮的变位系数 x_1、x_2，在保证无侧隙啮合情况下可配凑中心距。

（4）可以提高两轮的承载能力，由于两轮都可以采用正变位，可增加两齿轮的齿根厚度，从而提高轮齿的抗弯能力。又由于 $\alpha' > \alpha$，节点接触时齿廓综合曲率半径增加，降低了齿面接触应力，提高了接触强度。

（5）互换性差，须成对设计、制造和使用。

（6）重合度 ε_α 减小较多。

3. 负传动

这种传动的两齿轮变位系数之和小于零，即 $x_1 + x_2 < 0$，负传动应有如下的关系式，即

$$z_1 + z_2 > 2z_{\min}, \quad \alpha' < \alpha, \quad a' < a, \quad y < 0, \quad \sigma > 0$$

负传动的特点：

（1）重合度 ε_α 略有增加。

（2）互换性差，须成对设计、制造和使用。

（3）齿厚变薄，强度降低，磨损增大。

综上所述，正传动的优点突出，所以在一般情况下，应采用正传动；负传动不是理想的传动，除配凑中心距的不得已情况下，尽量不用；当传动中心距等于标准中心距时，为了提高传动质量，可采用高度变位齿轮传动代替标准齿轮传动。

变位齿轮传动的尺寸及啮合参数比较如表 8-6 所示。

表 8-6 变位齿轮传动的比较

	传动类型			
	标准齿轮传动	高度变位齿轮传动	角度变位齿轮传动	
	$x_\Sigma = x_1 = x_2 = 0$	$x_\Sigma = x_1 + x_2 = 0$	$x_\Sigma = x_1 + x_2 > 0$	$x_\Sigma = x_1 + x_2 < 0$
	零传动	零传动	正传动	负传动
分度圆直径 d	$d = mz$			
基圆直径 d_b	$d_b = mz\cos\alpha$			
分度圆齿距 p	$p = \pi m$			
中心距 a	$a' = a$		$a' > a$	$a' < a$
啮合角 α'	$\alpha' = \alpha = \alpha_0$		$\alpha' > \alpha$	$\alpha' < \alpha$
节圆直径 d'	$d' = d$		$d' > d$	$d' < d$
分度圆齿厚 s	$s = \pi m/2$	$x > 0, s > \pi m/2; x < 0, s < \pi m/2$		
齿顶圆齿厚 s_a	一般可保证足够的齿顶厚	$x > 0, s_a$ 减小；$x < 0, s_a$ 增大		
齿根厚 s_f	小齿轮齿根较薄	$x > 0, s_f$ 增大；$x < 0, s_f$ 减小		

续 表

齿顶高 h_a	$h_a = h_a^* m$	$x > 0, h_a > h_a^* m; x < 0, h_a < h_a^* m$		
齿根高 h_f	$h_f = (h_a^* + c^*) m$	$x > 0, h_f < (h_a^* + c^*) m; x < 0, h_f > (h_a^* + c^*) m$		
重合度 ε		略减小	减小	增大
滑动率 η		η_{max} 减小可使 $\eta' = \eta''$	η_{max} 减小可使 $\eta' = \eta''$	增大
机械效率		提高	提高	降低
齿数限制	$z_1 \geqslant z_{min}, z_2 \geqslant z_{min}$	$z_1 + z_2 \geqslant 2z_{min}$	齿数和不受限制	$z_1 + z_2 > 2z_{min}$

8.8.2 齿轮传动的设计步骤

给定的原始数据不同,齿轮传动的设计步骤也有所不同。

1. 原始数据为 z_1、z_2、m、α、h_a^* 和 c^*

(1) 选择传动类型。若 $z_1 + z_2 < 2z_{min}$,则必须选用正传动,否则可考虑选择其他类型的传动。

(2) 选择变位系数 x_1 和 x_2。

(3) 计算齿轮机构的几何尺寸。

(4) 校验重合度及正变位齿轮的齿顶圆齿厚。

2. 原始数据为 z_1、z_2、m、α、a'、h_a^* 和 c^*

(1) 计算标准中心距 a。

(2) 按照中心距与啮合角关系式,计算啮合角 α'。

(3) 按照无侧隙啮合方程式,计算 $x_1 + x_2$。

(4) 分配变位系数 x_1 和 x_2。

(5) 计算齿轮机构的几何尺寸。

(6) 校验重合度及正变位齿轮的齿顶圆齿厚。

3. 原始数据为 i_{12}、m、α、a'、h_a^* 和 c^*

(1) 选取两轮齿数。由 $a = \dfrac{m}{2}(z_1 + z_2)$ 和 $i_{12} = z_2/z_1$ 可得

$$a = \frac{mz_1}{2}(1 + i_{12})$$

因正传动具有较多优点,应考虑优先选用正传动。当采用正传动时,有

$$a' > a = \frac{mz_1}{2}(1 + i_{12})$$

由此可得

$$z_1 < \frac{2a'}{m(1 + i_{12})}$$

按上式选择 z_1 时,考虑到小齿轮顶隙不变等原因,z_1 值不宜取得太小。

选定 z_1 后,可按 $z_2 = i_{12}z_1$ 求得 z_2。将求得的 z_2 取整数,从而确定出两轮的齿数。这时其实际传动比 $i_{12} = z_2/z_2$ 与给定的原始数据可能不一致,但只要其误差在允许范围之内,即满足

要求。

以下步骤同 2。

8.8.3 变位系数的选择

在齿轮传动的设计中,变位系数的选择是十分重要的,它直接影响到齿轮传动的性能。只有恰当地选择变位系数,才能充分发挥变位齿轮的优点。

选择变位系数的方法很多,本节介绍一种简单、实用的方法 —— 封闭图法。这种方法是对不同齿数组合的各对齿轮,分别作出相应的封闭图。如图 8-28 所示是封闭图册中齿数组合为 $z_1 = 25$, $z_2 = 42$ 的一对外啮合齿轮的封闭图,它是按用齿条形刀具加工的齿轮来绘制的,刀具的参数为 $\alpha = 20°$, $h_a^* = 1$, $c^* = 0.25$。封闭图中的阴影区是不可行区,无阴影区是可行区,所选择的变位系数的坐标点必须在可行区内。

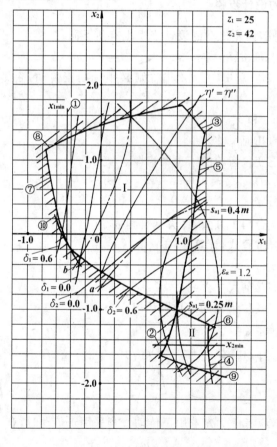

图 8-28 变位系数选择用封闭图

1.封闭图中各条曲线的含义

(1)不发生根切的限制线。根据不发生根切的最小变位系数 $x_{min} = \dfrac{17 - z}{17}$ 算出的两个齿轮不发生根切的限制线 x_{1min}、x_{2min},它们分别平行于两坐标轴,如果要求所设计的齿轮完全不发生根切,变位系数 x_1 要在 x_{1min} 线的右边选取,x_2 要在 x_{2min} 线的上方选取。

如图 8-28 所示曲线 ① 和 ② 是允许两个齿轮有微量根切的限制线。当这种微系根切的根切点不进入齿廓工作段时，将不致降低重合度。如果允许这种微量根切，则变位系数可取在曲线 ① 左侧和曲线 ② 的下方。

（2）重合度限制曲线。曲线 ③ 是 $\varepsilon_\alpha=1$ 的曲线，还有一条 $\varepsilon_\alpha=1.2$ 的曲线。当在曲线 ③ 的左下方选取变位系数时，则 $\varepsilon_\alpha \geq 1$，当在 $\varepsilon_\alpha=1.2$ 曲线左下方选取变位系数时，则 $\varepsilon_\alpha > 1.2$。

（3）齿顶厚度限制曲线。曲线 ④ 是 $s_{a1}=0$ 的限制曲线，另外两条限制曲线是 $s_{a1}=0.25m$ 和 $s_{a1}=0.4m$ 的曲线。 如果要求齿顶厚是 $s_{a1} > 0.4m$，则应在 $s_{a1}=0.4m$ 曲线的左上方选取 x_1 值。

（4）过渡曲线不发生干涉限制曲线。曲线 ⑤ 和 ⑥ 是保证齿轮1不发生过渡曲线干涉的限制线，⑦ 和 ⑧ 是保证齿轮2不发生过渡曲线干涉的曲线。变位系数要在这4条曲线所围成的区域内选取，才能保证该对齿轮传动不会发生过渡曲线干涉。

（5）等滑动磨损曲线。曲线 $\eta'=\eta''$ 表示两齿轮材质相同时，它们的齿根部分的磨损相等。

（6）节点位于一对齿啮合区或双齿啮合区限制曲线。曲线 $\delta_1=0.0$ 表示节点正好位于图 8-15 所示靠近点 B_1 的点 C 位置上，C 为一对轮齿啮合区和双齿啮合区的分界点；曲线 $\delta_1=0.6$ 表示节点位于靠近点 B_1 的双齿啮合区内，与点 C 相距 $0.6m$；曲线 $\delta_2=0.0$ 表示节点正好位于另一单齿与双齿啮合区的分界点 D；$\delta_2=0.6m$ 的曲线表示节点位于靠近点 B_2 的双齿啮合区内离点 D 距离为 $0.6m$。而在曲线 $\delta_1=0.0$ 与 $\delta_2=0.0$ 之间的区域内选择变位系数，则节点位于单齿啮合区内。

（7）两轮齿根等弯曲疲劳强度曲线。点画线 a 是两轮材料相同，小齿轮为主动时，两轮齿根弯曲疲劳强度相等的曲线；点画曲线 b 是两轮材料相同，大轮为主动轮时，两轮齿根弯曲疲劳强度相等的曲线。

（8）渐开线齿廓上根切点与啮合最低点重合曲线。曲线 ⑨ 为齿轮1渐开线齿廓上根切点（见图 8-23 中点 J）与啮合最低点（见图 8-13(a) 中点 B_2）重合曲线，曲线 ⑩ 为齿轮2渐开线齿廓上根切点与啮合最低点（见图 8-13(a) 中点 B_1）重合曲线。要使最低啮合点沿渐开线远离根切点，则应在 ⑨、⑩ 曲线右上方选取 x_1、x_2 值。

如图 8-28 所示区域 Ⅰ 为一般啮合的可行域，区域 Ⅱ 为节点外啮合的可行域。

由上述可知，对于两齿轮齿数不同的组合，就应有不同的封闭图，但在已有的封闭图册上，齿数组合是有限的，当所设计的齿轮其齿数组合与图册上不相符时，可以参考齿数组合相近的封闭图。

2. 封闭图的用法

根据设计所提出的具体要求，参照封闭图中各条啮合特性曲线，就可以选择出符合设计要求的变位系数。下面举例说明封闭图的用法。

例 8-2 已知一对直齿圆柱齿轮的参数：$z_1=25, z_2=42, m=4$ mm，$\alpha=20°, h_a^*=1$，$c^*=0.25$，当实际中心距 $a'=136.15$ mm 时，要求实现无侧隙啮合并使两齿轮齿根部分磨损相等，试设计这对齿轮。

解 （1）求标准中心距 a。

$$a = \frac{m}{2}(z_1 + z_2) = 134 \text{ mm}$$

（2）求啮合角 α'。

$$\cos\alpha' = \frac{a\cos\alpha}{a'}, \quad \alpha' = 22.353\,7°$$

（3）求变位系数之和 $x_1 + x_2$。

由无侧隙啮合方程式得

$$x_1 + x_2 = \frac{z_1 + z_2}{2\tan\alpha}(\text{inv}\alpha' - \text{inv}\alpha) = 0.568\,4$$

（4）在图 8-28 所示的封闭图上作直线 $x_1 + x_2 = 0.568\,4$，此直线所有点均满足变位系数之和为 0.568 4 和中心距为 136.15 mm 的要求。求得 $x_1 = 0.365$，$x_2 = 0.203$ 满足两轮齿根磨损相等的要求。

（5）计算几何尺寸。

由变位系数值知，该传动为正传动。

中心距变动系数

$$y = \frac{a' - a}{m} = 0.537\,5$$

齿顶高变动系数

$$\sigma = x_1 + x_2 - y = 0.030\,5$$

齿顶高

$$h_{a1} = (h_a^* + x_1 - \sigma)m = 5.338 \text{ mm}$$
$$h_{a2} = (h_a^* + x_2 - \sigma)m = 4.69 \text{ mm}$$

齿根高

$$h_{f1} = (h_a^* + c^* - x_1)m = 3.54 \text{ mm}$$
$$h_{f2} = (h_a^* + c^* - x_2)m = 4.188 \text{ mm}$$

齿全高

$$h_1 = h_{a1} + h_{f1} = 8.878 \text{ mm}$$
$$h_2 = h_{a2} + h_{f2} = 8.878 \text{ mm}$$

分度圆直径

$$d_1 = mz_1 = 100 \text{ mm}$$
$$d_2 = mz_2 = 168 \text{ mm}$$

齿顶圆直径

$$d_{a1} = d_1 + 2h_{a1} = 110.676 \text{ mm}$$
$$d_{a2} = d_2 + 2h_{a2} = 177.38 \text{ mm}$$

齿根圆直径

$$d_{f1} = d_1 - 2h_{f1} = 92.920 \text{ mm}$$

$$d_{f2} = d_2 - 2h_{f2} = 159.624 \text{ mm}$$

基圆直径

$$d_{b1} = d_1 \cos\alpha = 93.969 \text{ mm}$$

$$d_{b2} = d_2 \cos\alpha = 157.868 \text{ mm}$$

顶圆压力角

$$\alpha_{a1} = \arccos\frac{d_{b1}}{d_{a1}} = 31.892°$$

$$\alpha_{a2} = \arccos\frac{d_{b2}}{d_{a2}} = 27.127°$$

重合度

$$\varepsilon_a = \frac{1}{2\pi}[z_1(\tan\alpha_{a1} - \tan\alpha') + z_2(\tan\alpha_{a2} - \tan\alpha')] = 1.515$$

分度圆齿厚

$$s_1 = \frac{\pi m}{2} + 2x_1 m\tan\alpha = 7.346 \text{ mm}$$

$$s_2 = \frac{\pi m}{2} + 2x_2 m\tan\alpha = 6.874 \text{ mm}$$

齿顶厚

$$s_{a1} = s_1\frac{r_{a1}}{r_2} - 2r_{a1}(\text{inv}\alpha_{a1} - \text{inv}\alpha) = 2.516 \text{ mm}$$

$$s_{a2} = s_2\frac{r_{a2}}{r_2} - 2r_{a2}(\text{inv}\alpha_{a2} - \text{inv}\alpha) = 3.008 \text{ mm}$$

8.9　斜齿圆柱齿轮机构

8.9.1　渐开线斜齿圆柱齿轮

1. 斜齿圆柱齿轮齿面的形成

前面在讨论直齿圆柱齿轮时，是仅就轮齿的端面加以研究的。但实际上齿轮都是有一定宽度的，如图 8-29(a) 所示，因此，在端面上的点和线，实际上代表着齿轮上的线和面：基圆代表基圆柱，发生线 NK 代表切于基圆柱面的发生面 S。如图 8-29(b) 所示，当发生面沿基圆柱纯滚动时，它上面的一条与基圆母线 NN 相平行的直线 KK 所展成的渐开线曲面，即为直齿圆柱齿轮齿面。

斜齿圆柱齿轮齿面的形成原理与直齿圆柱齿轮相似，所不同的是，发生面上展成渐开线的直线 KK 不再与基圆柱母线平行，而是相对于 NN 偏斜一个角度 β_b（见图 8-30），当 $\beta_b = 0°$ 时，斜齿轮就变成了直齿轮。

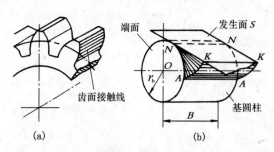

图 8-29　渐开线直齿圆柱轮齿面的形成

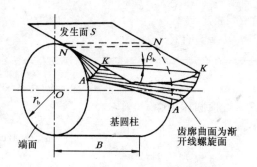

图 8-30　渐开线斜齿轮齿面的形成

2. 斜齿圆柱齿轮的基本参数

由于斜齿圆柱齿轮的齿面为一渐开线螺旋面,如图 8-30 所示,因而在不同方向的截面上其轮齿的齿形各不相同,故斜齿共有三套基本参数,即在垂直于轴线的截面内定义的端面参数(下角标为 t)、在垂直于轮齿方向的截面内定义的法面参数(下角标为 n)和通过齿轮回转轴线的截面内定义的轴面参数(下角标为 x)。由于制造斜齿轮时,常用齿条形刀具或盘形齿轮铣刀来切齿,且在切齿时刀具是沿着齿轮的螺旋线方向进刀的,所以斜齿轮的法面参数应该是与刀具参数相同的标准值,但当计算斜齿轮的几何尺寸时,却需按端面参数进行计算,因此,必须建立法面参数与端面参数之间的换算关系。

(1) 螺旋角。斜齿轮渐开线螺旋面与分度圆柱的交线是一条螺旋线,这条螺旋线的切线与齿轮轴线之间所夹的锐角(以 β 表示)称为斜齿轮分度圆柱面螺旋角(见图 8-32(a)),简称斜齿轮的螺旋角。轮齿螺旋角的螺旋方向有左、右旋之分(见图 8-31)。

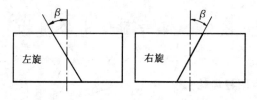

图 8-31　斜齿轮轮齿螺旋方向

把斜齿轮沿其分度圆柱面展开(见图 8-32(b)),这时分度圆柱上齿面的螺旋线便展成为一条条斜直线,图中阴影线部分为轮齿,空白部分为齿槽,b 为斜齿轮的轴向宽度。

设螺旋线的导程为 p_z,则由图 8-32(c) 可知

$$\tan\beta = \frac{\pi d}{p_z}$$

对于同一斜齿轮,任一圆柱面上螺旋线的导程 p_z 是相同的。则基圆上螺旋角 β_b 为

$$\tan\beta_b = \frac{\pi d_b}{p_z}$$

将上述两式相除,并考虑到 $d_b = d\cos\alpha_t$,可得

$$\frac{\tan\beta_b}{\tan\beta} = \frac{d_b}{d} = \cos\alpha_t$$

或

$$\tan\beta_b = \tan\beta\cos\alpha_t \qquad (8-32)$$

式中，α_t 为斜齿轮端面压力角。

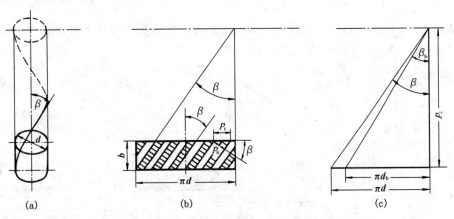

图 8-32　端面与法面参数的关系

(a) 螺旋角 β；(b) p_t 与 p_n 几何关系；(c) β 与 β_b 几何关系

（2）模数。在图 8-32(a) 中，直角三角形的两条边 p_t 与 p_n 的夹角为 β，由此可得

$$p_n = p_t\cos\beta \qquad (8-33)$$

式中，p_n 为法面齿距；p_t 为端面齿距，考虑到 $p_n = \pi m_n$，$p_t = \pi m_t$，故有

$$m_n = m_t\cos\beta \qquad (8-34)$$

式中，m_n 为法面模数（标准值）；m_t 为端面模数（非标准值）。

（3）压力角。为便于分析，用斜齿条来说明法面压力角 α_n 和端面压力角 α_t 之间的换算关系。如图 8-33 所示，平面 ABB' 为端面，平面 ACC' 为法面，$\angle ACB$ 为直角。

在直角 $\triangle ABB'$，$\triangle ACC'$ 和 $\triangle ACB$ 中

$$\tan\alpha_t = \frac{\overline{AB}}{\overline{BB'}}, \quad \tan\alpha_n = \frac{\overline{AC}}{\overline{CC'}}, \quad \overline{AC} = \overline{AB}\cos\beta$$

考虑到 $\overline{BB'} = \overline{CC'}$，可得

$$\frac{\tan\alpha_n}{\tan\alpha_t} = \frac{\overline{AC}}{\overline{CC'}} \cdot \frac{\overline{BB'}}{\overline{AB}} = \frac{\overline{AC}}{\overline{AB}} = \cos\beta$$

则

$$\tan\alpha_n = \tan\alpha_t\cos\beta \qquad (8-35)$$

（4）齿顶高系数和顶隙系数。无论从端面还是从法面来看，轮齿的齿顶高和顶隙都是分别相等的，即

$$h_a = h_{an}^* m_n = h_{at}^* m_t, \quad c = c_n^* m_n = c_t^* m_t$$

考虑到 $m_n = m_t\cos\beta$，故有

$$\left.\begin{array}{l} h_{at}^* = h_{an}^*\cos\beta \\ c_t^* = c_n^*\cos\beta \end{array}\right\} \qquad (8-36)$$

式中，h_{an}^* 和 c^* 分别为法面齿顶高系数和顶隙系数（标准值）；h_{at}^* 和 c_t^* 分别为端面齿顶高系数和顶隙系数（非标准值）。

（5）其他几何尺寸。斜齿轮的分度圆直径是按端面参数计算的，即

$$d = m_t z = \frac{m_n}{\cos\beta} z \qquad (8-37)$$

斜齿轮传动的标准中心距 a 为

$$a = (d_1 + d_2)/2 = m_n(z_1 + z_2)/(2\cos\beta) \qquad (8-38)$$

由式(8-38)可知,当设计斜齿轮传动时,可用改变螺旋角 β 的办法来调整中心距的大小,以满足对中心距的要求,而不一定用变位的办法。

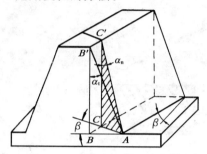

图 8-33 法面与端面压力角

为了计算时的方便,现将斜齿圆柱齿轮几何尺寸的计算公式列于表 8-7 中。

表 8-7 外啮合斜齿圆柱轮的几何参数及尺寸计算公式

名 称	符 号	计 算 公 式
螺旋角	β	一般取 $8° \sim 20°$
基圆柱螺旋角	β_b	$\tan\beta_b = \tan\beta\cos\alpha_t$
法面模数	m_n	取标准值
端面模数	m_t	$m_t = m_n/\cos\beta$
法面压力角	α_n	$\alpha_n = 20°$
端面压力角	α_t	$\tan\alpha_t = \tan\alpha_n/\cos\beta$
法向齿距	p_n	$p_n = \pi m_n$
端面齿距	p_t	$p_t = \pi m_t = p_n/\cos\beta$
法面基圆齿距	p_{tn}	$p_{tn} = p_n \cos\alpha_n$
法面齿顶高系数	h_{an}^*	$h_{an}^* = 1$
法面顶隙系数	c_n^*	$c_n^* = 0.25$
分度圆直径	d	$d = zm_t = zm_n/\cos\beta$
基圆直径	d_b	$d_b = d\cos\alpha_t$
最小齿数	z_{min}	$z_{min} = z_{vmin}\cos^3\beta$
端面变位系数	x_t	$x_t = x_n\cos\beta \qquad (x_n 按 z_v 选取)$
齿顶高	h_a	$h_a = m_n(h_{an}^* + x_n)$
齿根高	h_f	$h_f = m_n(h_{an}^* + c_n^* - x_n)$
齿顶圆直径	d_a	$d_a = d + 2h_a$

续表

名　称	符　号	计　算　公　式
齿根圆直径	d_f	$d_f = d - 2h_f$
法面齿厚	s_n	$s_n = (\pi/2 + 2x_n \tan\alpha_n)m_n$
端面齿厚	s_t	$s_t = (\pi/2 + 2x_t \tan\alpha_t)m_t$
当量齿数	z_v	$z_v = z/\cos^3\beta$

注:其余尺寸均按端面系数代入直齿轮公式即可。

3.斜齿圆柱齿轮的当量齿数

斜齿圆柱齿轮的法面齿形与端面齿形不同,用仿形法切制斜齿轮,刀具是沿螺旋线齿槽方向进刀的,因此不仅要知道所要切制的斜齿轮的法面模数和法面压力角,还需要按照法面齿形所相当的齿数来选择刀号。当计算斜齿的轮齿弯曲强度时,由于作用力作用在法面内,所以也需要知道它的法面齿形。这就需要找出一个与斜齿轮法面齿形相当的直齿轮来,这个假想的直齿轮称为斜齿轮的当量齿轮,其齿数称为齿轮的当量齿数。

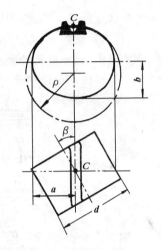

图 8-34　斜齿轮的当量齿轮

如图 8-34 所示为实际齿数为 z 的斜齿轮的分度圆柱。过斜齿轮分度圆柱螺旋线上的一点 C,作此轮的法面,将此斜齿轮的分度圆柱剖开,得一椭圆剖面。在此剖面上点 C 附近的齿形可以近似地视为该斜齿轮的法面齿形。如果以椭圆上点 C 的曲率半径 ρ 为半径作一圆,作为假想的直齿轮的分度圆,并设此假想的直齿轮的模数和压力角分别等于该斜齿轮的法面模数和法面压力角,则该假想的直齿轮的齿形就与上述斜齿轮的齿形十分相近。故此假想的直齿轮即为该斜齿轮的当量齿轮,其齿数即为当量齿数,以 z_v 表示。显然 $z_v = \dfrac{2\rho}{m_n}$。

由图 8-34 可知,椭圆的长半轴 $a = \dfrac{r}{\cos\beta}$,短半轴 $b = r$。由高等数学可知,椭圆上点 C 的曲率半径为

$$\rho = \frac{a^2}{b} = \left(\frac{r}{\cos\beta}\right)^2 \frac{1}{r} = \frac{r}{\cos^2\beta}$$

因而

$$z_v = \frac{2\rho}{m_n} = \frac{m_t z}{m_n \cos^2\beta} = \frac{z}{\cos^3\beta} \tag{8-39}$$

由式(8-39)求得的 z_v 值一般不是整数,也不必圆整成整数,只需按这个数值选取刀号即可。此外,在计算斜齿轮轮齿弯曲强度、选取变位系数以及测量齿厚时,也要用到当量齿轮的概念。

8.9.2　平行轴斜齿圆柱齿轮机构

1.平行轴斜齿轮的啮合传动

(1)正确啮合条件。斜齿轮传动的正确啮合条件,除了两齿轮的法面模数和压力角分别

相等外,它们的螺旋角必须匹配,否则两啮合齿轮的齿向不同,依然不能啮合,因此,斜齿轮传动的正确啮合条件为

$$
\left.\begin{array}{c}
\beta_1 = \pm \beta_2 \\
m_{n1} = m_{n2} = m \\
\alpha_{n1} = \alpha_{n2} = \alpha
\end{array}\right\}
\tag{8-40}
$$

式中,正号表示两螺旋角方向相同并用于内啮合;负号表示两螺旋角方向相反并用于外啮合。

(2) 连续传动的条件。现以直齿轮传动与斜齿轮传动对比分析,如图 8-35 所示,同直齿轮传动一样,一对平行轴斜齿轮传动时,两齿廓曲面的接触线也是齿廓曲面与啮合面的交线,不同的是交线与齿轮轴线倾斜的直线 KK。因此,当轮齿一端进入啮合时,轮齿另一端要滞后一个角度才能进入啮合,即轮齿是先由一端进入啮合,到另一端退出啮合,其接触线逐渐由短变长,再由长变短,如图 8-36(a) 所示。不像直齿轮那样,一对轮齿是沿着整个齿宽同时进入啮合和退出啮合,载荷是突然加上和卸掉的,如图 8-36(b) 所示。这种接触方式,使得平行轴斜齿轮机构传动比较平稳,所产生的冲击、振动和噪声均较小。

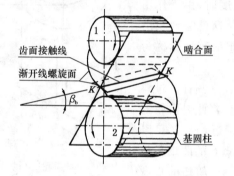

图 8-35　斜齿轮传动的接触线

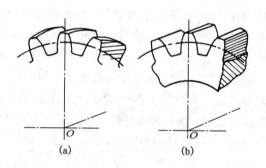

图 8-36　齿轮传动的接触线

如图 8-37 所示,分析斜齿轮传动重合度计算公式。图 8-37(a)(b) 所示分别为直齿轮和斜齿轮传动的啮合面,直线 B_2B_2、B_1B_1 分别表示轮齿进入啮合和退出啮合的位置,啮合区长为 L。

对于直齿轮传动,轮齿是沿整个齿宽 b 在 B_2B_2 进入啮合的,到 B_1B_1 处整个轮齿将退出啮合,B_2B_2 与 B_1B_2 之间为轮齿啮合区(见图 8-37(a))。

对于斜齿轮传动,轮齿前端 B_2 先进入啮合,随齿轮的转动,直至到达位置 2 时才沿全齿宽进入啮合,当到达位置 3 时前端面开始脱离啮合,直至到达位置 4 时才沿全齿宽脱离啮合(见图 8-37(b))。

显然平行轴斜齿轮的实际啮合区比直齿轮传动增大了 $\Delta L = b\tan\beta_b$,其对应的重合度用 ε_β 表示,称作轴面重合度。即有

$$
\varepsilon_\beta = \frac{\Delta L}{p_{bt}} = \frac{b\tan\beta_b}{\pi m_t \cos\alpha_t}
$$

由于

$$
\tan\beta_b = \tan\beta\cos\alpha_t, \quad m_t = \frac{m_n}{\cos\beta}
$$

故

$$
\varepsilon_\beta = \frac{b\sin\beta}{\pi m_n}
\tag{8-41}
$$

端面重合度 ε_a 可以用直齿轮传动的重合度计算公式求得,但要用端面参数代入,即

$$\varepsilon_a = \frac{1}{2\pi}\left[z_1(\tan\alpha_{at1} - \tan\alpha'_t) + z_2(\tan\alpha_{at2} - \tan\alpha'_t)\right] \tag{8-42}$$

平行轴斜齿轮传动的总重合度 ε_r 为

$$\varepsilon_r = \varepsilon_\beta + \varepsilon_a \tag{8-43}$$

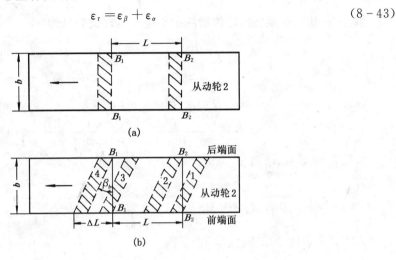

图 8-37　重合度

(a) 直齿轮；(b) 斜齿轮

2. 平行两斜齿圆柱齿轮机构的特点及应用

与直齿轮相比较,斜齿轮传动的优点如下:

(1) 啮合性能好。轮齿开始啮合和脱离啮合都是逐渐的,传动平稳、噪声小。同时这种啮合方式也减小了齿廓制造误差对传动的影响。

(2) 重合度大。相对地提高了斜齿轮的承载能力,延长了齿轮的使用寿命。

(3) 结构紧凑。斜齿标准齿轮不产生根切的最小齿数较直齿轮少。因此采用斜齿轮传动可以得到更为紧凑的机构。

斜齿轮传动的主要缺点是产生轴向推力,如图 8-38(a) 所示,其轴向推力为 $F_a = F_t\tan\beta$,对传动不利,为不使其轴向推力过大,设计时一般取 $\beta=8° \sim 20°$,若要消除轴向摔推力的影响,可采用齿向左右对称的人字齿轮(见图 8-38(b)),或反向使用两对斜齿轮传动。

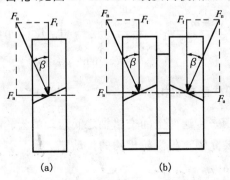

图 8-38　斜齿轮的受力分析

(a) 斜齿轮；(b) 人字齿轮

例 8-3　某机器上有一对外啮合标准直齿圆柱齿轮,已知 $z_1=40, z_2=80, m=4$ mm,$\alpha=20°, h_a^*=1, c^*=0.25$。为了提高齿轮传动的平稳性,要求在传动比 i_{12}、模数 m 及中心距 a 均不变的条件下,将直齿轮改为斜齿轮,并希望螺旋角 $\beta\leqslant15°$,总重合度 $\varepsilon_r\geqslant3$,试确定斜齿轮齿数 z_1'、z_2'、螺旋角 β 和齿宽 b。

解　已知的标准直齿轮传动的中心距和传动比分别为

$$a=\frac{m}{2}(z_1+z_2)=4/2\times(40+80)=240 \text{ mm}$$

$$i_{12}=\omega_1/\omega_2=z_2/z_1=80/40=2$$

改为斜齿轮后,其参数应为 $m_n=m=4$ mm,$i_{12}=2, a=240$ mm,则有

$$a=\frac{m_n z_1'(1+i_{12})}{2\cos\beta}=\frac{4z_1'\times(1+2)}{2\cos\beta}=240 \text{ mm}$$

当取 $\beta=15°$ 时,求得 $z_1'=38.64$,为满足 $\beta<15°$,取 $z_1'=39$,则 $z_2'=i_{12}z_1'=78$。则螺旋角 β 为

$$\beta=\arccos\frac{m_n(z_1'+z_2')}{2a}=\arccos\frac{4\times(39+78)}{2\times240}=12.838\ 6°$$

为满足重合度要求,应先求出 ε_β,而

$$\varepsilon_\beta=\varepsilon_r-\varepsilon_\alpha$$

式中

$$\varepsilon_\alpha=[z_1'(\tan\alpha_{at1}-\tan\alpha_t)+z_2'(\tan\alpha_{at2}-\tan\alpha_t)]/(2\pi)$$

由于

$$\alpha_t=\arctan\frac{\tan\alpha_n}{\cos\beta}=\arctan\frac{\tan20°}{\cos12.838\ 6°}=20.471°$$

$$\alpha_{at1}=\arccos\frac{d_{b1}}{d_{a1}}=\arccos\frac{z_1'\cos\alpha_t}{z_1'+2\cos\beta}=26.844°$$

同理

$$\alpha_{at2}=\arccos\frac{z_2'\cos\alpha_t}{z_2'+2\cos\beta}=23.936°$$

代入式(8-42)求得

$$\varepsilon_\alpha=1.70$$

为保证

$$\varepsilon_r\geqslant3$$

则

$$\varepsilon_\beta\geqslant\varepsilon_r-\varepsilon_\alpha=3-1.7=1.3$$

根据式(8-41)得

$$b=\frac{\pi m_n\varepsilon_\beta}{\sin\beta}\geqslant\frac{4\pi\times1.3}{\sin12.838\ 6°}=73.52 \text{ mm}$$

故取

$$b=75 \text{ mm}$$

8.9.3　交错轴斜齿圆柱齿轮机构

交错轴斜齿轮机构是用来传递两空间交错轴之间运动的齿轮机构。其单个齿轮就是前节所述的斜齿轮。本节仅简要介绍这种齿轮机构的传动特点。

1.几何参数及尺寸

如图 8-39 所示为一交错轴斜齿轮机构,两齿轮分度圆柱相切于点 P。β_1、β_2 为两轮的螺旋角,Σ 为两交错轴之间的轴交角,即两交错轴在平行于两轴平面上的投影之间的夹角。它们

之间的关系为

$$\Sigma = |\beta_1 + \beta_2| \tag{8-44}$$

式中,若两轮的螺旋线旋向相同,即均为左旋或均为右旋(见图 8-40),则 β_1 和 β_2 均用正值(或均用负值)代入,否则,一为正值,另一为负值(见图 8-39)。

交错轴斜齿轮传动的中心距为

$$a = \frac{m_n}{2}\left(\frac{z_1}{\cos\beta_1} + \frac{z_2}{\cos\beta_2}\right) \tag{8-45}$$

两齿轮几何参数和尺寸计算与斜齿轮的计算相同。

2. 正确啮合的条件

由于两圆柱齿轮轮齿是在法面内啮合,故两轮的法面模数 m_n 和法面压力角 α_n 应分别相等。即交错轴斜齿圆柱齿轮传动的正确啮合条件为

$$\left.\begin{array}{l} m_{n1} = m_{n2} = m_n \\ \alpha_{n1} = \alpha_{n2} = \alpha_n \end{array}\right\} \tag{8-46}$$

式中,m_n、α_n 均为标准值。因为 β_1 和 β_2 不一定相等,故端面模数、压力角也不一定相等。

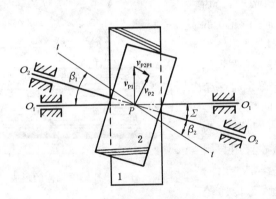 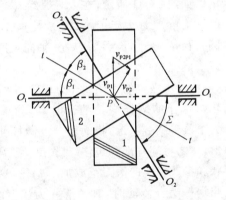

图 8-39　交错轴斜齿轮传动　　　　　图 8-40　交错轴斜齿轮的传动图

3. 传动比及从动轮转向

交错轴斜齿轮传动的传动比为

$$i_{12} = \frac{\omega_1}{\omega_2} = \frac{z_2}{z_2} = \frac{d_2\cos\beta_2}{d_1\cos\beta_1} \tag{8-47}$$

从动轮转向与两轮螺旋角的方向有关。如图 8-40 所示,设轮 1 为主动轮,轮 2 为从动轮,$t—t$ 为两轮轮齿在啮合点处的公切线,两轮在节点 P 处的速度分别为 v_{P2} 和 v_{P2},方向如图 8-40 所示。

由图可知

$$v_{P2} = v_{P1} + v_{P2P1} \tag{8-48}$$

式中,v_{P2P1} 为两齿廓啮合点沿齿长方向(即齿槽方向)的相对速度。由 v_{P2} 的方向即可确定从动轮的转向。

交错轴斜齿轮的传动从动轮的转向不仅与其布置形式和主动轮转向有关,而且与两轮螺旋角的旋向有关。

4. 交错轴斜齿轮传动的优缺点

优点：由式(8-47)可见，在传动比一定的条件下，改变螺旋角 β_1 和 β_2，可调整两轮分度圆直径使之接近等强度，当两轮直径一定时，改变螺旋角可获得不同的传动比，齿轮制造简单。

缺点：由于轮齿之间为点接触，沿齿高、齿长方向均有较大的相对滑动，轮齿磨损较快，传动效率较低，还会产生轴向力。故该机构仅在低速或传递小功率时应用。

8.10　蜗杆蜗轮机构

蜗杆蜗轮机构也是用来传递空间交错轴之间的运动和动力的，它可以视为交错轴斜齿轮机构的一种变异形式，最常用的是轴交错角 $\Sigma = 90°$。

8.10.1　蜗杆蜗轮机构的形成及传动特点

1. 蜗杆蜗轮机构的形成

蜗杆蜗轮机构是由交错轴斜齿圆柱齿轮机构演变而来的。如图 8-41 所示，在一对螺旋齿轮机构中，当齿轮 1 的螺旋角 β_1 远大于齿轮 2 的螺旋角 β_2 时，齿轮 1 的分度圆直径 d_1 减小，齿数 z_1 减小，轴向长度增大，齿轮 1 上轮齿形成完整的螺旋线，齿轮 1 形如螺杆，特称为蜗杆，而与齿轮 1 啮合的齿轮 2 称为蜗轮，它实际上是一个斜齿轮。这样的蜗杆蜗轮啮合时，其齿廓间仍为点接触。为了改善啮合状况，将蜗轮分度圆柱面的母线改为圆弧形，使之将蜗杆部分包住(见图 8-42)，并且用与蜗杆形状和参数相同的滚刀范成加工蜗轮，这样加工出的蜗轮与蜗杆啮合传动时，其齿廓间为线接触，可传递较大的动力。

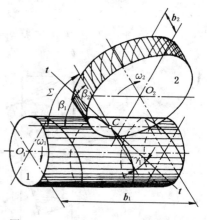

图 8-41　蜗杆蜗轮机构的形成

蜗杆与螺旋相似，分左旋蜗杆和右旋蜗杆，由于蜗杆螺旋齿的导程角 γ_1 和螺旋角 β_1 满足

$$\beta_1 + \gamma_1 = 90°$$

而蜗杆蜗轮的轴交角为

$$\Sigma = \beta_1 + \beta_2 = 90°$$

因此

$$\gamma_1 = \beta_2$$

蜗杆的齿数(在端面上数)用 z_1 表示，称为蜗杆的头数。

2. 传动特点

(1) 传动比大，结构紧凑。由于蜗杆头数 z_1 少(一般 $z_1 = 1 \sim 4$)，蜗轮齿数 z_2 可以很多，因此传动比 $i_{12} = \omega_1 / \omega_2 = z_2 / z_1$ 可以很大，减速时一般 $i_{12} = 5 \sim 100$，在传递运动的分度机构中，i_{12} 可达 500 以上。

(2) 传动平稳，无噪声。由于蜗杆轮齿是连续不断的螺旋齿，故啮合传动平稳，振动、冲击小。

(3) 传动效率低，磨损较严重。由于蜗杆蜗轮啮合传动时的相对滑动速度较大，摩擦损耗大，因而传动效率低。为保证有一定使用寿命，蜗轮常须采用价格较昂贵的耐磨材料(如锡青铜等)，因而成本高。

（4）具有自锁性。当蜗杆的导程角 γ_1 小于啮合轮齿间的当量摩擦角时，机构具有自锁性。这时，只能以蜗杆为主动件带动蜗轮传动（这时效率小于 50%），而不能由蜗轮带动蜗杆传动。

（5）蜗杆轴向力较大，致使轴承摩擦损失较大。

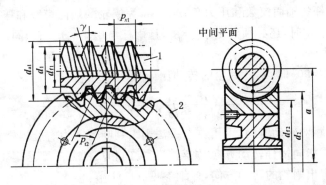

图 8-42　蜗杆蜗轮机构

8.10.2　蜗杆蜗轮传动的类型

根据蜗杆形状不同，蜗杆蜗轮可分为 3 大类：圆柱蜗杆机构、环面蜗杆机构和锥蜗杆机构。从齿形上分，有阿基米德蜗杆（端面齿形为阿基米德螺线）、渐开线蜗杆（端面齿形为渐开线）和圆弧齿蜗杆（轴剖面齿形为凹圆弧，如图 8-43 所示）。需要提出的是圆弧齿圆柱蜗杆的承载能力较阿基米德蜗杆提高约 50%～100%，效率可达 90% 以上，被广泛地应用到矿山、冶金、建筑、起重等机械设备的减速机构中。

由于阿基米德蜗杆最简单，其传动的有关知识也适应其他蜗杆，故下面介绍阿基米德蜗杆蜗轮机构的啮合特点。

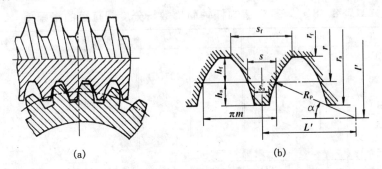

(a)　　　　　　　　　　　(b)

图 8-43　圆弧齿蜗杆传动
(a) 蜗杆蜗轮啮合；(b) 蜗杆齿形

8.10.3　蜗杆蜗轮机构的啮合传动

1. 正确啮合的条件

如图 8-42 所示为阿基米德蜗杆蜗轮机构的啮合传动情况。过蜗杆的轴线作一垂直于蜗轮轴线的平面称为中间平面；在此中间平面内，蜗杆与蜗轮的啮合相当于齿条与齿轮的啮合。因此，蜗杆蜗轮传动的正确啮合条件为在中间平面内，蜗杆与蜗轮的模数和压力角分别相

等,即

$$\left.\begin{array}{l} m_{a1} = m_{t2} = m \\ \alpha_{a1} = \alpha_{t2} = \alpha \end{array}\right\} \qquad (8-49)$$

式中,m_{a1}、α_{a1} 为蜗杆的轴面模数和压力角;m_{t2}、α_{t2} 为蜗轮的端面模数和压力角。

当交错角 $\Sigma = 90°$ 时,还必须满足 $\gamma_1 = \beta_2$,且蜗杆与蜗轮的旋向相同。

2. 传动比

当轴交错角 $\Sigma = 90°$ 时,蜗杆蜗轮的传动比为

$$i_{12} = \frac{\omega_1}{\omega_2} = \frac{z_2}{z_1} = \frac{d_2 \cos\beta_2}{d_1 \cos\beta_1} = \frac{d_2 \cos\gamma_1}{d_1 \sin\gamma_1} = \frac{d_2}{d_1 \tan\gamma_1} \qquad (8-50)$$

至于蜗杆蜗轮相对转动方向,可用左右手法则来判断。若为右旋蜗杆,则用右手握住蜗杆(否则用左手),四指指向蜗杆转动方向,则与拇指指向相反的方向即是蜗轮上啮合接触点的线速度方向,由此确定出蜗轮的转动方向,详细参见 9.2.1 节。

8.10.4 蜗杆蜗轮机构的基本参数与几何尺寸

1. 模数和压力角

蜗杆模数系列对于阿基米德蜗杆和圆弧齿蜗杆的标准模数系列有所不同,如表 8-8 所示。

国标 GB 1087—88 规定,阿基米德蜗杆的压力角 $\alpha = 20°$。在动力传动中,允许增大压力角,推荐用 $\alpha = 25°$;在分度机构中,允许减小压力角,推荐用 $\alpha = 15°$ 或 $12°$。

2. 齿顶高系数和顶隙系数

阿基米德蜗杆蜗轮传动取 $h_a^* = 1$,$c^* = 0.2$。圆弧齿蜗杆蜗轮传动当 $z_1 \leqslant 3$ 时,$h_a^* = 1$,当 $z_1 > 3$ 时,$h_a^* = (0.85 \sim 0.95)m$,系数 h_a^* 的取值应保证蜗杆齿顶圆直径 d_{a1} 为整数,顶隙系数 $c^* = 0.16$,齿廓圆弧半径 $R_\rho = (5 \sim 5.5)m$(见图 8-43)。

表 8-8　阿基米德蜗杆轴面模数与分度圆直径的搭配值　　　　单位:mm

m	d_1	m	d_1	m	d_1	m	d_1	m	d_1
1	18								
1.25	20		(22.4)		(31.5)		(50)		(71)
	22.418	2.5	28	4	40	6.3	63	10	90
			35.5		(50)		(80)		(112)
1.6	20		45		71		112		160
	28								
2	(18)		(28)		(40)		(63)		(90)
	22.4	3.15	35.5	5	50	8	80	12.5	112
	(28)		(45)		(63)		(100)		(140)
	35.5		56		90		140		200

注:括号内数字尽可能不用。

3. 蜗杆分度圆直径系数

在用蜗杆滚刀范成加工蜗轮时,刀具的参数必须与工作蜗杆的参数相同,为了减少滚刀的数量,国家标准规定蜗杆的分度圆直径 d_1 取标准值。令 $d_1 = qm$,则

$$q = \frac{d_1}{m}$$

式中，q 称为蜗杆的直径系数，q 的取值范围一般为 $8 \sim 18$。

4.蜗杆的螺旋升角(导程角)

设蜗杆的螺旋线头数为 z_1，导程为 p_{z1}，轴向齿距为 p_{x1}(见图 8-42)，则分度圆柱的螺旋升角 γ_1 可由下式求出，即

$$\tan\gamma_1 = \frac{p_{z1}}{\pi d_1} = \frac{z_1 p_{x1}}{\pi d_1} = \frac{z_1 \pi m}{\pi d_1} = \frac{z_1 m}{d_1} = \frac{z_1}{q} \qquad (8-51)$$

式中，d_1 为蜗杆分度圆直径。

5.蜗杆头数和蜗轮齿数

蜗杆头数少，传动效率低；而头数多，蜗杆加工比较困难。通常取 $z_1 = 1$、2、4、6。蜗轮齿数 z_2 根据传动比要求计算而得，一般 $z_2 = 20 \sim 70$，分度传动的蜗杆其 z_2 可以更多些。

6.几何尺寸计算

(1) 分度圆直径。蜗杆的分度圆直径为 $d_1 = qm$；而蜗轮的分度圆直径为 $d_2 = mz_2$。

(2) 中心距。标准蜗杆蜗轮机构传动的中心距为

$$a = \frac{1}{2}(d_1 + d_2) = \frac{m}{2}(q + z_2) \qquad (8-52)$$

蜗轮变位时无侧隙啮合的中心距为

$$a' = (d_1 + d_2 + 2x_2 m)/2 \qquad (8-53)$$

当设计圆弧蜗杆蜗轮传动时，一般是根据功率、蜗杆转速及传动比，根据线图初选中心距，不同的中心距有对应的参数匹配值(齿数、模数、蜗杆分度圆直径 d_1、蜗轮变位系数 x_2)，从而大大简化了参数的设计计算。

(3) 其他几何尺寸。蜗杆和蜗轮的齿顶高、齿根高、齿顶圆直径和齿根圆直径等几何尺寸，均可参照直齿轮的公式进行计算。

8.11   圆锥齿轮机构

圆锥齿轮机构用来传递空间相交轴之间的运动和动力。机械中常用的两轴交角 $\Sigma = 90°$。圆锥齿轮的轮齿分布在一个截圆锥体表面上，轮齿有直齿、斜齿和曲齿(圆弧齿、螺旋齿)等多种形式。本节主要介绍广泛应用的直齿圆锥齿轮机构。

8.11.1   直齿圆锥齿轮齿廓的形成

如图 8-44 所示，一个圆平面 S 与一个基圆锥相切于直线 OC，设圆平面的半径 R 与基圆锥距相等，且圆心 O 与锥顶点重合，当该圆平面绕基圆锥作纯滚动时，S 上的任一点 B 将在空间展出一条球面渐开线 AB，直线 OB 展成球面渐开面，即为锥齿轮的齿廓曲面。

8.11.2   圆锥齿轮的特点

如图 8-45 所示为一直齿圆锥齿轮，与圆柱齿轮一样，圆锥齿轮有齿顶圆锥、齿根圆锥和分度圆锥。由于圆锥齿轮的轮齿是分布在圆锥面上的，因此齿轮两端尺寸的大小是不同的。为

了计算和测量的方便,通常取圆锥齿轮大端的参数为标准值,并计算大端的齿顶圆、分度圆和齿根圆的尺寸。

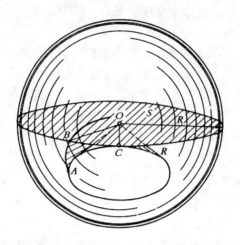

图 8-44 直齿圆锥齿轮齿廓

8.11.3 背锥及当量齿数

如图 8-46 所示的锥齿轮轴面半剖图,OAB 为锥齿轮的分度圆锥。为了使齿廓的球面问题转化成平面问题,引入背锥的概念。所谓背锥是过锥齿轮大端,其母线与锥齿轮分度圆锥母线垂直的圆锥。如图 8-46 中 O_1AB 即为锥齿轮的背锥,显然,背锥与球面切于圆锥齿轮大端的分度圆上,图中点 e' 和 f' 是轮齿大端球面渐开线上点 e 和 f 在背锥上的投影。如图 8-47 所示,将两锥齿轮大端球面渐开线齿廓向两背锥上投影,得到近似球面渐开线齿廓,并将两前锥展成两扇形齿轮。设想把扇形齿轮补足为一个完整的圆柱直齿轮,该假想的直齿圆柱齿轮称为圆锥齿轮的当量齿轮,其齿数 z_v 称为圆锥齿轮的当量齿数。故当量齿轮的齿形与锥齿轮大端齿形相当(R/m 越大,近似程度就越高,一般 $R/m > 30$),其模数和压力角与锥齿轮大端的模数和压力角一致。因此,圆锥齿轮的啮合传动可利用其当量齿轮的啮合传动来研究。

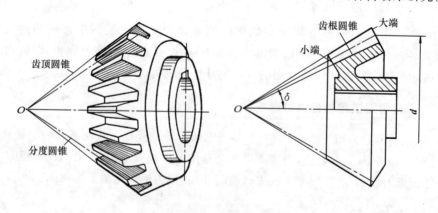

图 8-45 直齿圆锥齿轮

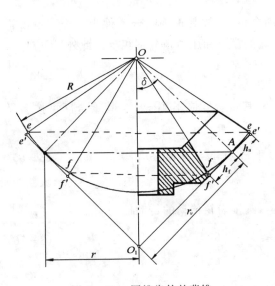

图 8-46 圆锥齿轮的背锥

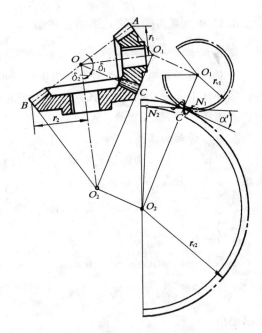

图 8-47 当量齿数

当量齿数 z_v 可由图 8-46 求得,由图中可知

$$r_{v1} = \frac{r_1}{\cos\delta_1} = \frac{mz_1}{2\cos\delta_1}$$

而

$$r_{v1} = \frac{1}{2}mz_{v1}$$

故得

$$z_{v1} = \frac{z_1}{\cos\delta_1}$$

同理得

$$z_{v2} = \frac{z_2}{\cos\delta_2}$$

式中,δ_1、δ_2 分别为两圆锥齿轮的分度圆锥角(当分度圆锥角为 90° 时,分度圆锥成为平面,对应的齿轮称为冠轮,如图 8-48 所示齿轮 2,冠轮的背锥展开后为齿条)。由上式求得 z_{v1}、z_{v2} 一般不是整数,也无须圆整为整数。

标准直齿圆锥齿轮不发生根切的最少齿数 z_{min} 可根据当量齿轮不发生根切的最少齿数 z_{vmin} 来换算,即

$$z_{min} = z_{vmin}\cos\delta \qquad (8-54)$$

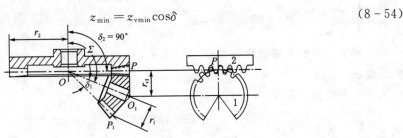

图 8-48 冠轮传动

8.11.4 直齿圆锥齿轮的啮合传动

1. 正确啮合的条件

一对圆锥齿轮啮合传动相当于当量齿轮的啮合传动,故其正确啮合条件为两个当量齿轮的模数和压力角分别相等,亦即两个圆锥齿轮大端的模数和压力角分别相等。此外,还应保证两轮的锥距相等,锥顶重合。

2. 连续传动的条件

为保证一对直齿圆锥齿轮能够实现连续传动,其重合度应不小于1。其重合度可按当量齿轮传动的重合度进行计算,即

$$\varepsilon = \frac{1}{2\pi}\left[z_{v1}(\tan\alpha_{a1} - \tan\alpha) + z_{v2}(\tan\alpha_{a2} - \tan\alpha)\right] \tag{8-55}$$

3. 传动比

如图8-47所示,$r_1 = \overline{OC}\sin\delta_1$,$r_2 = \overline{OC}\sin\delta_2$,圆锥齿轮传动的传动比为

$$i_{12} = \frac{\omega_1}{\omega_2} = \frac{z_2}{z_1} = \frac{r_2}{r_1} = \frac{\sin\delta_2}{\sin\delta_1} \tag{8-56}$$

当轴交角 $\Sigma = \delta_1 + \delta_2 = 90°$ 时,有

$$i_{12} = \cot\delta_1 = \tan\delta_2$$

8.11.5 直齿圆锥齿轮传动的参数与几何尺寸

根据国家标准规定,现多采用等顶隙圆锥齿轮传动,即两轮顶隙从轮齿大端到小端都是相等的,如图8-49所示。

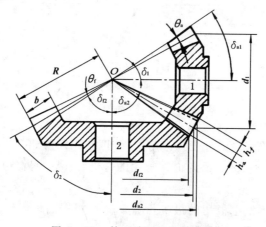

图 8-49   等顶隙圆锥齿轮传动

1. 基本参数

直齿圆锥齿轮大端模数 m 的值为标准值,按表8-9选取,压为角 $\alpha = 20°$,齿顶高系数和顶隙系数如下:

对于正常齿

$$\begin{cases} m < 1 \text{ mm 时}, \quad h_a^* = 1, \quad c^* = 0.25 \\ m \geq 1 \text{ mm 时}, \quad h_a^* = 1, \quad c^* = 0.2 \end{cases}$$

对于短齿

$$h_a^* = 0.8, c^* = 0.3$$

表 8-9　锥齿轮模数(摘自 GB 12368—90)　　　　　　单位:mm

...	0.5	0.6	0.7	0.8	0.9	1	1.125	1.25
1.375	1.5	1.75	2	2.25	2.5	2.75	3	3.25
3.5	3.75	4	4.5	5	5.5	6	6.5	7
8	9	10	11	12	14	16	18	...

2. 几何尺寸计算

圆锥齿轮的几何尺寸计算规定以其大端为基准,计算公式列于表 8-10,供设计时查用。

表 8-10　标准直齿圆锥齿轮机构的几何尺寸计算公式($\Sigma = 90°$)

名　称	符　号	计　算　公　式
分度圆直径	d	$d = mz$
分度圆锥角	δ	$\delta_1 = \arctan(z_1/z_2), \delta_2 = 90° - \delta_1$
齿顶高	h_a	$h_a = h_a^* m$
齿根高	h_f	$h_f = (h_a^* + c^*)m$
齿顶圆直径	d_a	$d_a = (z + 2h_a^* \cos\delta)m$
齿根圆直径	d_f	$d_f = [z - 2(h_a^* + c^*)\cos\delta]m$
锥　距	R	$R = \dfrac{m}{2}\sqrt{z_1^2 + z_2^2}$
齿顶角	θ_a	$\theta_a = \arctan(h_a/R)$
齿根角	θ_f	$\theta_f = \arctan(h_f/R)$
顶锥角	δ_a	$\delta_a = \delta + \theta_f$
根锥角	δ_f	$\delta_f = \delta - \theta_f$
分度圆齿厚	s	$s = \pi m/2$
齿　宽	b	$b \leqslant R/3$(取整)

习　　题

8-1　已知半径 $r_b = 30$ mm 的基圆上所展成的两条同向渐开线如题图 8-1 所示。其中 $r_K = 35$ mm,$KK' = 15$ mm,试求:

(1) 点 K' 处的向径 r'_K;

(2) 以 O 为圆心,r'_K 为半径画圆弧,与另一条渐开线相交于点 K'',求弧长 $\overset{\frown}{K'K''}$。

8-2　一对渐开线齿廓如题图 8-2 所示,两渐开线齿廓啮合于点 K,试求:

(1) 当绕点 O_2 转动的齿廓为主动及啮合线如图中 N_2N_1 时,确定两齿廓的转动方向;

（2）用作图法标出渐开线齿廓 G_1 上与点 a_2、b_2 相啮合的点 a_1、b_1；

（3）用阴影线标出两条渐开线齿廓的实际工作段；

（4）齿廓 G_1 上 $\overparen{Kb_1}$ 段与齿廓 G_2 上 $\overparen{Kb_2}$ 段相比较，哪一个较短，这说明什么问题；

（5）在题图 8-2 上标出这对渐开线的节圆和啮合角 α'。

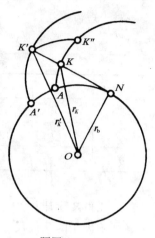

题图 8-1

8-3 当 $\alpha=20°$，$h_a^*=1$ 的渐开线标准外齿轮的齿根圆和基圆重合时，其齿数应为多少？当齿数大于所求出的数值时，基圆与齿根圆哪个大，为什么？

8-4 有一个渐开线直齿圆柱齿轮如题图 8-3 所示，用卡尺测量三个齿和两个齿的反向渐开线之间的法向齿距（即公法线长度）分别为 $W_3=61.84$ mm 和 $W_2=37.56$ mm，齿顶圆直径 $d_a=208$ mm，齿根圆直径 $d_f=172$ mm，数得其齿数 $z=24$，试求：

（1）该齿轮的模数 m、分度圆压力角 α、齿顶高系数 h_a^* 和顶隙系数 c^*；

（2）该齿轮的基圆齿距 p_b 和基圆齿厚 s_b。

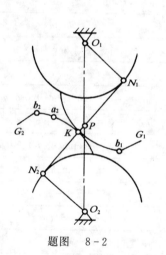

题图 8-2

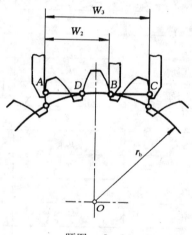

题图 8-3

8-5 已知一对渐开线外啮合标准直齿圆柱齿轮机构，$\alpha=20°$，$h_a^*=1$，$m=4$ mm，$z_1=18$，$z_2=41$。试求：

（1）标准安装时的重合度 ε_a；

（2）用作图法画出理论啮合线 $\overline{N_1N_2}$，在其上标出实际啮合线段 $\overline{B_1B_2}$，并标出单齿啮合区和双齿啮合区，以及节点 P 的位置。

8-6 将上题中的中心距加大，直至正好连续传动，试求：

（1）啮合角 α' 和中心距 a'；

（2）节圆半径 r'_1 和 r'_2；

（3）在节点啮合时两轮齿廓的曲率半径 ρ'_1 和 ρ'_2；

（4）顶隙 c' 和节圆上齿侧间隙 δ'。

8-7 测量齿轮的公法线长度是检验齿轮精度的常用方法之一，试用题图 8-4 证明渐开

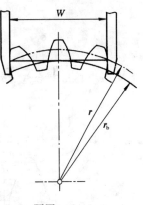

线标准齿轮公法线长度 W 和卡尺跨的齿数 k 的计算公式,即

$$W = m\cos\alpha[(k-0.5)\pi + z\,\mathrm{inv}\alpha]$$

$$k = \frac{\alpha z}{180°} + 0.5$$

式中,z 为被测齿轮的齿数;k 为卡尺跨的齿数,目的是为了卡尺必须卡在渐开线齿廓上。

8-8 某牛头刨床中,有一对渐开线外啮合标准齿轮传动,已知 $z_1=17$,$z_2=118$,$m=5$ mm,$h_a^*=1$,$a'=337.5$ mm。检修时发现小齿轮严重磨损,必须报废。大齿轮磨损较轻,沿分度圆齿厚共需磨 0.91 mm,可获得光滑的新齿面,拟将大齿轮修理后使用,仍用原来的箱体,试设计这对齿轮。

题图 8-4

8-9 设计一对外啮合圆柱齿轮机构,用于传递中心距为 138 mm 的平行轴之间的运动。要求其传动比 $i_{12}=5/3$,传动比误差不超过 $\pm1\%$。已知 $m=4$ mm,$\alpha=20°$,$h_a^*=1$,$c^*=0.25$,两轮材质相同。若要求两轮的齿根磨损情况大致相同,重合度 $\varepsilon \geqslant 1.3$,顶圆齿厚 $\geqslant 0.4m$,试设计这对齿轮传动。

8-10 在题图 8-5 所示的齿轮变速箱中,两轴中心距为 80 mm,各轮齿数为 $z_1=35$,$z_2=45$,$z_3=24$,$z_4=55$,$z_5=19$,$z_6=59$,模数均为 $m=2$ mm,试确定 z_1—z_2,z_3—z_4 和 z_5—z_6 各对齿轮的传动类型,并设计这 3 对齿轮传动。

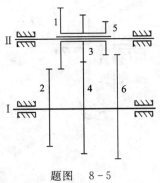

题图 8-5

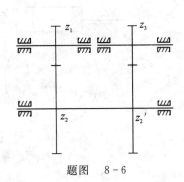

题图 8-6

8-11 在题图 8-6 所示的回归轮系中,已知,$z_1=27$,$z_2=60$,$z_2'=63$,$z_3=25$,压力角均为 $\alpha=20°$,模数均为 $m=4$ mm。试问有几种设计方案,哪一种方案较合理,为什么?并设计合理的方案。

8-12 一对外啮合直齿圆柱齿轮,$m=2$ mm,$z_1=25$,$z_2=42$,$\alpha=20°$,$h_a^*=1$,封闭图如图 8-28 所示,若两轮材质相同,试问:

(1) 当要求 $\varepsilon_a=1.2$,且两轮齿根部分滑动磨损相等时,两轮变位系数应各为多少?并判断该对齿轮的传动类型。

(2) 选择两轮的变位系数,能否使节点落在两对齿啮合区?

8-13 一对渐开线标准平行轴外啮合斜齿圆柱齿轮机构,其齿数 $z_1=23$,$z_2=53$,$m_n=6$ mm,$\alpha_n=20°$,$h_{an}^*=1$,$c_n^*=0.25$,$a=236$ mm,$b=25$ mm,试求:

(1) 分度圆螺旋角 β;

(2) 当量齿数 z_{v1} 和 z_{v2}；

(3) 重合度 ε_r。

8-14 如题图8-7所示为齿轮齿条作无侧隙啮合传动情况。主动齿轮逆时针方向转动，试在图中标出啮合线、齿条节线、齿轮节圆、啮合角以及齿轮与齿条的齿廓实际工作段。

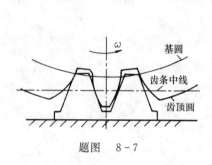

题图　8-7

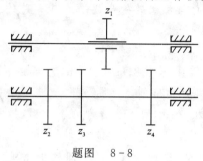

题图　8-8

8-15 如题图8-8所示为一变速箱，可以实现三种传动比，各轮齿数分别为 $z_1 = 43, z_2 = 43,$ $z_3 = 42, z_4 = 41, m = 4$ mm，$\alpha = 20°, h_a^* = 1$，滑动齿轮 z_1 可以分别和 z_2、z_3、z_4 相啮合。两轴之间中心距 $a' = 170$ mm，试设计这三对齿轮。

8-16 试确定题图8-9(a)所示传动中蜗轮的转向，题图8-9(b)所示蜗杆和蜗轮螺旋线的旋向。

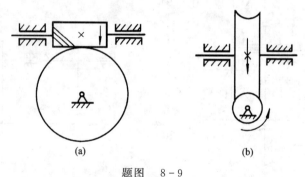

(a)   (b)

题图　8-9

8-17 已知一交错轴斜齿轮传动，$\beta_1 + \beta_2 = 80°, \beta_1 = 30°, i_{12} = 2, z_1 = 35, p_n = 12.56$ mm，试求中心距 a。

8-18 一蜗轮齿数 $z_2 = 40, d_2 = 200$ mm，与一单头蜗杆啮合，试求：

(1) 蜗轮的端面模数 m_{t2} 及蜗杆螺旋角 β_1；

(2) 蜗杆的轴向齿距 p_{x1}；

(3) 蜗杆的直径系数 q；

(4) 蜗杆蜗轮的中心距 a；

(5) 蜗杆的螺旋升角 γ_1。

8-19 一标准直齿圆锥齿轮传动，试问：

(1) 当 $z_1 = 14, z_2 = 30, \Sigma = 90°$ 时，小齿轮是否会发生根切？为什么？

(2) 当 $m = 5$ mm，$h_a^* = 1, z_1 = 15, z_2 = 30, \Sigma = 90°$ 时，这对齿轮能否实现连续传动？为什么？

第9章 轮 系

在工程实际中,为了满足各种不同的工作要求,经常采用若干个彼此相啮合的齿轮进行传动,这种由一系列齿轮组成的传动系统称为轮系。它通常介于原动机和执行机构之间,把原动机的运动和动力传递给执行机构。

9.1 轮系的类型

轮系可由各种类型的齿轮——圆柱齿轮、圆锥齿轮、蜗杆蜗轮等组成。通常根据轮系运转时,各种齿轮的轴线相对于机架的位置是否都是固定的,将轮系分为定轴轮系、周转轮系和混合轮系三大类。

9.1.1 定轴轮系

在轮系运动过程中,轮系中各个齿轮的轴线相对于机架的位置都是固定的,这种轮系称为定轴轮系。如图9-1所示的轮系为定轴轮系。

9.1.2 周转轮系

如图9-2(a)所示的轮系中,外齿轮1和内齿轮3均绕固定轴线 OO 转动,称此二齿轮为中心轮。齿轮2装在构件 H 上的 O_1O_1 轴上,而构件 H 也绕固定轴线 OO 转动。所以,在轮系运转的过程中,齿轮2一边绕自己的轴线 O_1O_1 自转,同时又随构件 H 绕固定轴线 OO 公转,即齿轮2作行星运动,故称齿轮2为行星轮。构件 H 称为系杆(转臂或行星架)。这种在运动过程中至少有一个齿轮几何轴线的位置并不固定,而是绕其他齿轮的轴线转动的轮系称为周转轮系。在周转轮系中,一般都以中心轮和系杆作为运动的输入和输出构件,故又称它们为周转轮系中的基本构件。基本构件都绕同一固定轴线 OO 回转。

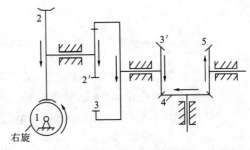

图9-1 定轴轮系

一个基本周转轮系必须具有一个系杆,具有一个或多个行星轮,以及与行星轮相啮合的中心轮。

根据基本周转轮系所具有的自由度数不同,周转轮系可进一步分为自由度为1的行星轮系(见图 9-2(b))和自由度为 2 的差动轮系(见图 9-2(a))。

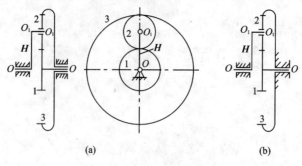

图 9-2　2K-H 周转轮系
(a)差动轮系；(b)行星轮系

另外，周转轮系还常根据其中基本构件的组成情况分为 $2K-H$ 型(见图 9-2)、$3K$ 型(见图 9-3(a))及 $K-H-V$ 型(见图 9-3(b))，K 代表中心轮，H 代表系杆(行星架)，V 代表输出机构。

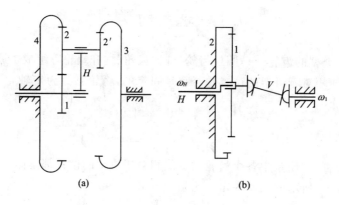

图 9-3　周转轮系
(a)$3K$ 型轮系；(b)$K-H-V$ 型轮系

9.1.3　混合轮系

如果在轮系中既含有周转轮系，又含有定轴轮系，或者含有两个以上的基本周转轮系时，称这种轮系为混合轮系(或称复合轮系)。如图 9-4(a)所示为定轴轮系和行星轮系构成的混合轮系。如图 9-4(b)所示为两行星轮系构成的混合轮系。

9.2　轮系的传动比

轮系运动分析的主要内容是确定其传动比。所谓轮系的传动比，指的是轮系中输入轴的角速度(或转速)与输出轴的角速度(或转速)之比，即

$$i_{io} = \frac{\omega_{in}}{\omega_{out}} = \frac{n_{in}}{n_{out}}$$

式中，下角标 in 和 out 分别表示输入轴和输出轴。

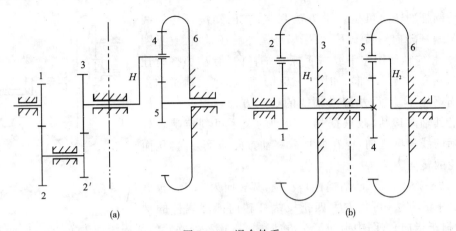

图 9-4 混合轮系

(a) 定轴与周转轮系复合；(b) 周转轮系与周转轮系复合

要确定一个轮系传动比，包括计算其传动比大小和确定其输入和输出轴转向之间的关系。

9.2.1 定轴轮系的传动比

1. 传动比大小的计算

以图 9-5 所示的定轴轮系为例介绍传动比的计算方法。齿轮 1、2、3 为圆柱齿轮，3′、4、4′、5 为圆锥齿轮，设齿轮 1 为主动轮，齿轮 5 为从动轮，其轮系的传动比为 $i_{15} = \omega_1/\omega_5$。各对啮合齿轮的传动比为

$$i_{12} = \omega_1/\omega_2 = z_2/z_1$$
$$i_{23} = \omega_2/\omega_3 = z_3/z_2$$
$$i_{3'4} = \omega_{3'}/\omega_4 = \omega_4/\omega_3 = z_4/z_{3'}$$
$$i_{4'5} = \omega_{4'}/\omega_5 = \omega_4/\omega_5 = z_5/z_{4'}$$

将上列各对齿轮传动比两端分别连乘起来，可得

$$i_{12}\, i_{23}\, i_{3'4}\, i_{4'5} = \frac{\omega_1}{\omega_2}\frac{\omega_2}{\omega_3}\frac{\omega_3}{\omega_4}\frac{\omega_4}{\omega_5} = \frac{\omega_1}{\omega_5}$$

即

$$i_{15} = \frac{\omega_1}{\omega_5} = i_{12}\, i_{23}\, i_{3'4}\, i_{4'5} = \frac{z_2\, z_3\, z_4\, z_5}{z_1\, z_2\, z_{3'}\, z_{4'}}$$

上式说明，定轴轮系的传动比等于组成该轮系的各对啮合传动比的连乘积；其大小等于各对啮合齿轮所有从动轮齿数的连乘积与所有主动轮齿数的连乘积之比。即

$$\text{定轴轮系传动比} = \frac{\text{所有从动轮齿数连乘积}}{\text{所有主动轮齿数连乘积}} \qquad (9-1)$$

2. 主、从动轮转向关系的确定

(1) 箭头法。如图 9-5 所示的轮系中，设主动轮 1 的转向已知，并用箭头表示（箭头代表齿轮可见侧圆周速度方向），则主、从动轮及其他轮的转向关系可用箭头表示，如图 9-5 所示。因为任何一对啮合传动的齿轮，其节点处圆周速度相同，则表示两轮转向的箭头应同时指向节点或同时背离节点。由图 9-5 可见，齿轮 1、5 的转向相反。箭头法确定轮系中各轮转向关系的方法只适应于定轴轮系。

蜗轮蜗杆的转向可按以下方法判定：在已知蜗杆螺旋线的旋向和蜗杆转向的情况下，根据蜗杆是左旋还是右旋（见图 9-6(c)），相应地使用左手或右手抓握蜗杆的轴线，抓握时让四指指向蜗杆的转动方向，如图 9-6(b) 所示，则大拇指的指向就是当蜗轮不动时，蜗杆沿轴线的移动方向。但实际上蜗杆不能沿其轴向移动，故根据相对运动的关系可判定啮合处蜗轮实际的线速度方向，应在蜗杆欲移动方向的反方向，从而确定蜗轮的转向。

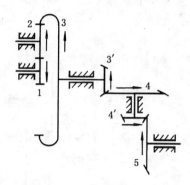

图 9-5   定轴轮系各轮转向

如图 9-6(a) 所示，已知蜗杆是右旋，其转向为"↓"。根据右旋用右手的方法，可用右手四指按蜗杆转向抓握蜗杆的轴线，则大拇指指向右（图中虚线箭头方向），所以接触处蜗轮的圆周线速度 v_2 的方向向左（图中实线箭头方向），从而判定蜗轮的转向为逆时针方向。

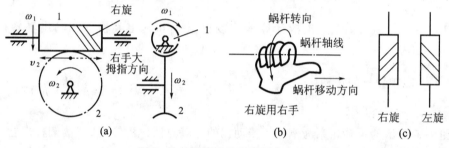

图 9-6   蜗杆蜗轮转向判定方法

（2）正、负号法。对主、从动轮的轴线相互平行的轮系，由于两轮的转向或者相同或者相反，因此规定：两轮转向相同，其传动比为"＋"；转向相反，其传动比为"－"。如图 9-5 所示轮系传动比 i_{15} 为

$$i_{15} = \frac{\omega_1}{\omega_5} = \frac{-z_3 z_4 z_5}{z_1 z_{3'} z_{4'}}$$

9.2.2   周转轮系的传动比

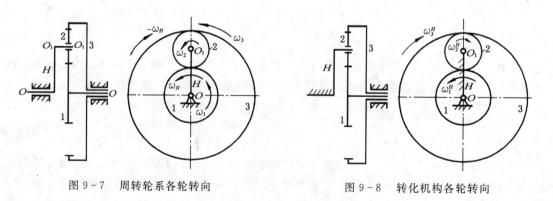

图 9-7   周转轮系各轮转向   图 9-8   转化机构各轮转向

如图 9-7 所示为一 $2K-H$ 型基本周转轮系，其中，中心轮 1 和 3 以及系杆 H 均绕主轴线 OO 回转；行星轮 2 既绕自身的几何轴线 O_1O_1 自转，又随着系杆 H 绕主轴线 OO 公转。因此，

周转轮系的传动比就不能直接用定轴轮系传动比的求法来计算。为此,可应用"转化机构法",即根据相对运动原理,假想对整个周转轮系加上一个绕主轴线 OO 转动的公共角速度"$-\omega_H$",显然各构件间的相对运动关系并不改变。但此时系杆 H 的角速度为 $\omega_H - \omega_H = 0$,即系杆相对静止不动,而轮 1、2、3 则成为绕定轴转动的齿轮,于是原周转轮系便转化为假想的定轴轮系,该假想的定轴轮系称为转化轮系或转化机构,如图 9-8 所示。在转化轮系中,各构件的角速度如表 9-1 所示。

转化轮系的传动比可直接用定轴轮系传动比的计算方法来计算。

由表 9-1 可知,ω_1^H、ω_2^H、ω_3^H 表示转化轮系中各轮角速度。于是转化轮系的传动比为

$$i_{13}^H = \frac{\omega_1^H}{\omega_3^H} = \frac{\omega_1 - \omega_H}{\omega_3 - \omega_H} = -\frac{z_3}{z_1}$$

上式已建立起周转轮系中各基本构件的角速度 ω_1、ω_3、ω_H 之间的函数关系,即是各轮齿数的函数。而各轮齿数是已知的,该周转轮系为两自由度的差动轮系,故当给定两个基本构件的角速度(包括大小和方向)时,便可求出另一个基本构件的角速度,从而就可求出该周转轮系中 3 个基本构件中任意两个构件间的传动比。若中心轮 3 为固定构件(见图 9-2(b)),则行星轮系的传动比为

$$i_{13}^H = \frac{\omega_1^H}{\omega_3^H} = \frac{\omega_1 - \omega_H}{0 - \omega_H} = -\frac{z_3}{z_1}$$

即
$$i_{1H} = \frac{\omega_1}{\omega_H} = 1 - i_{13}^H \qquad (9-2)$$

表 9-1 各构件在转化轮系的角速度

构 件	相对机架角速度	转化机构中的角速度
系杆 H	ω_H	$\omega_H^H = \omega_H - \omega_H = 0$
齿轮 1	ω_1	$\omega_1^H = \omega_1 - \omega_H$
齿轮 2	ω_2	$\omega_2^H = \omega_2 - \omega_H$
齿轮 3	ω_3	$\omega_3^H = \omega_3 - \omega_H$
机架 4	$\omega_4 = 0$	$\omega_4^H = \omega_4 - \omega_H = -\omega_H$

综上所述,可得到周转轮系传动比的通用表达式。设周转轮系中中心轮分别为 a 和 b,系杆为 H,则转化轮系的传动比为

$$i_{ab}^H = \frac{\omega_a^H}{\omega_b^H} = \frac{\omega_a - \omega_H}{\omega_b - \omega_H} = \pm \frac{\text{转化轮系中 } a \text{ 至 } b \text{ 各从动轮齿数的连乘积}}{\text{转化轮系中 } a \text{ 至 } b \text{ 各主动轮齿数的连乘积}} \qquad (9-3)$$

对 $\omega_b = 0$ 或 $\omega_a = 0$ 的行星轮系,根据式(9-3)可推得其传动比的通用表达式分别为

$$\left. \begin{array}{l} i_{aH} = \dfrac{\omega_a}{\omega_H} = 1 - i_{ab}^H \\[2mm] i_{bH} = \dfrac{\omega_b}{\omega_H} = 1 - i_{ba}^H \end{array} \right\} \qquad (9-4)$$

对式(9-3)的说明:

(1)式中的"$\pm$"号不仅表明转化轮系中两中心轮 a 和 b 之间的转向关系,而且直接影响 ω_a、ω_b、ω_H 之间的数值关系,进而影响传动比计算结果的正确性,因此不能漏判或错判。

(2)ω_a、ω_b、ω_H 均为代数值,应用公式时要带有相应的"$\pm$"号。

（3）式中"±"号不表示周转轮系中轮 a 和 b 之间的转向关系，仅表示转化轮系中轮 a 和 b 之间的转向关系。

例 9-1　如图 9-9 所示为一大传动比的行星减速器，已知各轮的齿数为 $z_1 = 100$，$z_2 = 101$，$z_{2'} = 100$，$z_3 = 99$，试求传动比 i_{H1}。

解　该轮系为一行星轮系，其中 $\omega_3 = 0$，根据式（9-3）、式（9-4）有

$$i_{13}^H = \frac{\omega_1^H}{\omega_3^H} = \frac{\omega_1 - \omega_3}{\omega_3 - \omega_H} = (-1)^2 \frac{z_2 z_3}{z_1 z_{2'}}$$

$$i_{1H} = \frac{\omega_1}{\omega_H} = 1 - i_{13}^H = 1 - \frac{z_2 z_3}{z_1 z_{2'}} = 1 - \frac{101 \times 99}{100 \times 100} = \frac{1}{10\ 000}$$

所以　　　　　　　　　　　　　　$i_{H1} = 1/i_{1H} = 10\ 000$

即当系杆 H 转 10 000 转时，轮 1 才转 1 转，且两构件转向相同。本例也说明，行星轮系可以用少数几个齿轮获得很大的传动比，这是定轴轮系不能比拟的。

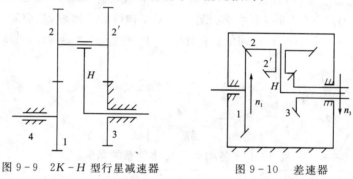

图 9-9　2K-H 型行星减速器　　　　　　　图 9-10　差速器

例 9-2　如图 9-10 所示为圆锥齿轮组成的差速器，已知 $z_1 = 48$，$z_2 = 42$，$z_{2'} = 18$，$z_3 = 21$，$n_1 = 100$ r/min，$n_3 = -80$ r/min，试求 n_H。

解　该轮系为差动轮系，根据式（9-3）有

$$i_{13}^H = \frac{n_1 - n_H}{n_3 - n_H} = \frac{100 - n_H}{-80 - n_H} = -\frac{z_2 z_3}{z_1 z_{2'}} = -\frac{42 \times 21}{48 \times 18} = -\frac{49}{48}$$

即　　　　　　　　　　　　　$n_H = \frac{880}{97}$ r/min $= 9.1$ r/min

n_H 为正值，表明该周转轮系中，系杆 H 与轮 1 的转向相同。

对于由圆锥齿轮组成的周转轮系，在计算传动比时应注意下面两点：

（1）转化轮系的传动比，大小按定轴轮系传动比的公式计算，其正负号则根据在转化轮系中用箭头表示的结果来确定。

（2）由于行星轮和基本构件的回转轴线不平行，它们的角速度不能按代数量加减。即

$$\omega_2^H \neq \omega_2 - \omega_H, \qquad i_{12}^H \neq (\omega_1 - \omega_H)/(\omega_2 - \omega_H)$$

因此，不能用上述公式计算由圆锥齿轮组成的周转轮系中行星轮的角速度，只能求基本构件的角速度。若要计算行星轮的角速度，可按角速度矢量来计算。

9.2.3　混合轮系的传动比

如前所述，由于混合轮系中包含各种轮系，既不可能单纯按求定轴轮系传动比的方法来计算其传动比，也不可能单纯地按求基本周转轮系传动比的方法来计算其传动比。计算混合轮

系传动比的方法如下：

(1) 首先将各基本周转轮系与定轴轮系正确地区分开来；

(2) 分别列出各定轴轮系与各基本周转轮系传动比的方程；

(3) 找出各种轮系之间的联系；

(4) 联立求解这些方程式，即可求出混合轮系的传动比。

当计算混合轮系传动比时，最关键的是必须正确地划分出混合轮系中各定轴轮系部分和各基本周转轮系部分。

划分定轴轮系的方法：若一系列互相啮合的齿轮的几何轴线都是固定不动的，则这些齿轮和机架便组成一个定轴轮系。

划分基本周转轮系的方法：首先找出既自转又公转的行星轮(有时行星轮有多个)，然后找出支持行星轮作公转的构件 —— 系杆，最后找出与行星轮相啮合的两个中心轮(有时只有一个中心轮)，这些构件便组成了一个基本周转轮系，而且每一个基本周转轮系只含有一个行星架。

例 9-3　如图 9-11 所示为电动卷扬机的减速器，已知各轮齿数为 $z_1 = 24$，$z_2 = 48$，$z_{2'} = 30$，$z_3 = 90$，$z_{3'} = 20$，$z_4 = 30$，$z_5 = 80$，试求传动比 i_{1H}。

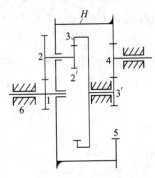

解　该混合轮系由齿轮 3′、4、5 组成的定轴轮系及由齿轮 1、2、2′、3，系杆 H 组成的差动轮系组成。其中 $\omega_H = \omega_5$，$\omega_3 = \omega_{3'}$。

对于定轴轮系

$$i_{3'5} = \frac{\omega_{3'}}{\omega_5} = -\frac{z_5}{z_{3'}} = -\frac{80}{20} = -4$$

对于差动轮系

$$i_{13}^H = \frac{\omega_1 - \omega_H}{\omega_3 - \omega_H} = -\frac{z_2 z_3}{z_1 z_{2'}} = -\frac{48 \times 90}{24 \times 30} = -6$$

图 9-11　减速器

联立解得 $i_{1H} = \dfrac{\omega_1}{\omega_H} = 31$，构件 H 的转向和构件 1 的转向相同。

9.3　轮系的功用

1. 实现变速传动

在主动轴转速不变的条件下，利用轮系可以使从动轴获得若干种转速，这种传动称为变速传动。如汽车变速箱的换挡，使汽车的行驶可获得几种不同的速度，以适应不同的道路和载荷等情况变化的需要。如图 9-12 所示的齿轮变速箱，通过操纵滑移双联齿轮 1—1′ 和滑移双联齿轮 3—3′，可使从动轴 Ⅲ 获得四种转速。

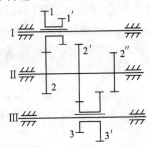

2. 获得较大的传动比

(1) 当输入和输出轴之间需要较大的传动比时，由式(9-1)可知，只要适当选择轮系中各对啮合齿轮的齿数，即可实现较大传动比的要求。

(2) 适当选择结构或组合形式，周转轮系或混合轮系既能获得

图 9-12　变速器

大传动比,而结构又紧凑,齿轮数目又少。例 9-1 仅用 4 个齿轮便可获得 10 000∶1 的大传动比。

（3）利用少齿差行星传动可获得单级大传动比。如图 9-3(b) 所示,当行星轮 1 与内齿轮 2 的齿数差 $\Delta z = z_2 - z_1$ 为 1～4 时,则称为少齿差行星齿轮传动。其传动比为

$$i_{H1} = \omega_H/\omega_1 = 1 - i_{12}^H = -z_1/(z_2 - z_1)$$

若齿数差 $z_2 - z_1$ 很小,即可获得单级较大传动比。特别当 $z_2 - z_1 = 1$ 即"一齿差"时,其传动比 $i_{H1} = -z_1$。但这种少齿差行星齿轮传动需要有把行星轮的行星运动变成输出构件 V 定轴转动的等速传动机构。

3.实现换向传动

在主动轴转向不变的情况下,利用轮系可以改变从动轴的转向。如图 9-13 所示为车床上走刀丝杠的三星轮换向机构。齿轮 2、3 是活套在刚性支架 a 的轴上,支架 a 可绕齿轮 4 的轴线回转。当在图 9-13(a) 所示的位置时,主动轮 1 的运动经由中间轮 2 和 3 传给从动轮 4,此时轮 4 与轮 1 的转向相反;如果转动支架 a 处于图 9-13(b) 所示的位置时,主动轮的运动仅经由齿轮 3 而传给从动轮 4,此时从动轮 4 与主动轮 1 的转向相同。

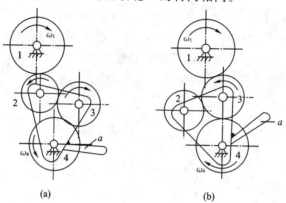

图 9-13　换向传动

(a)1 与 4 轮反向；(b)1 与 4 轮同向

4.实现分路传动

利用定轴轮系,可以通过主动轴上的若干齿轮分别把运动传给多个工作部位,从而实现分路传动。如图 9-14 所示滚齿机工作台中的传动机构,就是利用定轴轮系实现分路传动的一个实例。电机带动主动轴转动,通过该轴上的齿轮 1 和 3,分两路把运动传给滚刀 A 和轮坯 B,从而使刀具和轮坯之间具有确定的对滚关系。

5.实现运动的合成与分解

如前所述,差动轮系有两个自由度。利用差动轮系的这一特点,可以把两个运动合成为一个运动。

图 9-15 所示的由锥齿轮组成的差动轮系,就常被用来进行运动的合成。在该轮系中,因两个中心轮的齿数相等,即 $z_1 = z_3$,故

$$i_{13}^H = \frac{n_1 - n_H}{n_3 - n_H} = -\frac{z_3}{z_1} = 1$$

即

$$n_H = \frac{1}{2}(n_1 + n_3)$$

上式说明,系杆 H 的转速是两个中心轮转速的合成,故这种轮系可用作加法机构。

又若在该轮系中,以系杆 H 和任一中心轮(比如齿轮3)作为主动件时,则上式可改写成

$$n_1 = 2n_H - n_3$$

这说明该轮系又可用作减法机构。由于转速有正负之分,所以这种加减是代数量的加减。

差动轮系的这种特性在机床、计算装置及补偿调整装置中得到了广泛应用。

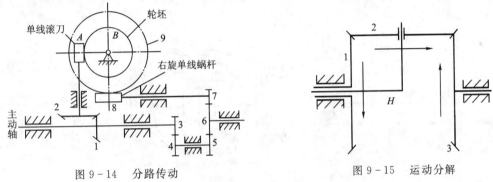

图 9-14　分路传动　　　　　　　　　图 9-15　运动分解

差动轮系不仅能将两个独立的运动合成一个运动,而且还可以将一个基本构件的主动转动,按所需比例分解成另两个基本构件的不同转动。汽车后桥的差速器就利用了差动轮系的这一特性。

图 9-16(a) 所示为装在汽车后桥上的差速器简图。其中齿轮3、4、5、2(H)组成一差动轮系。汽车发动机的运动从变速箱经传动轴传给齿轮1,再带动齿轮2及固接在齿轮2上的系杆 H 转动。当汽车直线行驶时,前轮的转向机构通过地面的约束作用,要求两后轮有相同的转速,即要求齿轮3、5转速相等($n_3 = n_5$)。由于在差动轮系中

$$i_{35}^H = \frac{n_3 - n_H}{n_5 - n_H} = \frac{z_5}{z_3} = -1 \tag{a}$$

故

$$n_H = \frac{1}{2}(n_3 + n_5)$$

将 $n_3 = n_5$ 代入上式,得 $n_3 = n_5 = n_H = n_2$,即齿轮3、5和系杆 H 之间没有相对运动,整个差动轮系相当于同齿轮2固接一起转动,此时行星轮4相对于系杆没有转动。

当汽车转弯时,在前轮转向机构确定了后轴线上的转弯中心 P 之后(见图9-16(a)),通过地面的约束作用,使处于弯道内侧的左后轮走的是一个小圆弧,而处于弯道外侧的右后轮走的是一个大圆弧,即要求两后轮所走的路程不相等,因此要求齿轮3、5具有不同的转速。汽车后桥上采用了上述差速器后,就能根据转弯半径的不同,自动改变两后轮的转速。

设汽车向左转弯行驶,汽车两前轮在梯形转向机构 $ABCD$ 的作用下向左偏转,其轴线与汽车两后轴的轴线相交于点 P(见图9-16(b))。在图所示左转弯的情况下,要求四个车轮均能绕点 P 作纯滚动,两个左侧车轮转得慢些,两个右侧车轮要转得快些。由于两前轮是浮套在轮轴上的,故可以适应任意转弯半径而与地面保持纯滚动;至于两个后轮,则是通过上述差速器来调整转速的。设两后轮距为 $2L$,弯道平均半径为 r,由于两后轮的转速与弯道半径成正比,故由图可得

$$\frac{n_3}{n_5} = \frac{r-L}{r+L} \tag{b}$$

联立求解(a)(b)两式,可求得此时汽车两后轮的转速分别为

$$n_3 = \frac{r-L}{r} n_H$$

$$n_5 = \frac{r+L}{r} n_H$$

这说明,当汽车转弯时,可利用上述差速器自动将主轴的转动分解为两个后轮的不同转动。

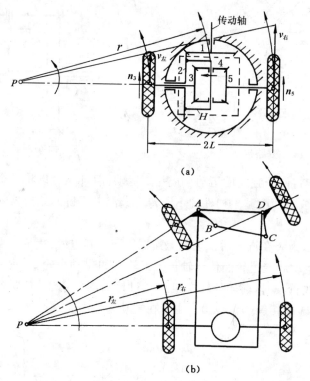

图 9-16　汽车后桥差速器

这里需要特别说明的是,差动轮系可以将一个转动分解成两个转动是有前提条件的,其前提条件是这两个转动之间必须具有一个确定的关系。在上述汽车差速器的例子中,两后轮转动之间的确定关系是由地面的约束条件确定的。

6. 实现执行构件的复杂运动

由于在周转轮系中,行星轮既自转又公转,工程实际中的一些装置直接利用了行星轮的这一特有的运动特点,来实现机械执行构件的复杂运动。

如图 9-17 所示为一种行星搅拌机构的简图。其搅拌器与行星轮固定结为一体,从而得到复合运动,增加了搅拌效果。

7. 实现结构紧凑的大功率传动

在周转轮系中,多采用多个行星轮的结构形式,各行星轮均匀地分布在中心轮四周,如图 9-18 所示的齿轮 2、2′、2″。这样,载荷由多对齿轮承受,可大大提高承载能力;又因多个行星

轮均匀分布,可使因行星轮公转所产生的离心惯性力和各齿廓啮合处的径向分力得以平衡,可大大改善受力状况。此外,采用内啮合又有效地利用了空间,加之其输入轴与输出轴共轴线,故可减小径向尺寸。因此可在结构紧凑的条件下,实现大功率传动。

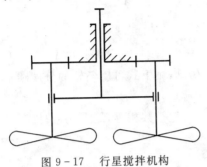

图 9-17 行星搅拌机构

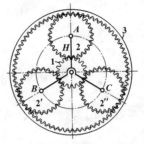

图 9-18 3 个行星轮啮合

9.4 周转轮系的齿数条件

周转轮系用来传递运动,就必须实现工作所要求的传动比,因此各轮齿数必须满足第一个条件 —— 传动比条件。

周转轮系是一种共轴式的传动装置。为了保证安装在系杆上的行星轮在传动过程中始终与中心轮正确啮合,必须使系杆的转轴与中心轮的轴线重合,这就要求各轮齿数必须满足第二个条件 —— 同心条件。

周转轮系中只有一个行星轮,则所有载荷将由一对齿轮啮合来承受,功率也由一对齿轮啮合来传递。由于在运动过程中,轮齿的啮合力以及行星轮的离心惯性力都随着行星轮绕中心轮的转动而改变方向,因此轴上所受的是动载荷。为了提高承载能力和解决动载荷问题,通常采用若干个均匀分布的行星轮。这样,载荷将由多对齿轮来承受,可大大提高承载能力;又因行星轮均匀分布,中心轮上作用力的合力将为零,系杆上所受的行星轮的离心惯性力也将得以平衡,可大大改善受力状况。要使多个行星轮能够均匀地分布在中心轮四周,就要求各轮齿数必须满足第三个条件 —— 装配条件。

均匀分布的行星数目越多,每对齿轮所承受的载荷就越小,能够传递的功率也就越大。但受到一个限制,就是不能让相邻两个行星轮的齿顶产生干涉和相互碰撞。因此,由上述三个条件确定了各轮齿数和行星轮个数后,还必须进行这方面的校核,这就是各轮齿数需要满足的第四个条件 —— 邻接条件。

周转轮系的类型很多,各类周转轮系满足上述四个条件的关系式也不尽相同,下面以图 9-2(b) 所示的单排 $2K-H$ 型行星轮系为例来加以讨论。

(1) 传动比条件。

因

$$i_{1H} = 1 + \frac{z_3}{z_1}$$

故

$$\frac{z_3}{z_1} = i_{1H} - 1 \tag{9-5}$$

由此可得

$$z_3 = (i_{1H} - 1)z_1$$

（2）同心条件。中心轮 1 与行星轮 2 组成外啮合传动，中心轮 3 与行星轮 2 组成内啮合传动，同心条件就是要求这两组传动的中心距必须相等，即 $a'_{12} = a'_{23}$。

因

$$a'_{12} = r'_1 + r'_2$$

$$a'_{23} = r'_3 - r'_2$$

故

$$r'_1 + r'_2 = r'_3 - r'_2$$

若 3 个齿轮均为标准齿轮或高度变位齿轮传动，则上式可用各轮的分度圆半径来表示，即

$$r_1 + r_2 = r_3 - r_2$$

而分度圆半径可用齿数和模数来表示，因各齿轮模数相等，故上式可写成

$$z_1 + z_2 = z_3 - z_2$$

即

$$z_2 = \frac{z_3 - z_1}{2}$$

该式表示两个中心轮的齿数应同为奇数或偶数。将式（9-5）代入上式，整理后得

$$z_2 = \frac{i_{1H} - 2}{2} z_1 \qquad\qquad (9-6)$$

若采用角度变位传动，由于变位后的中心距分别为

$$a'_{12} = a_{12} \frac{\cos\alpha}{\cos\alpha'_{12}} = \frac{m}{2}(z_1 + z_2)\frac{\cos\alpha}{\cos\alpha'_{12}}$$

$$a'_{23} = a_{23} \frac{\cos\alpha}{\cos\alpha'_{23}} = \frac{m}{2}(z_3 - z_2)\frac{\cos\alpha}{\cos\alpha'_{23}}$$

故同心条件的关系式变为

$$\frac{z_1 + z_2}{\cos\alpha'_{12}} = \frac{z_3 - z_2}{\cos\alpha'_{23}}$$

（3）装配条件。若需要有 k 个行星轮均匀地分布在中心轮四周，则相邻两个行星轮之间的夹角为 $\frac{360°}{k}$。今设行星轮齿数为偶数，参照图 9-19 所示分析行星轮数目 k 与各轮齿数间应满足的关系。

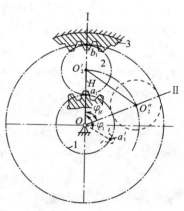

图 9-19　齿数条件

如图 9-19 所示，设 Ⅰ 位置线为固定中心轮 3 的某一齿厚中线。为了在 Ⅰ 位置处装入第一个行星轮，必须使该行星轮的齿槽中线放置在 Ⅰ 位置线上，这样才能与内齿轮 3 的轮齿相配合。由于行星轮是偶数个齿，所以在它与中心轮 1 相啮合的一侧，也一定是其齿槽中线。为了使中心轮 1 的轮齿能与行星轮该齿槽相配合，把中心轮 1 的某一齿厚转到该处，即中心轮 1 的某一齿厚中线与 Ⅰ 位置线重合。从图中可以看出，Ⅰ 位置线通过行星轮 2 和中心轮 3 的节圆切点即节点 b_1，点 b_1 是中心轮 3 的齿厚中点；同时 Ⅰ 位置线也通过行星轮 2 和中心轮 1 的节圆切点即节点 a_1，点 a_1 是中心轮 1 的齿厚中点。第一个行星轮在 Ⅰ 位置线装入后，中心轮 1 和 3 的相对角位置就通过该行星轮而产生了联系。

为了易于说明和分析装配条件，可采用"依次轮流装入法"来安装其余各个行星轮，即让每个行星轮都依次从位置 Ⅰ 处装入。为此，让系杆转动 $\varphi_H = \frac{360°}{k}$，使位置 Ⅰ 处的行星轮转到

位置 Ⅱ;与此同时,中心轮 1 将按传动比 i_{1H} 的关系转过 φ_1 角,这时它上面的点 a_1 将到达 a'_1 位置,如图 9-19 所示。由于

$$i_{1H} = \frac{\varphi_1}{\varphi_H}$$

所以

$$\varphi_1 = i_{1H}\varphi_H = i_{1H}\frac{360°}{k} \qquad (a)$$

此时,若在空出的 Ⅰ 位置处,齿轮 1 和 3 的轮齿相对位置关系与装入第一个行星轮时完全相同,则在该位置处一定能顺利地装入第二个行星轮。为此,就要求在中心轮转过 φ_1 角后,其上某一轮齿的齿厚中点正好到达原来的点 a_1 位置,即要求中心轮 1 正好转过整数个齿距。若用 N 来表示这一正整数,则由于中心轮 1 每个齿距所对的圆心角为 $\frac{360°}{z_1}$,故

$$\varphi_1 = N\frac{360°}{z_1} \qquad (b)$$

将(a)(b)两式联立求解,即得装配条件的关系式

$$z_1 = \frac{kN}{i_{1H}} \qquad (9-7)$$

若行星轮齿数为奇数,经过类似的推导过程,仍能得到同样的结果。

装入第二个行星轮后,再将系杆转过 $\frac{360°}{k}$,中心轮 1 又会相应地转过 $N\frac{360°}{z_1}$,故又可装入第三个行星轮(见图 9-18)。依此类推,直至装入 k 个行星轮。

若将 $i_{1H} = 1 + \frac{z_3}{z_1}$ 代入式(9-7),可得

$$N = \frac{z_1 + z_3}{k}$$

该式表明:欲将 k 个行星轮均匀地分布在中心轮四周,则两个中心轮的齿数和应能被行星轮个数 k 整除。

当设计计算时,由于传动比是已知条件,故通常用式(9-7)作为装配条件关系式。

(4) 邻接条件。在图 9-19 中,O'_2、O'_2 为相邻两个行星轮的转轴中心,为了保证相邻两行星轮齿不发生碰撞和干涉,就要求其中心连线 $\overline{O'_2 O'_2}$ 大于两行星轮的齿顶圆半径之和,即

$$\overline{O'_2 O'_2} > 2r_{a2}$$

式中,r_{a2} 为行星轮的齿顶圆半径。

对于标准齿轮传动,可得

$$2(r_1 + r_2)\sin\frac{180°}{k} > 2(r_2 + h_a^* m)$$

或

$$(z_1 + z_2)\sin\frac{180°}{k} > z_2 + 2h_a^* \qquad (9-8)$$

当采用变位齿轮传动时,其邻接条件应根据齿轮的实际尺寸进行校核。

至此,得到了如图 9-2(b)所示单排 $2K-H$ 型行星轮系中用以确定各轮齿数四个条件的关系式。

对于图 9-20 所示的双联 $2K-H$ 型行星轮系,可推导出其 4 个条件的关系式如下(标准齿轮传动,各轮模数相等):

1) 传动比条件：

$$z_3 = \frac{(i_{1H} - 1)}{x} z_1 \quad \left(x = \frac{z_2}{z_{2'}}\right) \qquad (9-9)$$

2) 同心条件：

$$z_2 = \frac{i_{1H} - (x+1)}{x+1} z_1 \qquad (9-10)$$

3) 装配条件：

$$\frac{z_1 + x z_3}{k} = N \qquad (9-11)$$

4) 邻接条件：

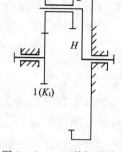

图 9-20 双联行星轮系

$$(z_1 + z_2) \sin \frac{180°}{k} > z_2 + 2h_a^* \qquad (假定\ z_2 > z_{2'}) \qquad (9-12)$$

不难发现，若将 $x = \dfrac{z_2}{z_{2'}} = 1$ 代入上述各式，即可得到单排 $2K-H$ 型行星轮系中各轮齿数需满足的 4 个条件的关系式。这说明单排 $2K-H$ 型行星轮系是双排 $2K-H$ 型行星轮系的一个特例。

至于差动轮系的设计问题，可以假想将一个中心轮固定，使其转化为一个假想的行星轮系，然后用上述方法来设计。

例 9-4 某搅拌机采用如图 9-21 所示 $2K-H$ 型行星轮系作为传动装置，已知输入转速为 $n_1 = 2\,200$ r/min，工作要求的输出转速 $n_H = 300$ r/min，试确定各轮的齿数及行星轮个数。

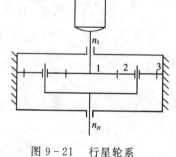

图 9-21 行星轮系

解 为了提高承载能力和解决均载问题，初选 4 个均匀分布的行星轮，即 $k=4$，首先利用装配关系式 $z_1 = \dfrac{kN}{i_{1H}}$ 求中心外齿轮齿数 z_1 值：

$$z_1 = \frac{kN}{i_{1H}} = \frac{4N}{22/3} = \frac{12N}{22}$$

若采用标准齿轮传动，为避免根切并考虑使结构更为紧凑，选取 $z_1 = 18$ 作为初选方案。

由传动比条件式(9-5)计算中心内齿轮齿数：

$$z_3 = (i_{1H} - 1)z_1 = \left(\frac{22}{3} - 1\right) \times 18 = 114$$

由同心条件式(9-6)计算行星轮齿数：

$$z_2 = \frac{(i_{1H} - 2)}{2} z_1 = \frac{\dfrac{22}{3} - 2}{2} \times 18 = 48$$

最后采用邻接条件式(9-8)校核相邻两行星轮齿顶是否会发生碰撞：

$$不等式左边 = (z_1 + z_2)\sin\frac{180°}{k} = 46.7$$

$$不等式右边 = z_2 + 2h_a^* = 50$$

不满足邻接条件，该方案不能采用。减少行星轮数，取 $k=3$ 代入式(9-7)，得

$$z_1 = \frac{kN}{i_{1H}} = \frac{9N}{22}$$

如仍取 $z_1 = 18$，由于传动比 i_{1H} 未改变，故 z_3 仍为 114，z_2 仍为 48，再校核邻接条件：

$$不等式左边 = (z_1 + z_2)\sin\frac{180°}{k} = 57.2$$

$$不等式右边 = z_2 + 2h_a^* = 50$$

式（9-8）成立，邻接条件满足，故最后确定的设计方案为 $k = 3$，$z_1 = 18$，$z_2 = 48$，$z_3 = 114$。

习　　题

9-1　如题图 9-1 所示为一手摇提升装置，其中各轮齿数均为已知，试求传动比 i_{15}，并指出提升重物时手柄的转向。

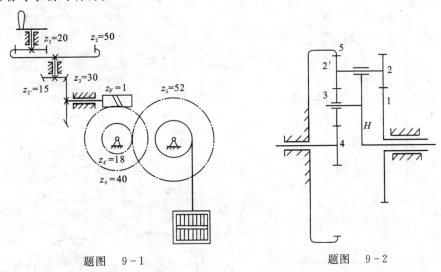

题图　9-1　　　　　　　　　　　题图　9-2

9-2　在题图 9-2 所示轮系中，已知各轮齿数为 $z_1 = 60$，$z_2 = 20$，$z_{2'} = 20$，$z_3 = 20$，$z_4 = 20$，$z_5 = 100$，试求传动比 i_{41}。

9-3　在题图 9-3 所示轮系中，已知各齿数为 $z_1 = 20$，$z_2 = 56$，$z_{2'} = 24$，$z_3 = 35$，$z_4 = 76$，试求传动比 i_{AB}。

9-4　在题图 9-4 所示的差动轮系中，设已知各轮的齿数为 $z_1 = 15$，$z_2 = 25$，$z_{2'} = 20$，$z_3 = 60$，又 $n_1 = 200$ r/min，$n_3 = 50$ r/min，试求系杆 H 转速 n_H 的大小和方向。

（1）当 n_1、n_3 转向相同时；

（2）当 n_1、n_3 转向相反时。

9-5　在题图 9-5 所示的电动三爪卡盘传动轮系中，设已知各轮齿数为 $z_1 = 6$，$z_2 = z_{2'} = 25$，$z_3 = 57$，$z_4 = 56$，试求传动比 i_{14}。

9-6　在题图 9-6 所示轮系中，已知各轮齿数为 $z_1 = 20$，$z_2 = 38$，$z_3 = 18$，$z_4 = 42$，$z_{4'} = 24$，$z_5 = 36$。又轴 A 和轴 B 的转速分别为 $n_A = 350$ r/min，$n_B = 400$ r/min，转向如图所示，试确定轴 C 转速的大小及方向。

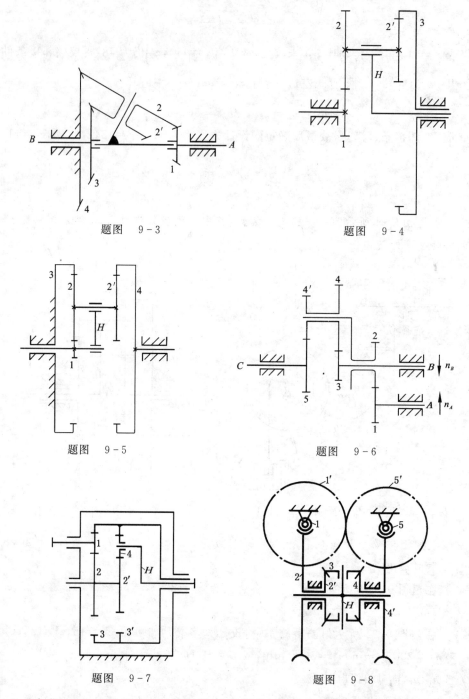

題图　9-3

題图　9-4

題图　9-5

題图　9-6

題图　9-7

題图　9-8

9-7　如题图9-7所示为一种大速比减速器的示意图。动力由齿轮1输入，H 输出。已知各齿轮数为 $z_1=12,z_2=51,z_3=76,z_{2'}=49,z_4=12,z_{3'}=73$。

(1) 试求传动比 i_{1H}；

(2) 若将齿轮2的齿数改为52(即增加一个齿)，则传动比 i_{1H} 又为多少?

9-8　在题图9-8所示的大速比减速器中，已知蜗杆1和5的头数均为1，且均为右旋，各轮齿数为 $z_{1'}=101,z_2=99,z_{2'}=z_4,z_{4'}=100,z_{5'}=100$。

(1) 试求传动比 i_{1H}；

(2) 若主动蜗杆 1 由转速为 1 375 r/min 的电动机带动,问输出轴 H 转一周需要多少时间?

9-9 在题图 9-9 所示轮系中,已知各轮齿数为 $z_1 = 22, z_2 = 60, z_3 = z_{3'} = 142, z_4 = 22, z_5 = 60$,试求传动比 i_{AB}。

9-10 汽车自动变速器中的预选式行星变速器如题图 9-10 所示。Ⅰ 轴为主动轴,Ⅱ 轴为从动轴,S、P 为制动带。其传动有两种情况:

(1)S 压紧齿轮 3,P 处于松开状态;

(2)P 压紧齿轮 6,S 处于松开状态。

已知各轮齿数为 $z_1 = 30, z_2 = 30, z_3 = z_6 = 90, z_4 = 40, z_5 = 25$。试求两种情况下的传动比 $i_{Ⅲ}$。

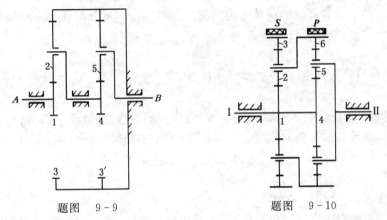

题图 9-9　　　　　　题图 9-10

9-11 在题图 9-11 所示的行星轮系中,中心内齿轮 3 固定不动,系杆 H 为主动件,中心轮 1 为从动件。工作要求中心轮的输出转速为系杆输入转速的 2.5 倍,内齿轮 3 的分度圆直径近似为 280 mm。设各齿轮均为标准直齿轮,模数 $m = 2.5$ mm,压力角为 $a = 20°$。

(1) 试设计该行星轮系,保证内齿轮 3 的分度圆直径尽可能接近 280 mm;

(2) 确定该轮系中能否均匀地安装 3 个行星轮 2。

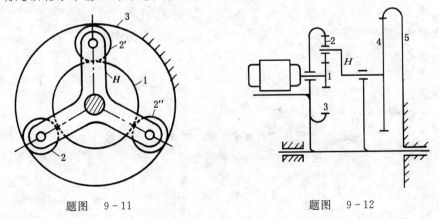

题图 9-11　　　　　　题图 9-12

9-12 在题图 9-12 所示的轮系中,轮 1 与电动机轴相连,$n_1^{(3)} = 1\,440$ r/min,$z_1 = z_2 = 20, z_3 = 60, z_4 = 90, z_5 = 210$,求 n_3 为多少?

第10章 间歇运动机构

在各类机械中,常需要某些构件实现周期性的运动和停歇,能够将主动件的连续运动转换成从动件有规律的运动和停歇的机构称为间歇运动机构。本章介绍几种常用间歇运动机构的工作原理、类型、特点、功能及设计要点。

10.1 间歇运动机构设计的基本问题

间歇运动机构常用于机床、自动机和仪器中,实现原料送进、成品输出、制动、分度转位、步进、擒纵、超越运动等功能。随着机械的自动化程度和劳动生产率的不断提高,间歇运动机构的应用也日益广泛,对其运动、性能、能力等设计要求更高了。

间歇运动机构在设计中常有以下几项要求。

1. 对从动件动、停时间的要求

间歇运动机构中,从动件停歇的时间往往是机床或自动进行工艺加工的时间,而从动件运动的时间一般是机床和自动机中送进、转位等辅助的时间。对间歇运动机构的这个运动特性用动停时间比 k 来描述,即有

$$k = \frac{t_d}{t_t} \qquad\qquad (10-1)$$

式中,t_d 表示从动件在一个运动周期内的运动时间;t_t 表示其停歇时间。

从提高生产率的角度看,k 值应尽量取得小些;但从动力性能看,k 值过小会使启动和停止时的加速度过大,又是设计中应避免的。因此应合理选择动、停时间比。

2. 对从动件动、停位置的要求

设计中应根据工作要求来选取从动件运动行程(以下简称动程)的大小,并注意从动件停歇位置的准确性。

3. 对间歇运动机构动力性能的要求

设计中应尽量保证间歇运动机构动作平稳,减小冲击,尤其要减小高速运动构件的惯性负荷,注意合理选择从动件的运动规律。

10.2 棘轮机构

10.2.1 棘轮机构的组成和工作原理

如图 10-1(a) 所示为常见的外啮合式棘轮机构,它主要由棘轮、主动棘爪、止回棘爪和机

架组成。当主动摆杆 1 逆时针摆动时,摆杆上铰接的主动棘爪 2 便插入棘轮 3 的齿间,推动棘轮同向转动一定角度。当主动摆杆顺时针摆动时,止回棘爪 4 阻止棘轮反向转动,此时,主动棘爪在棘轮的齿背上滑回原位,棘轮静止不动,从而实现了将主动件的往复摆动转换为从动棘轮的单向间歇转动。为保证棘爪工作可靠,常利用弹簧 5 使止回棘爪紧压棘轮齿面。

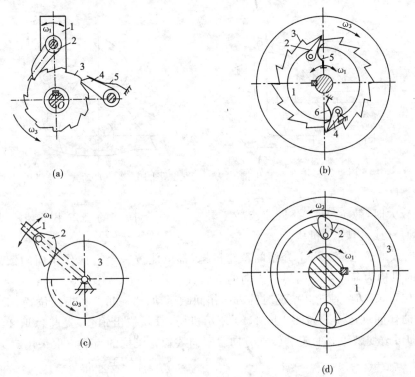

(a)　　　　　　　　　　　　　　(b)

(c)　　　　　　　　　　　　　　(d)

图 10 - 1　棘轮机构
(a) 外齿式;(b) 内齿式;(c) 外接摩擦式;(d) 内接摩擦式

10.2.2　棘轮机构的类型和特点

1.按结构分类

(1) 齿式棘轮机构。如图 10 - 1(a)(b) 所示,其特点为结构简单、制造方便;转角准确、运动可靠;动程可在较大范围内调节;动停时间比可通过选择合适的驱动机来实现。但动程只能作有级调节;棘爪在齿面上的滑行引起噪声、冲击和磨损,故不宜用于高速。

(2) 摩擦式棘轮机构。如图 10 - 1'(c)(d) 所示。它以偏心扇形楔块代替齿式棘轮机构中的棘爪,以无齿摩擦轮代替棘轮。它的特点是传动平稳、无噪声;动程可无级调节。因靠摩擦力传动,会出现打滑现象,一方面可起到超载保护作用;另一方面使得传动精度不高,适用于低速轻载的场合。

2.按运动形式分类

(1) 从动件作单向间歇转动。如图 10 - 1 所示,各机构的从动件均作单向间歇转动。

(2) 从动件作单向间歇移动。如图 10 - 2 所示,当棘轮半径为无穷大时成为棘齿条,此主动轮 1 往复摆动,棘爪 2 推动棘齿条 3 作单向间歇移动。

（3）双动式棘轮机构（或称双棘爪机构）。以上介绍的机构，都是当主动件向某一方向运动时，才能使棘轮转动，称为单动式棘轮机构。如图 10-3 所示机构为双动式棘轮机构，装有两个主动棘爪 2 和 2′ 的主动摆杆 1 不是绕棘轮转动中心 O_3 而是绕 O_1 轴摆动，在主动摆杆 1 往复摆动的过程中分别带动棘爪 2 和 2′，使棘轮沿同一方向转动。

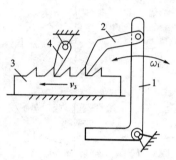

图 10-2 棘齿条棘轮机构

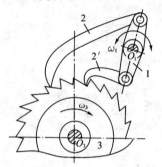

图 10-3 双动式棘轮机构

当载荷较大时，棘轮尺寸受限，使齿数 z 较少，而主动摆杆的摆角小于棘轮齿距角 $2\pi/z$ 时，采用双棘爪（或三棘爪）机构。

（4）双向式棘轮机构。以上介绍的棘轮机构，都只能按一个方向作单向间歇运动。如图 10-4 所示的机构为棘轮可变换运动方向的双向式棘轮机构。如图 10-4(a) 所示机构，当棘爪 2 在实线位置 AB 时，棘轮 3 按逆时针方向作间歇运动；当棘爪 2 在虚线位置 AB' 时，棘轮 3 按顺时针方向作间歇运动。如图 10-4(b) 所示机构，只须拔出销子，提起棘爪 2 绕自身轴线 180° 放下，即可改变棘轮 3 的间歇转动方向。双向式棘轮机构的齿形一般采用对称齿形。

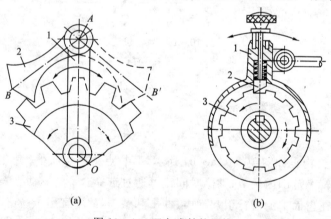

图 10-4 双向式棘轮机构

(a) 摆杆式；(b) 销子式

10.2.3 棘轮机构的功能

1. 间歇送进

如图 10-5 所示为牛头刨床横向进刀机构，当齿轮 1 带动齿轮 2 回转时，通过与齿轮 2 相铰接的连杆 3 使摇杆 4 往复摆动，从而使棘爪 7（与摇杆 4 固连）拨动棘轮 5 作单向间歇转动。棘轮 5 固装在进给丝杠 6 的一端，故当棘轮 5 转动时，丝杠 6 同速转动，从而带动工作台连同工件作横向进给运动。

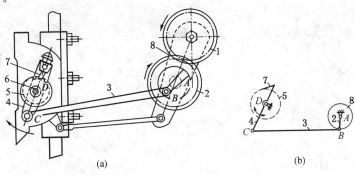

图 10 - 5　刨床横向进刀机构

2. 制动

如图 10 - 6 所示为卷扬机制动机构。卷筒 1、链轮 2 和棘轮 3 为一体，棘爪 4 和杆 5 调整好角度后紧固一体，杆 5 端部与链条导板 6 铰接。如果链条 7 突然断裂，链条导板失去支撑而下摆，使棘爪 4 与棘轮 3 啮合，可阻止卷筒逆转，起制动作用。

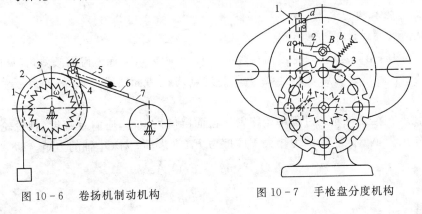

图 10 - 6　卷扬机制动机构　　　　　　　图 10 - 7　手枪盘分度机构

3. 转位、分度

如图 10 - 7 所示为手枪盘分度机构。滑块 1 沿导轨 d 向上运动时，棘爪 4 使棘轮 5 转过一个齿距，并使与棘轮固结的手枪盘 3 绕 A 轴转过一个角度，此时挡销 a 上升使棘爪 2 在弹簧 b 的作用下进入盘 3 的槽中使手枪盘静止并防止反向转动。当滑块 1 向下运动时棘爪 4 从棘轮 5 的齿背上滑过，在弹簧力（图中未画出）作用下进入下一个齿槽中，同时挡销 a 使棘爪 2 克服弹簧力绕 B 轴逆时针转动，手枪盘 3 解脱止动状态。

4. 超越离合器

如图 10 - 8 所示为摩擦式超越离合器。图(a) 所示 1 为星轮，其上有若干个缺口，每个缺口中嵌放着圆辊 4，弹簧顶杆 3 推着圆辊 4 使圆辊表面紧靠星轮的支承面和外环 2 的内圆柱表面。顺时针转动星轮（主动件），则圆辊 4 将克服小弹簧的推力向星轮缺口的开阔端滚动，圆辊和外环 2 内表面之间的压力将减小并趋于消失，其间的摩擦力不足以带动外环和星轮一起转动。即星轮顺时针转动时，外环不动或星轮的转动超越外环的转动；反之，当星轮（主动件）逆时针转动时，外环与星轮一起同步同向转动。当外环为主动件时也可得同样的结论。

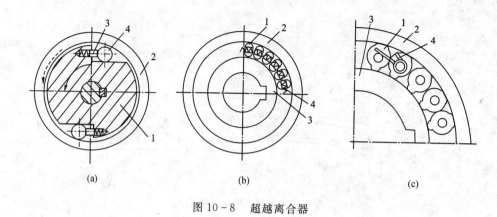

图 10 - 8 超越离合器

如图 10-8(b)(c) 所示为异形辊式超越离合器(由异形辊 1、外球 2、内环 3 和弹簧 4 组成),它的主要特点是传递力矩大。

10.2.4 棘轮机构的设计

1. 齿式棘轮机构的设计

(1) 几何尺寸设计。

1) 齿面倾斜角的选取:棘轮齿面与径向线 O_2A 所夹角 α 称为齿面倾斜角(见图 10 - 9)。棘爪轴心 O_1 和棘爪齿顶点 A 的连线 O_1A 与过点 A 的齿面法线 $n—n$ 的夹角 β 称为棘爪轴心位置角。

为使棘爪在推动棘轮的过程中始终紧压齿面滑向齿根部,应满足棘齿(棘轮轮齿)对棘爪的法向反作用力 N 对 O_1 轴的力矩大于摩擦力 F_f(沿齿面)对 O_1 轴的力矩。即

$$N\,\overline{O_1A}\sin\beta > F_f\,\overline{O_1A}\cos\beta$$

则

$$\frac{F_f}{N} < \tan\beta$$

因为

$$f = \tan\varphi = \frac{F_f}{N}$$

所以

$$\tan\beta > \tan\varphi$$

即

$$\beta > \varphi \qquad\qquad (10-2)$$

式中,f 和 φ 分别为棘爪与棘轮齿面间的摩擦系数和摩擦角,一般取 $f = 0.15 \sim 0.2$。

由此可知,棘爪能顺利地滑向齿根部的条件为棘爪轴心位置角 β 应大于摩擦角 φ,即棘轮对棘爪的总反力 R_{21} 的作用线与轴心连线 O_1O_2 的交点 K 应在 O_1、O_2 之间。

为使棘爪 1 受力尽可能小,通常取轴心 O_1、O_2 和 A 点的相对位置满足 $\overline{O_1A} \perp \overline{O_2A}$,则

$$\alpha = \beta \qquad\qquad (10-3)$$

当 f 取值为 $0.1 \sim 0.2$ 时,根据式(10-2)和式(10-3),齿面倾斜角 α 通常取 $10° \sim 15°$,即常使用锐角齿形。

当棘轮齿受力较大时,为保证齿的强度,可取 $\alpha < \varphi$,甚至取 $\alpha = 0°$ 或 $\alpha < 0°$,即使用直角或钝角齿形。

2) 模数 m 的选择。 与齿轮一样,棘轮也以模数 m 来衡量其棘齿大小,m 的标准值见

表10-1。

10-1　棘轮棘爪部分尺寸

<table>
<tr><td rowspan="5">棘
轮</td><td>模数 m/mm</td><td>0.6</td><td>0.8</td><td>1</td><td>1.25</td><td>1.5</td><td>2</td><td>2.5</td><td>3</td><td>4</td><td>5</td><td>6</td><td>8</td><td>10</td><td>12</td><td>14</td><td>…</td></tr>
<tr><td>齿高 h/mm</td><td>0.8</td><td>1.0</td><td>1.2</td><td>1.5</td><td>1.8</td><td>2.0</td><td>2.5</td><td>3.0</td><td>3.5</td><td>4</td><td colspan="6">$0.75m$</td></tr>
<tr><td>齿顶弦厚 a/rad</td><td colspan="7" style="text-align:center">$(1.2 \sim 1.5)m$</td><td colspan="9" style="text-align:center">m</td></tr>
<tr><td>齿槽夹角 ψ</td><td colspan="3" style="text-align:center">55°</td><td colspan="13" style="text-align:center">60°</td></tr>
<tr><td>齿根角半径 r/mm</td><td colspan="3" style="text-align:center">0.3</td><td colspan="4" style="text-align:center">0.5</td><td colspan="3" style="text-align:center">1.0</td><td colspan="6" style="text-align:center">1.5</td></tr>
<tr><td rowspan="4">棘
爪</td><td>工作面边长 h_1/mm</td><td colspan="4" style="text-align:center">3</td><td colspan="3" style="text-align:center">4</td><td style="text-align:center">5</td><td colspan="2" style="text-align:center">6</td><td style="text-align:center">8</td><td style="text-align:center">10</td><td style="text-align:center">12</td><td style="text-align:center">14</td><td>…</td></tr>
<tr><td>非工作面边长 a_1/mm</td><td colspan="7"></td><td style="text-align:center">2</td><td style="text-align:center">3</td><td colspan="2" style="text-align:center">4</td><td colspan="2" style="text-align:center">6</td><td colspan="2" style="text-align:center">8</td><td>…</td></tr>
<tr><td>爪尖圆角半径 r_1/mm</td><td colspan="3" style="text-align:center">0.4</td><td colspan="4" style="text-align:center">0.8</td><td colspan="3" style="text-align:center">1.5</td><td colspan="6" style="text-align:center">2</td></tr>
<tr><td>齿形角 ψ_1</td><td colspan="3" style="text-align:center">50°</td><td colspan="4" style="text-align:center">55°</td><td colspan="9" style="text-align:center">60°</td></tr>
</table>

3）齿数 z 的选择。可以根据所要求的棘轮最小转角 θ_{min} 来确定。棘轮的齿距角

$$\frac{2\pi}{z} \leqslant \theta_{min}$$

则

$$z \geqslant \frac{2\pi}{\theta_{min}} \tag{10-4}$$

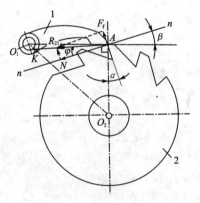

图 10-9　齿式棘轮机构参数

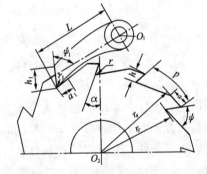

图 10-10　齿式棘轮机构基本尺寸

4）主要几何尺寸计算。如图 10-10 所示，棘轮机构的主要尺寸如下：

顶圆直径为

$$d_a = mz \tag{10-5}$$

根圆直径为

$$d_f = d_a - 2h \tag{10-6}$$

齿距为

$$p = \pi m$$

轮宽为

$$b = (1 \sim 4)m \tag{10-7}$$

棘爪长度 L 为

$$m \geqslant 3 \text{ 时}, \quad L = 2p$$
$$m < 3 \text{ 时}, \quad L \text{ 按结构确定}$$

其余几何尺寸见表 10-1。

（2）动程和动停比的调节方法。在棘轮机构设计中,常要求机构能改变动程或动停比,用下述办法可满足要求。

1）驱动机构设计成行程可调机构。如图 10-11(a) 所示,棘轮机构由曲柄摇杆机构 O_1ABO_2 驱动。在主动轮 1 的槽中安装滑块 2,由丝杠 3 调节其位置,以改变曲柄 O_1A 的长度;连杆 AB 的长度可由螺母 4 调节;改变销 B 在槽中的位置,则可改变摇杆 O_2B 的长度。通过改变曲柄或摇杆的长度,即可改变棘轮程度的大小。而调节连杆的长度,则可在一定范围内改变动停时间比。当然,实际设计时,并不需要同时设置多个调整环节。

2）装置遮板。如图 10-11(b) 所示的棘轮机构装置了遮板 4,改变插销 6 在定位板 5 孔中的位置,即可调节遮板遮盖的棘轮 3 的齿数,从而改变棘轮转角的大小。

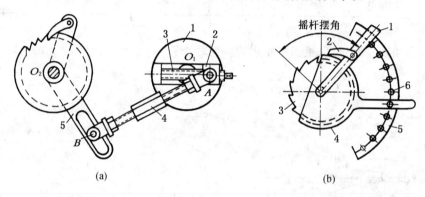

图 10-11　动停比调节方法
(a) 变杆长调节；(b) 遮板式调节

2. 摩擦式棘轮机构的设计

下面以工程实际中常用的超越离合器为例,介绍摩擦式棘轮机构的设计方法。

由超越离合器的工作原理可知,圆辊和星轮、外环（见图 10-8(a)）之间楔紧是超越离合器正常工作的必要条件。下面将讨论在什么样尺寸关系下能保证这个条件。

在图 10-12 中,设星轮 1 为主动件,顺时针转动,圆辊 4 与星轮、外环 2 分别于点 A、B 接触,处于被楔紧状态。点 A、B 对圆辊的法向压力 N_A、N_B 指向圆辊中心,圆辊有被挤向缺口开阔端的趋势。在 A、B 两点圆辊所受的摩擦力方向应与相对运动方向相反,如图中的 F_A、F_B。这样,星轮和外环通过 A、B 两点作用于圆辊上的总反力为 R_A 和 R_B。在圆辊被楔紧的状态下,R_A 和 R_B 应该平衡,即大小相等,方向相反,作用在同一条直线上。这就是圆辊处于被楔紧（自锁）状态应该满足的条件。

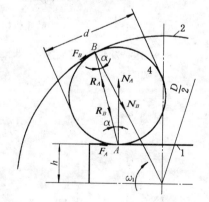

图 10-12　超越离合器的工作条件

设 R_A 与 N_A 之间和 R_B 与 N_B 之间的夹角为 α,则由自锁条件得

$$\alpha \leqslant \varphi = \arctan f \tag{10-8}$$

式中，φ 和 f 分别为摩擦角与圆辊表面与星轮、外环表面间的摩擦系数。

根据实验分析，$\varphi = 7° \sim 8°$，但为了可靠，设计超越离合器时 α 常取 $1.5° \sim 4.5°$。α 数值过小也会导致圆辊不易由楔紧状态退出。

设 D 和 d 分别表示外环内径和圆辊外径，h 表示星轮缺口尺寸，则由图 10-12 所示几何关系可知

$$h = \frac{D-d}{2}\cos 2\alpha - \frac{d}{2} \tag{10-9}$$

这就是超越离合器正常工作条件所决定的尺寸关系。公式中的外环内径 D，可根据负荷大小来确定。

通常，星轮、外环和圆辊的工作表面都要求硬度很高，一般为 HRC60 左右。材料可选用轴承钢、高碳工具钢或渗碳钢。在这种情况下能传递转矩的大小为

$$M_n = 85 z d l D \qquad (\text{N} \cdot \text{cm}) \tag{10-10}$$

式中，z 为圆辊数目，通常为 $3 \sim 8$，多用 $z = 3 \sim 5$；d 为圆辊直径，cm；l 为圆辊宽度，cm。

通常 $d \approx D/8$，$l \approx 1.5d$，代入式（10-10）得

$$D = 0.66\sqrt[3]{\frac{M_n}{z}} \qquad (\text{cm}) \tag{10-11}$$

例 10-1　在牛头刨床的横向送进机构中（见图 10-5），已知工作台的进给量 $s = 0.1$ mm，进给螺杆 6 的导程 $l = 3$ mm，棘轮 5 模数 $m = 6$ mm，棘爪与棘轮之间的摩擦系数 $f = 0.15$。试求：

（1）棘轮齿面倾斜角 α；

（2）棘轮的齿数 z；

（3）棘轮的尺寸 d_a、d_f、p；

（4）棘爪的长度 L。

解　（1）确定棘轮齿面倾斜角 α：为了使棘爪在推动棘轮时始终紧压齿面滑向齿根部，要求棘轮齿面倾斜角必须大于棘轮与棘爪之间的摩擦角，即 $\alpha > \varphi$。而

$$\varphi = \arctan f = \arctan 0.15 = 8.5°$$

取

$$\alpha = 10°$$

（2）确定棘轮的齿数 z：棘轮的最小转角为

$$\theta_{\min} = \frac{s}{l} \times 360° = \frac{0.1}{3} \times 360° = 12°$$

所以

$$z = \frac{360°}{12°} = 30$$

（3）确定 d_a、d_f 及 p：

$$d_a = mz = 6 \times 30 = 180 \text{ mm}$$

$$d_f = d_a - 2h = 180 - 2 \times 0.75 \times 6 = 171 \text{ mm}$$

$$p = \pi m = 3.14 \times 6 = 18.85 \text{ mm}$$

（4）确定棘爪长度 L：

$$L = 2p = 2 \times 18.85 = 37.70 \text{ mm}$$

10.3　槽轮机构

10.3.1　槽轮机构的组成和工作原理

如图 10-13 所示,槽轮机构是由具有圆柱销的主动销轮 1、具有直槽的从动槽轮 2 及机架组成。主动销轮 1 顺时针以等角速度 ω_1 连续转动,当销轮上圆销 A 未进入槽轮的径向槽时,槽轮因其内凹的锁止弧 $\overset{\frown}{\beta\beta}$ 被销轮外凸的锁止弧 $\overset{\frown}{\alpha\alpha}$ 锁住而静止;图示为圆销 A 开始进入径向槽时的位置,此时,$\overset{\frown}{\alpha\alpha}$ 弧和 $\overset{\frown}{\beta\beta}$ 弧也刚开始脱开,槽轮 2 在圆销 A 的驱动下逆时针转动;当圆销 A 开始脱离径向槽时,槽轮因另一锁止弧 $\overset{\frown}{\beta'\beta'}$ 又被锁住而静止,从而实现从动槽轮的单向间歇转动。

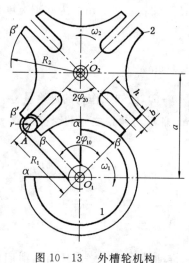

图 10-13　外槽轮机构

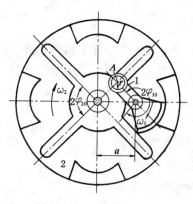

图 10-14　内槽轮机构

10.3.2　槽轮机构的类型

槽轮机构主要分成传递平行轴运动的平面槽轮机构和传递相交轴运动的空间槽轮机构两大类。平面槽轮机构又分为啮合式的外槽轮机构(见图 10-13)和内槽轮机构(见图 10-14)。外槽轮机构的主、从动件转向相反;内槽轮机构的主、从动件转向相同。与外槽轮机构相比,内槽轮机构传动较平稳,停歇时间短,所占空间小。

如图 10-15 所示为空间槽轮机构,从动槽轮 2 呈半球形,槽 a、槽 b 和锁止弧 $\overset{\frown}{\beta\beta}$ 均分布在球面上,主动销轮 1 的轴线、销 3 的轴线都与槽轮 2 的回转轴线汇交于槽轮球心 O,故又称为球面槽轮机构。主动销轮 1 连续转动,使槽轮 2 间歇转动,转向如图 10-15 所示。

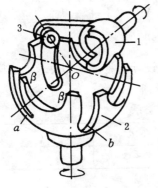
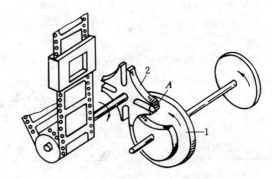

图 10-15　空间槽轮机构　　　　　　　图 10-16　送胶片机构

10.3.3　槽轮机构的特点与应用

槽轮机构的优点是结构简单,制造容易,工作可靠,能准确控制转角,机械效率高。缺点主要是动程不可调节,转角不可太小,且槽轮在启动和停止时加速度变化大、有冲击,随着转速的增加或槽轮槽数的减少而加剧,因而不适用于高速。

槽轮机构一般用于转速不很高的自动机械、轻工机械或仪器仪表中。例如,在电影放映机中用作送片机构(见图 10-16),在长图记录仪中组成打印机构等。此外也常与其他机构组合,在自动生产线中作为工件传递或转位机构。

10.3.4　槽轮机构的设计

1.槽数 z 和圆销数 n 的选取

在一个运动循环中,槽轮的运动时间 t_2 与主动销轮转一周的总时间 t_1 的比值,称为槽轮机构的运动系数,用 τ 表示,即

$$\tau = t_2/t_1 \tag{10-12}$$

当销轮作等速运动时,τ 也可用相应的转角比来表示。对于仅有一个圆销的外槽轮机构(见图 10-13),时间 t_2 与 t_1 所对应的转角分别为 $2\varphi_{10}$ 与 2π,故

$$\tau = \frac{t_2}{t_1} = \frac{2\varphi_{10}}{2\pi} = \frac{\pi - 2\varphi_{20}}{2\pi} = \frac{\pi - \dfrac{2\pi}{z}}{2\pi} = \frac{z-2}{2z} \tag{10-13}$$

或

$$t_2 = \tau t_1 = \frac{z-2}{2z}\frac{60}{n_1} = \frac{30(z-2)}{n_1 z}$$

式中,z 为槽轮上均布的径向槽数;n_1 为销轮的转速(r/min);$2\varphi_{20}$ 为槽轮转角,$2\varphi_{20} = \dfrac{2\pi}{z}$。

由式(10-13)得出如下结论:

(1)因 τ 必须大于零,故径向槽数 $z \geqslant 3$;

(2)单个圆销槽轮机构的 τ 值总小于 0.5,也就是说,槽轮的运行时间总小于停歇时间;

(3)如要求槽轮每次运动时间大于停歇时间,即 $\tau > 0.5$,可在拨盘上装多个圆销。

设 n 为均匀分布的圆销数,有

$$\tau = n\frac{z-2}{2z} \tag{10-14}$$

运动系数 τ 应小于 1，即

$$n < \frac{2z}{z-2} \tag{10-15}$$

由该式可得圆销数 n 与槽数 z 的关系如表 10-2 所示，设计时根据工作要求的不同加以选取。选择不同的 z 和 n，可获得具有不同动停规律的槽轮机构。

表 10-2　圆销数与槽数的关系

槽数 z	3	4	5,6	$\geqslant 7$
圆销数 n	$1 \sim 6$	$1 \sim 4$	$1 \sim 3$	$1 \sim 2$

同理可导出内槽轮机构的运动系数为

$$\tau = \frac{z+2}{2z} = \frac{1}{2} + \frac{1}{z} \tag{10-16}$$

圆销数与槽轮数的关系为

$$n \leqslant \frac{2z}{z+2} \tag{10-17}$$

由以上两式可知，内槽轮机构的运动系数取值为 $0.5 < \tau < 1$，径向槽数 $z \geqslant 3$，圆销数 n 只能为 1。

2. 基本参数的设计

首先根据工作要求确定槽轮的槽数 z 和销轮的圆销数 n；再根据载荷和结构尺寸选定中心距 a、圆销 A 的半径 $r (\approx R_1/6)$ 和 $b = (0.6 \sim 0.8)r$ 后，其余几何参数（见图 10-13）和运动参数可按表 10-3 设计计算。

表 10-3　槽轮机构参数计算式

参　数　名　称	外　槽　轮　机　构	内　槽　轮　机　构
槽轮槽间角	$2\varphi_{20} = 2\pi/z$	
槽间角对应销轮运动角	$2\varphi_{10} = \pi - 2\varphi_{20}$	$2\varphi_{10} = \pi + 2\varphi_{20}$
圆销中心回转半径	$R_1 = a\sin\varphi_{20}$	
槽轮外圆半径	$R_2 = \sqrt{(a\cos\varphi_{20})^2 + r^2}$	
槽轮槽长	$h \geqslant a\left(\sin\dfrac{\pi}{z} + \cos\dfrac{\pi}{z} - 1\right) + r$	$h \geqslant a\left(\sin\dfrac{\pi}{z} - \cos\dfrac{\pi}{z} + 1\right) + r$
运动系数	$\tau = n\dfrac{z-2}{2z}$	$\tau = n\dfrac{z+2}{2z}$
槽轮动停比	$k = \dfrac{1 - \dfrac{2}{z}}{\dfrac{2}{n} + \dfrac{2}{z} - 1}$	$k = \dfrac{z+2}{z-2} > 1$
槽轮角位移	$\varphi_2 = \arctan\dfrac{\lambda\sin\varphi_1}{1 - \lambda\cos\varphi_1}$	$\varphi_2 = \arctan\dfrac{\lambda\sin\varphi_1}{1 + \lambda\cos\varphi_1}$
槽轮角速度	$\omega_2 = \dfrac{\lambda(\cos\varphi_1 - \lambda)}{1 - 2\lambda\cos\varphi_1 + \lambda^2}\omega_1$	$\omega_2 = \dfrac{\lambda(\cos\varphi_1 + \lambda)}{1 + 2\lambda\cos\varphi_1 + \lambda^2}\omega_1$
槽轮角加速度	$\varepsilon_2 = \dfrac{\lambda(1-\lambda^2)\sin\varphi_1}{(1 - 2\lambda\cos\varphi_1 + \lambda^2)^2}\omega_1^2$	$\varepsilon_2 = \dfrac{\lambda(1-\lambda^2)\sin\varphi_1}{(1 + 2\lambda\cos\varphi_1 + \lambda^2)^2}\omega_1^2$

注：$\lambda = \dfrac{R_1}{a} = \sin\varphi_{20} = \sin\dfrac{\pi}{z}$，$-\varphi_{10} \leqslant \varphi_1 \leqslant \varphi_{10}$。

3. 改善槽轮机构性能的设计

槽轮机构的运动和动力特性,通常用 ω_2/ω_1 和 ε_2/ω_1^2 来衡量。表 10-4 和表 10-5 分别给出了外槽轮机构和内槽轮机构的运动和动力特性数值。由表可知,随着槽数 z 的增加,运动趋于平稳,动力特性也得到改善。但槽数过多将使槽轮体积过大,产生较大的惯性力距,因此,为保证性能,一般设计中,槽数的正常选用值为 $4 \sim 8$。另外内槽轮机构的动力性能显著优于外槽轮机构。

表 10-4　外槽轮机构的运动和动力特性

槽数 z	ω_{2max}/ω_1	ε_o/ω_1^2	$\varepsilon_{2max}/\omega_1^2$
3	6.46	1.73	31.4
4	2.41	1.00	5.41
5	1.43	0.727	2.30
6	1.00	0.577	1.35
7	0.766	0.482	0.928
8	0.620	0.414	0.700
9	0.520	0.364	0.559
10	0.447	0.325	0.465
12	0.349	0.268	0.348
15	0.262	0.212	0.253

注:ω_{2max} 和 ε_{2max} 为槽轮最大角速度和角加速度,ε_o 为槽轮启动、停止瞬时的角加速度。

表 10-5　内槽轮机构的运动和动力特性

槽数 z	ω_{2max}/ω_1	$\varepsilon_{2max}/\omega_1^2$
3	0.464	1.729
4	0.414	1.000
5	0.370	0.727
6	0.333	0.577
7	0.303	0.481
8	0.277	0.414
9	0.255	0.364
10	0.236	0.325
12	0.206	0.268
15	0.172	0.213

注:ω_{2max} 和 ε_{2max} 为槽轮最大角速度和角加速度。

例 10-2　某加工自动线上有一工作台要求有 5 个转动工位,为了完成加工任务,要求每个工位需停歇的时间为 $t_{2t} = 12$ s。如果设计者选用单销外槽轮机构来实现工作台的转位,试求:

(1) 槽轮机构的运动系数 τ；

(2) 销轮的转速 n_1；

(3) 槽轮的运动时间 t_{2d}。

解　由于工作台需要有 5 个转动工位，所以选取槽轮数为 5，即 $z = 5$。

(1) 槽轮机构的运动系数 τ：

$$\tau = n\frac{z-2}{2z} = 1 \times \frac{5-2}{2 \times 5} = 0.3$$

(2) 销轮的转速 n_1：

$$t_{2t} = \frac{30}{n_1}\left(2 - n + \frac{2n}{z}\right)$$

故　　$$n_1 = \frac{30}{t_{2t}} = \left(2 - n + \frac{2n}{z}\right) = \frac{30}{12} \times \left(2 - 1 + \frac{2 \times 1}{5}\right) = 3.5 \text{ r/min}$$

(3) 槽轮的运动时间 t_{2d}：

$$t_{2d} = \frac{30}{n_1}\left(1 - \frac{2}{z}\right)n = \frac{30}{3.5} \times \left(1 - \frac{2}{5}\right) \times 1 = 5.14 \text{ s}$$

10.4　其他间歇运动机构简介

1. 星轮机构

如图 10-17(a) 所示为星轮机构，主动轮 1 上设有多个柱销，从动轮 2 上被锁止弧分割成若干组相同的齿数，主动轮上的凸锁止弧与从动轮上的凹锁止弧相互作用实现停歇间的定位，从而实现主动轮的连续转动与从动轮的间歇转动。

如图 10-17(b) 所示为针轮齿条机构，它是星轮机构的特例，当主动轮 1 往复摆动时，从动齿条 2 作有停歇的往复移动。

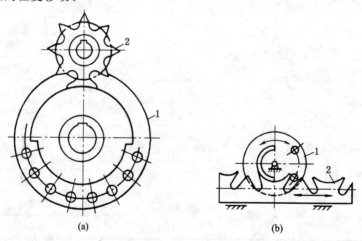

(a)　　　　　　　　　　　(b)

图 10-17　星轮机构

(a) 外星轮机构；(b) 针轮齿条机构

2. 不完全齿轮机构

不完全齿轮机构是由普通渐开线齿轮机构演变而成的一种间歇运动机构。如图 10-18 所示,主动轮1只有一个或几个轮齿,从动轮2具有若干个与轮1啮合的轮齿和锁止弧,运动过程与星轮类似,可实现主动轮的连续转动和从动轮有停歇的转动。不完全齿轮机构的啮合形式也分外啮合(见图 10 - 18(a))、内啮合(见图 10 - 18(b))以及不完全齿轮齿条机构(见图10 - 19(a))。

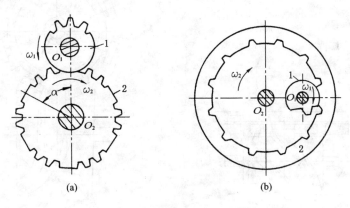

图 10 - 18　不完全齿轮机构

(a) 外啮合；(b) 内啮合

如图 10 - 19(b) 所示是不完全锥齿轮机构构成的间歇往复转动机构。主动锥齿轮1是不完全的,从动轴4有两个完全锥齿轮2及3。主动轮的末齿与一个从动齿轮脱啮后,首齿与另一从动齿轮接触。主动轮转动方向不变时,两个从动轮转动方向相反。因此,主动轮连续回转时,从动轴作往复转动。适当选择主动轮有齿段的齿数,可以使从动轴换向时有停歇或无停歇。

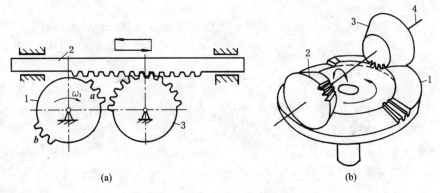

图 10 - 19　不完全齿轮机构

(a) 不完全齿轮齿条机构；(b) 不完全锥齿轮机构

3. 凸轮式间歇运动机构

如图 10 - 20 所示为圆柱凸轮间歇运动机构,圆柱凸轮1为主动轮,端面多销圆盘2为从动轮。这种机构多用于两相错轴间的分度传动。如图 10 - 21 所示为蜗杆凸轮间歇运动机构,圆弧面凸轮1为主动轮,滚轮2为从动轮(其上均布着径向柱销)。从原理上理解,滚轮好似蜗轮,而凸轮好似蜗杆,不过,其螺旋角不是常数而是变化的。因其运转平稳、定位可靠,在高速下能承受较大载荷,所以在要求高速、高精度的分度转位机械中经常采用。它是间歇运动机构中少有的能传递较大动力的高速间歇运动机构。这两种间歇运动机构都是在圆柱凸轮和蜗杆凸轮的廓线上,利用沿其回转轴线方向没有位移的廓线段实现停歇运动的。

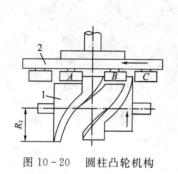

图 10-20　圆柱凸轮机构

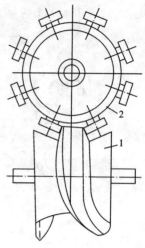

图 10-21　蜗杆凸轮机构

习　　题

10-1　在牛头刨床中工作台的进给机构中,已知棘轮最小转动角度 $\theta_{min} = 9°$,棘轮模数 $m = 5$ mm,工作台进给螺杆的导程 $l = 6$ mm。试求:

(1) 棘轮的齿数 z;

(2) 工作台的最小送进量 s。

10-2　设计一外啮合棘轮机构,已知一棘轮的模数 $m = 10$ mm,棘轮的最小转角 $\theta_{min} = 12°$,试求:

(1) 棘轮的 z、d_a、d_f、p;

(2) 棘爪的长度 L。

10-3　在题图 10-1 所示的内槽轮机构中,已知槽轮槽数 $z = 4$,销轮上装有一个圆销。试求:

(1) 该槽轮机构的运动系数 τ;

(2) 当销轮以等角速度 $\omega_1 = 10$ rad/s 转动时,槽轮在 $\varphi_1 = 100°$ 处的角速度 ω_2 和角加速度 ε_2。

10-4　六角车床上六角刀架转位用的外啮合槽轮机构,其中心距 $a = 100$ mm,槽数 $z = 6$,圆销数 $n = 1$,要求停歇时间 $t_{2t} = 2$ s,试求外径 $D = 50$ mm 的转台(转台与槽轮固连为一体)转动时的最大圆周速度。

10-5　填空:

(1) 当主动件作等速度连续转动时,需要从动件作单向间歇转动时,可采用_____、_____机构。

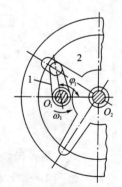

题图　10-1

(2) 在间歇运动机构中,当需要从动件的行程可无级调节时,可采用_____机构。

(3) 在棘轮机构中,棘爪能顺利滑过棘轮齿根部的条件是_____。

第11章　其他常用机构

为了满足生产过程中提出的不同要求,在机械中采用了各种类型的机构。除了前面几章介绍的几种主要机构外,还有许多其他形式和用途的机构。本章将对这些机构的工作原理、特点及功能予以简要介绍。

11.1　非圆齿轮机构

非圆齿轮机构是一种用于变传动比传动的齿轮机构。根据齿廓啮合基本定律,一对作变传动比传动的齿轮,其节线不再是一个圆,而是非圆曲线。生产实际中常见的非圆齿轮的节线主要有椭圆形、卵形和螺旋线形等几种。最常见的为椭圆形节线,具有椭圆形节线的齿轮称为椭圆齿轮,下面分析椭圆齿轮机构(见图 11-1(a))传动比的求法。

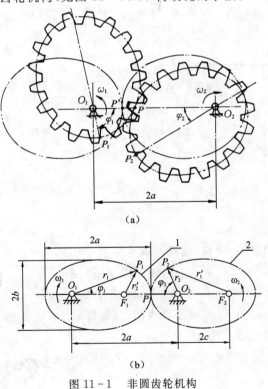

(a)

(b)

图 11-1　非圆齿轮机构
(a) 啮合图;(b) 几何参数图

如图 11-1(b) 所示,设 a、b、c 分别为椭圆的长半轴、短半轴和半焦距,则椭圆的离心率为 $\varepsilon_e = c/a$。椭圆上任一点到两焦点的距离之和为常数,且等于其长轴 $2a$,故

$$\overline{O_1P_1} + \overline{F_1P_1} = r_1 + r'_2 = 2a$$

设 P 为图示位置时两轮的节点,若在两椭圆节线上取 $\overparen{PP_1} = \overparen{PP_2}$,则点 P_1 和点 P_2 将在中心线 O_1O_2 上啮合。由于两椭圆完全相同,故 $r_1 = r'_1$,$r_2 = r'_2$,因此有

$$r_1 + r'_2 = r_1 + r_2 = 2a = \overline{O_1O_2} \tag{11-1}$$

即在传动中心距 $\overline{O_1O_2}$ 确定后,椭圆的长轴也随之确定。

在 $\triangle O_1P_1F_1$ 中,有

$$r'^2_2 = r_1^2 + (2c)^2 - 2(2c)r_1\cos\varphi_1$$

将 $r_1 = 2a - r'_2$,$r'_2 = r_2$,$c = \varepsilon_e a$ 代入上式,得

$$r_1 = \frac{a(1-\varepsilon_e^2)}{1-\varepsilon_e\cos\varphi_1}, \quad r_2 = \frac{a(1+\varepsilon_e^2-2\varepsilon_e\cos\varphi_1)}{1-\varepsilon_e\cos\varphi_1} \tag{11-2}$$

从而可得椭圆齿轮机构的传动比为

$$i_{21} = \frac{\omega_2}{\omega_1} = \frac{r_1}{r_2} = \frac{1-\varepsilon_e^2}{1+\varepsilon_e^2-2\varepsilon_e\cos\varphi_1} \tag{11-3}$$

式(11-3)表明,椭圆齿轮机构的传动比 i_{21} 随主动轮 1 转角 φ_1 的变化而周期性变化,并且 ε_e 值越大,i_{21} 的变化幅度越大,故离心率 ε_e 是设计椭圆齿轮的主要参数之一。

如图 11-2 所示为卵形齿轮机构,当主动轮 1 转一周时,其传动比 i_{21} 的变化周期为两次。

如图 11-3 所示为偏心圆齿轮机构,仅适用于比值 e/r 很小的场合,一般 $e/r < 0.16$,其传动比 i_{21} 的平均值为 1。

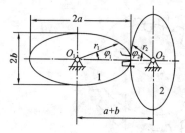

图 11-2 卵形齿轮机构

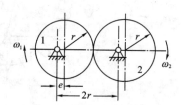

图 11-3 偏心圆齿轮机构

非圆齿轮机构在机床、自动机、仪器及解算装置中均有应用。如图 11-4 所示为自动机床上的转位机构,利用椭圆齿轮机构的从动轮 2 带动转位槽轮机构,使槽轮 3 在拨杆 2′ 速度最高的时候运动,以缩短运动时间,增加停歇时间,同时还能降低其加速度和振动。

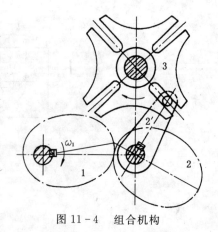

图 11-4 组合机构

11.2　螺旋机构

11.2.1　螺旋机构的工作原理

螺旋机构是利用螺旋副传递运动和动力的机构。如图11-5(a)所示为最简单的三构件螺旋机构。其中构件1为螺杆,构件2为螺母,构件3为机架。设螺旋副 B 的导程为 l,当螺杆1转动 φ 角时,移动副 C 的螺母2的位移 s 为

$$s = l \frac{\varphi}{2\pi} \tag{11-4}$$

如果将图11-5(a)中的转动副 A 也换成螺旋副,便得到图11-5(b)所示的螺旋机构,设两螺旋副的导程分别为 l_A、l_B,则当螺杆1转过 φ 角时,螺母2的位移 s 为

$$s = (l_A \mp l_B) \frac{\varphi}{2\pi} \tag{11-5}$$

式中,"-"用于两螺旋旋向相同时,"+"用于两螺旋旋向相反时。

由式(11-5)可知,两螺旋旋向相同时,若 l_A 与 l_B 相差很小,则螺母2的位移可以很小,这种螺旋机构称为差动螺旋机构;当两螺旋旋向相反时,螺母2可产生快速移动,这种螺旋机构称为复式螺旋机构。

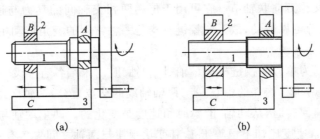

图 11-5　螺旋机构
(a) 单螺旋副;(b) 双螺旋副

11.2.2　螺旋机构的功用

螺旋机构结构简单、制造方便、运动准确,能获得较大的降速比和力的增益,工作平稳、无噪声,合理选择螺纹导程角可具有自锁作用,但效率较低。其功用大致可以归纳为以下几个方面。

1. 变换运动形式

如图11-5(a)所示是将螺杆1的转动变成螺母2的移动。如图11-6所示是将螺母2的转动变成自身的移动,即螺母2作螺旋运动,螺杆1不动。

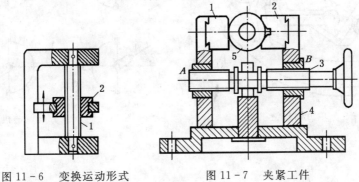

图 11-6　变换运动形式　　　　图 11-7　夹紧工件

2.传递运动和力

如图 11-7 所示为台钳定心夹紧机构,由平面夹爪 1 和 V 形夹爪 2 组成定心机构。螺杆 3 的 A 端是右旋螺纹,B 端是左旋螺纹,采用导程不同的复式螺旋。当转动螺杆 3 时,夹爪 1 与 2 夹紧圆形工件 5。

3.尺寸调整

如图 11-8 所示为一长度(或张力)调整机构,螺杆 1 与 2 分别和螺母 3 组成螺旋副 A、B。螺旋副 A 和 B 的旋向相反,转动螺母 3 可使螺杆 1 和 2 较快地靠近或离开。

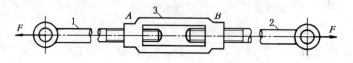

图 11-8　调整长度

11.3　万向铰链机构

万向铰链机构又称万向联轴节。它可用于传递两相交轴间的动力与运动,而且在传动过程中,两轴之间的夹角可以变动,故万向铰链机构是一种常用的变角传动机构。它广泛应用于汽车、机床等机械传动系统中。

如图 11-9 所示为单万向铰链机构。轴 Ⅰ 和轴 Ⅱ 的末端各有一叉,用铰链同中间"十字形"构件相连,此"十字形"构件的中心 O 与两轴轴线的交点重合,两轴间的夹角为 α。由图可见,当主动轴 Ⅰ 等速回转时,从动轴 Ⅱ 瞬时角速度是变化的。即主动轴与从动轴虽然平均角速度比为 1,但瞬时角速度比却不恒等于 1,其变化规律与两轴之间夹角有关。

为了消除从动轴变速转动的缺点,常将两个单万向铰链机构组合在一起,如图 11-10 所示,这便是双万向铰链机构。第一个万向联轴节的输出构件是第二个万向联轴节的输入构件。根据传动规律的对称性,第 1、3 轴角速度可完全相同,但必须满足主动轴 1、从动轴 3 和中间轴 2 位于同一平面内,中间轴两端叉面也位于同一平面内,并且主动轴、从动轴与中间轴的夹角 α 必须相等。此时中间轴 2 是变速转动。

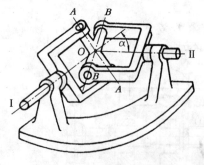

图 11-9　单万向铰链机构

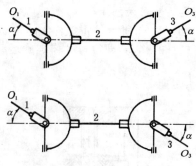

图 11-10　双万向铰链机构

11.4　组　合　机　构

由两个或多个基本机构组合在一起,就成为所谓组合机构。组合机构可发挥各种基本机构的特点,从而满足多种多样的要求。

组合机构的种类繁多,性能各异,这里仅介绍常见的几种形式。

1. 凸轮-连杆组合机构

如图 11-11(a)所示的双色胶版印刷机上的接纸机构,其基本机构为由 2、3、4、5、6、7、8、9 等 8 个活动杆件组成的连杆机构,自由度为 2。凸轮 1 通过 2、3、4、5 构件,控制接纸机械手 9 的钳口 P 的垂直运动;凸轮 1′ 通过 6、7、8 构件,控制点 P 水平方向的运动,两个凸轮装在一根轴上,整个机构共 9 个活动构件,其自由度为 1。凸轮轴转动时,点 P 沿图 11-11(b)所示轨迹移动,而且相应各段速度根据工艺要求各不相同。

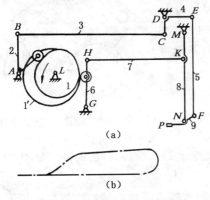

(a)

(b)

图 11-11　凸轮-连杆组合机构

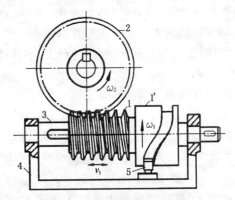

图 11-12　凸轮-蜗杆组合机构

2. 凸轮-蜗杆组合机构

如图 11-12 所示组合机构,蜗杆 1 和圆柱凸轮 1′ 做成一体,以滑键和输入轴 3 相连接;固接于机架 4 上的柱销 5 插入圆柱凸轮 1′ 的槽中,当输入轴驱使蜗杆转动时,凸轮也一起转动,同时凸轮带动蜗杆沿轴向作一定规律的往复运动。这时蜗轮 2 的转速 ω_2 为

$$\omega_2 = \omega_1 \frac{z_1}{z_2} + \frac{v_1}{r_2} \qquad (11-6)$$

式中,z_1 和 z_2 分别为蜗杆头数和蜗轮齿数;v_1 为蜗杆轴向移动速度;r_2 为蜗轮节圆半径。

由式(11-6)可知,依据凸轮轮廓线的不同,蜗轮轴的转速可以有各种不同的变化规律。一般来说,总是给定蜗轮轴转速的变化规律(比如步进转动),然后利用式(11-6)求出蜗杆轴向移动速度 v_1 的变化规律,由此可设计凸轮轮廓。

3. 凸轮-齿轮组合机构

如图 11-13 所示为胶片洗印设备中移动胶片的钩子驱动机构。当胶片移动时,钩子应沿直线近似等速移动,当钩子钩入和脱开胶片时,钩子的运动方向应尽可能和胶片垂直,且应无冲击。钩子端点 P 的运动轨迹如图 11-13 所示。这样的运动轨迹,也可以在运输线上做工件的步进运输。

这个机构由速比为 1 的一对齿轮 1 和 2 及摆杆 3 组成。摆杆 3 铰接于齿轮 1 的点 A,齿轮

2上点 B 的柱销插入摆杆 3 尾部的槽中,这个槽实际上是凸轮的轮廓,不过这个凸轮是作平面复杂运动。

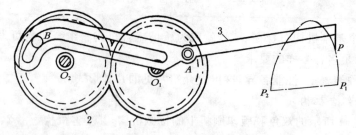

图 11-13　凸轮-齿轮组合机构

4. 齿轮-连杆组合机构

如图 11-14 所示为工程实际中常用来实现复杂运动轨迹的一种齿轮-连杆组合机构,它是由定轴轮系 1、4、5 和自由度为 2 的五杆机构 1、2、3、4、5 组合而成的。当改变两轮的传动比、相对相位角和各杆长度时,连杆上点 M 即可描绘出不同的轨迹。

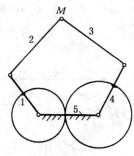

图 11-14　齿轮-连杆组合机构

5. 多杆机构

如图 11-15(a) 所示为行程放大机构,多杆机构可以将气缸(或液压缸)的行程放大,常用于升降台等场合。

如图 11-15(b) 所示为铸造锭送料机构,气缸 1 通过连杆 2 驱动双摇杆机构 $ABCD$,将由加热炉出料的铸造锭 6 送到升降台 7 上。

如图 11-15(c) 所示为六杆联轴器,它可以在两个回转轴不断地边转动边错位的情况下进行轴间运动和动力传递。

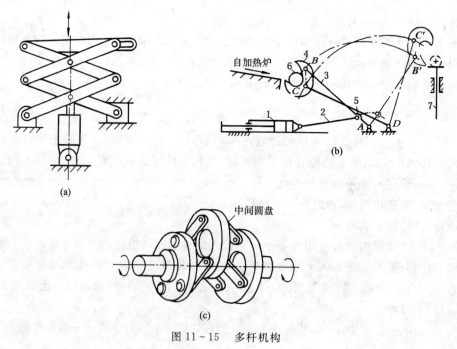

图 11-15　多杆机构

6. 连杆-蜗杆组合机构

如图 11-16(a) 所示是电动摇头风扇机构。电动机 1 轴的一端与风扇叶片 8 相固连,另一端通过皮带传动 10 减速后传至蜗杆 2,与蜗杆 2 相啮合的蜗轮 3 的轴心与双摇杆机构中摇杆 6 和连杆 4 的铰链中心 B 相重合,且蜗轮 3 本身与连杆 4 固连,因此当蜗轮转动时,连杆也一起转动。对于自由度为 1 的双摇杆机构来说,将由于连杆的运动而迫使整个机构具有确定的运动。支承电动机、皮带轮和蜗杆等的可动机壳由于与摇杆 6 固连在一起,所以摇杆 6 连同电动机 1、叶片 8 和机壳 7 等一起绕固定支架 9 上的轴心 A 作往复摆动,而另一摇杆 5 将绕轴心 D 作往复摆动。如图 11-16(b) 所示为摇杆 6 处于两极限位置时电动机 1 和叶片 8 的两个相应位置,摇杆 6 的最大摆角 α 即为电扇的摆角。电动机不停地旋转,就能使风扇不停地左右摆动,而且当摇杆 6(也就是风扇)摆到两极限位置时会出现一短暂的停歇。

如图 11-16(c) 所示是连杆机构与蜗杆机构的另一组合方式,曲柄 1 为原动件,蜗轮 $a-a$ 与摇杆 3 固连,蜗轮驱动蜗杆 4 既往复转动又往复移动。

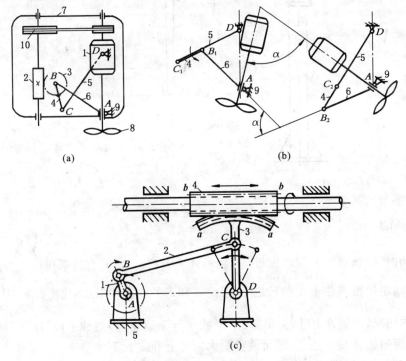

图 11-16　连杆-蜗杆组合机构

(a) 电动摇头风扇机构;(b) 风扇摆动极限;(c) 运动变换

7. 连杆-螺旋组合机构

如图 11-17 所示为平衡吊机构,用于搬运重物。电动机 1 经减速装置 2(带轮机构与齿轮机构)使螺杆 4 转动,螺母 5 及与它相连的销轴 A、L 就上下移动,这时置于滑槽 6 内滚子 7 的销轴 E 不动,而使吊钩 8 及重物(工件)上下移动。升降到所需高度后,螺杆 4 停止转动,销轴 A 固定,用力推动重物,则销轴 E 在水平槽 6 内移动,重物也在水平方向作直线移动,而且整个平衡吊臂可绕轴线 OO 旋转 360°,这样就把工件送到预定位置。当重物水平移动到任何位置时,不会因重物自重而使机构发生运动,所以称它为平衡吊。该机构利用了平行四边形机构的缩放特性，$BCDE$ 为平行四边形机构，机构尺寸满足 $\dfrac{\overline{AC}}{\overline{AB}}=\dfrac{\overline{CF}}{\overline{CD}}=k$，三销轴中心 A、E 和 F 始终位于一直线上，故可以推论如下：

当销轴 A 固定不动时，点 F 和 E 轨迹相似，且固定点在 EF 延长线外，因而两者运动方向相同，缩放比例为 $\dfrac{\overline{AF}}{\overline{AE}}=\dfrac{\overline{AC}}{\overline{AB}}=k$。由于滑槽 6 为水平设置，因此，推动重物时，重物必然在平行滑道中心线 K_1K_1 的平行线 K_2K_2 上移动，这样可以不必消耗因重物上下移动而做的功。

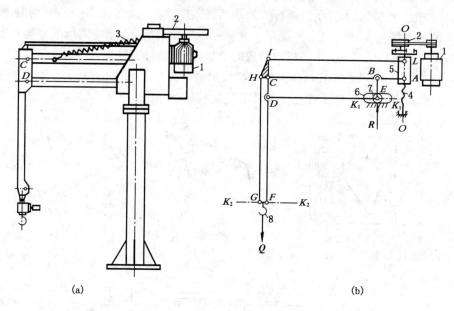

图 11-17　平衡吊机构
(a) 平衡吊外形；(b) 平衡吊几何尺寸

升降重物时，转动螺杆 4，带动螺母 5 及销轴 A 上下移动，这时自然形成以 E 为固定销轴的缩放机构，因固定销轴 E 位于 A 和 F 之间，因此 A 和 F 的轨迹相似，缩放比例 $k=\dfrac{\overline{EF}}{\overline{AE}}=\dfrac{\overline{DF}}{\overline{CD}}$，两者运动方向相反，销轴 A 上升时，吊钩 8 和重物平行于轴线 OO 直线下降，反之则上升。由于缩放比例大，则销轴 A 的微小移动，可使重物大幅度上升或下降。

由于点 E 只能在滑道的水平线 K_1K_1 上移动，因此，F 处的重物必然在与点 E 轨迹相似的水平线 K_2K_2 上移动，若不计各杆重力，当销轴 A 固定时，整个机构所受反力仅为悬挂工件的重力 Q 和滑道 6 作用在滚子 7 上的反力 R（它垂直于滑道）。若机构处于随遇平衡，即不管机构运行到什么位置，决不会由于悬挂重物而引起机构运动，其条件是作用于机构上的外力（主动力和约束反力）所做功的和应等于零。因为点 E 沿 K_1K_1 的可能位移与反力 R 垂直，在点 F 的铅垂力 Q 也与可能运动方向 K_2K_2 垂直，故满足上述平衡条件，机构上不管悬挂多重的工件，只要在机构上不再加其他外力，它总是处于平衡状态，手不推重物，机构就静止。但实际上由于连杆有自重，常常用附加弹簧 3 或配重来消除由于连杆自重对机构不平衡的影响。

习 题

11-1 如题图 11-1 所示为一机床上带动溜板 2 在导轨 3 上移动的差动螺旋机构。螺杆 1 上有两个旋向均为右旋的螺纹，A 段的导程 $l_A=1$ mm，B 段的导程 $l_B=0.75$ mm。试求当手轮按 K 向顺时针转动 1 周时，溜板 2 相对于导轨 3 移动的方向及距离大小。若将 A 段螺纹的旋向改为左旋，而 B 段的旋向及其他参数不变，试问结果又将如何？

11-2 如题图 11-2 所示的凸轮-连杆机构中，拟使点 C 的运动轨迹为图示的曲线 $abca$。试设计机构中的凸轮 1 和凸轮 2 的轮廓。

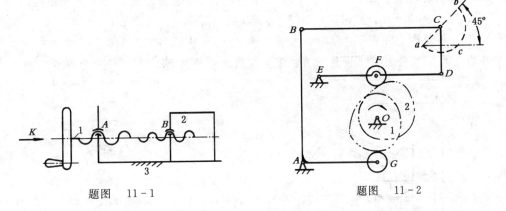

题图 11-1　　　　题图 11-2

11-3 试设计如题图 11-3(a) 所示的主、从动件共轴线的凸轮-齿轮组合机构。已知 $\overline{O_1O_2}=210$ mm，$\overline{O_2A}=140$ mm，滚子半径 $r_r=10$ mm，齿轮齿数比 $z_1/z_2=1/2$，机构在起始位置时 $\angle AO_2O_1=90°$。若工作要求当主动件 H 等角速度转动时，从动件 1 的运动规律如题图 11-3(b) 所示，试设计该机构。

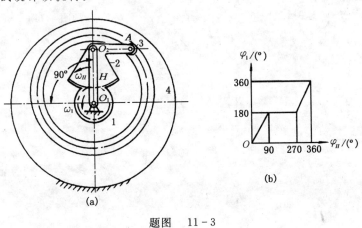

题图 11-3

11-4 在题图 11-4 所示齿轮-连杆组合机构中，曲柄 1 为主动件，内齿轮 5 为输出构件。已知齿轮 2、5 的齿数为 z_2、z_5，曲柄长度为 R，连杆长度为 L，试写出输出构件齿轮 5 的角速度 ω_5 与主动曲柄 1 的角速度 ω_1 之间的关系式。

11-5　试设计一组合机构,使其能准确实现题图 11-5 所示的运动轨迹。

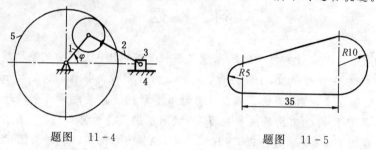

题图　11-4　　　　　　　　　　　题图　11-5

11-6　试设计题图 11-6 所示平衡吊组合机构,要求升降速度 $v=7.5$ m/min,$R_2=2\,500$ mm,$R_1=400$ mm,$r=800$ mm,$H_{max}=3\,650$ mm,$h_1=350$ mm,$h_2=1\,500$ mm。

11-7　如题图 11-7 所示为电动木马机构,它由摇块机构 2、3、4、5 和机架 1 五个构件组成,其自由度为 2,在此基础上设计一自由度为 1 的组合机构,使转杆 2 作为原动件时实现木马运动轨迹。

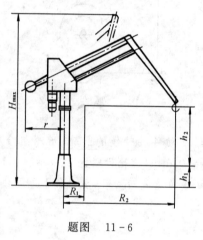

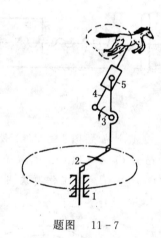

题图　11-6　　　　　　　　　　题图　11-7

第 12 章　精巧机构设计实例

本章列举了一些实用精巧机构,这些机构中有空间机构、实现复杂轨迹的平面机构、各种原理综合机构等。通过对这些机构的结构和动作原理的分析,增加对空间机构的认识,开阔设计思路,培养机构创新设计能力。

12.1　平面机构实例

12.1.1　印刷机下压纸堆机构

在印刷机上,一些形式的吸纸装置通常是由吸起堆叠纸张最上面一张纸的前缘,且拖着纸张进入夹纸器而进给纸张的。为了防止上面的纸张把下面一张纸带起(有时因为纸上的静电作用而发生这种情况),必须在印刷机上加装一个下压指抓机构(见图 12-1),该机构通过凸轮 1 和构件 2、3、4,使指抓 A 与吸纸装置协调动作,从而把吸上的一张纸与下面的纸堆 B 分开。

如图 12-1 所示为此机构工作的 3 个位置。如图 12-1(a)所示,吸盘 5′ 吸起上面一张纸的前缘后,指抓 A 压住下面的纸堆;吸盘的底部被切削成斜面,以便将纸的边缘快速吸起;引导件 5 固连在吸盘 5′ 上,随吸盘一起上下运动。凸轮 1 与吸盘 5′ 协调地作连续运动,当吸盘下降到堆叠的纸张上时,指抓被拉回,且在柱塞 6′ 的弹簧压力作用下,向上顶着引导件 5(见图 12-1(b)),吸盘吸起最上面一张纸的前缘。

随着凸轮的转动(见图 12-1(c)),柱塞 6′ 不再控制构件 3,而是柱塞 6 起作用。这时引导件 5 迫使指抓 A 向下,并引导它进入被吸起的一张纸翘起部分与下面纸堆 B 形成的楔形空间。当指抓进到全位时,指抓就压着下面的纸堆,如图 12-1(a)所示。此时吸盘组件将纸吸起到夹纸器内,并由夹纸器把纸送进印刷机。

每进给一张纸,凸轮就转一周,也就完成了一个循环。此机构的一个特点是指抓的位置由吸盘的进给位置而定,因而可不受纸张堆叠高度变化的影响。

12.1.2　齿条齿轮式往复运动行程倍增机构

如图 12-2 所示,在固定齿条与移动齿条中间,有一个由气缸推动作往复移动的齿轮与上述两个齿条相啮合,将齿轮与固定齿条的啮合点看成是支点,将气缸推动的齿轮的中心看作加力点,齿轮与动齿条的啮合点看成是受力点,很显然,加力点移动一个距离,受力点就移动两倍的距离。这种机构对于安装空间小的机械,各部分的移动量小但又需要较大行程时(2 倍行程) 很适用。

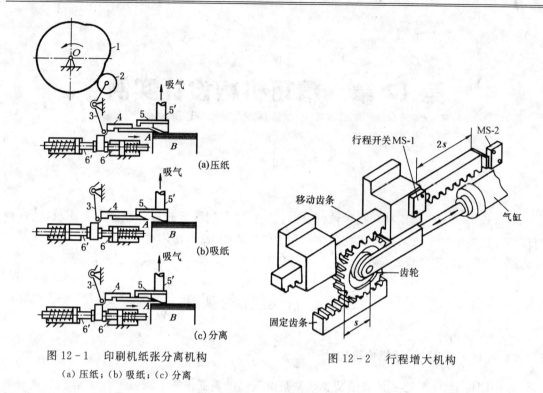

图 12-1　印刷机纸张分离机构

（a）压纸；（b）吸纸；（c）分离

图 12-2　行程增大机构

12.1.3　机动插秧机凸轮-连杆分插机构

　　如图 12-3 所示，该机构为凸轮-连杆组合机构。其基础机构是五杆铰链机构 $CDFGH$，有两个自由度，分别由凸轮机构及铰链四杆机构 $OABC$ 输入运动，通过两运动的配合使连杆 FD 上（秧爪上）的点 M 走图上虚线所示轨迹。压簧 2 的作用一方面是保证凸轮机构中凸轮与滚子的力锁合；另一方面通过弹簧力使连杆机构各构件间的接触位置相对稳定，以减少铰链中间隙对秧爪运动精度的影响。拉簧 1 用于平衡秧爪的惯性力，使机构能平衡地工作。

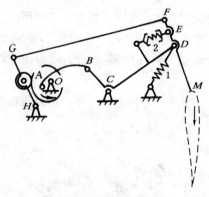

图 12-3　连杆分插机构

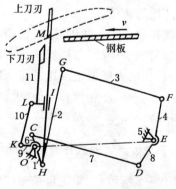

图 12-4　飞剪机机构

12.1.4　IHI 飞剪切机构

　　如图 12-4 所示，IHI 飞剪机主要用来将厚度 6.4 mm 以下的热轧钢带剪成一定长度的钢板。剪切机的上下刀刃分别装在构件 2 和 11 上，由各自的传动系统带动，对运动中的钢材进行剪切。剪切机的上刀刃装在铰链五杆机构 $OHGFE$ 的连杆 2 上。此五杆机构的两个主动件分别与铰链四杆机构 $OCDE$ 的曲柄 6 和摇杆 8 固连，所以上刀刃的运动是由铰链四杆、五杆机构组成的组合机构来带动，实现图上虚线的轨迹。因为飞剪机是在钢材运动过程中进行剪切，所以必须保证在剪切段内上刀刃在 X 方向（钢带输送方向）的速度分量与钢带速度同步，下刀刃 11 是在构件 2 的导轨中作往复运动，它由曲柄 9 带动，9、10、11 相对于 2 是一个曲柄滑块机构。适当选择 9 和 1 之间的相位角，使下刀刃轨迹和上刀刃轨迹在要求的剪切区中相交完成剪切动作。

12.1.5　平板印刷机中用以完成送纸的机构

如图 12-5 所示，此机构是以铰链五杆机构 $ABCDE$ 为基础机构，分别由凸轮 1、2 输入所需运动（凸轮 1 和 2 固连成一体，称为双联凸轮），使连杆 CD 上的点 M 走出图中虚线所示的矩形轨迹，实现送纸动作。

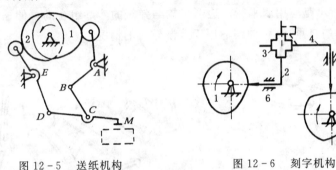

图 12-5　送纸机构　　　　　　　　图 12-6　刻字机构

12.1.6　实现"R"轨迹的刻字机构

如图 12-6 所示，该机构由两自由度四杆四移动副机构 2-3-4-6 作为基础机构，凸轮机构 1-2-6 和 4-5-6 作为输入运动的附加机构，两凸轮作主动件以同速转动，凸轮 1 驱使构件 2 作水平方向移动。凸轮 5 驱使构件 4 作垂直方向移动，两移动合成为沿轨迹"R"的移动。

12.1.7　薯类产品输送机构

如图 12-7 所示，传送带 8 在前进运动中不断有反向运动，以便抖落产品表面黏附的泥土。主动轮 1 经链条 3、6 及 7 使输送带前进；同时经曲柄摇杆机构（2-4-5-9）使链条 7 产生附加的往复运动。

12.1.8　数-模变换机构

如图 12-8 所示，滑块 A_1、A_2、A_4 及 A_8 是四个输入构件，均有向下与向上两个位置，分别对应于数码 0 与 1，图中箭头方向代表 1。上下两位置之间的位移量均为 a。滑块 B 为输出构件。

当 $A_8 A_4 A_2 A_1 = 0001$ 时，滑块 B 输出位移 b。当输入为 1111 时，滑块输出 $15b$。输入构件 A_1 与 A_2 之间杠杆的杆长比为 2∶1，其余两杆长比分别为 4∶3 与 8∶7。由此可推得 $b = a/15$。

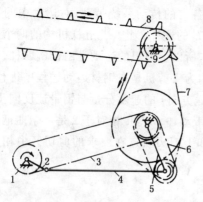

图 12-7 薯类产品输送机构

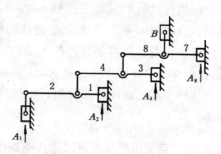

图 12-8 数-模变换机构

12.1.9 位置可调的台灯机构

如图 12-9(a) 所示是应用双平行四边形机构与弹簧的巧妙组合的可伸缩台灯方案,弹簧用于平衡物体与灯头的自重,这种伸缩适用于范围较大的情况。

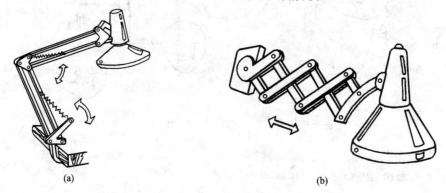

图 12-9 位置可调台灯机构
(a)拉簧结构;(b)可调伸缩架结构

如图 12-9(b) 所示,应用平行四边形机构实现了台灯的平移运动,由于灯头部质量较小以及铰链(转动副)处的少量摩擦力,可使灯头稳定地停在可伸缩的任何位置。杆件可进行各种造型(曲线、折线等),形成台灯的多种方案。

12.2 空间机构实例

12.2.1 搓元宵机构

如图 12-10 所示为模仿人手搓元宵的动作而设计的搓元宵机构。该机构是由旋转圆盘 1、连杆 2 和 3、转动构件 4 和机架 5 所组成的空间五杆机构,运动由旋转圆盘 1 输入,通过装在圆盘外圈上的球形铰链带动连杆 2、3 和转动构件 4 运动,从而使与连杆 2 固结的工作箱作空间振摆运动,工作箱内的元宵馅在稍许湿润的元宵粉中经多方向滚动即可制成元宵。这是一个构思巧妙、结构简单的设计。

12.2.2　缝纫机主传动机构

如图 12-11 所示,该机构由 4 个单闭链机构组成:平面曲柄摇杆机构 1-2-4-5-1、平面凸轮机构 1-5-6-1、空间双摇杆机构 1-2-3-9-1 和空间五杆机构 1-6-7-8-9-1。在缝纫过程中,动力从主轴 5 输入,一方面经凸轮机构驱动水平轴 6 摆动,使弯针 7 获得沿针脚的往复摆动;另一方面过平面曲柄摇杆机构串接空间双摇杆机构和空间五杆机构,使弯针围绕安装在水平轴 6 上的转动副作往复摆动。两种方向上的摆动,遂复合成弯针所需的复杂空间运动。

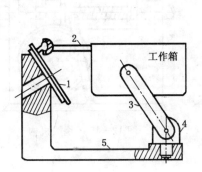

图 12-10　搓元宵机构

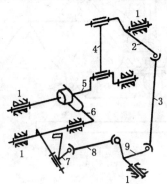

图 12-11　缝纫机主传动机构

12.2.3　球面搅拌机构

如图 12-12 所示为球面搅拌机构。该机构由 4 个构件组成,4 个转动副的轴线在点 A 相交。当主动构件 2 转动时,构件 3 上的搅拌头 B 的运动轨迹在以 A 为中心的球面上。

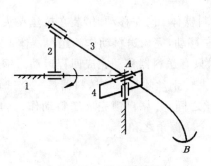

图 12-12　球面搅拌机构

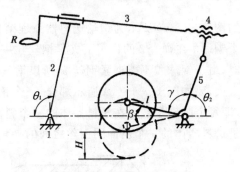

图 12-13　犁轮起落机构

12.2.4　犁轮起落机构

在如图 12-13 所示的耕地用犁轮起落机构中,构件 3 和构件 4 组成螺旋副。旋转手柄 R 使螺旋转动,构件 4 沿构件 3 轴向移动,使构件 3 上的工作长度改变而起到收、放犁轮的作用。手柄停止转动后,螺旋副的自锁作用使构件 3、4 之间无相对运动,从而构件 1-2-3(4)-5-1 通过 4 个转动副组成一空间框架结构,使犁轮固定在所需位置上。

12.2.5　卸料机构

如图 12-14 所示,此机构由一对圆锥齿轮 1、2,螺旋机构 3、4 以及连杆 5 和机架 6 组成。螺杆 4 与锥齿轮 2 固连,锥齿轮 2 是行星轮,其轴线绕点 O 转动。锥齿轮 1 是原动件,它作往复转动。图中示出了两个极限位置。

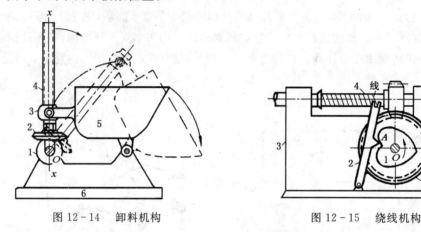

图 12-14　卸料机构　　　　　　　　　图 12-15　绕线机构

12.2.6　绕线机构

如图 12-15 所示,此机构由凸轮 1(原动件)以及与其固连的蜗杆 1'、拨叉 2、机架 3、线轴 4 组成。线轴 4 匀速转动。凸轮连续转动时,凸轮轮廓推动构件 2 尖顶 A,使从动件往复摆动,从动件 2 端部的拨叉带动被绕的线均匀地缠绕在线轴 4 上。

12.2.7　钢丝送料器

如图 12-16(a)所示为钢丝送料器原理结构图,送料器体 1 向左移动时,装在拉丝夹头 3 中的三个钢球 4 在弹簧 2 的作用下夹紧钢丝 5 并一起向左移动,完成送料动作。送料器体 1 向右移动时,由于钢球 4 不能夹紧钢丝 5,所以钢丝 5 不动,只有送料器移动完成回程运动。钢球 4 不能太大,要如图 12-16(b)所示那样,三个钢球相互夹住钢丝才行。该送料器是一个三斜面机构,即每个滚珠是被夹在送料器体的一个斜面和钢丝之间,并靠自锁完成送料动作,其自锁条件是送料器体的一个斜面同钢丝之间的夹角小于三个摩擦角之和。

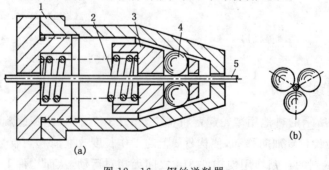

图 12-16　钢丝送料器

(a)送料器结构;(b)钢丝夹紧原理

12.2.8　胶印机用纸张侧齐机构

印刷品通过收纸链条输送，纸张前缘到达前齐纸，此时纸张侧齐机构应该把落在纸台上的纸张撞齐，两边的侧齐机构把纸向机器中心推进。单张纸胶印机均设有侧齐纸机构。图 12-17 所示是 J2108A 型胶印机侧齐纸机构原理图。侧齐纸机构左右两侧对称，各安装一套。侧齐纸板 7 左右动作靠偏心凸轮 3 控制，偏心凸轮紧固在大链轮 6 上，推动摆杆 1 上的滚子 2，拉簧 4 使摆杆 1 滚子紧靠偏心凸轮 3，这样就是摆杆 1 在链轮转一转时往复来回摆动一次。在摆杆 1 的

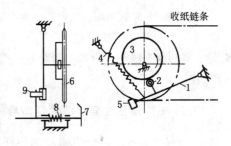

图 12-17　纸张侧齐机构

端头有一端斜凸块 5，该斜面推动滚子 9 使侧齐纸板左右齐纸。压簧 8 使滚子 9 始终紧靠端面凸块 5，侧齐纸板左右齐纸行程约 14 mm。

12.2.9　拖拉机的操纵机构

如图 12-18 所示，该机构由蜗杆蜗轮机构 1-2-9 及空间多杆机构组成，6-5-8-9 组成等腰梯形机构。拉杆 3 两端是球面运动副。

12.2.10　揉面机构

如图 12-19(a) 所示，该机构由完全相同的齿轮 1、3 和小齿轮 2、连杆爪 4、容器 5、支架 6 组成，连杆 4 上点 E 的轨迹如图 12-19(a) 所示，近似手工揉面的轨迹。容器 5 可绕支架 6 转动。

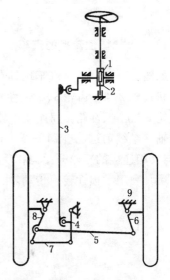

图 12-18　拖拉机转向机构

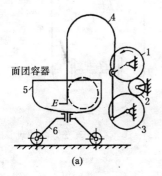

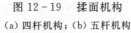

(a)

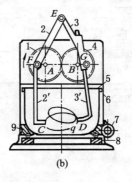

(b)

图 12-19　揉面机构

(a) 四杆机构；(b) 五杆机构

如图 12-19(b) 所示为另一揉面机构,此揉面机构由齿轮机构 1-4-6、五杆机构 1-2-3-4-6、蜗杆机构 7-9-6 及滚动轴承 10 组成。齿轮 1 为原动件,连杆上 C、D 两点的轨迹近似于手工揉面的轨迹 q。蜗杆 7 作为原动件带动蜗轮 9 使面锅 5 转动。齿轮 1 和 4 完全相同,轴承 8 支承蜗轮 9 和面锅 5。

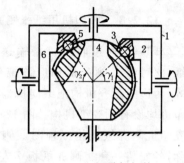

图 12-20   空间导杆机构

12.2.11   输出往复运动的空间导杆机构

图 12-20 所示是两个空间曲柄导杆机构的组合,右端输入轴 2 连续转动,经钢球 3、5 及球面导杆 4 使输出轴 6 往复摆动。输入轴与输出轴同轴线是它的主要特点。

12.3   一些原理灵活运用的机构实例

12.3.1   惯性转换的汽车

如图 12-21 所示,汽车玩具在前进中碰到障碍物立即就向后退。它由能旋转的重惯性轮 1、冠状齿轮 2 与小齿轮 3、小惯性轮 4 和车体 5 等组成。重惯性轮 1 与齿轮 3 固连在轴 A 上,冠状齿轮 2 与小惯性轮 4 固连在车轮轴 B 上(见图 12-21(a))。当车体 5 碰到障碍物时,因惯性作用轴 A 继续前进(见图 12-21(b)),这样小齿轮改变位置,就与冠状齿轮的啮合错开,使之反转,与其相连接的车轮开始向相反方向转动。汽车后退遇到障碍物时,恰好作相反的动作。该汽车玩具利用了惯性转换传动,小惯性轮确保冠状齿轮与小齿轮可靠地啮合错开。

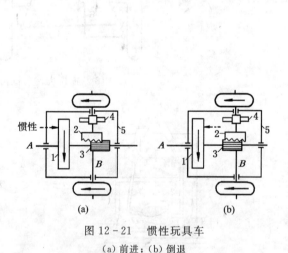

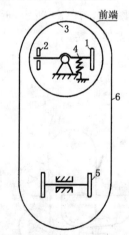

图 12-21   惯性玩具车
(a) 前进;(b) 倒退

图 12-22   遇障碍物改变方向的玩具车

12.3.2   遇障碍物改变方向的汽车

有一种撞上别的物体时还能自行改变方向继续行走的电动玩具汽车(见图 12-22)。它由驱动 1、游轮 2、转盘 3、复位弹簧 4 和后轮 5 等组成。车体 6 前端撞到物体时,驱动轮靠与地面的摩擦自然继续前进,使车体慢慢地拐向游轮 2 的方向,躲开障碍物。车体的前端做成凸出形状(如圆弧),以便转向。绕过障碍物后,软弹簧使转盘 3 转动,驱动轮与游轮复位,继续沿直线方向行驶。

12.3.3　摆动自行车

在如图 12-23 所示无脚蹬的自行车中,将后轮安装成偏心,人在车子上用劲地使身体上下动作,则车体随人也振动起来,恰似曲柄的形式,使后轮转动,这一机构是将振动转换为旋转而前进的机构。

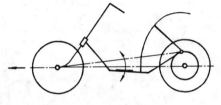

图 12-23　摆动自行车

12.3.4　工件逐件转移机构

如图 12-24 所示是用重力驱动的简单而有效的工件转移机构。上料板 1 上的工件 2 及 3 被逐个移置于下料板 7 上。图(a)至图(c)表示工件的转移过程,工作的重力使杆 4 摆动。工件离开杆 4 后,配重 5 使杆 4 复位。杆 4 摆动一次只输送一个工件,杆的摆动周期主要取决于工件重力 g、杆 4(包括配重 5)的重力 G 对支点 6 的矩和其对支点的惯性矩。

12.3.5　智能机械手

如图 12-25 所示用于夹持薄板类工件并具有判断工件有无功能的机械手。电磁铁 1 处于通电状态,拉杆 3 位于行程的右端点,手指 5 被撑开。在工件 8 进入两手指 5 之后,光电开关 6(由投光器 A 与接收器 B 构成)发出信号,使电磁铁 1 断电,拉杆 3 在弹簧 2 的作用下向左移动,通过连杆 4 带动手指 5 闭合,将工件 8 夹紧。如图 12-26 所示为气动机械手抓取机构。

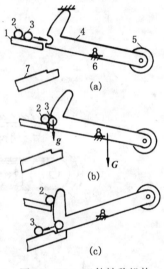

图 12-24　工件转移机构

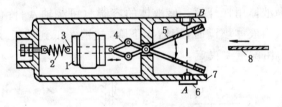

图 12-25　夹持薄板的机械手

12.3.6　间歇回转的链轮机构

如图 12-27 所示为利用棘爪驱动链条的间歇回转机构。当油缸 1 推动滑块 2 沿着导轨 4 向左运动时,安装在滑块 2 上的驱动棘爪 3 将拨动链条 6 向左运动,使链轮 7 即输出轮 8 逆时针回转。

当滑块 2 向右运动时,驱动棘爪在链条 7 上滑过,止回棘爪 5 则卡住链条 6 使输出轮 8 不能反转并得到定位。

若油缸1的行程大于链轮7的周长,则可使输出轮8的间歇回转角度大于360°。该机构可用于中等载荷。

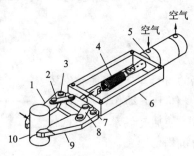

图 12-26 机械手抓取机构

1、9—手爪;2、8—连杆;3、7—柱、销;4—弹簧;5—气缸;6—支架;10—工件

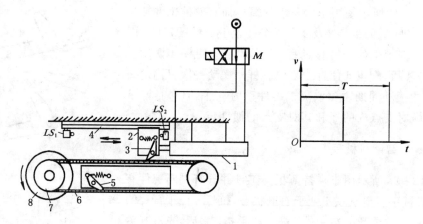

图 12-27 间歇回转的链传动机构

12.3.7 液体用杠杆秤

如图12-28所示为液体用杠杆秤。盛液体的容器1(可绕轴A自由回转)上设置挡块a,使其保持在作业位置上。当液体填满时,容器1下降,柱销2抵到挡板3,容器翻转并倾泄出液体。倾泄出的液体重力由配重4决定。

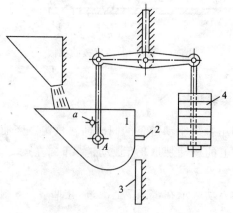

图 12-28 液体用杠杆秤

习　题

12-1　依据图 12-1 所示印刷机下压纸堆机构的工作原理,完成如下设计:

(1) 拟定凸轮从动件 2 的运动规律;

(2) 设计凸轮轮廓曲线;

(3) 确定构件 3 的位移曲线;

(4) 确定摆杆 2 的长度。

12-2　调查配钥匙装置的工作原理,画出其机构运动简图,并说明其动作原理。

12-3　分析搓元宵机构(见图 12-10)中工作箱的运动规律(角位移、角速度、角加速度规律),各构件的尺寸自行确定。

12-4　分析球面搅拌机构(见图 12-12)构件 3 上点 B 的运动规律(位移、速度、加速度变化规律),各构件的尺寸自行确定。

12-5　依据图 12-17 所示胶印机用侧齐机构的工作原理,完成如下设计:

(1) 拟定从动件 1 的运动规律;

(2) 设计凸轮 3 的轮廓曲线;

(3) 分析构件 7 的运动规律。

12-6　依据现有自行车的尺寸,试设计一健身用的摆动自行车。

第13章 机械动力学

机械系统通常是由原动机、传动机构和执行机构等组成的。当对机构进行运动或力分析时,总是认为原动件的运动为已知,且一般假定它作等速运动。实际上,原动件的真实运动规律是由作用在机械上的外力(驱动力、工作阻力等)、各构件质量及其转动惯量、原动件位置等决定的。研究机械系统的真实运动规律,对于设计机械,特别是高速、重载、高精度以及高自动化的机械具有十分重要的意义。

机械运转过程中,外力变化所引起的速度波动,会导致运动副中产生附加的动压力,并导致机械振动,从而降低机械的寿命、效率和工作可靠性。研究速度波动产生的原因,掌握通过合理设计来减少速度波动的方法,是工程设计应具备的能力。

13.1 机械运转过程

13.1.1 机械系统的动能方程式

由能量守恒定律知,当机械运动时,在任一时间间隔内,作用在其上的力所做的功与机械动能增量的关系为

$$W_d - W_r - W_f = \Delta E \tag{13-1}$$

式中,W_d、W_r、W_f 分别为驱动功(输入功)、输出功和损耗功;ΔE 为该时间间隔内的动能增量。

13.1.2 机械运转的三个阶段

机械从开始运转到结束运转整个过程,通常包含 3 个阶段(见图 13-1),即启动阶段、稳定运转阶段和停车阶段。

1. 启动阶段

机械从静止状态启动到开始稳定运转的过程称为启动阶段。该阶段的特点为机械的驱动功 W_d 大于输出功 W_r 和损耗功 W_f 之和,出现盈功,机械的动能增加,即

$$W_d - W_r - W_f = \Delta E > 0$$

2. 稳定运转阶段

启动阶段结束,机械转入稳定运转阶段,进行正常工作。在该阶段的任一个运动循环周期 T 内有

$$W_d - W_r - W_f = \Delta E = 0$$

按此特点,机械在稳定运转时期,原动件将围绕某一平均角速度 ω_m 作周期性波动,故又称

为变速稳定运转时期。只有在特殊情况下,原动件才作等角速度运动(例如车床主轴等)。

3. 停车阶段

切断动力源,撤去驱动力,机械转入停车阶段。该阶段的特点为 $W_d = 0$,$\Delta E = 0 - W_r - W_f < 0$,出现亏功,机械的动能减小。在一般情况下,停车阶段的工作阻力也不再做功。为缩短停车时间,可设置制动器,如图 13-1 中的虚线所示。

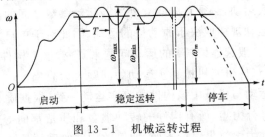

图 13-1　机械运转过程

13.1.3　速度不均匀系数

机械稳定运转阶段,原动件角速度变化呈周期性波动,其不均匀程度通常以速度不均匀系数表示。如图 13-1 所示,设原动件角速度的最大值、最小值与平均值分别以 ω_{max}、ω_{min} 与 ω_m 表示,则机械速度不均匀系数 δ 定义为

$$\delta = \frac{\omega_{max} - \omega_{min}}{\omega_m} \tag{13-2}$$

式中,$\omega_m = \dfrac{\omega_{max} + \omega_{min}}{2}$。

在各种原动机工作机铭牌上所表明的转速值即为此平均角速度(或平均转速)值。由式(13-2)可得

$$\omega_{max}^2 - \omega_{min}^2 = 2\omega_m^2 \delta \tag{13-3}$$

不同类型的机械,对速度不均匀系数 δ 大小的要求是不同的。表 13-1 中列出了一些常用机械速度不均匀系数的许用值 $[\delta]$,供设计时参考。因此,当设计机械时,其速度不均匀系数应不超过许用值,即

$$\delta \leqslant [\delta] \tag{13-4}$$

表 13-1　速度不均匀系数的许用值 $[\delta]$

机械的名称	$[\delta]$	机械的名称	$[\delta]$
碎石机	$1/5 \sim 1/20$	水泵、鼓风机	$1/30 \sim 1/50$
冲床、剪床	$1/7 \sim 1/10$	造纸机,织布机	$1/40 \sim 1/50$
轧压机	$1/10 \sim 1/25$	纺纱机	$1/60 \sim 1/100$
汽车、拖拉机	$1/20 \sim 1/60$	直流发电机	$1/100 \sim 1/200$
金属切削机床	$1/30 \sim 1/40$	交流发电机	$1/200 \sim 1/300$

13.2　机械系统等效动力学模型

13.2.1　等效动力学模型的建立

研究机械系统的真实运动,必须首先建立外力与运动参数之间的函数关系式,这样很不方便。由于机械各构件的运动规律取决于原动件的运动,因此对于单自由度的机械系统,其运动问题可转化为一个构件(一般选连架杆)的运动问题来研究,这个构件称为等效构件。建立最简单的等效动力学模型,将使研究机械真实运动的问题大为简化。

为了使等效构件的运动与机械中该构件的真实运动一致,根据质点系动能定理,将作用于机械系统上的所有外力和外力矩、所有构件的转动惯量和质量都向等效构件转化。转化原理是使该系统转化前后的动力学效果保持不变,即等效构件的质量或转动惯量所具有的动能,应等于整个系统的总动能;等效构件上的等效力、等效力矩所做的功或所产生的功率,应等于整个系统的所有力、所有力矩所做功或所产生的功率之和。满足这两个条件,就可以将等效构件作为该系统的等效动力学模型。如图 13 - 2 所示分别视转动构件和移动构件为等效构件的等效动力学模型,图中 J_e、m_e 分别表示等效转动惯量和等效质量,M_e、F_e 分别表示等效力矩和等效力。

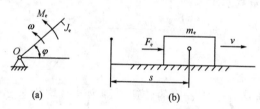

图 13 - 2　等效动力学模型
（a）转动构件；（b）移动构件

13.2.2　等效量的计算

1.等效质量和等效转动惯量

设机械系统中各运动构件的质量为 $m_i(i=1,2,\cdots,n)$,其质心 S_i 的速度为 v_{S_i};各运动构件对其质心轴线的转动惯量为 $J_{S_j}(j=1,2,\cdots,m)$,角速度为 ω_j,按等效质量和等效转动惯量等效条件有

$$\frac{1}{2}m_e v^2 = \frac{1}{2}\sum_{i=1}^{n}m_i v_{S_i}^2 + \frac{1}{2}\sum_{j=1}^{m}J_{S_j}\omega_j^2$$

$$\frac{1}{2}J_e \omega^2 = \frac{1}{2}\sum_{i=1}^{n}m_i v_{S_i}^2 + \frac{1}{2}\sum_{j=1}^{m}J_{S_j}\omega_j^2$$

则

$$\left.\begin{aligned} m_e &= \sum_{i=1}^{n}m_i\left(\frac{v_{Si}}{v}\right)^2 + \sum_{j=1}^{m}J_{S_j}\left(\frac{\omega_j}{v}\right)^2 \\ J_e &= \sum_{i=1}^{n}m_i\left(\frac{v_{Si}}{\omega}\right)^2 + \sum_{j=1}^{m}J_{S_j}\left(\frac{\omega_j}{\omega}\right)^2 \end{aligned}\right\} \qquad (13-5)$$

由上式可知,等效质量与等效转动惯量不仅与机械系统中各活动构件的质量、转动惯量有关,而且与各构件与等效构件的速比有关,但与系统的真实运动无关。因此,可在机械真实运动未知情况下求得其等效质量和等效转动惯量。

2. 等效力和等效力矩

设作用在机械上的外力为 $F_i(i=1,2,\cdots,n)$,F_i 作用点的速度为 v_i,F_i 的方向和 v_i 的方向间夹角为 θ_i,作用在机械中的外力矩为 $M_j(j=1,2,\cdots,m)$,受力矩 M_j 作用的构件 j 的角速度为 ω_j。根据等效力或力矩所产生的功率等于作用在机械上所有力或力矩所产生的功率有

$$F_e v = \sum_{i=1}^{n} F_i v_i \cos\theta_i \pm \sum_{j=1}^{m} M_j \omega_j$$

$$M_e \omega = \sum_{i=1}^{n} F_i v_i \cos\theta_i \pm \sum_{j=1}^{m} M_j \omega_j$$

则

$$\left.\begin{array}{l} M_e = \displaystyle\sum_{i=1}^{n} F_i \dfrac{v_i \cos\theta_i}{\omega} \pm \sum_{j=1}^{m} M_j \dfrac{\omega_j}{\omega} \\[4mm] F_e = \displaystyle\sum_{i=1}^{n} F_i \dfrac{v_i \cos\theta_i}{v} \pm \sum_{j=1}^{m} M_j \dfrac{\omega_j}{v} \end{array}\right\} \qquad (13-6)$$

式中,"$\pm$"号的选取取决于作用在构件 j 上的力矩 M_j 与该构件的角速度 ω_j 转向是否相同,相同时取"$+$"号,相反时取"$-$"号。

由式(13-6)可知,影响等效力和等效力矩的因素较多,除了等效构件的位置以外,尚有外力 F_i 和外力矩 M_j,它们在机械系统中可能是等效构件的运动参数 φ、ω 及时间 t 的函数,即

$$F = F(\varphi,\omega,t),$$
$$M = M(\varphi,\omega,t)$$

本章仅以等效力或力矩是机构位置的函数,即 $F=F(\varphi)$,$M=M(\varphi)$ 的情况,介绍机械系统真实运动的求解方法。

13.2.3　机械运动方程式的建立

机械的真实运动可通过建立等效构件的运动方程式求解,常用机械系统运动方程式有以下两种形式。

1. 能量形式的运动方程式

根据动能定理,在一定的时间间隔内,机械系统所有驱动力和阻力所做功的总和 ΔW 应等于系统具有的动能的增量 ΔE,即

$$\Delta W = \Delta E \qquad (13-7)$$

设等效构件为转动构件,当等效构件由位置1运动到位置2(其转角由 φ_1 到 φ_2)时,其角速度由 ω_1 变为 ω_2,则式(13-7)可写为

$$\int_{\varphi_1}^{\varphi_2} M_e \, \mathrm{d}\varphi = \frac{1}{2} J_{e2} \omega_2^2 - \frac{1}{2} J_{e1} \omega_1^2 \qquad (13-8)$$

式中,J_{e1}、J_{e2} 分别为相应于位置1和位置2的等效转动惯量。

同理,若等效构件为移动构件,可得

$$\int_{s_1}^{s_2} F_e \, ds = \frac{1}{2} m_{e2} v_2^2 - \frac{1}{2} m_{e1} v_1^2 \tag{13-9}$$

式中，s_1、s_2 与 m_{e1}、m_{e2} 分别表示位置 1 与位置 2 的等效构件的位移和等效质量。

上面两式为能量积分形式的等效构件运动方程式。

2. 力矩形式的运动方程式

将式（13-7）写成微分形式，即

$$dW = dE$$

式中

$$dW = M_e \, d\varphi, \quad dE = d\left(\frac{1}{2} J_e \omega^2\right)$$

故

$$M_e \, d\varphi = \frac{1}{2} d(J_e \omega^2)$$

或

$$M_e = \frac{1}{2} \frac{d}{d\varphi}(J_e \omega^2) = \frac{\omega^2}{2} \frac{dJ_e}{d\varphi} + J_e \omega \frac{d\omega}{d\varphi}$$

因

$$\omega \frac{d\omega}{d\varphi} = \frac{d\varphi}{dt} \frac{d\omega}{d\varphi} = \frac{d\omega}{dt}$$

故

$$M_e = \frac{\omega^2}{2} \frac{dJ_e}{d\varphi} + J_e \frac{d\omega}{dt} \tag{13-10}$$

同理，若等效构件为移动构件，则可得

$$F_e = \frac{v^2}{2} \frac{dm_e}{ds} + m_e \frac{dv}{dt} \tag{13-11}$$

机械运动方程式建立后，便可求解已知外力作用下机械系统的真实运动规律，即可求出等效构件的运动参数 ω 或 v 的运动规律。由于不同的机械系统是由不同的原动机与执行机构组合而成的，因此等效量可能是位置、速度或时间的函数。此外，等效力矩可以用函数形式表示，也可以用曲线、数值或表格表示。因此，运动方程的求解方法也不尽相同，一般有解析法、数值计算法和图解法等。

13.3 在已知力作用下机械的真实运动

对单自由度的机械系统，在求得等效构件的运动后，即可按第 3 章所述方法确定该机械中任一构件的运动参数。本节以绕定轴转动的等效构件为研究对象，仅讨论等效力矩为等效构件位置函数的情况。

1. 等效构件角速度的确定

按等效力矩 $M(\varphi)$ 求等效构件角位移自 φ_0 至 φ 的所做的功 W（称其为盈亏功，$W > 0$ 称为盈功，$W < 0$ 称为亏功），其值为

$$W = \int_{\varphi_0}^{\varphi} M(\varphi) \, d\varphi$$

等效构件角速度 ω 由式（13-8）求得

$$\omega = \sqrt{\frac{J_0 \omega_0^2}{J(\varphi)} + \frac{2W}{J(\varphi)}} \tag{13-12}$$

式中，ω_0 是 φ_0 位置时等效构件的角速度。

从机械运动时算起，$\varphi_0 = 0, \omega_0 = 0$，则得

$$\omega = \sqrt{\frac{2W}{J(\varphi)}} \tag{13-13}$$

式中，$J_0 = J(\varphi_0)$。

2. 等效构件角加速度的确定

等效构件的角加速度为

$$\varepsilon = \frac{d\omega}{dt} = \frac{d\omega}{d\varphi} \frac{d\varphi}{dt} = \omega \frac{d\omega}{d\varphi} \tag{13-14}$$

式中，$d\omega/d\varphi$ 由式 (13-12) 对 φ 求导确定。

3. 机械运动时间的确定

由 $\omega = \dfrac{d\varphi}{dt}$，得

$$\int_{t_0}^{t} dt = \int_{\varphi_0}^{\varphi} \frac{1}{\omega(\varphi)} d\varphi$$

则

$$t = t_0 + \int_{\varphi_0}^{\varphi} \frac{1}{\omega(\varphi)} d\varphi$$

如从机械启动时算起，$t_0 = 0$，则

$$t = \int_{\varphi_0}^{\varphi} \frac{1}{\omega(\varphi)} d\varphi \tag{13-15}$$

以上介绍的方法仅限于可以用积分函数形式写出解析式的情况，对于等效力矩不能用简单的、易于积分的函数形式写出的情况，则需用数值解法求解。

例 13-1　曲柄滑块机构如图 13-3 所示，已知曲柄 1 以等角速度 ω_1 转动，其质心 S_1 在点 O，转动惯量为 J_{S_1}；连杆 2 的角速度为 ω_2，其对质心 S_2 的转动惯量为 J_{S_2}，质量为 m_2，质心 S_2 的速度为 v_{S_2}；滑块 3 的质量为 m_3，其质心 S_3 在点 B，速度为 v_{S_3}；构件 1、3 上分别作用有驱动力矩 M_1 和阻力 F_3，试分别以构件 1、3 为等效构件，求等效量。

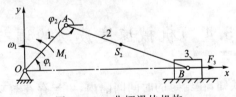

图 13-3　曲柄滑块机构

解　(1) 以曲柄 1 为等效构件。由式 (13-5) 和式 (13-6) 求得等效转动惯量和等效力矩为

$$J_e = J_{S_1} + J_{S_2} \left(\frac{\omega_2}{\omega_1}\right)^2 + m_2 \left(\frac{v_{S_2}}{\omega_1}\right)^2 + m_3 \left(\frac{v_{S_3}}{\omega_1}\right)^2$$

$$M_e = M_1 - F_3 \frac{v_{S_3}}{\omega_1}$$

(2) 以滑块 3 为等效构件。由式 (13-5) 式 (13-6) 求得等效质量和等效力为

$$m_e = J_{S_1} \left(\frac{\omega_1}{v_{S_3}} \right)^2 + J_{S_2} \left(\frac{\omega_2}{v_{S_3}} \right)^2 + m_2 \left(\frac{v_{S_2}}{v_{S_3}} \right)^2 + m_3$$

$$F_e = M_1 \frac{\omega_1}{v_{S_3}} - F_3$$

例 13-2 如图 13-4 所示,某机器由电机 A 驱动,经一级带传动和两级齿轮传动,传到主轴 O_4。在轴 O_2 处安装制动器 B。已知 $n_1 = 1\,000$ r/min,$D_1 = 100$ mm,$D_2 = 200$ mm,$z_2 = 25$,$z_3 = 50$,$z_{3'} = 25$,$z_4 = 50$;各轴系的转动惯量为 $J_1 = 0.12$ kg·m²,$J_2 = 0.52$ kg·m²,$J_3 = 0.36$ kg·m²,$J_4 = 0.3$ kg·m²。要求切断电源后 2 s 时,利用制动器 B 将该传动系统刹住,求加于轴 O_2 上的制动力矩 M_r。

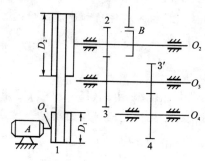

图 13-4   变速传动

解 (1)因制动器 B 装于轴 O_2 上,故选该轴为等效构件,其角速度 ω_2 为

$$\omega_2 = \frac{\pi n_1 D_1}{30 D_2} = \frac{\pi \times 1\,000 \times 100}{30 \times 200} = 52.36 \text{ rad/s}$$

(2)按式(13-5)求等效转动惯量 J_e:

$$J_e = J_1 \left(\frac{\omega_1}{\omega_2} \right)^2 + J_2 + J_3 \left(\frac{\omega_3}{\omega_2} \right)^2 + J_4 \left(\frac{\omega_4}{\omega_2} \right)^2 = J_1 \left(\frac{D_2}{D_1} \right)^2 + J_2 + J_3 \left(\frac{z_2}{z_3} \right)^2 + J_4 \left(\frac{z_2 z_{3'}}{z_3 z_4} \right)^2 =$$

$$0.12 \times \left(\frac{200}{100} \right)^2 + 0.52 + 0.36 \times \left(\frac{25}{50} \right)^2 + 0.3 \times \left(\frac{25 \times 25}{50 \times 50} \right)^2 = 1.089 \text{ kg·m}^2$$

(3)求制动力矩:等效构件的角加速度为

$$\varepsilon_2 = \frac{0 - \omega_2}{t} = -\frac{52.36}{2} = -26.18 \text{ rad/s}^2$$

则制动力矩为

$$M_r = J_e |\varepsilon_2| = 1.089 \times 26.18 = 28.51 \text{ N·m}$$

13.4　机械速度波动的调节

由机械系统运动方程式知,在给定的时间间隔内,由于存在盈功或亏功,使机械的动能发生变化,则其原动件的速度(角速度)引起波动。机械速度波动分为两类:

(1)非周期性速度波动:机械受无规律因素(如汽车上坡或下坡所受工作阻力的变化)的影响而引起的速度波动称非周期性速度波动。对于这种速度波动,若不加调节将会导致飞车或停车的严重后果。对于这种速度波动可用调速器来调节。

(2)周期性速度波动:机械在稳定运转时期有规律的速度波动称周期性速度波动。对于这种速度波动可用飞轮来调节。

13.4.1　产生周期性速度波动的原因

如图 13-5(a)所示为某一机械在稳定运转过程中,其等效构件在一个周期 T 中所受等效

驱动力矩 $M_{ed}(\varphi)$ 与等效阻抗力矩 $M_{er}(\varphi)$ 的变化曲线,其机械能变化曲线如图 13 - 5(b) 所示。

由图 13 - 5(a) 中 bc 段曲线的变化可知,由于 $M_{ed} > M_{er}$,因而机械的驱动功大于阻抗功,多余出来的功(盈功)在图中以"+"号标识。在这一段运动过程中,等效构件的角速度由于动能的增加而上升。反之,在图中 cd 段,由于 $M_{ed} < M_{er}$,因而驱动功小于阻抗功,不足的功(亏功)在图中以"-"号标识。在这一阶段,等效构件的角速度由于动能的减少而下降。在图中 aa' 段,由于驱动功等于阻抗功,因而机械动能的增量等于零,等效构件的角速度恢复到原来的数值。由此可知,等效构件的角速度在机械稳定运转过程中将呈现周期性的波动。

用向量线段表示各盈亏功,盈功箭头向上,亏功箭头向下。如图 13-5(c) 所示能量指示图中,折线的最高点与最低点的距离代表了最大盈亏功 ΔW_{max}。

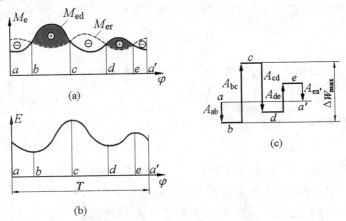

图 13 - 5　功与动能的变化

(a) 驱动功与阻抗功变化曲线;(b) 动能变化曲线;(c) 盈亏功指示图

13.4.2　周期性速度波动的调节

机械运转周期性速度波动的调节,其目的是减小速度波动的幅度,控制速度不均匀系数不超过许用值 $[\delta]$。调节的方法是在机器中安装一个具有很大转动惯量的回转件,称其为飞轮。因飞轮的转动惯量很大,故其动能为机械动能的主要部分,为简化计算,设忽略机械中除飞轮以外其他构件的动能,则按式(13 - 7) 有

$$\Delta W_{max} = \Delta E_{max} = \frac{1}{2} J_F (\omega_{max}^2 - \omega_{min}^2)$$

将式(13 - 3)代入上式,考虑式(13 - 4)得

$$\delta = \frac{\Delta W_{max}}{\omega_m^2 J_F} \leqslant [\delta]$$

或

$$J_F \geqslant \frac{\Delta W_{max}}{[\delta]\omega_m^2} = \frac{900\Delta W_{max}}{[\delta]n_m^2 \pi^2} \qquad (13 - 16)$$

式中,J_F 为飞轮转动惯量;n_m 为安装飞轮轴的平均转速,r/min;$\Delta W_{max} = \int_{\varphi_a}^{\varphi_b} (M_{ed} - M_{er})d\varphi$ 是最大角速度与最小角速度之间的盈亏功,即最大盈亏功。其中,M_{ed}、M_{er} 分别为等效驱动力矩与等效阻力矩。

由式(13-16)知,J_F 与 ω_m^2 成反比,这表明飞轮宜安装在角速度较高的轴上,这样可减少飞轮转动惯量,缩小体积,减轻质量,但应注意该回转件的平衡问题。

飞轮之所以能调速,是利用了它的储能作用。由于飞轮具有很大的转动惯量,因而要使其转速发生变化,就需要较大的能量,当机械出现盈功时,飞轮轴的角速度只作微小的上升,即可将多余的能量吸收储存起来;当机械出现亏功时,机械运转速度减慢,飞轮又可将储存的能量释放,以弥补能量的不足,而其角速度只作小幅度的下降。

13.4.3 飞轮设计

飞轮按构造可分为轮形和盘形两种,工程上以轮形用得最多。轮形飞轮具有轮缘 1、轮辐 2 和轮毂 3 三部分,如图 13-6 所示。由于轮辐和轮毂的转动惯量比轮缘小得多,故通常不予考虑。设 m_1 为飞轮轮缘的质量,D_1 和 D_2 分别为轮缘的外径和内径,则飞轮的转动惯量近似为

$$J_F = \frac{m_1}{2}\left(\frac{D_1^2 + D_2^2}{4}\right) \tag{13-17}$$

又因轮缘厚度 h 与平均直径 D 相比其值一般很小,故可近似认为轮缘的质量集中在某平均直径 D 上,由此得

$$J_F = \frac{m_1 D^2}{4}$$

或 $$m_1 D^2 = 4J_F \tag{13-18}$$

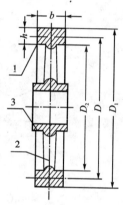

图 13-6 轮形飞轮结构

式中,$m_1 D^2$ 称为飞轮矩或飞轮特性,单位为 kg·m²。对于不同构造的飞轮,其飞轮矩可从机械设计手册中查到。在选定飞轮轮缘的平均直径 D 后,即可求得飞轮轮缘的质量 m_1。平均直径 D 的选择,一方面应考虑飞轮在机器中的容许安装位置,另一方面必须限制其圆周速度小于工程上规定的安全值(铸铁 36 m/s,铸钢 50 m/s),以免飞轮因圆周速度过大而破裂。

设轮缘的厚度和宽度分别为 h 和 b,其材料单位体积的质量为 ρ(kg/m³),则

$$m_1 = \pi D h b \rho$$

或 $$hb = \frac{m_1}{\pi D \rho} \tag{13-19}$$

在飞轮材料和比值 h/b 选定后,飞轮轮缘剖面尺寸即可由式(13-19)求得。对于较小的飞轮,通常取 $h/b \approx 2$;对于较大的飞轮,取 $h/b \approx 1.5$。

盘形飞轮为一带轴的实心圆盘。设 m、D 和 b 分别为其质量、外径和宽度,则该飞轮的转动惯量为

$$J_F = \frac{1}{2}m\left(\frac{D}{2}\right)^2 = \frac{mD^2}{8} \tag{13-20}$$

则 $$mD^2 = 8J_F$$

在选定 D 和算出 m 后,便可按飞轮材料计算宽度 b。

例 13-3 某机械系统稳定运转时期的一个周期对应其等效构件转一圈,其平均转速 $n_m = 100$ r/min,等效阻力矩 $M_{er} = M_{er}(\varphi)$,如图 13-6(a)所示,等效驱动力矩 M_{ed} 为常数,不均匀系数的许用值 $[\delta] = 3\%$。求:

(1)等效驱动力矩 M_{ed};

（2）等效构件转速的最大值 n_{max} 和最小值 n_{min} 位置及其大小；

（3）最大盈亏功 ΔW；

（4）飞轮转动惯量 J_F 及飞轮矩 $m_1 D^2$。

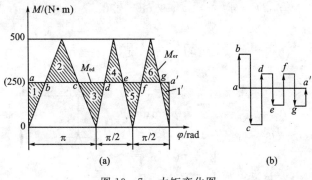

图 13-7　力矩变化图

（a）等效力矩变化曲线；（b）示功图

解　（1）机械系统在稳定运转的一个周期内，驱动力矩所做之功等于克服阻力之功，即

$$M_{ed} = \frac{0.5 \times (500\pi + 500 \times 0.5\pi + 500 \times 0.5\pi)}{2\pi} = 250 \text{ N} \cdot \text{m}$$

$M_d(\varphi)$ 为常数，如图 13-6(a) 中直线 aa' 所示。

（2）$M_{er}(\varphi)$ 与 $M_{ed}(\varphi)$ 的交点有 b、c、d、e、f 和 g，形成面积 $(1+1')$、2、3、4、5 和 6，其中 $(1+1')$、3 和 5 代表盈功，2、4 和 6 代表亏功，其数值为

$$\Delta W_1 = \frac{1}{2}\,\overline{ab} \times 250 = 250 \times \frac{\pi}{8}; \quad \Delta W_2 = -\frac{1}{2}\,\overline{bc} \times (500 - 250) = -250 \times \frac{\pi}{4};$$

$$\Delta W_3 = \frac{1}{2}\,\overline{cd} \times 250 = 250 \times \frac{3\pi}{16}; \quad \Delta W_4 = -\frac{1}{2}\,\overline{de} \times (500 - 250) = -250 \times \frac{\pi}{8};$$

$$\Delta W_5 = \frac{1}{2}\,\overline{ef} \times 250 = 250 \times \frac{\pi}{8}; \quad \Delta W_6 = -\frac{1}{2}\,\overline{fg}\,(500 - 250) = -250 \times \frac{\pi}{8};$$

$$\Delta W_7 = \frac{1}{2}\,\overline{ga'} \times 250 = 250 \times \frac{\pi}{16}$$

这样，等效构件在位置 b、d 和 f，其转速为局部极大值；而在位置 c、e 和 g，其转速为局部极小值。在这些局部极值中，必有一个最大值位置和一个最小值位置。现用盈亏功指示图（见图 13-7(b)）确定：任取一水平线上，向上和向下铅垂线分别代表盈功和亏功，选定比例尺，自位置 a 开始，直至一周期结束 a'；最高点 b 和最低点 c 分别为 n_{max} 位置和 n_{min} 位置，其值按给定的 n_m 和 δ 确定。如设计时配上飞轮使 δ 与许用值 $[\delta]$ 相等，则可用 $[\delta]$ 代替 δ 来确定。以 n 代替式 (13-2) 中的 ω，经演化后得

$$n_{max} = n_m \left(1 + \frac{[\delta]}{2} \right) = 100 \times \left(1 + \frac{0.03}{2} \right) = 101.5 \text{ r/min}$$

$$n_{min} = n_m \left(1 - \frac{[\delta]}{2} \right) = 100 \times \left(1 - \frac{0.03}{2} \right) = 98.5 \text{ r/min}$$

（3）在位置 $b(n_{max})$ 与 $c(n_{min})$ 之间盈亏功为最大盈亏功，其值为

$$\Delta W_{max} = 0.5 \times 0.5\pi \times 250 = 196.35 \text{ N} \cdot \text{m}$$

（4）确定 J_F 和 $m_1 D^2$，由式 (13-16) 有

$$J_F \geqslant \frac{900\Delta W_{\max}}{[\delta]\pi^2 n_m^2} = \frac{900 \times 196.35}{0.03 \times \pi^2 \times 100^2} = 59.68 \text{ kg} \cdot \text{m}^2$$

设为轮形飞轮，由式（13-18）得飞轮矩为

$$m_1 D^2 = 4J_F = 4 \times 59.68 = 238.72 \text{ kg} \cdot \text{m}^2$$

习　题

13-1　在题图13-1所示平面六杆机构中，已知 $l_{AB} = l_{BS_2} = l_{S_2C} = l_{CE} = l_{ED} = l_{ES_4} = l_{S_4G} = 100$ mm，$\varphi_1 = \varphi_{23} = \varphi_3 = 90°$，$m_2 = m_4 = m_5 = 10$ kg，$J_{S_1} = 0.05$ kg·m²，$J_{S_2} = J_{S_4} = 0.01$ kg·m²，$J_D = 0.04$ kg·m²，$F_5 = 1$ kN。设取曲柄1为等效构件，求等效转动惯量 J_e 及工作阻力 F_5 引起的等效阻力矩 M_r。

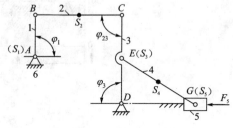

题图　13-1

13-2　题图13-2所示由行星轮系和蜗杆蜗轮机构组成的减速装置，已知各轮齿数：$z_1 = z_2 = 20$，$z_3 = 60$，$z_4 = 1$（单头），$z_5 = 40$；各轮及行星架 H 的质心均在其几何轴线上，两个行星轮 2 对称布置；各回转轴系的转动惯量：$J_{O_1} = 0.001$ kg·m²，$J_{O_2} = 0.001$ kg·m²，$J_{O_4} = 0.016$ kg·m²，$J_{O_3} = 1.6$ kg·m²；行星轮 2 质量 $m_2 = 1.25$ kg；齿轮 1、2 和 3 的模数 $m = 4$ mm。

（1）设取轮 1 为等效构件，求等效转动惯量 J_e；

（2）欲使卷绕在鼓轮 5′（$r_5 = 100$ mm）上重物 $Q = 1$ kN，等速上升，求作用在轮 1 上的驱动力矩 M_d。

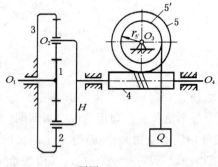

题图　13-2

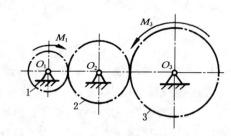

题图　13-3

13-3　如题图13-3所示定轴轮系，已知各轮齿数 $z_1 = 20$，$z_2 = 30$，$z_3 = 40$，各轮转动惯量：$J_1 = 0.1$ kg·m²，$J_2 = 0.225$ kg·m²，$J_3 = 0.4$ kg·m²；力矩：$M_1 = 80$ N·m，$M_3 = 100$ N·m。求从启动开始经 1 s 时轮 1 的角加速度 ε_1 及角速度 ω_1。

13-4　在某机械系统中，取其主轴为等效构件，平均转速 $n_m = 1\,000$ r/min，等效阻力矩 $M_{er}(\varphi)$ 如题图13-4所示。设等效驱动力矩 M_{ed} 为常数，且除飞轮以外其他构件的转动惯量均可忽略不计，求保证速度不均匀系数 δ 不超过 0.04 时，安装在主轴上的飞轮转动惯量 J_F。设该机械由电动机驱动，所需平均功率多大？如希望把此飞轮转动惯量减小一半，而保持原来的

δ 值,则应如何考虑?

13-5 在题图 13-5 所示行星轮系中,已知各轮齿数为 $z_1 = z_2 = 20$, $z_3 = 60$,各构件的质心均在其相对回转轴线上,它们的转动惯量为 $J_1 = J_2 = 0.01\ kg \cdot m^2$, $J_H = 0.16\ kg \cdot m^2$,行星轮 2 的质量 $m_2 = 2\ kg$,模数 $m = 10\ mm$,作用在行星架 H 上的力矩 $M_H = 40\ N \cdot m$。求构件 1 为等效构件时的等效力矩 M_{er} 和等效转动惯量 J_e。

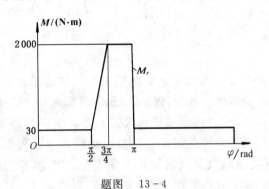

题图 13-4   题图 13-5

第14章 机械平衡

机械在运转过程中,构件所产生的不平衡惯性力将会在运动副中引起附加动压力。这不仅会增加运动副中的摩擦力和构件的内应力,导致磨损加剧,效率降低,而且影响构件的强度;同时,由于惯性力随机械的运转而作周期性的变化,故将会使机构及其基础产生强迫振动,从而导致机械工作质量和可靠性下降,并由振动而产生噪声污染。一旦振动频率接近机械系统的固有频率,将会引起共振,可能使机械破坏甚至危及周围建筑及人身安全。因此,研究机械中惯性力的变化规律,采用平衡设计和平衡试验的方法对惯性力加以平衡,以消除或减轻惯性力的不良影响,这在高速机械或精密机械中具有重要的意义。而有些机械如振实机、振动打桩机、蛙式打夯机、振动搅拌机等则是合理利用不平衡惯性力的机械。

14.1 平衡的分类与平衡方法

14.1.1 机械平衡的分类

1. 转子的平衡

绕固定轴回转的构件通称为转子。其惯性力和惯性力矩的平衡问题称为转子的平衡。根据转子工作转速的不同,转子的平衡又分为以下两类:

(1)刚性转子的平衡。当转子的工作转速一般低于$(0.6 \sim 0.75)n_{c1}$(n_{c1}为转子的第一阶共振转速)时,转子产生的弹性变形很小,称此类转子为刚性转子。刚性转子的平衡可以通过重新调整转子的质量分布,使其质心位于旋转轴线上的方法来实现。平衡后的转子回转时,各惯性力形成一个平衡力系,从而抵消了运动副中产生的附加动压力。

(2)挠性转子的平衡。若转子的工作转速大于第一阶共振转速的2/3,并且转子质量和跨距较大,转子将产生较大的弹性变形,称此类转子为挠性转子。挠性转子的平衡理论和技术为弹性梁的横向振动理论,问题比较复杂,须作专门的研究,本章不进行介绍。

2. 机构的平衡

对于作往复运动或平面运动的构件,其产生的惯性力和惯性力矩无法由构件各自平衡,只能就整个机构加以研究,使惯性力或惯性力矩在机架上得到完全或部分的平衡,故此类平衡又称为机构机架上的平衡。

14.1.2 机械平衡的方法

1. 平衡设计

在机械的设计阶段,除了要保证其满足工作要求及制造工艺要求外,还要在结构上采取措施消除或减少产生有害振动的不平衡惯性力,即进行平衡设计。

2. 平衡试验

经过平衡设计的机械,虽然在理论上已达到平衡,但由于制造不精确、材料不均匀及安装不准确等非设计方面的原因,实际制造出来后的机械往往达不到原来的设计要求,还会有不平衡现象。这种不平衡在设计阶段是无法确定和消除的,需要通过试验的办法加以平衡。

14.2　刚性转子的平衡设计

在转子的设计阶段,尤其是对高速转子及精密转子进行结构设计,必须对其进行平衡计算,以检查其惯性力和惯性力矩是否平衡。若不平衡,则需要在结构上采取措施消除不平衡惯性力的影响,这一过程称为转子的平衡设计。

14.2.1　静平衡设计

对于轴向尺寸较小(一般长径比小于 0.2)的盘状转子,如齿轮、盘状凸状、带轮等,它们的质量可近似认为分布在垂直于回转轴线的同一平面内。若其质心不在回转轴线上,则转子回转时将产生惯性力,从而在运动副中引起附加的动压力,这种不平衡现象称为静不平衡。为了消除惯性力的不利影响,设计时需要首先根据转子结构定出偏心质量的大小和方位,然后计算出为平衡偏心质量需添加的平衡质量的大小及方位。最后在转子设计图上加上该平衡质量以使设计出来的转子在理论上达到静平衡。这一过程称为转子的静平衡设计。

如图 14-1(a) 所示,设该盘形转子上有 3 个偏心质量 m_1、m_2、m_3,回转矢径分别为 r_1、r_2、r_3,当转子以角速度 ω 回转时,各质量产生的离心惯性力为

$$F_1 = m_1\omega^2 r_1, \quad F_2 = m_2\omega^2 r_2, \quad F_3 = m_3\omega^2 r_3$$

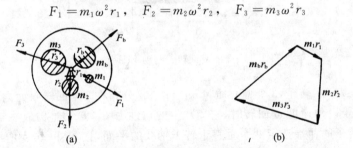

图 14-1　盘形转子的受力分析

这些惯性力构成一平面汇交力系。为平衡这些惯性力,在该转子回转矢径 r_b 处加上一平衡质量 m_b,使其产生的惯性力 F_b 与上述三个惯性力的合力平衡,即

$$F_1 + F_2 + F_3 + F_b = 0 \tag{14-1}$$

或

$$m_1\omega^2 r_1 + m_2\omega^2 r_2 + m_3\omega^2 r_3 + m_b\omega^2 r_b = 0$$

消去 ω 后得

$$m_1 r_1 + m_2 r_2 + m_3 r_3 + m_b r_b = 0 \tag{14-2}$$

式中,各质量与矢径的乘积 mr(kg·cm) 称为质径积。

式(14-2)可用图解法或解析法求得平衡质径积 $m_b r_b$ 的大小和方位(见图 14-1(b))。

当然,也可用在 F_b 的反方向 F'_b 上除去一部分质量 m'_b 使转子平衡,但应保证 $m_b r_b = m'_b r'_b$。

由以上分析可得出结论如下：

（1）静平衡的条件。分布于转子上的各个偏心质量的离心惯性力的合力为零或质径积的向量和为零。

（2）对于静不平衡的转子，无论它有多少个偏心质量，都只须在同一平面内增加（或减少）一个平衡质量即可获得平衡。

14.2.2 动平衡设计

对于轴向尺寸较大（长径比大于 0.2）的转子，如电机转子、内燃机曲轴和机床主轴等，其质量不能认为分布在同一平面内，而是分布在若干个不同的回转平面内。这时，即使转子质心 S 在回转轴线上（见图 14-2），但由于各偏心质量产生的惯性力不在同一回转平面内，它们形成的惯性力矩仍使转子处于不平衡状态。而这种不平衡现象只有在转子运转的情况下才能显示出来，故称其为动不平衡。为了消除动不平衡现象，在设计中需要根据转子结构确定出各个不同回转平面内偏心质量的大小和位置，然后计算出为使转子得到动平衡所需增加的平衡质量的数目、大小及方位，并在转子设计图上加上这些平衡质量，以使设计出来的转子在理论上达到动平衡（即使惯性力的合力与惯性力矩的合力矩为零），这一过程称为转子的动平衡设计。下面介绍动平衡的设计方法。

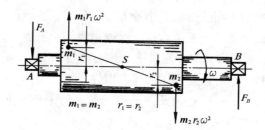

图 14-2　刚性转子的动不平衡现象

如图 14-3(a) 所示转子，3 个偏心质量 m_1、m_2、m_3 分布在 3 个回转平面内，r_1、r_2、r_3 为其回转矢径。当该转子以角速度 ω 回转时，它们产生的惯性力 F_1、F_2、F_3 构成一空间力系，为了平衡惯性力矩，在转子的两端选定两个垂直于转子轴线的平面 Ⅰ 和 Ⅱ 作为增加（或减少）平衡质量的平衡基面。根据理论力学的知识可知，把不同平面内的惯性力分解到平衡基面 Ⅰ 和 Ⅱ 内，得

$$\left.\begin{aligned} \boldsymbol{F}_{i\mathrm{I}} &= \frac{l_i}{l}\boldsymbol{F}_i = \frac{l_i}{l}m_i\omega^2\boldsymbol{r}_i \\ \boldsymbol{F}_{i\mathrm{II}} &= \frac{l-l_i}{l}\boldsymbol{F}_i = \frac{l-l_i}{l}m_i\omega^2\boldsymbol{r}_i \end{aligned}\right\} \quad (i=1,2,3)$$

这样就把原空间力系的平衡问题转化为 Ⅰ 和 Ⅱ 两平面内的平面汇交力系平衡问题，即转化为静平衡问题，故可用前述的静平衡设计方法来解决了。对于平面 Ⅰ 和 Ⅱ 分别有

$$\boldsymbol{F}_{1\mathrm{I}} + \boldsymbol{F}_{2\mathrm{I}} + \boldsymbol{F}_{3\mathrm{I}} + \boldsymbol{F}_{\mathrm{I}} = 0, \quad \boldsymbol{F}_{1\mathrm{II}} + \boldsymbol{F}_{2\mathrm{II}} + \boldsymbol{F}_{3\mathrm{II}} + \boldsymbol{F}_{\mathrm{II}} = 0$$

即

$$\frac{l_1}{l}m_1\boldsymbol{r}_1 + \frac{l_2}{l}m_2\boldsymbol{r}_2 + \frac{l_3}{l}m_3\boldsymbol{r}_3 + m_{\mathrm{I}}\boldsymbol{r}_{\mathrm{I}} = 0$$

$$\left(1-\frac{l_1}{l}\right)m_1\boldsymbol{r}_1 + \left(1-\frac{l_2}{l}\right)m_2\boldsymbol{r}_2 + \left(1-\frac{l_3}{l}\right)m_3\boldsymbol{r}_3 + m_{\mathrm{II}}\boldsymbol{r}_{\mathrm{II}} = 0 \qquad (14-3)$$

式中，m_I、m_{II}、r_I、r_{II}、F_I、F_{II} 分别表示加在平衡基面 I、II 上的平衡质量及其回转矢径和产生的惯性力。利用前述静平衡的图解法即可求出两质径积 $m_I r_I$ 和 $m_{II} r_{II}$，如图 14-3(b)(c) 所示。

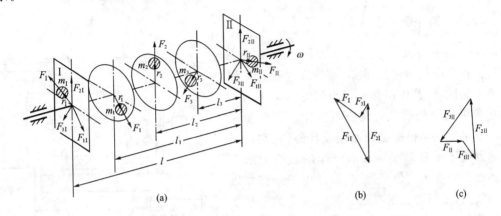

图 14-3 刚性转子的动平衡分析

(a) 平衡基面；(b) 平衡基面 I 受力分析；(c) 平衡基面 II 受力分析

由上述分析可得结论如下：

(1) 动平衡的条件。当转子转动时，转子上分布在不同平面内的各个质量所产生的空间离心惯性力系的合力及合力矩均为零。

(2) 对于动不平衡的转子，无论它有多少个偏心质量，都只需要在选定的两个平衡基面内加（或减）一个合适的平衡质量即可使转子达到动平衡，因此，动平衡又称为双面平衡。

(3) 由于动平衡同时满足静平衡条件，所以经过动平衡的转子一定静平衡；反之，经过静平衡的转子不一定是动平衡的。

(4) 平衡基面的选择是根据转子的结构特点选择适于加减平衡质量的平面。

14.3 刚性转子的平衡试验

14.3.1 静平衡试验

当转子的宽径比 $D/b \geqslant 5$ 时，通常只需对转子进行静平衡试验。静平衡试验所用的设备称为静平衡架，如图 14-4 所示。图 14-4 为导轨式静平衡架，在用它平衡转子时，首先应将两导轨调整为水平且互相平行，然后将需要平衡的转子放在导轨上让其轻轻地自由滚动。如果转子上有偏心质量存在，其质心必偏离转子的旋转轴线，在重力的作用下，待转子停止滚动时，其质心 S 必须在轴心的正下方，这时在轴心正上方任意矢径处加一平衡质量（一般用橡皮泥）。反复试验，直到转子在任何位置都能保持静止。

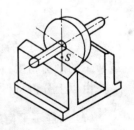

图 14-4 导轨式静平衡试验

最后根据所加的平衡质量和位置，得到其质径积，再根据转子的结构，在合适位置上增加或减少相应的平衡质量，使转子最终达到平衡。

导轨式静平衡架结构简单,操作方便,平衡精度较高,故应用较广泛。但这种静平衡机在平衡转子时,需经过多次反复试验,工作效率较低;当转子两端支承轴径尺寸不同时,便不能用其进行平衡。

14.3.2 动平衡试验

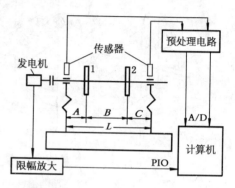

转子的动平衡试验一般要在专用的动平衡机上进行。动平衡机的种类很多,虽然其构造及工作原理不尽相同,但其作用都是用来确定需加于两个平衡基面中的平衡质量的大小与方位。目前使用较多的动平衡机是根据振动原理设计的,它利用测振传感器将不平衡转子转动时产生的惯性力所引起的振动信号变为电信号,然后通过电子线路加以处理和放大,最后通过解算求出被测转子的不平衡质量的质径积的大小和方位。如图 14-5 所示为一种带微机系统的硬支承动平衡机的工作原理。该

图 14-5 动平衡机原理

动平衡机由机械部分、振动信号预处理电路和微机三部分组成,它利用平衡机主轴箱端部的小发电机信号作为转速信号和相位基准信号,由发电机拾取的信号经处理后成为方波或脉冲信号,利用方波的上升沿或正脉冲通过计算机的 PIO 触发中断,使计算机开始和终止计数,以此达到测量转子旋转周期的目的。由传感器拾取的振动信号,在输入 A/D 转换器之前需要进行一些预处理,这一工作是由信号预处理电路来完成的,其主要工作是滤波和放大,并把振动信号调整到 A/D 转换器所要求的输入量的范围内;振动信号经过预处理电路处理后,即可输入计算机,进行数据采集和解算,最后由计算机给出两平衡基面上需加平衡质量的大小和相位,而这些工作是由软件来完成的。

14.3.3 转子的平衡精度

经过平衡试验后的转子,由于平衡试验装置的误差以及一些人为因素,还会残存一些不平衡。转子平衡状态的优良程度称为转子的平衡精度。工程上常用 $e\omega$ 来表示转子的平衡精度 $A(\text{mm/s})$,即

$$A = \frac{[e]\omega}{1\,000} \tag{14-4}$$

式中,$[e]$ 为转子的许用偏心距,ω 为转子的角速度。A 值越大,转子的平衡精度越低。各类典型转子的平衡精度 A 值见表 14-1。根据 A 值可以求出转子的许用偏心距 $[e]$。

由以上分析可得出如下结论:

(1) 对静不平衡的转子,可按式 $A = \frac{[e]\omega}{1\,000}$ 求出许用偏心距 $[e]$,再由式 $e = \frac{m_b r_b}{m}$ 求出实际偏心距,应满足 $e \leqslant [e]$。m_b 与 r_b 分别是转子平衡质量及方位,m 是转子的质量。

(2) 对于动不平衡的转子,求出 $[e]$ 后,还需求出许用不平衡质径积 $[mr] = [e]m$,然后将它分配到两个选定的平衡基面 Ⅰ 和 Ⅱ 上去。

表 14-1　各种典型转子的平衡等级和许用不平衡量

平衡等级 G	平衡精度 $A = \dfrac{[e]\omega}{1\,000}$ mm/s	典型转子举例
G4000	4 000	刚性安装的具有奇数汽缸的低速船用柴油机曲轴部件
G1600	1 600	刚性安装的大型两冲程发动机曲轴部件
G630	630	刚性安装的大型四冲程发动机曲轴部件;弹性安装的船用柴油机曲轴传动装置
G250	250	刚性安装的高速四缸柴油机曲轴传动装置
G100	100	六缸和六缸以上高速柴油机曲轴部件;汽车、机车用发动机整机
G40	40	汽车轮、轮缘、轮组、传动轴;弹性安装的六缸或六缸以上高速四冲程发动机(汽油机或柴油机)曲轴部件;汽车、机车用发动机曲轴部件
G16	16	特殊要求的传动轴(螺旋桨轴、万向联轴器轴);破碎机械的零件;农业机械的零件;汽车和机车用发动机特殊部件;特殊要求的六缸或六缸以上发动机曲轴部件
G6.3	6.3	作业机械的回转零件;船用主汽轮机的齿轮;风扇;航空燃气轮机转子部件;泵的叶轮;离心机的鼓轮;机床及一般机械的回转零、部件;普通电机转子;特殊要求的发动机回转零、部件
G2.5	2.5	燃气轮机和汽轮机的转子部件;刚性汽轮发电机转子;透平压缩机转子;机床主轴和驱动部件;特殊要求的大型和中型电机转子;小型电机转子;透平驱动泵
G1.0	1.0	磁带记录仪及录音机驱动部件;磨床驱动部件;特殊要求的微型电机转子
G0.4	0.4	精密磨床的主轴、砂轮盘及电机转子;陀螺仪

注:① 按国际标准,低速柴油机的活塞速度小于 9 m/s,高速柴油机的活塞速度大于 9 m/s。

② 曲轴部件是指包括曲轴、飞轮、离合器、带轮等的组合件。

例 14-1　如图 14-6 所示为一个一般机械的转子,质量为 70 kg,转速 $n = 3\,000$ r/min,两个平衡基面 Ⅰ、Ⅱ 至质心的距离分别为 $a = 40$ cm, $b = 60$ cm,试确定两平衡基面内的许用不平衡量。

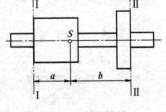

图 14-6　刚性转子

解　因要平衡的是一般机械的转子,由表 14-1 选用平衡等级 G6.3,其平衡精度 $A = 6.3$ mm/s。

令转子角速度 $\omega = \pi n/30 \approx 0.1n = 300$ rad/s,由式(14-4)求得许用偏心距为

$$[e] = 1\,000A/\omega = 1\,000 \times 6.3/300 = 21\ \mu m$$

许用不平衡质径积为

$$[mr] = m[e] = 70 \times 21 = 1\,470\ kg \cdot \mu m = 147\ g \cdot cm$$

两平衡基面内许用的不平衡质径积为

$$[mr_1]_{\text{I}} = [mr]b/(a+b) = 147 \times 60/100 = 88.2\ g \cdot cm$$

$$[mr_1]_{\mathrm{II}} = [mr]a/(a+b) = 147 \times 40/100 = 58.8 \text{ g} \cdot \text{cm}$$

14.4　平面机构的平衡简介

平面机构中作往复移动的构件或作复合运动的构件,其惯性力和惯性力偶矩不可像转子那样在其内部得到平衡。因此,应从机构整体考虑各构件的平衡问题。当机构运动时,各构件的惯性力和惯性力偶矩可合成为过质心的一个总惯性力和一个总惯性力偶矩,使机械工作出现振动和不稳定。总惯性力偶矩的平衡问题涉及因素多,比较复杂,并且还需与驱动力矩和工作阻力矩综合考虑,本节只讨论惯性力的平衡问题。

机构总惯性力的平衡条件为总惯性力 $\boldsymbol{F} = -m\boldsymbol{a}_\mathrm{s} = 0$,式中 m 为机构质量,它不可能为零,欲使该式成立,机构质心加速 $\boldsymbol{a}_\mathrm{s}$ 应为零,即机构质心位置固定或作等速直线运动。由于机构作周期性运动,其质心不可能作等速直线运动,因此,只能适当增加平衡质量,使机构质心位置固定不动。

如图 14-7 所示为曲柄滑块机构,设曲柄 1、连杆 2 及滑块 3 的质量分别为 m_1、m_2 和 m_3,其质心分别为 S_1、S_2 及 S_3。先在连杆 2 上加平衡质量 m_b,并使 m_b 与 m_2、m_3 的总质心位于点 B,则 $m_\mathrm{b} = \dfrac{m_2 h_2 + m_3 l_2}{r_2}$,而 $m_B = m_\mathrm{b} + m_2 + m_3$,然后在曲柄轴上加平衡质量 m'_b,使 m'_b 与 m_b、m_1 的总质心位于固定铰链点 A,则 $m'_\mathrm{b} = \dfrac{m_1 h_1 + m_B l_1}{r_1}$,而 $m_A = m'_\mathrm{b} + m_1 + m_B$。

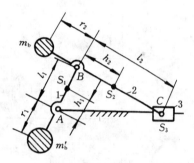

图 14-7　质量平衡法

至此,该机构增设两个平衡质量 m_b 和 m'_b 后,其总质心位置固定,不随机构运动而变化,使该机构总惯性力得到完全平衡。

实用中,由于结构所限,不适合在连杆上加平衡质量,往往只能在曲柄上加平衡质量,则机构总惯性力只能得到部分平衡。

如图 14-8 所示为摩托车发动机中应用完全相同的两曲柄滑块机构对称布置的设计方法来达到机构总惯性力平衡。因此,机构对称布置也是消除总惯性力的有效方法。

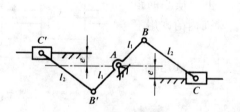

图 14-8　对称布置平衡法

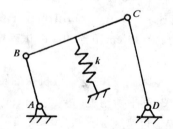

图 14-9　弹簧平衡法

如图 14-9 所示为利用弹簧平衡。通过合理选择弹簧刚度系数 k 和弹簧安装位置,可以使连杆 BC 的惯性力得到部分平衡。

14.5 惯性力的应用

1. 蛙式打夯机

如图 14-10 所示是一种蛙式打夯机械。电动机 8 经两级带轮机构(7-6-5,4-3-2)减速,使重锤 1 连续回转。皮带轮 2 和偏心重锤 1 的轴装在夯头架 13 的前端。重锤回转的惯性力使夯头架上下往复摆动。夯头架 13 向下摆动时,在它和重锤的重力及惯性力作用下,夯头 14 夯击地面土层。在循环过程中,重锤的惯性力还使整个机器向前间歇运动。图 14-10 所示 9 是手柄,10 是开关,11 是电源线。

这个机构没有固定的机架,机座 12 基本上只有水平方向的运动,所以夯头的冲击振动对电机的影响较小。皮带易磨损是其主要缺点。

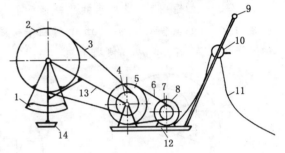

图 14-10 蛙式打夯机

2. 惯性圆锥破碎机

如图 14-11 所示,由电动机 1 通过万向联轴节 2 带动偏心重块 3 转动,迫使破碎锥 4 沿破碎腔体 5 翻滚;破碎腔体 5 悬挂在支板 6 上。破碎机将矿石从块度 150 ~ 200 mm 破碎到 3 ~ 5 mm。

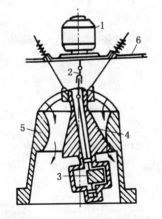

图 14-11 惯性圆锥破碎机

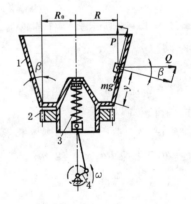

图 14-12 振动离心脱水机

3. 振动离心脱水机

如图 14-12 所示,由单独的传动装置带动齿轮 2,使离心机转鼓 1 旋转,同时借助曲柄 4 和弹簧 3(橡胶缓冲器)实现垂直振动。装入转鼓中的湿煤压向冲孔板筛网,通过筛孔将水脱掉;脱水后的干煤经过转鼓上端溢出。煤料向上运动的条件是,物料沿锥鼓母线的切向力大于物料的移动阻力,即

$$P\cos\beta + Q\sin\beta - mg\cos\beta > f(Q\cos\beta + mg\sin\beta - P\sin\beta)$$

式中,P 为转鼓惯性力,$P = m\omega^2 x$;Q 为离心力,$Q = m\omega^2 R$;R 为变化的半径,$R = R_0 + y\sin\beta$;mg

为质点的重力;x 为强迫振动的振幅,$x=r\dfrac{u^2}{u^2-\omega_1^2}\sin\omega t$;$u$ 为固有频率,$u=\sqrt{\dfrac{C}{m_1}}$;C 为缓冲器 3 的刚度;m_1 为锥鼓的质量;r、ω 为曲柄的半径和角速度;ω_1 为转鼓角速度;f 为静摩擦系数。

习　　题

14-1　如题图 14-1 所示为摆动活齿减速器偏心盘激波器,其直径为 $D=100$ mm,偏心距为 $e=8$ mm,轴孔直径为 $d=20$ mm。要求在该偏心盘上开 $2\sim3$ 个圆孔达到静平衡,试设计确定所开孔的大小和位置。

14-2　如题图 14-2 所示的凸轮轴系由 3 个相互错开 120° 的偏心轮组成,每个偏心轮的质量为 0.5 kg,其偏心距为 12 mm,若在平衡基面 Ⅰ、Ⅱ 内回转半径为 $r_{b_Ⅰ}=r_{b_Ⅱ}=10$ mm 处加一平衡质量 $m_{b_Ⅰ}$ 和 $m_{b_Ⅱ}$ 使之平衡。试求 $m_{b_Ⅰ}$ 和 $m_{b_Ⅱ}$ 的大小和方位。

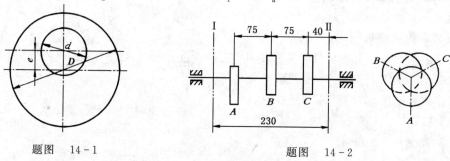

题图　14-1　　　　　　　　　　题图　14-2

14-3　如题图 14-3 所示为一行星轮系,各轮为标准齿轮,其齿数 $z_1=58$,$z_2=42$,$z'_2=44$,$z_3=56$,模数均为 $m=5$ mm,行星轮 $2-2'$ 轴系本身已平衡,质心位于轴线上,其总质量 $m=2$ kg。问:

(1) 行星轮 $2-2'$ 轴系的平衡质径积为多少?

(2) 采用什么措施加以平衡?

14-4　如题图 14-4 所示机构中各杆长 $l_1=50$ mm,$l_2=150$ mm,$l_3=130$ mm,$l_4=200$ mm;其质量 $m_1=1$ kg,$m_2=2$ kg,$m_3=6$ kg,质心位于各自构件的中点。试在构件 1、3 上加平衡质量来实现机构惯性力的完全平衡。

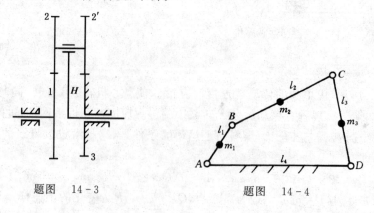

题图　14-3　　　　　　　　　　题图　14-4

第 15 章　机械系统的方案设计

机械系统是由原动机、传动系统、执行系统和控制系统组成的。因此,机械系统方案设计的主要内容是原动机的选择、执行系统的方案设计、传动系统的方案设计、控制系统的方案设计以及其他辅助系统的设计。本章主要介绍执行系统与传动系统的方案设计。

15.1　机械执行系统的方案设计

机械执行系统的方案设计包括功能原理设计、运动规律设计、执行机构的形式设计、执行系统的协调设计、执行机构的尺度设计、方案的评价与决策等内容。执行系统方案设计的好坏,对机械系统能否完成预期的工作任务以及工作质量的优劣和产品在国际市场的竞争能力都起着决定性作用,因此,它是机械系统方案设计的核心。

15.1.1　功能原理设计

所谓功能原理设计就是根据机械预期实现的功能,考虑选择何种工作原理来实现这一功能要求。例如,要求设计一个齿轮加工设备,其预期实现的功能是在轮坯上加工出轮齿,可选择仿形原理,也可选择范成原理。选择的工作原理不同,执行系统的方案就会有很大的差异。功能原理设计的任务,就是根据预期实现的机械功能,构思出所有可能的功能原理,加以分析比较,从中选择出既能很好地满足功能要求,工艺动作又简单的工作原理。

功能原理设计是一项富有创造性的工作。要创造性地完成功能原理设计,不仅需要丰富的专业知识,还需要丰富的实践经验。在功能原理设计中,读者切忌将思路仅仅局限在机构上(还有如电磁、流体、弹簧、惯性等),而应尽量采用先进、简单的技术。

15.1.2　运动规律设计

实现同一工作原理,可以采用不同的运动规律。选择的运动规律不同,执行系统的方案也必然不同。所谓运动规律设计,就是根据工作原理提出的工艺要求,构思出能够实现该工艺要求的各种运动规律,然后从中选取最为简单适用的运动规律,作为机械执行系统的运动方案。

运动规律设计通常是对工艺动作进行分析,将其分解成若干个基本动作。工艺动作分解的方法不同,所得到的运动规律也各不相同。例如同是采用范成原理加工齿轮,工艺动作可有不同的分解方法:一种方法是把工艺动作分解成齿条插刀与轮坯的范成运动、齿条刀具上下往复的切削运动,以及刀具的进给运动等,按照这种工艺动作分解方法,得到的是插齿机床方案;另一种方法是把工艺动作分解成滚刀与轮坯的连续转动(将切削运动与范成运动合为一体)

和滚刀沿轮坯轴线方向的移动,按照这种工艺动作分解方法,就得到了滚齿机床的方案。

15.1.3　执行机构类型设计

实现同一种运动规律,可以选用不同类型的机构。所谓机构的类型设计,是指根据运动规律要求,构思出所有能实现此运动规律的机构,从中选择出最佳方案。例如,为了实现上下往复运动,可采用齿轮齿条机构、螺旋机构、曲柄滑块机构及凸轮机构等。

执行机构类型设计的方法有两大类,即机构的选型与构型。

1.机构选型

所谓机构的选型,是指利用发散思维的方法,将前人创造发明出的数以千计的机构按照运动特性或动作功能进行分类,然后根据设计对象中执行构件所需要的运动特性或动作功能进行搜索、选择、比较和评价,选出执行机构的机构类型。

(1)按照执行构件所需的运动特性进行机构选型。这种方法是从具有相同运动特性的机构中,按照执行构件所需的运动特性进行搜寻。当有多种机构均可满足所需要求时,则可根据结构简单、传力性能好、机构尺寸小等原则,对初选的机构类型进行分析和比较,从中选择出较优的机构。表 15-1 列出了常见运动特性及其所对应的机构举例。

表 15-1　常见运动特性及其对应机构

运动特性		实现运动特性的机构示例
连续转动	定传动比匀速	平面四杆机构、双万向联轴节机构、齿轮机构、轮系、谐波传动机构、摆线针轮机构、摩擦传动机构、挠性传动机构等
	变传动比匀速	轴向滑移齿轮机构、轮系变速机构、摩擦传动机构、行星无级变速机构、挠性无级变速机构等
	非匀速	双曲柄机构、转动导杆机构、单万向联轴节机构、非圆齿轮机构、某些组合机构
往复运动	往复移动	曲柄滑块机构、移动导杆机构、正弦机构、移动从动件凸轮机构、齿轮齿条机构、楔块机构、螺旋机构、气动机构、液压机构等
	往复摆动	曲柄摇杆机构、双摇杆机构、摆动导杆机构、曲柄摇块机构、空间连杆机构、摆动从动件凸轮机构、某些组合机构等
间歇运动	间歇转动	棘轮机构、槽轮机构、不完全齿轮机构、凸轮式间歇运动机构、某些组合机构等
	间歇摆动	特殊形式的连杆机构、摆动从动件凸轮机构、齿轮-连杆组合机构、利用连杆曲线圆弧段或直线段组成的多杆机构等
	间歇移动	棘齿条机构、摩擦传动机构、从动件作间歇往复运动的凸轮机构、反凸轮机构、气动机构、液压机构、移动杆有停歇的斜面机构等
预定轨迹	直线轨迹	连杆近似直线机构、八杆精确直线机构、某些组合机构等
	曲线轨迹	利用连杆曲线实现预定轨迹的多杆机构、凸轮-连杆组合机构、齿轮-连杆组合机构、行星轮系与连杆组合机构等
特殊运动要求	换向	双向式棘轮机构、定轴轮系(三星轮换向机构)等
	超越	齿式棘轮机构、摩擦式棘轮机构等
	过载保护	带轮机构、摩擦传动机构等
	⋮	⋮

　　要说明的是,表中所列机构只是很少一部分,具有上述几种运动特性的机构有数千种之多,在各种机构设计手册中均可查到。

　　利用这种方法进行机构选型,方便、直观。设计者只需根据给定的工艺动作的运动特性,从有关手册中查阅相应机构即可,故使用普遍。若所选机构的类型不能令人满意,则需创造新机构,以满足设计任务的要求。

　　(2) 按照动作功能分解与组合原理进行机构选型。任何一个复杂的执行机构都可以认为是由一些基本机构(如四杆机构、凸轮机构、齿轮机构、五杆机构、差动轮系等)所组成的,这些基本机构具有如表 15-2 所示的进行运动变换和传递的基本功能。

表 15-2　运动变换符号

基本功能	表示符号	基本功能	表示符号
运动形式变换		运动合成	
运动方向交替变换		运动分解	
运动轴线变向		运动脱离	
运动(位移或速度)放大		运动连接	
运动(位移或速度)缩小			

　　当根据生产工艺和使用要求进行执行机构的类型设计时,可首先认真研究它需实现的总体功能。一般情况下,总体功能往往可以分解成若干分功能。这样的分解可用下述形式来表达,即

$$U = (U_i), \quad i = 1, 2, \cdots, m \tag{15-1}$$

即总体功能 U 是由若干个分功能 U_i 组成的。而每一个分功能又可以用不同的机构来实现,即

$$T_j = (t_{j1}, t_{j2}, \cdots, t_{jn}), \quad j = 1, 2, \cdots, n \tag{15-2}$$

式中,T_j 为能够完成分功能 U_i 机构的集合;t_{ij} 为对应于第 j 个能完成分功能 U_i 的机构;n 为能实现该分功能的机构数目。若用 U_i 定义行,T_j 定义列,t_{ij} 为元素构成矩阵,则可得功能技术矩阵,即

$$(\boldsymbol{U} - \boldsymbol{T}) = \begin{bmatrix} t_{11} & \cdots & t_{1j} & \cdots & t_{1n} \\ \vdots & & \vdots & & \vdots \\ t_{i1} & \cdots & t_{ij} & \cdots & t_{in} \\ \vdots & & \vdots & & \vdots \\ t_{m1} & \cdots & t_{mj} & \cdots & t_{mn} \end{bmatrix} \tag{15-3}$$

　　由于能够实现各分功能的机构数目并不相等,因此,通常将能实现某一分功能的最多机构

数定为 n,少于 n 的分功能元素项 t_{ij} 用零表示。

由于总体功能是由若干个分功能组成的,因此,只要在矩阵的每一行任找一个元素,把各行中找出的机构组合起来,就组成一个能实现总体功能的方案。根据这一原则,可得到的方案总数为

$$N = n^m \tag{15-4}$$

当然,由于有些机构具有多种分功能(如曲柄滑块机构既具有运动形式变换功能,又具有运动轴线变向功能),因此,可能会出现重复方案;由于矩阵中有些元素为零,因此有些方案不可能成为有效方案。所以 N 个方案并不是都能成立。由于这种机构选型方法的表达模式有利于用计算机存储、分析和选择,因此,具有广阔的应用前景。

2. 机构构型

当根据执行机构的运动特性或功能要求采用类比法进行机构选型时,若所选择的机构构型不能完全实现预期的要求,或虽能实现功能要求但存在着或结构较复杂,或运动精度不够和动力性能欠佳,或占据空间较大等缺点,在这种情况下,设计者需要采用另一途径来完成执行机构的构型设计,即先从常用机构中选择一种功能和原理与工作要求相近的机构,然后在这些基础上重新构筑机构的形式,这一工作称为机构的构型。它是一项比机构选型更具有创造性的工作。

机构的构型方法很多,有扩展法、组合法、变异法等,这些方法在前面章节中均有表述,这里不再介绍,详细内容可参阅相关文献。

15.1.4 执行机构运动协调设计

一部复杂的机械通常由多个执行机构组合而成。在选定某些执行机构构型后,还必须使这些机构以一定的次序协调动作,使其统一于一个整体,互相配合,以完成预期的工作要求。所谓执行机构的运动协调设计,就是根据工艺过程中各动作的要求,分析各执行机构应当如何协调和配合,设计协调配合图。这种用来描述各执行机构之间运动协调配合关系的图通常称为机械运动循环图,它具有指导各执行机构的设计、安装和调试的作用。

1. 机械运动循环图的表示方法

机械的运动循环是指产品在加工过程中的整个工艺动作过程所需要的总时间 T,工艺动作过程包括工作行程、空回行程和停歇阶段。

执行机构完成某一工序的工作行程、空回行程和停歇所需时间的总和,称为执行机构的运动循环周期。

各执行机构的运动循环与机械的工作循环在时间上往往是相等的。但有时为了实现某一工艺动作过程要求,某些执行机构的运动循环周期与机械的工作循环周期并不相等,此时,机械的一个运动循环内有些执行机构可完成若干个运动循环。

通常机械运动循环图有三种形式。

(1) 直线式运动循环图(也称为矩形循环图)。这种类型的循环图,是将机械在一个运动循环中各执行构件各行程段的起止时间和先后顺序,按比例地绘制在直线坐标轴上而得到的。

图 15-1 所示为牛头刨床的运动循环图。它以牛头刨床中的主要执行机构——曲柄导杆机构中的曲柄——为定标构件,以曲柄的转角 φ 为横坐标,曲柄回转一周为一个运动循环。

由图中可以看出,工作台的横向进给行程是在刨头的空回行程开始一段时间以后开始,在空回行程结束前完成的。为提高生产率,刨头的运动有急回作用。

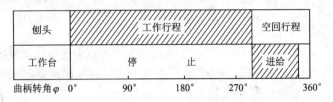

刨头	工作行程	空回行程
工作台	停　　　止	进给

曲柄转角 φ　0°　　　90°　　180°　　270°　　360°

图 15-1　直线式运动循环图

直线式运动循环图的特点是能清楚地表示出一个运动循环内各执行构件运动的相互顺序和时间(或转角)关系,绘制方法简单,但不能显示各执行构件的运动规律,直观性较差。

(2)圆周式运动循环图。如图 15-2 所示为单缸四冲程内燃机的工作循环图。它的主要执行机构是曲柄滑块机构,并以曲柄为定标构件,曲柄每转 2 周为一个工作循环。

圆周式运动循环图是将运动循环的各运动区段的时间和顺序按比例绘在图形坐标(圆心为极坐标系原点)上而得到的。其特点是直观性比较强,能较清楚地看出各执行机构原动件在主轴或分轴上所处的相位,便于各原动件的安装和调试。但当执行机构较多时,由于同心圆环太多,看起来就显得费劲,影响其直观性。

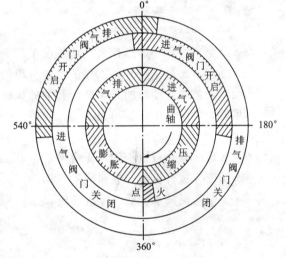

图 15-2　圆周式运动循环图

(3)直角坐标式运动循环图。这种类型的运动循环图,是以横坐标轴表示主轴或分配轴的转角,用纵坐标轴表示各执行构件的角位移或线位移,将运动循环的各运动区段的时间和顺序按比例绘在直角坐标轴上而得到的。

如图 15-3 所示为简易平板印刷机的直角坐标式运动循环图。

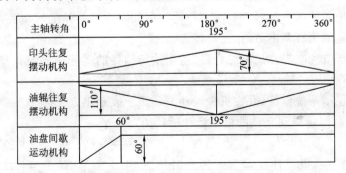

图 15-3　直角坐标式循环图

该运动循环图实际上就是执行构件的位移线图,为简单起见,各区段之间均用直线连接,工作行程、空回行程、停歇区段分别用上升、下降和水平的直线来表示。其特点是,能清楚地表示出各执行机构的运动状态及各执行构件动作的先后顺序、位移情况及相互关系,便于指导执行机构的几何尺寸设计。

2.机械运动循环图的作用

机械运动循环图是自动机械设计中不可缺少的一个重要环节,其主要作用如下:

(1)将机构系统的运动协调设计的结果直观地表示出来,保证各执行机构的动作相互协调,紧密配合,能按预期的顺序实现工艺动作。

(2)为进一步设计各执行机构的运动尺寸提供重要依据,指导各个执行机构的具体设计。

(3)为机构系统的设计计算、装配、调试、维修及改进提供依据。

(4)能够反映出该机械系统的生产节奏,因此可用来核算机器的生产率。

3.机械运动循环图的设计要点与步骤

(1)设计要点。

1)以工艺过程开始点作为机构系统工作循环的起始点。

2)确定由此起始点开始工作的主执行机构作为参照机构。

3)按工艺动作顺序的先后列出其他的执行机构,并要求前一执行构件的工作行程结束与后一执行构件的工作行程开始之前要有一定的时间间隔,避免两机构在动作衔接处发生干涉。

4)尽量使各执行机构的动作有所重合,以缩短机械的运动循环周期,提高生产率。

5)明确各执行机构与参照机的运动协调关系。

6)当设计机械系统运动循环图时,应根据具体的情况对相应的执行机构构型及尺寸进行修改。

(2)设计步骤。

1)根据机构系统各执行机构的运动协调设计,分析执行构件相互之间的动作配合关系。

2)确定组成运动循环的各个区段,计算执行机构的运动循环时间 $T_{执}$ 为

$$T_{执} = T_{工作} + T_{空程} + T_{停歇}$$

式中,$T_{工作}$ 为执行机构工作行程时间;$T_{空程}$ 为执行机构空回行程时间;$T_{停歇}$ 为执行机构停歇时间。

3)确定执行构件的工作行程、回程、停歇等与时间或主轴转角的对应关系。

4)绘制机构运动循环草图。

5)在进行执行机构选型和尺度综合后,根据执行构件的实际运动规律修改机械运动循环草图。

6)进行自动控制系统设计,并在机械运动循环图上表示出来。

经过上述步骤,即可得到完整的机械运动循环图。

4.设计举例

(1)电阻压帽自动机设计要求。常用电阻是由电阻坯料和两个电阻帽压合而成的。如图15-4所示,1为电阻坯料,2为电阻帽。

电阻压帽自动机的总功能就是将由料斗下来

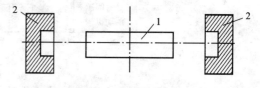

图 15-4　电阻组成

的电阻坯料自动定位夹紧,然后,再将电阻帽料斗下来的两个电阻帽分左右自动压上。该自动机还应按固定的周期连续进行生产。

（2）工艺动作设计和机械运动循环图。按电阻压帽机的功能要求,为了使执行构件的动作尽量简单,可将工艺动作分解为三步:送坯料 → 定位、夹紧 → 压帽。

根据上面的分析,可由四个执行机构来完成上述工艺动作,执行构件都采用直线往复运动,图 15-5 所示为电阻压帽自动机的机构运动循环图。

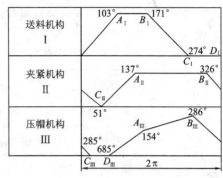

图 15-5　电阻压帽机的机械运动循环图

对各执行机构的具体要求:

1) 送料机构 Ⅰ——送坯料。送料机构 Ⅰ 将储料箱中下来的电阻坯料送到压帽工位然后停歇一段时间,再返回初始位置,并再停歇一段时间。即要实现工作行程（$D_Ⅰ A_Ⅰ$）→ 停歇（$A_Ⅰ B_Ⅰ$）→ 回程（$B_Ⅰ C_Ⅰ$）→ 停歇（$C_Ⅰ D_Ⅰ$）。

2) 夹紧机构 Ⅱ——定位、夹紧。夹紧机构 Ⅱ 把电阻坯料定位、夹紧,然后停歇一段时间,最后再返回初始位置。即要实现工作行程（$C_Ⅱ A_Ⅱ$）→ 停歇（$A_Ⅱ B_Ⅱ$）→ 回程（$B_Ⅱ C_Ⅱ$）。

3) 压帽机构 Ⅲ——送帽、压帽。两个压帽机构 Ⅲ 同时把电阻帽快速送到加工位置,然后慢速将电阻帽压牢在电阻坯料的两端成为一个电阻成品,再返回到初始位置,最后再停歇一段时间。此时加工好的产品便自由落进成品箱中。即要实现快速送进（$D_Ⅲ A_Ⅲ$）→ 压电阻帽（$A_Ⅲ B_Ⅲ$）→ 回程（$B_Ⅲ C_Ⅲ$）→ 停歇（$C_Ⅲ D_Ⅲ$）。

（3）机构选型。因送料、夹紧、压帽 3 个执行机构的动作均包括工作行程、空回行程及一至两个停歇区段,而且电阻的体积小、质量不大,故选用凸轮机构最合适。

按设计要求,该机构要按固定的周期连续进行生产。为便于控制,采用机械式集中控制较为合适,即各执行机构的原动件装在同一根分配轴上。

当执行机构所实现的运动规律与原方案不完全相同时,就应根据执行构件的实际运动规律修改机械运动循环图。

（4）画出整机的机构示意图。在拟定机械的运动方案及机构选型后,即可画出电阻压帽自动机的运动示意图,如图 15-6 所示。

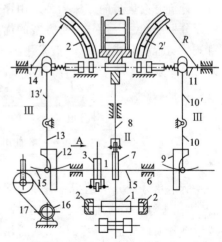

图 15-6　电阻压帽机的运动示意图

15.2　方案评价与决策

对机械系统设计方案进行比较、评定,由此判断各设计方案的优劣,筛选出最佳设计方案的过程称为方案的评价与决策。

评价一个设计方案的优劣,需要有一定的依据,这些依据称为评价标准。它包含两方面的内容:一是定性指标,二是定量指标。定性指标是指从哪方面、以什么原则来评价方案,达到什么标准为优,例如机构越简单越好。定量指标是指具体的约束限制,例如机构的运动学、动力学参数等。

机械系统设计方案的优劣,通常应从技术、经济、安全可靠等方面予以评价。但是,由于在方案设计阶段还不可能具体涉及机械的结构和强度等细节,因此评价指标应主要集中在技术方面,即功能和工作性能方面。表15-3列出了机械系统性能的各项评价指标及其具体内容。

表 15-3 机械系统性能评价指标

序号	评价指标	具体内容
1	系统功能	实现运动规律或运动轨迹、实现工艺动作的准确性、特定功能等
2	运动性能	运转速度、行程可调性、运动精度等
3	动力性能	承载能力、增力特性、传力特性、振动噪声等
4	工作性能	效率高低、寿命长短、可操作性、安全性、适用范围等
5	结构紧凑性	尺寸、质量、结构复杂性等
6	经济性	加工难易、能耗大小、制造成本等

当对一个具体的机械系统进行方案评价时,这些指标和内容还需要依据实际情况加以增减和完善,以形成科学的评价体系。

评价方案优劣的方法大多采用评分法。评分法是针对评价目标中的各个项目,选择一定的评分标准和总分计分法对方案的优劣进行定量评价。所谓评分标准,是指将定性评价的项目按优劣程度分成区段,一般采用如表15-4所示的5个区段。评分时专家可根据经验判断被评价对象隶属于哪个区段,然后给出评分。

表 15-4 评分标准

评分值	0	1	2	3	4
优劣程度	不能用	达目标	比较好	良好	理想

所谓总分计分法是指总分统计计算的方法。其常用总分计算法有相加法、连乘法、均值法、加权法等。最常用的是加权法,该方法是根据各评价项目的重要程度确定其加权系数值,然后将各项评分值乘以加权系数后相加,总分值越大,方案越好。加权法的数学表达式为

$$N_j = \sum_{i=1}^{n} q_i p_i, \quad j=1,2,\cdots,m$$

式中,q_i 为 n 个评价项目中第 i 个项目的加权系数,且应满足 $q_i \leqslant 1, \sum_{i=1}^{n} q_i = 1$;$p_i$ 为 n 个评价项目中第 i 个项目的评分值;N_j 为 m 个方案中第 j 个方案的总分值。

例 15-1 半自动平压模切机(简称模切机)的运动方案设计。

1. 模切机的工作原理

半自动平压模切机是印刷、包装行业用于压制纸盒、纸箱等纸制品的专用设备。该设备可

用来对各种规格的纸板或厚度在 6 mm 以下的瓦楞纸进行压痕、切线,经压痕、切线的纸板在沿切线去掉边料后,沿压出的压痕可折成各种纸盒、纸箱;亦可对各种高级精细的纸材压凹凸痕,压制成各种富有立体感的精美凹凸商标或印刷品。

2.模切机的设计要求

(1) 每小时压制纸板 3 000 张;

(2) 模压行程 $H = (50 \pm 0.5)$ mm,行程速比系数 $K \geqslant 1.0$;

(3) 工作行程的最后 5 mm 范围内,模压机构受生产阻力 $F = 2 \times 10^6$ N(见图 15-7),回程时不受力,模具和模压压头的质量共约 120 kg;

(4) 工作台距离地面约 1 200 mm;

(5) 要求动作可靠、性能良好,结构简单紧凑,节省动力、寿命长,便于操作、制造。

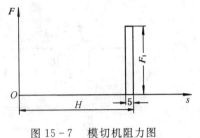

图 15-7　模切机阻力图

3.设计任务

(1) 进行半自动平压模切机执行系统方案设计;

(2) 对执行系统方案进行评价和决策;

(3) 进行执行系统的协调设计,拟定运动循环图。

解　1.运动规律设计

模切机的模切动作(即压痕、切线及压凹凸)包括纸板输送、定位、夹紧,纸板停顿时凹模和凸模加压进行冲压模切,然后将纸板送至收纸台。这一系列工艺动作可分解为由三个执行机构分别完成的三组工艺动作:

(1) 模切机构:在纸板停顿时进行冲压模切。此机构要具有行程速比系数 $K > 1.0$ 的急回特性,并且还须具有显著的增力功能,以便在加压模切时能克服较大的生产阻力。

(2) 走纸机构:将纸板定时送至模切工位,停顿一定时间,等冲压模切完成后将纸板送走。

(3) 定位夹紧机构:在某一特定位置控制夹紧片松开,喂入纸板后定位夹紧送至横切工位,模切后松开纸板。

2.执行系统方案拟定

(1) 总体布置设想:因工作台距离地面约 1 200 mm,电机和传动系统可置于工作台下方。走纸机构可采用带轮机构或链轮机构,为便于人工喂纸,应将其布置于工作台上方。模切机构加压方式可有上加压、下加压和上下同时加压三种。上下同时加压不易使凸、凹模准确对位,不宜采用;采用上加压方式则模切机构要占据工作台上方空间,不便于操作;拟采用下加压方式,即将模切机构布置在工作台下方,这样既便于传动又有效利用了空间。如图 15-8 所示,上模 15 装配调整后固定不动,下模装在模切机构的滑块 16 上。

(2) 模切机构方案的拟定:若电动机轴线水平布置,则需将电动机水平轴线的连续转动经减速后变换成模切压头 16 沿铅垂方向的往复移动;为了使模切压头运动至上位时能克服较大的生产阻力进行模切,模切机构应具有以下 3 个基本功能:

1) 运动形式变换功能:将转动变换为往复移动。

2) 运动轴线变向功能:将水平轴运动变换为铅垂方向运动。

3) 运动速度变换功能:减小位移(或速度),以实现增力要求。

根据以上分析,可构思出如表15-5所示的"功能技术矩阵"图。由于矩阵中3个分功能的排列顺序是任意的,故变换3种基本功能的排列顺序,可得到如图15-9所示的6种基本功能结构。总方案数 $N = 6^3 = 216$ 个。剔除重复和明显不合适的方案,可得到一系列可供选择的方案。如图15-10所示就是其中的8种方案。

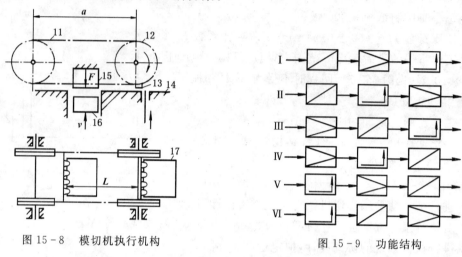

图 15-8　模切机执行机构

图 15-9　功能结构

表 15-5　功能技术矩阵

传动原理	推拉传动原理			啮合传动原理	摩擦传动原理	流体传动原理
机构 功能	连杆机构	凸轮机构	螺旋、斜面机构	齿轮机构	摩擦轮机构	流体机构
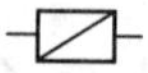		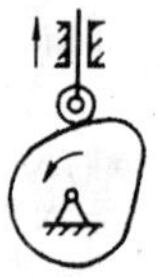	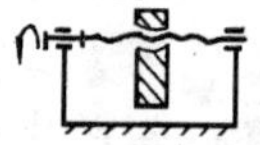	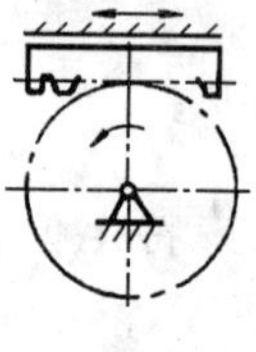		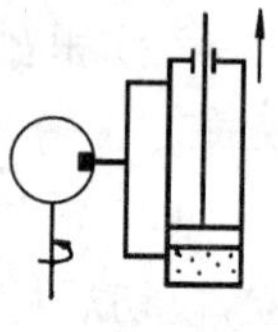
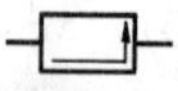		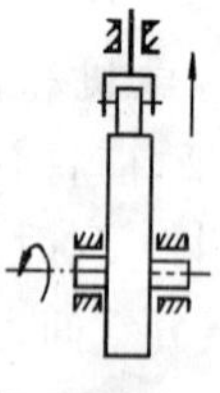	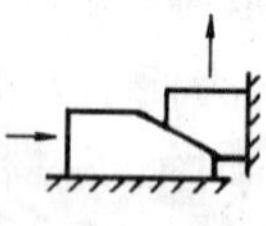	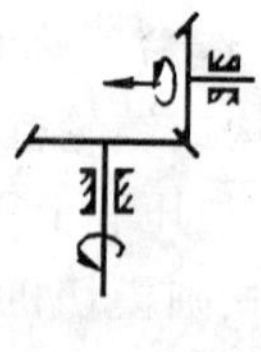	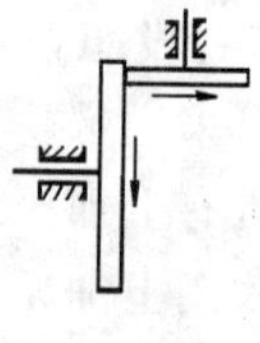	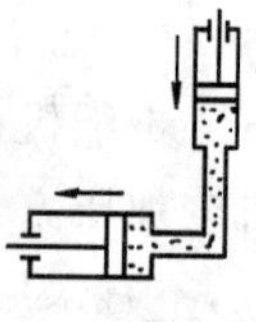
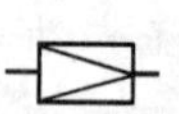	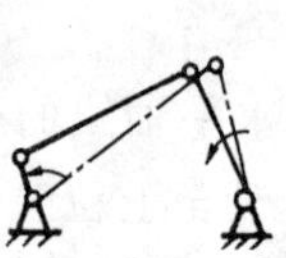	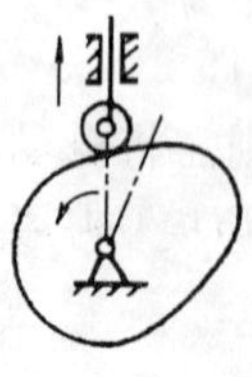	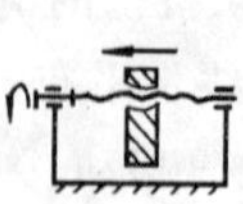			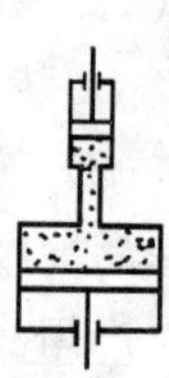

（3）走纸机构方案拟定。生产工艺对走纸机构的动作要求比较简单，就是间歇送进，故可按照执行构件所需的运动特性进行选型。采用间歇运动机构带动挠性传动机构完成送纸的工艺动作。参照表 15-1，可采用间歇运动机构有棘轮机构、不完全齿轮机构、槽轮机构；在挠性传动机构中可选用平带带轮机构，也可选用双列链轮机构，由此可组成多种可供选择的送纸机构方案。

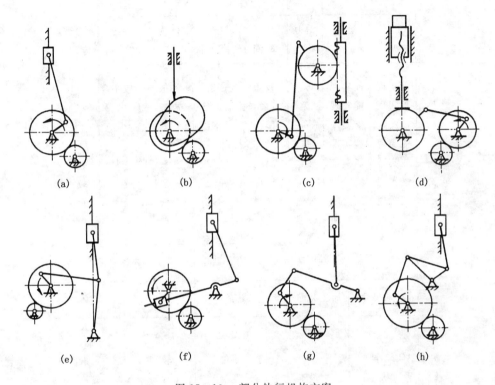

图 15-10 部分执行机构方案

（4）定位夹紧机构方案拟定。如图 15-8 中俯视图所示，在轮送纸板链上固定有模块 13，其上装在夹紧片。生产工艺对定位夹紧机构的主要要求就是控制该夹紧片按时张开和夹紧，为此可选用结构简单、便于设计的移动从动盘型凸轮机构来控制夹紧片张开、夹紧。当移动从动件 6 向上移动时（见图 15-11），顶动夹紧片使其张开，在工作台面 14 上，由人工喂入纸板 17；当移动从动件 6 下降时，夹紧片靠弹力自动夹紧纸板。

3. 方案评价

在设计的这一阶段，由于尚未对各执行机构进行尺度设计，故只能作初步的定性评价。此阶段评价的主要目的是从多个方案中选出备选方案，以便在完成机构的尺度设计、运动和动力分析后，通过定量评价作出最后选择。

如表 15-6 所示是对模切机构 8 个方案（见图 15-10）从功能、性能、结构、经济适用性等方面进行初步定性评价的结果。从表中不难看出：方案 a、b、c、d 较差；方案 f 尚可行；方案 e、g、h 具有较好的综合性能，且各有特点。故这三个方案可作为备选方案，进入下一轮设计。

对走纸机构和定位夹紧机构,也可采用类似的方法进行初步定性评价。前者选择不完全齿轮机构带动双列链轮机构作为备选方案,后者选择移动滚子从动件盘形凸轮机构作为备选方案。

表 15 - 6　　模切机构初步定性评价表

方案	功能		性能					
	工艺动作	运动变换	增力特性	加压时间	工作平稳性	磨损与变形	一级传动角	二级传动角
a	能实现	能实现	无	较短	一般	一般	较小	
b	能实现	能实现	无	可最长	有冲击	剧烈	小	
c	能实现	能实现	弱	可较长	较平稳	一般	小	大
d	能实现	能实现	强	短	平稳	强		
e	能实现	能实现	强	可较长	一般	一般	较大	较大
f	能实现	能实现	一定	较短	一般	一般	较大	较大
g	能实现	能实现	较强	可较长	一般	一般	很大	很大
h	能实现	能实现	较强	可较长	一般	一般	大	大

方案	机构结构			经济性	
	运动尺寸	加工装配难度	复杂性	效率	成本
a	最小	易	简单	高	低
b	较小	较难	简单	较高	一般
c	大	最难	复杂	高	较高
d	较大	最难	最复杂	低	较高
e	最大	易	较简单	高	低
f	较大	较难	较简单	高	低
g	较大	易	较简单	高	低
h	较大	易	较简单	高	低

注:① 加压时间是指在相同旋压距离(5 mm)内,下压模移动时间。加压时间越长越有利。
　　② 一级传动角是指四杆机构传动角;二级传动角是指六杆机构中,后一级四杆机构的传动角。

4.执行系统的协调设计

为了保证所设计的半自动平压模切机能够很好地完成预定的功能和生产过程,需要将上述 3 个执行机构统一于一个整体,形成一个完整的执行系统(如图 15 - 11(a) 所示),使它们互相配合,以一定的次序协调动作。为此需编制机构运动循环图。下面以 e 方案为例,说明其运动循环图的绘制方法。

(1)确定机械的分配轴。为了保证各执行机构在运动时间上的同步性,将各执行机构的主动件安装在同一根分配轴上,如图 15 - 11(b)所示。取凸轮 5 的转轴作为分配轴,将模压机构的主动件曲柄4、定位夹紧机构的主动件凸轮5和走纸机构的主动件不完全齿轮7均固定在该分配轴上,并使间歇运动机构的从动件8与输送链的主动链轮9固接。这样,即可保证分配轴转一周,各执行机构均完成一个运动循环,达到时间上的同步性。

(2) 确定模切机的工作循环周期及各执行机构的行程区段。根据设计任务中规定的理论生产率 $Q=3\,000$ 张$/h=50$ 张$/min$,可计算出其运动循环周期 $T=60/50=1.2\ s$。在这段时间内,模压机构下压模 D 有上升、加压、下降、停歇 4 个行程区段;定位夹紧机构的凸轮移动从动件有上升(使夹紧片张开)、停歇(喂入纸板)、下降(使夹紧片夹紧)、停歇(等待下一个循环)4 个行程区段;走纸机构的链轮有转动(送纸)、停歇(保证纸板在静止状态下横切)两个行程区段。

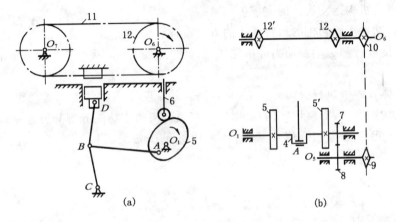

图 15-11　执行机构方案

(3) 确定各执行机构动作的协调配合关系。以分配轴转角 φ 为横坐标,选取模切机构的下压模 D 为参考构件,取其开始上移的起点作为运动循环的起始位置,以此来确定走纸机构的输送链轮12、定位夹紧机构的移动从动件 6 的运动相对于下压模 D 而动作的先后次序和配合关系,即可绘制出如图 15-12 所示的模切机运动循环图。

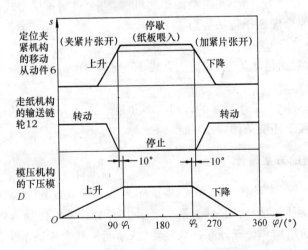

图 15-12　模切机运动循环图

当绘制该运动循环图时,应注意以下几点:

其一,主轴自 φ_1 运动至 φ_2 角,相应于下压模向上移动 5 mm,此为下压模加压时间($\varphi_2 - \varphi_1$)愈大,加压效果愈好。这是模切机构运动设计追求的主要目标。

其二,由不完全齿轮机构控制的输送链轮 12 应比 φ_1 角提前若干度(图 15-12 中为 10°)停止转动,并延后 φ_2 角 10° 开始转动,以确保纸板处于静止状态下模切。

其三,在夹紧工位上,应确保在输送链轮完全停止转动后,凸轮机构的移动从动件 6 才升至最高位置,以顶动夹紧片张开;在输送链重新开始转动前,构件 6 应迅速下降,以使夹紧片夹紧纸板。构件 6 在最高位置停歇的时间要确保将纸板喂入夹紧片。

由以上的分析可知,模切机中各执行机构的协调运动参数的确定,有赖于 φ_1、φ_2 角的准确值,这有待于模切机构运动设计的完成。

至此,半自动平压模切机的执行系统的方案设计已大体完成。最后的方案还有待各备选方案的运动尺度设计和运动及动力分析完成后,经过定量评价,从中选出最优者,经过适当改进才能确定。

该例题具体介绍了执行机构型式选择的过程,并说明了方案评价和运动循环图绘制的方法。当进行机构选型时,对模切机构,采用的是按照机构动作功能分解与组合原理进行机构选型的方法;对于走纸机构和定位夹紧机构,采用的是按各类机构运动特性进行机构选型的方法。

15.3　机械传动系统的方案设计

机械传动系统位于原动机和执行机构之间,将原动机的运动和动力传递给执行机构。机械传动系统的方案设计内容:① 确定传动链的布置方案;② 分配传动比;③ 确定各级传动机构的基本参数和主要几何尺寸;④ 绘制传动系统运动简图。

15.3.1　传动类型的选择

传动装置的类型很多,选择不同类型的传动机构,将会得到不同形式的传动系统方案。为了获得理想方案,需要合理选择传动类型。

1. 传动的类型和特点

如表 15-7 所示常用传动类型,其特点见表 15-8。

2. 传动类型选用原则

选择传动类型时应满足工作要求的传递功率和运转速度,高传动效率,结构简单,制造成本和使用费用低,适宜于环境条件,与原机要匹配等。

15.3.2　传动链的方案设计

在根据系统的设计要求及各项技术、经济指标选择了传动类型后,若对选择的传动机构作不同的顺序布置或作不同的传动比分配,则会产生出不同效果的传动方案。只有合理安排传动路线、恰当布置传动机构和合理分配各级传动比,才能使整个传动系统获得满意的性能。

表 15 - 7　传动类型

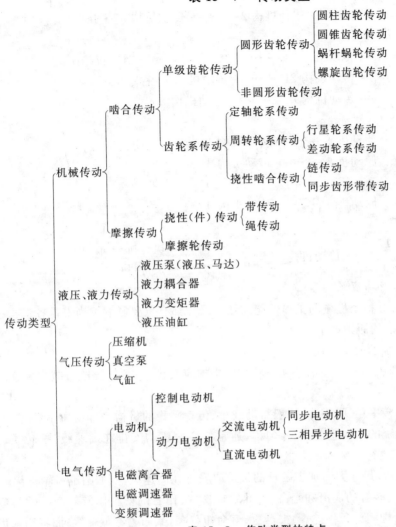

表 15 - 8　传动类型的特点

传动类型	特　点
机械传动	工作平稳、可靠,对环境干扰不敏感;缺点是响应速度较慢,控制欠灵活
液压、液力传动	速度、转矩和功率均可连续调节;调速范围大,能迅速换向和变速;传动功率大;结构简单,易实现系列化;易实现远距离控制,动作快速;能实现过载保护。缺点是传动效率低,制造安装精度要求高,对油液质量和密封性要求高
气压传动	与液压传动相比,经济且不易污染环境,安全并能适应恶劣的工作环境;缺点是传动效率低,传动不太平稳,噪声大
电气传动	传动效率高,控制灵活,易于实现自动化;缺点是输出转矩较小

1. 传动链的类型

根据功率传递路线,将传动链分为以下四类:

（1）串联：

$$原动机 \rightarrow 传动机构\,1 \rightarrow 传动机构\,2 \rightarrow \cdots \rightarrow 传动机构\,n \rightarrow 执行机构$$

（2）分并联：

$$原动机 \rightarrow \begin{cases} \rightarrow 传动机构\,11 \rightarrow \cdots \rightarrow 传动机构\,1n \rightarrow 执行机构\,1 \\ \rightarrow 传动机构\,21 \rightarrow \cdots \rightarrow 传动机构\,2n \rightarrow 执行机构\,2 \\ \rightarrow 传动机构\,m1 \rightarrow \cdots \rightarrow 传动机构\,mn \rightarrow 执行机构\,m \end{cases}$$

（3）合并联

$$\left.\begin{array}{l} 原动机\,1 \rightarrow \cdots \rightarrow 传动机构\,1 \rightarrow \\ 原动机\,2 \rightarrow \cdots \rightarrow 传动机构\,2 \rightarrow \\ \vdots \qquad\qquad\qquad \vdots \\ 原动机\,n \rightarrow \cdots \rightarrow 传动机构\,n \rightarrow \end{array}\right\} 执行机构$$

（4）混联：

$$原动机 \rightarrow 传动机构\,1 \begin{cases} \rightarrow 传动机构\,2 \rightarrow 执行机构\,1 \\ \rightarrow 传动机构\,3 \rightarrow 执行机构\,2 \end{cases}$$

2. 传动链中机构顺序布置原则

传动链布置的优劣对整个机械的工作性能和结构尺寸都有重要影响。当安排各机构在传动链中顺序时，通常遵循的原则如下：

（1）有利于传动系统的效率提高。

（2）功率分配应"前大后小"，即消耗功率较大的机构应安排在前，这样既可减少传递功率的损失，又可减少构件尺寸。

（3）有利于机械运转平稳、噪声小，一般将动载小、传动平稳的机构安排在高速级。

（4）有利于传动系统的结构紧凑、尺寸匀称，通常将变速机构安排在高速级，把转换运动形式的机构安排在靠近执行机构的地方。

（5）有利于加工制造，尺寸大而加工困难的机构应安排在高速级，例如圆锥齿轮机构。

此外，还应考虑传动装置的润滑和寿命、装拆的难易、操作者的安全以及对产品的污染等因素。例如开式齿轮机构润滑条件差、磨损严重、寿命短，应将其布置在低速级；而将闭式齿轮机构布置在高速级，则可减少其外部尺寸。

3. 总传动比的分配

将传动系统的总传动比合理分配给各级传动机构，是传动系统方案设计中的重要一环，若分配合理，达到了整体优化，则既可使各级传动机构尺寸协调和结构匀称紧凑，又可减小零件尺寸和机构质量，降低造价，还可降低转动构件的圆周速度和等效转动惯量，从而减小动载，改善传力性能，减小传动误差。

传动比分配应遵循的原则如下：

（1）使各级传动的承载能力尽可能得到充分发挥，并使其结构尺寸协调和匀称。

（2）使各级传动具有尽可能小的外形尺寸、质量和中心距。

（3）在多级减速器中，使各级大齿轮浸油深度大致相等，以利于润滑。

（4）使传动链中各零件易于安装和拆卸。

（5）使各级传动比应在各类传动机构的合理范围内（见表 15－9）。

表 15-9　常用传动机构传动比参考值

传动机构	传动比最大值	单级传动比（减速）		开式
		实现使用最大值	推荐值	
平带带轮机构	7	5	2～4	
V 带带轮机构	10	7	2～4	
圆柱摩擦轮机构	10	5	2～4	
链轮机构	8	8	2～5	
圆柱齿轮机构	10	8	3～5	≤8
圆锥齿轮机构	8	5	2～3	≤5
蜗杆蜗轮机构	100	80	10～40	15～60

例 15-2　试设计半自动平压模切机（见例 15-1）的传动系统方案，并画出其传动系统运动简图。

解　（1）预选原动机。根据半自动平压模切机的工作情况，初选三相异步电动机为原动机，额定转速为 $n_H = 1\,450$ r/min。因额定功率需进行力的分析后才能确定，故电动机的具体型号待定。

（2）计算总传动比。模切机的生产率 $Q = 3\,000$ 张/h，分配轴每转 1 周，模切纸板 1 张，为一个运动循环。由此可知分配轴的转速应为

$$n_4 = 3\,000/60 = 50 \text{ r/min}$$

故从电动机到机械分配轴 O_4 的总传动比应为

$$i_{总} = n_H/n_4 = 1\,450/50 = 29$$

（3）拟定传动系统方案。根据执行系统工况和原动机工况，以及要求实现的总传动比，拟选用带轮机构和两级齿轮减速机构组成模切机的传动系统，并将带轮机构置于高速级，如图 15-13 所示。

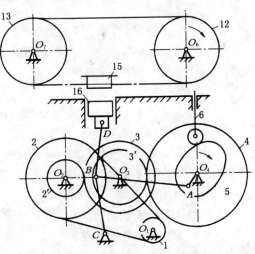

（4）分配总传动比。根据表 15-9 的推荐值，初选带轮机构的传动比 $i_1 = 3$，第一级齿轮机构传动比为 $i_2 = 3.1$，第二级齿轮机构传动比 $i_3 = 3.2$。选标准带轮直径 $d_1 = 140$ mm，$d_2 = 425$ mm，各轮齿数为 $z_{2'} = 19, z_3 = 57$，$z_{3'} = 21, z_4 = 67$，不考虑带传动的滑动率，则实际传动比为

$$i'_{总} = \frac{d_2}{d_1} \frac{z_3}{z_{2'}} \frac{z_4}{z_{3'}} = \frac{425}{140} \times \frac{57}{19} \times \frac{67}{21} = 29.056$$

误差为

图 15-13　模切机传动系统方案

$$\Delta i = \frac{|\,i'_{总} - i_{总}\,|}{i_{总}} = \frac{29.056 - 29}{29} = 0.193\% （可用）$$

机械分配轴实际转速为

$$n'_4 = n_H/i'_总 = 1\ 450/29.056 = 49.9\ \text{r/min}$$

习　题

15-1　试分析题图 15-1 中两机构是否具有相同的运动特性,并说明理由。

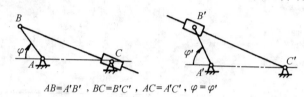

$$AB = A'B',\ BC = B'C',\ AC = A'C',\ \varphi = \varphi'$$

题图　15-1

15-2　试用转动副扩大、高副低代、加局部自由度或加虚约束等方法,在保持题图 15-2 所示机构运动特性不变的前提下,使其发生变异,各产生 1～2 个新形式机构。

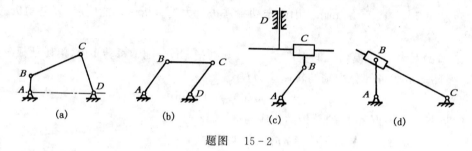

题图　15-2

15-3　自动打印机的方案设计。

(1) 工作原理及工艺过程:在包装好的商品纸盒上打印记号。工艺过程为:① 将包装好的商品送至打印工位;② 夹紧定位后打印记号;③ 将产品输出。

(2) 原始数据及设计要求:

1) 纸盒尺寸为长 100～150 mm,宽 70～100 mm,高 30～50 mm;

2) 产品质量约为 0.5～1 kg;

3) 生产率为 80 次/min;

4) 要求结构简单紧凑,运动灵活可靠,便于制造。

(3) 设计任务。

1) 进行送料夹紧机构、打印机构和输出机构的方案拟定,要求各有 3 个以上的预选方案;

2) 进行方案的评价和决策;

3) 绘制机械执行系统的方案示意图;

4) 拟定机械运动循环图;

5) 对执行机构进行尺度设计。

15-4　试分析模切机构 8 种预选方案(见例 15-1)是否具有急回特性,并按"无""弱""一般""较强""强"五级作定性评价,列入表 15-6 中。然后按评分法对 8 种方案进行评价。

15-5　对例 15-1 作如下的补充设计和分析。

（1）按"功能-技术矩阵"表中推拉传动原理另行设计一个定位夹紧控制机构，并将其与原选择的凸轮机构作一比较评价。

（2）试进行夹紧机构的方案设计。

（3）试对走纸机构中的间歇运动机构备选方案（棘轮机构、槽轮机构、不完全齿轮或自选方案）及输送纸板机构的备选方案（平带带轮机构、双列链轮机构或自选方案）进行定性评价。参照表15-6自列评价项目，列表评价。并用评分法进行评判。

（4）试根据模切机执行系统的直角坐标式运动循环图（见图15-12）画出其圆周式运动循环图和直线式运动循环图。

15-6　如题图15-3所示为电动绞车的3种传动系统方案。试从结构、性能、经济性及对工作条件的适应性等方面对这3种方案加以比较。

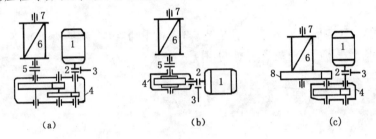

（a）　　　　　　　　（b）　　　　　　　　（c）

题图　15-3

1— 电动机；2,5— 联轴器；3— 制动器；4— 减速器；

6— 卷筒；7— 轴承；8— 开式齿轮传动

15-7　需设计一台如题图15-4(a)所示的带式运输机的传动系统。运输机的工作状况为两班制，连续单向运转；运输带的工作速度为 $v = 1.1$ m/s（允许误差为 $\pm 5\%$），拉力为 $F = 7$ kN，载荷平稳。工作环境为室内，灰尘较大，最高温度35 ℃。滚筒直径 $D = 400$ mm。

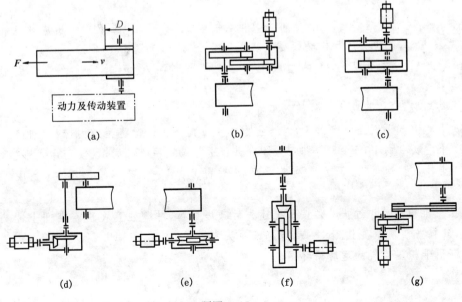

（a）　　　　　　　（b）　　　　　　　（c）

（d）　　　　　（e）　　　　　（f）　　　　　（g）

题图　15-4

试对题图 15-4(b)～(g) 所示的参考传动方案,分别就其传动类型及特点进行分析和比较,并对传动链中机构的安排顺序进行评价。最后选择一个较佳的方案,或自行设计一个改进后的方案。

15-8 试拟定玻璃窗开启、关闭机构的运动方案。设计要求如下:

(1)窗框可自窗槛开启 90°;

(2)操纵器连杆机构中,执行构件必须是单一引动件(即具有一个自由度);

(3)操纵器连杆机构必须具有良好的传动性能(大的传动角);

(4)在关闭位置时,机构在室内的构件必须尽量靠近窗槛;

(5)机构应支撑起整个窗户的重量。

15-9 "门"是启闭某种通道的机构,试举出 5 种以上不同形式的门,并分析其功能、结构和设计思想。

15-10 题图 15-5 所示为一干粉料压片机,它由上冲头(六杆机构 Ⅲ)、下冲头(双凸轮机构 Ⅱ 和 Ⅳ)、料筛传送机构(凸轮连杆机构 Ⅰ)所组成。

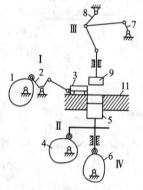

题图 15-5 粉料压片机

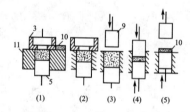

题图 15-6 粉料压片工艺

料筛由传送机构把它送至上、下冲头之间,通过上、下冲头加压把粉料压成片状。根据生产工艺路线方案,此粉料压片机必须要实现以下 5 个动作(见题图 15-6):

(1)移动料斗 3 至模具 11 的型腔上方准备将粉料装入型腔,同时将已经成形的药片 10 推出;

(2)料斗振动,将料斗内粉料筛入型腔;

(3)下冲头 5 下沉至一定深度,以防止上冲头 9 向下压制时将型腔内粉料扑出;

(4)上冲头 9 向下,下冲头 5 向上,将粉料加压并保压一段时间,以便药片成形较好;

(5)上冲头快速退出,下冲头随着将已成形的工件 —— 药片推出型腔,完成压片工艺过程。

各执行机构的动作过程必须按照上述先后顺序进行,并需注意在送料期间上冲头不能压到料筛,只有当料筛不在上、下冲头之间时,冲头才能加压。

试画出干粉压片机的运动循环图(直线式及直角坐标式)。

附　　　录

附录1　"机械原理"课程设计指导

一、课程设计的目的和任务

1. 课程设计的目的

"机械原理"课程设计是工科院校机械类专业学生在大学期间利用已学过的知识和计算机工具第一次比较全面的、具有实际内容和意义的设计过程,也是"机械原理"课程的一个重要的实践教学环节,能锻炼和提高学生的设计能力,能使他们更深刻地理解和掌握"机械原理"课程的教学内容。课程设计可在课程教学过程中或课程学完后集中进行,其基本目的如下:

(1) 培养学生理论联系实际的设计思想,训练学生综合运用"机械原理"课程的理论知识,并结合生产实际来分析和解决工程问题的能力,进而巩固、加深和拓展有关机构设计方面的理论和实践知识。

(2) 通过制定设计方案、合理地选择机构的类型、正确地对机构的运动和受力进行分析和计算,让学生对机构设计有一个较完整的概念,培养学生运用理论知识独立解决有关本课程实际问题的能力,达到了解和掌握机构设计的过程和方法。

(3) 通过"机械原理"课程设计,训练学生收集和运用设计资料(如设计手册、图册、标准和规范等)以及计算、制图和处理数据及分析误差的能力,在此基础上学习利用计算机辅助完成机构设计的基本技能。

2. 课程设计的任务

"机械原理"课程设计通常选择一般用途的机构为题目,根据已知机械的工作要求,对机构进行选型与组合,设计出几种机构运动方案,并对其加以比较和确定,然后对所选定方案中的机构进行运动和力的分析与设计,确定出最优的机构参数,绘制机构运动性能曲线。对现有机构进行运动分析、动态静力分析,也是其任务之一。

二、课程设计的方法

课程设计的方法原则上可分为图解法和解析法两大类。

1. 图解法

运用所学基本理论中的基本关系式,用图解的方法将设计结果确定出来,并清晰地以线图的形式表现在图纸上,具有直观、定性简单、检查解析的正确性方便等特点,尤其是在解决简单机械的分析与综合时更为方便。用图解法进行课程设计,能培养学生的工程图算能力。

2. 解析法

运用求解方程式的方法求解未知量,计算精度高,并可借助计算机来避免大量重复人工劳动,可以迅速得到结果,能够看到全貌。用解析法进行课程设计,能培养学生运用计算机解决工程实际问题的能力。

图解法和解析法各有优点,互为补充,可两种方法并重。工程实际要求学生(未来的工程技术人员)应熟练地掌握这两种方法。

三、课程设计的一般过程

(1)设计准备。认真研究设计任务书,明确设计要求、条件、内容和步骤,收集和阅读有关资料、图纸,复习有关课程知识;准备设计所需的工具和用具,拟定设计计划。

(2)机构方案设计。根据设计任务书的要求,绘制各种方案的机构运动简图,进行机构的选型和组合,研究运动形式的变换与连接,并对机构进行结构分析和性能比较,绘制出传动系统示意图。

(3)机械运动设计。对所选定的机构方案进行运动综合,要求既满足机械的用途、功能和工艺条件等要求,又满足机构原动件运动规律及机构位置、速度和加速度等运动参数的要求,并将机构运动简图、速度图和加速度图以及相应的运动线图画在图纸上。

(4)机构动力设计。在机构的运动设计基础上,根据各构件的质量及转动惯量确定机构的惯性力、惯性力矩,各位置的运动副反力及应加于原动件上的平衡力矩,绘制平衡力矩及运动副反力的变化线图,以便清楚地了解在一个运动循环中,平衡力矩及运动副反力的变化情况。

(5)整理说明书。将课程设计的有关内容和设计体会以文字的形式编写成说明书。

四、课程设计的总结

课程设计的总结工作关系到课程设计的成败,通过总结工作,能提高学生的技术概括能力和表达能力,其主要内容有以下方面。

1. 编写课程设计说明书

课程设计说明书应在课程设计过程中逐步形成,课程设计结束时,再作必要的补充和整理。而设计说明书的内容视设计任务而定,大致包括以下方面:

(1)设计题目(包括设计条件和要求);

(2)机构运动简图或设计方案的确定;

(3)全部原始数据;

(4)完成设计所用方法及其原理的简要说明;

(5)建立设计所需的数学模型并列出必要的计算公式,写出设计计算结果;

(6)用表格列出计算结果并画出主要曲线图;

(7)对设计结果进行分析讨论,写出课程设计的收获或体会;

(8)列出主要参考文献资料。

设计说明书的编写要求:

(1)说明书应该用钢笔写(或打印)在 A4 纸上,要求层次分明、步骤清楚、叙述简明、文句通顺、书写端正；

(2)对每一自成单元内容,都应有大小标题,使其醒目突出；

(3)对所用公式和数据,应标明来源 —— 参考资料的编号和页次；

(4)说明书应加上封面装订成册。

说明书封面格式：

机械原理
课程设计说明书

设计题目 _____

院(系、部) 专业 班

设计者 _____
指导教师 _____

年 月 日

2.整理课程设计图纸

课程设计的图解作图过程要做在制图纸上(用手工或计算机绘制)。图纸的数量要达到规定的要求。设计图纸的质量要求:作图准确,布图匀称,图面整洁,线条、尺寸、符号和图纸幅面等均要符合制图标准规定。标题栏的格式如附表 1-1 所示。

附表 1-1 标题栏格式

(设计题目)					"机械原理"课程设计
设计		(日期)	(方案号)		(校名)
审阅		(日期)	(图 号)		院(系、部)
					专业 班
成绩			图数		

五、答辩及成绩评定

1. 答辩

课程设计答辩的目的,是进一步检查和总结学生在课程设计过程中对所用的有关理论、概念和方法的理解和应用情况,以及对课程所涉及的有关知识的了解情况,进一步掌握学生独立完成课程设计的程度和能力。学生应正确回答老师提出的问题。答辩过程也可以融入课程设计过程中,随时对设计的某一环节提出有关问题,以期达到更准确地了解学生对设计的态度、创新意识及独立完成工作的能力。

2. 成绩评定

"机械原理"课程设计成绩和"机械原理"课程考试成绩是独立的,单独记载。课程设计成绩分优秀、良好、中等、及格和不及格五级,成绩不合格者应重新设计。根据学生的设计态度、设计质量、数量、创新性及答辩情况综合评定学生课程设计的成绩等级。

六、机构运动方案设计及分析示例

设计一连杆机构以实现刨床刨刀的往复运动。

1. 主要工作要求

(1) 在工作行程中,刨刀速度要平稳;在空回行程时,刨刀快速退回,即要求有急回特性,行程速比系数要在 1.4 左右。

(2) 切削阶段刨刀应近似匀速运动,以提高刨刀使用寿命和工件表面加工质量,刨刀行程 H 在 300 mm 左右,原动件曲柄转速为 60 r/min。

2. 设计方案比较

为了实现上述要求,选择与设计了 6 个机构方案,下面对其特点进行介绍。

(1) 方案一(见附图 1-1)。该方案由摆动导杆机构和摇杆滑块机构组成,其特点如下:

1) 有急回作用,行程速比系数 $K=(180°+\theta)/(180°-\theta)$,$\theta=\arcsin(a/b)$。只要正确选择 a 和 b,可满足 K 的要求。

2) 滑块的行程 $H=2L_{CD}\sin(\theta/2)$,θ 已经确定,因此只要适当地选择摇杆 CD 的长度,即可满足行程 H 的要求。

3) 曲柄 1 为主动件,构件 2 与 3 之间的传动角 γ_{23} 始终为 90°。当点 E 的轨迹位于点 D 圆弧轨迹高度的平均线上时,构件 4 与 5 之间有较大的传动角 γ_{45},该传动方案传力性能良好。

4) 机构横向与纵向运动尺寸不太大,结构匀称合理。

5) 根据运动分析,机构工作行程刨刀的速度比较慢,变化平缓,符合切削要求。

(2) 方案二(见附图 1-2)。该方案为四杆机构,其特点如下:

1) 有急回作用,$K=(180°+\theta)/(180°-\theta)$,而 $\theta=\arccos[e/(a+b)]-\arccos[e/(b-a)]$。但急回作用不明显。

2) 要使 K 增大,应增大尺寸 a 和 e 或减小 b,但其结果会使滑块速度变化剧烈,动载增加。

3) 增大 K,会使传动角 $\gamma_{\min}$ 减小,传力性能变坏。

4) 机构横向尺寸较大,结构不匀称。

由于传动角小及滑块速度变化大等因素,该方案不如方案一。

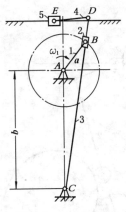

附图 1-1　方案一

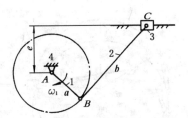

附图 1-2　方案二

（3）方案三（见附图 1-3）。该方案由转动导杆机构和曲柄滑块机构组成，其特点如下：

1）有急回作用，$K=(180°+\theta)/(180°-\theta)=(90°+\beta)/(90°-\beta)$，而 $\beta=\arcsin(a/b)$，正确地选择 a、b 可满足 K 的要求。

2）当 K 增大时，将使导杆 3 的角速度变化剧烈，产生冲击。

3）滑块行程 $H=2c$，增大尺寸 L，可使 γ_{45} 增大且滑块速度变化平缓，但最小传动角不够大。

4）曲柄 1 和导杆 3 能整周回转，机构横向、纵向尺寸均较大，并且 A、C 传动轴均应悬臂安装，否则机构运动时，轴与曲柄将发生干涉。

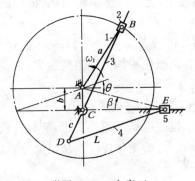

附图 1-3　方案三

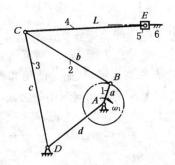

附图 1-4　方案四

（4）方案四（见附图 1-4）。该方案由曲柄摇杆机构和摇杆滑块机构组成，其特点如下：

1）有急回作用，$K=(180°+\theta)/(180°-\theta)$，而 θ 及摇杆摆角 φ 和构件 2、3 之间传动角 $\gamma_{23\min}$ 计算复杂，并且机构尺寸对它们均有影响，设计计算比较麻烦。

2）机构横向和纵向尺寸较大。

3）机构动平衡困难。

4）最小传动角较小，工作行程平稳性差。

（5）方案五（见附图 1-5）。该方案由双曲柄机构和曲柄滑块机构组成，其特点如下：

1）有急回作用，$K=(180°+\theta)/(180°-\theta)$，而 $\theta=180°-2\varphi_1$，$\varphi_1=\arctan(c/d)$，故 $K=(180°-\varphi_1)/\varphi_1$，可见减小 c 或增大 d 都能使 K 增大，但尺寸 a、b 与 K 无关。

2）曲柄 1、3 都能整周回转，机构横向与纵向尺寸均较大，并且 A 与 D 传动轴均应悬臂安装,否则机构运动时,轴与曲柄将发生干涉。

3) 构件 2、3 的 $\gamma_{23\min}$ 不太大,传动性能不如方案一。

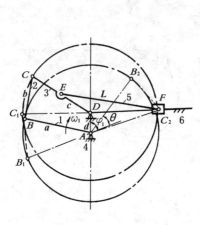

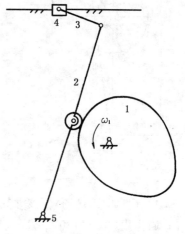

附图 1-5　方案五　　　　　　　　　附图 1-6　方案六

(6) 方案六(见附图 1-6)。此方案由凸轮机构和摇杆滑块机构组成,其特点如下:

1) 凸轮机构虽可使从动件获得任意的运动规律,但凸轮制造复杂,表面硬度要求高,因此加工和热处理费用较大。

2) 凸轮与从动件间为高副接触,只能承受较小载荷,且表面磨损较快,磨损后凸轮的廓线形状即发生变化。

3) 由于滑块的急回运动性质,凸轮机构受到的冲击较大。

4) 滑块的行程 H 比较大,调节比较困难,这必然使凸轮机构的压力角过大,为了减小压力角,必须增大基圆半径,从而使凸轮和整个机构的尺寸较大。

5) 需用力封闭或几何封闭的方法,保持凸轮和从动件始终接触,这使结构变得复杂。

通过以上的方案分析比较,可从中确定一个既能很好地满足工作要求,又具有较好性能的机构方案。然后进行机构的运动和力分析,研究运动和力的变化规律。从以上分析比较可知,采用方案一较宜。

七、计算机辅助课程设计实例

应用基本杆组法开发的计算机辅助平面连杆机构运动分析和动态静力分析软件——JYCAEYL,适用于平面 Ⅱ 级机构的分析。JYCAEYL 采用界面化输入,只要按照界面要求正确输入机构各已知参数和机构运动简图中表示的运动副、点和构件序号的字母和数字,软件就可给出计算结果和各种根据计算结果绘出的曲线图形。JYCAEYL 既可用于教学,也可用于工程实际设计。

在使用 JYCAEYL 对某一机构进行分析时,首先要画出该机构的运动简图。选择合适的平面坐标系,将机构置于选定的平面坐标系中。由于计算分析是使用计算机来进行的,因此画机构运动简图时对尺寸比例的要求并不严格。

机构运动简图中活动构件的序号应从 1 开始标注,序号应连续,不得有重号。机架的构件序号为 0。每个运动副处标注一个字母,该字母既表示运动副,也表示运动副所在位置的点

（铰链中心点或移动副导路中心线上的点）。若在同一点处有多个运动副，如复合铰链处或某点处既有转动副又有移动副时，仍然只用一个字母标注。在JYCAEYL界面中输入时，要将运动副处标注的字母和每个运动副所连接的两个构件的序号按界面要求分别输入，这样JYCAEYL会自动将各个运动副区分开来。构件上的点（如质心点、力作用点以及其他被关注的点）用字母或字母后加数字来表示，如S_2表示构件2的质心。

下面通过对一六杆机构的运动和动力分析来说明JYCAEYL的使用方法。

分析题目：

如附图1-7所示六杆机构，对其进行运动和动力分析。已知：$l_1=0.12$ m，$l_3=l_4=0.6$ m，$l_6=0.38$ m，曲柄1以$n_1=172$ r/min作逆时针方向等速转动；构件质量$m_3=20$ kg，$m_4=15$ kg，$m_5=62$ kg，构件1、2的质量忽略不计；质心位置$l_{CS3}=0.3$ m，$l_{DS4}=0.3$ m，质心S_5在点E处；构件3、4绕质心的转动惯量$J_{S3}=0.11$ kg·m^2，$J_{S4}=0.18$ kg·m^2；该机构在工作行程时滑块5受到生产阻力$F_r=110$ N。

分析内容：

(1) 对机构进行结构分析；

(2) 绘制滑块5上点E的运动线图（即位移、速度、加速度线图）；

(3) 绘制构件3的运动线图（即角位移、角速度、角加速度线图）；

(4) 分析各运动副中引起的反力；

(5) 绘制为使原动件1保持匀速转动应加在该构件上的平衡力矩线图。

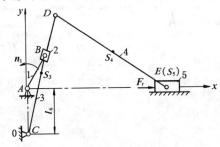

附图1-7　六杆机构

1. 机构的结构分析

如附图1-7所示，建立直角坐标系。机构中活动构件为1、2、3、4、5，即活动构件数$n=5$。A、C、B、D、E处运动副为低副（5个转动副，2个移动副），共7个，即$P_1=7$。则机构的自由度为：$F=3n-2P_1=3\times5-2\times7=1$。

拆基本杆组：① 标出原动件1，其转角为φ_1，转速为n_1，如附图1-8(a)所示；② 拆出Ⅱ级杆组2—3，为RPR杆组，如附图1-8(b)所示；③ 拆出Ⅱ级杆组4—5，为RRP杆组，如附图1-8(c)所示。由此可知，该机构是由机架0、原动件1和两个Ⅱ级杆组组成的，故该机构是Ⅱ级机构。

2. JYCAEYL软件原始数据输入

运行JYCAEYL软件，输入原始数据。在打开的JYCAEYL界面中用鼠标左键单击"运行"按钮，即会出现如附图1-9所示的"原始数据"输入页面。在该页面左半边的各输入空格内可分别输入机构的活动构件数、转动副数、移动副数、已知长度值总数和机构的自由度。除了活动构件数外,其余四个输入空格旁都各有一个"确定"按钮,点击每一个"确定"按钮,页面右半边就会显示出对应的输入框。

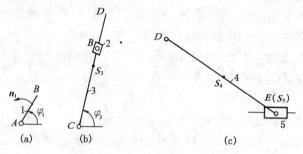

附图 1-8　六杆机构结构分析

(a) 原动件;(b)RPR 杆组;(c)RRP 杆组

输入了转动副数目后,点击"确定"按钮,右半边页面显示出转动副数据输入框(见附图 1-9)。在该输入框的"活动铰链数"输入空格中输入活动铰链数后,点击"确定"按钮,"活动铰链数"输入栏下相应数目的空格就会变为可用(输入空格呈白底色为可用,呈灰底色为不可用),供输入表示铰链的字母(铰链名)和铰链所连接的两个活动构件的序号。同时,"固定铰链数"输入空格中自动显示出数值,此数值等于转动副总数减去活动铰链数。

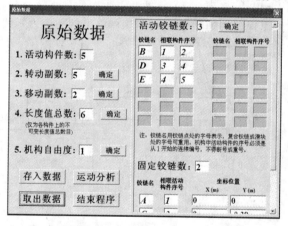

附图 1-9　"原始数据"输入界面

移动副输入框(见附图 1-10)与转动副输入框类似,只是当移动副所连接的构件之一为机架时,应在固定导路中心线上确定一给定点(此点为机架上的点),在输入框中输入其坐标值。此例中选点 A 为移动副 E 在固定导路上的给定点,坐标为(0,0)。

长度值输入框(见附图 1-11)用来输入机构中各构件上的不可变长度值,即构件上一点到另一点的距离,如构件上各铰链点间的距离,铰链中心到质心点或力作用点间的距离等。机构在运动时,这些距离(长度)是不会改变的。

原动件参数输入框(见附图 1-12)提供三种类型原动件的运动参数输入,分别为:① 绕定轴转动的原动件(如附图 1-7 所示机构中若以构件 1 作为原动件);② 沿固定导路移动的原动件(如附图 1-7 所示机构中若以滑块 5 作为原动件);③ 沿运动导杆移动的原动件(例如在摆动油缸中移动的活塞)。

原动件绕定轴转动时,其转角为原动件上某一指定线与 x 轴正方向的夹角。以 x 轴正方向为始边向指定线度量,逆时针方向为正值,顺时针方向为负值。角速度和角加速度也以逆时针方向为正;反之为负。原动件初始角为起始位置原动件上指定线与 x 轴正方向间的夹角,其值可正可负。原动件总转角、转角增量和角速度这三者的正、负号应相同。

本例中 $\omega_1 = 2\pi n_1 = 18.012(\mathrm{rad/s})$(逆时针为正),角加速度为零。

若原动件不作匀速转动,必须将原动件总转角值输入为零,程序这时只能作原动件在初始瞬时位置时的运动分析和力分析。要对机构的某一段运动过程进行分析,就要多次输入不同的原动件初始角值和对应的角速度、角加速度值(角加速度的单位为 $\mathrm{rad/s^2}$),一次一次地得到计算结果。

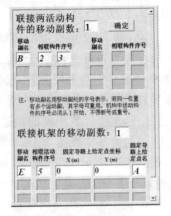

附图 1-10　移动副输入框

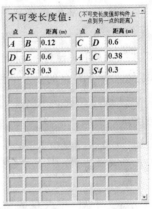

附图 1-11　已知长度输入框

附图 1-12　原动件参数输入框

相对机架或活动构件移动的原动件,原动件的总位移、移动速度、移动加速度和移动步距都以使原动件上的指定点到移动导路上的指定点之间的距离增加的方向,即背离导路上的指定点的方向为正方向,输入数值时应取正值,反之取负值。总位移、移动速度和移动步距的正、负号也应相同。当加速度不为零时,总位移也必须输入为"0",每次只能作原动件在初始位置时的运动分析和力分析。

对多自由度机构进行分析时,各原动件运动的等分点数应相同,即各原动件运动总转角(或总位移)除以其转角增量(或移动步距)所得的商都应当相等。

点击"原始数据"输入页面中的"存入数据"按钮,可将当前输入的数据储存起来。点击"取出数据"按钮,就可将存入的数据取出并重新显示在原来的输入空格中。

3. 机构的运动分析

"原始数据"输入页面中的所有数据输入完毕后,点击该页面的"运动分析"按钮,就会出现如附图 1-14 所示的"选取基本单元"页面。

用 JYCAEYL 软件对机构进行运动分析时,需要将机构在基本杆组的基础上划分成由构件或构件组组成的若干个基本单元,如附图 1-13 所示。附图 1-13(a) 所示为角运动已知的构件,可以分析绕定轴转动构件上点的运动,也可计算任何作平面运动的构件上点的运动;附图 1-13(b) 所示为可变长二杆组(RRR 杆组),用于分析铰链二杆组或刚体上不共线的三点间的运动问题,也可用于分析摆动油缸机构或其他具有变杆长的运动问题;附图 1-13(c) 所示为两点运动已知的构件,用于单个构件上已知两点的运动,求任一其他点的运动问题;附图 1-13(d) 所示为三点共线的构件(导杆),用于当导杆及滑块上各有一点的运动已知时,求导杆上另一个位于上述两点连线上的点的运动,也可用于刚体上有三点共线时,由已知两点求第三点的运动问题;附图 1-13(e) 所示为输入导杆,用于导杆的角运动已知时,求滑块的绝对运动和对导杆的相对运动问题;附图 1-13(f) 所示为摆动导杆,用于计算构件的角运动参数,也适用于分析角运动为输出时的无偏置导杆组(图中,点 K 可为滑块上的点,也可固结在 JK 杆上);附图 1-13(g) 所示为偏置导杆,用于分析带有偏置量的导杆、滑块的运动。

附图 1-13 中各单元点 G 的运动参数(所谓点的运动参数,是指点的 x、y 方向的坐标分量、速度分量和加速度分量) 未知,称点 G 为待求点。J、K 两点的运动参数已知,称为参考基点。

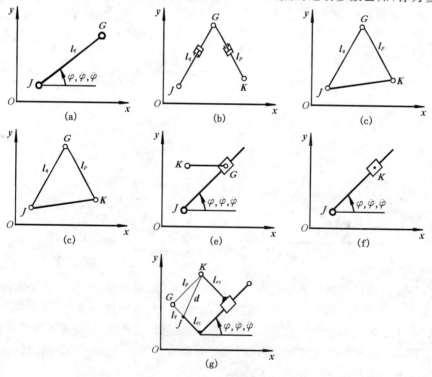

附图 1-13　平面 Ⅱ 级机构运动分析基本单元

对于每个基本单元,都可根据其中的已知运动参数求出其未知的运动参数。每个基本单元中求解出的未知运动参数又可成为另一个基本单元中的已知运动参数。程序依次对机构中每个基本单元进行求解,就可计算出机构中所有需要求解的运动参数。

点击"选取基本单元"界面中与机构中某个基本单元相对应的基本单元类型图标按钮,在随后打开的该类型基本单元输入框的输入空格中输入相应的字母和数值,然后点击"确定"按钮,就完成了对机构中该基本单元信息的输入。程序在运行时,对机构中各基本单元的求解顺序按照各类型基本单元输入框中"调用顺序"空格里所填的数字序号从 1 开始依次进行,求解顺序与对各类型基本单元输入框进行输入的先后次序无关。对机构中各单元的求解顺序会显示在"选取基本单元"界面的"求解顺序"栏中。如附图 1-14 中"求解顺序"栏显示的是对附图 1-7 所示机构进行分析时调用各类型基本单元求解顺序和过程。

有些类型的基本单元会被调用多次,因此对其输入框要进行多次输入,每次输入时只需重新改填各输入空格中的字母或数字,然后点击"确定"按钮关闭输入框即可。

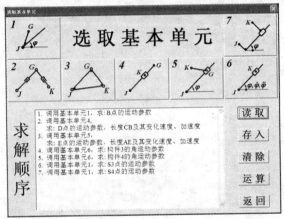

附图 1-14　"选取基本单元"界面

"基本单元"选取与信息输入完成后,本例选取了 7 个"基本单元",结果如附图 1-14 中下文本框所示。点击"运算"按钮,JYCAEYL 就会按指定的调用顺序依次对机构中各单元进行运动分析计算并给出计算结果,如附图 1-15 所示。

运动分析结果：各点运动参数

顺序	点	X坐标	Y坐标	X方向速度	Y方向速度	X方向加速度	Y方向加速度
0	B	0.12	0	0	2.16144	-38.93186	0
0	D	0.1806788	0.1921496	-0.9345091	0.2951081	-44.11758	12.25329
0	E	0.7490788	0	-1.034271	0	-48.43058	0
0	A	0	0	0	0	0	0
0	C	0	-0.38	0	0	0	0
0	B	0.12	0	0	2.16144	-38.93186	0
0	E	0.7490788	0	-1.034271	0	-48.43058	0
0	S3	0.09033941	-0.0939252	-0.4672545	0.1475541	-22.05879	6.126646
0	S4	0.4648788	0.0960748	-0.9843903	0.1475541	-46.27408	6.126646
1	B	0.103923	0.06	-1.08072	1.871864	-33.71598	-19.46593
1	D	0.1379185	0.2039336	-1.914201	0.4521127	-24.76108	-0.7767283
1	E	0.7021978	0	-2.077597	0	-24.88992	0
1	A	0	0	0	0		
1	C	0	-0.38	0	0		

各点运动参数　　长度变化参数　　动态静力分析　　返回

构件角运动参数　　轨迹及运动线图　　　　　　　　结束

附图 1-15　"运动分析结果"界面

分别点击"运动分析结果"界面下方"构件角运动参数"和"长度变化参数"按钮,界面中的表格就分别给出各构件角运动参数值或长度变化参数值。表格中构件转角的单位为"度",角速度和角加速度的单位分别为 rad/s 和 rad/s²,长度单位为 m,长度变化速度和长度变化加速度的单位分别为 m/s 和 m/s²。各数值正、负号的意义同前所述。

整理界面表格中的数值如附表 1-1、附表 1-2 所示。

点击"运动分析结果"界面下方的"轨迹及运动线图"按钮,界面的右上方将出现图形输出区(见附图 1-16)。分别在界面左边的输入空格中输入点名、构件序号或长度名并点击各自的"确定"按钮,就可分别显示出点的运动轨迹曲线、点的运动线图、构件的角运动线图和长度变化规律线图。输入的点名和长度名应与"各点运动参数"和"长度变化参数"计算结果表格中表示点和长度名的字符相同,字符顺序也不能改变,如 A 到 F 的距离 AF 不能输成 FA。如附图 1-16 所示为滑块 5 上点 E 的运动线图(整理后见附图 1-17)。如附图 1-18 所示为构件 3 的运动线图。

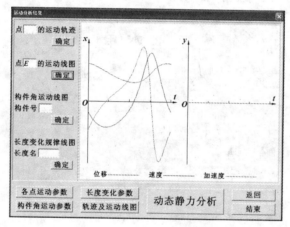

附图 1-16　E 点运动线图

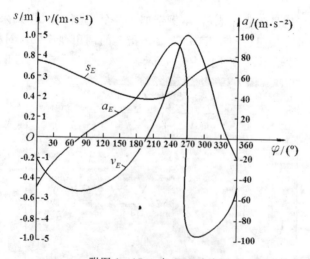

附图 1-17　点 E 运动线图

附表 1-1　点 E 的 x、y 方向的运动参数

位置		1	2	3	4	5	6	7	8	9	10	11	12
位移 m	x	0.749 1	0.702 2	0.633 8	0.558 2	0.486 2	0.426 4	0.387 7	0.383 6	0.436	0.558 2	0.690 8	0.754 2
	y	0.0	0.0	0.0	0.0	0.0	0.0	0.0	0.0	0.0	0.0	0.0	0.0
速度 m·s⁻¹	x	-1.034 2	-2.077 4	-2.546 7	-2.593 7	-2.314 9	-1.750 8	-0.834 8	0.680	3.055 3	4.987 8	3.583 5	0.846 0
	y	0.0	0.0	0.0	0.0	0.00	0.0	0.0	0.0	0.0	0.0	0.0	0.0
加速度 m·s⁻²	x	-48.429	-24.891	-8.210 4	4.418 8	14.505 1	24.633 9	39.804 9	66.656 7	91.359 7	16.341 6	-93.774	-82.359
	y	0.0	0.0	0.0	0.0	0.0	0.0	0.0	0.0	0.0	0.0	0.0	0.0

附表 1-2　构件 3 的运动参数

位置		1	2	3	4	5	6	7	8	9	10	11	12
角位移	φ/(°)	72.474	76.714	82.932	90.0	97.068 2	103.286	107.526	107.988	102.261	90.00	77.739 5	72.012
角速度	ω/(rad·s⁻¹)	1.633 3	3.278	4.082 3	4.322 8	4.082 3	3.277 9	1.633 3	-1.337 0	-5.661 5	-8.313 1	-5.661 5	-1.337
角加速度	ε/(rad·s⁻²)	76.265	39.868	17.009	0.0	-17.008	-39.869	-76.265	-129.98	-150.91	0.0	150.915	129.98

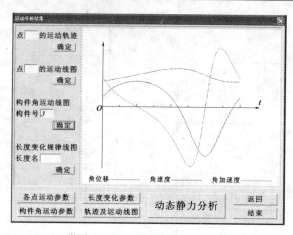

附图 1-18 构件 3 的运动线图

4.机构的动态静力分析

机构的动态静力分析必须在运动分析完成后才能进行。应保证运动分析中对机构中每个运动副所在点的运动参数、各构件质心点的运动参数、每一个活动构件的角运动参数、平衡力作用点的运动参数都计算无误后才能进行动态静力分析。这里需要特别指出的是,对于移动副中的受力构件,运动分析计算出的该构件转角必须是移动导路中心线与 x 轴正方向的夹角(以导路上指定点为顶点)。

用 JYCAEYL 进行动态静力分析时,不考虑摩擦力的影响。

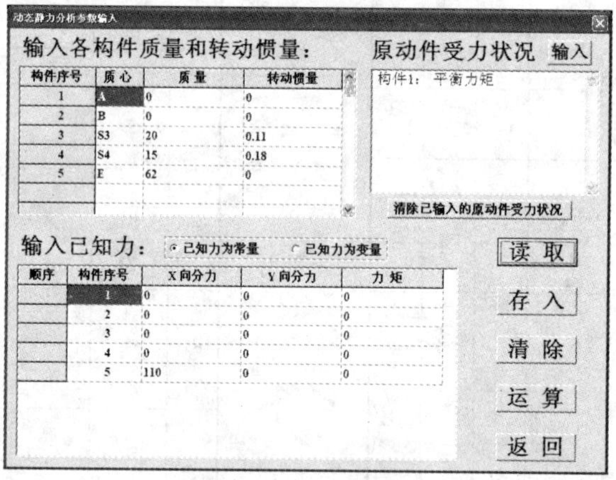

附图 1-19 "动态静力分析参数输入"界面

点击如附图 1-15 所示界面底部的"动态静力分析"按钮,屏幕出现如附图 1-19 所示的"动态静力分析参数输入"界面。该界面有两个表格,上方的表格用于输入各构件的质心点、质量(kg)和各构件对其质心轴的转动惯量($kg \cdot m^2$),下方的表格输入作用在各构件上的已知力(N)和已知力矩(N·m)。"输入已知力"表格上方有两个单选按钮:"已知力为常量"和"已知力为变量",可选择按已知力为常量或变量两种不同情况进行输入。若已知力为变量,需要对机构在运动过程中的每一个计算位置进行输入。表格中输入的各构件上的力和力矩是构件上所有已知力和力矩向其质心简化后得到的力和力矩。各构件上的重力和惯性力(矩)由JYCAEYL 根据所输入的构件质量和转动惯量以及运动分析得出的各加速度参数自动进行计算,在此表格中输入已知力和力矩值时不应再考虑。简化后得到的力向两个坐标轴方向分解,分力与坐标轴方向一致时取正值,反之取负值。力矩逆时针方向取正值,顺时针方向取负值。附图1-19给出了附图1-7所示机构输入的数据,这里假定机构中只有滑块5上作用了一个与 x 轴方向相同的常力(110N)。

点击"动态静力分析参数输入"界面的右上方"原动件受力状况"显示栏的"输入"按钮,会打开"平衡力模式选择"选择框,该框中有三个按钮。本例中选择"平衡力矩"按钮。

"存入"按钮用来存储本页面当前输入的所有内容。

本界面输入完毕后,点击"运算"按钮,JYCAEYL进行计算并给出动态静力分析的结果。如附图1-20所示为本例题力分析计算结果,此表格中未知力名的表示方法如下:

(1)转动副中反力的第一个字母为"R",第二个字母为转动副名标记字母;后面的两个数字用"—"分开,分别表示该转动副联接的两个构件的序号,前面的数字为"出力构件"的序号,后面的数字为"受力构件"的序号;最右边的"X"或"Y"表示未知力分力的坐标轴方向。转动副中的反力作用线通过转动副中心。

(2)移动副中的反力和反力矩的第一个字母用"S"表示,第二个字母为移动副名标记字母,两个数字及"—"的意义同转动副;最右边的字母为"R"或"T","R"表示反力,"T"表示反力矩。反力以沿导路方向逆时针旋转 $90°$(即与 x 轴成 $\varphi + 90°$ 方向)为正方向,力作用点为导路中心线上移动副字母所标注的点。移动副中的反力矩以逆时针方向为正。

(3)平衡力名和平衡力矩名均以字母"BL"开头,第三个字母用"P"表示平衡力,用"T"表示平衡力矩;最右边的数字表示原动件的构件序号。

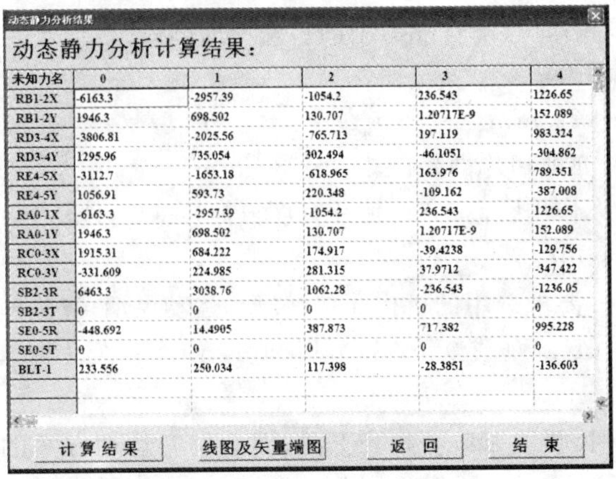

动态静力分析计算结果:

未知力名	0	1	2	3	4
RB1-2X	-6163.3	-2957.39	-1054.2	236.543	1226.65
RB1-2Y	1946.3	698.502	130.707	1.20717E-9	152.089
RD3-4X	-3806.81	-2025.56	-765.713	197.119	983.324
RD3-4Y	1295.96	735.054	302.494	-46.1051	-304.862
RE4-5X	-3112.7	-1653.18	-618.965	163.976	789.351
RE4-5Y	1056.91	593.73	220.348	-109.162	-387.008
RA0-1X	-6163.3	-2957.39	-1054.2	236.543	1226.65
RA0-1Y	1946.3	698.502	130.707	1.20717E-9	152.089
RC0-3X	1915.31	684.222	174.917	-39.4238	-129.756
RC0-3Y	-331.609	224.985	281.315	37.9712	-347.422
SB2-3R	6463.3	3038.76	1062.28	-236.543	-1236.05
SB2-3T	0	0	0	0	0
SE0-5R	-448.692	14.4905	387.873	-17.382	995.228
SE0-5T	0	0	0	0	0
BLT-1	233.556	250.034	117.398	-28.3851	-136.603

| 计算结果 | 线图及矢量端图 | 返回 | 结束 |

附图1-20 力分析计算结果

点击"动态静力分析结果"界面下方的"线图及矢量端图"按钮,界面右方出现图形显示区域,左方出现四种曲线图形显示的选择输入栏(见附图1-21)。分别在各输入空格中输入力或力矩的名称,然后点击其"确定"按钮,就可显示出相应的曲线图形。输入的反力和反力矩名称应与"动态静力分析计算结果"表格中各反力和反力矩的名称一致,只是转动副中反力的名称最右边的字母"X"和"Y"在输入时应取掉,因为"铰链受力矢量端图"显示的是转动副中反力的合矢量端点连成的曲线图形。

附图1-21中的曲线显示了为使原动件1保持匀速转动应加在该构件上的平衡力矩的变化情况,图中曲线上的圆圈与各计算等分点相对应,最大圆圈与初始位置对应。

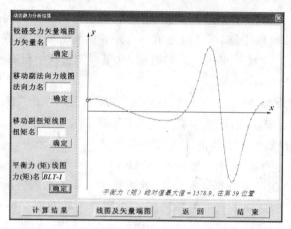

附图 1-21 作用在构件 1 上的平衡力矩变化线图

附录 2 "机械原理"课程设计题目

题目1 糕点切片机

1. 工作原理及工艺动作过程

糕点先成型(如长方体、圆柱体等),经切片后再烘干。糕点切片机要求实现两个动作:糕点的直线间歇移动和切刀的往复运动。通过两者的动作配合进行切片。改变直线间歇移动速度或每次间歇的输送距离,以满足糕点的不同切片厚度的需要。

2. 原始数据及设计要求

(1) 糕点厚度:10～20 mm。

(2) 糕点切片长度(亦即切片高)范围:5～80 mm。

(3) 切刀切片时最大作用距离(亦即切片宽度方向):300 mm。

(4) 切刀工作节拍:40 次/min。

(5) 工作阻力很小。要求选用的机构简单、轻便,运动灵活可靠。

电机可选用功率 0.55 kW(或 0.75kW),1 390 r/min。

3. 设计方案提示

(1) 切削速度较大时,切片刀口会整齐平滑,因此切刀运动方案的选择很关键,切口机构应力求简单适用、运动灵活和运动空间尺寸紧凑等。

(2) 直线间歇运动机构如何满足切片长度尺寸的变化要求,这是需要认真考虑的。调整机构必须简单可靠,操作方便。是采用调速方案,还是采用调距离方案,或采用其他调速方案,均应对方案进行定性分析比较。

(3) 间歇机构必须与切刀运动机构工作协调,即全部送进运动应在切刀返回过程中完成。须要注意的是,切口有一定的长度(即高度),输送运动必须在切刀完全脱离切口后方能开始进行,但输送机构的返回运动则可与切刀的工作行程在时间上有一段重叠,以利于提高生产率,当设计机器工作循环图时,应按照上述要求来选择间歇运动机构的设计参数。

4. 设计任务

(1) 根据工艺动作顺序和协调要求拟订运动循环图。

（2）进行输送间歇运动、切刀往复直线运动的选型。

（3）进行机械运动方案的评价和选择。

（4）根据选定的电机和执行机构的运动参数拟订机械传动方案。

（5）画出机械运动方案示意图。

（6）对机械系统和执行机构进行尺寸设计。

（7）画出机构运动简图。

（8）对间歇机构或往复运动机构进行运动分析，绘制从动件的位移、速度、加速度曲线图。

（9）编写设计说明书（用 A4 纸张，封面用标准格式）。

题目 2　机械系统运动方案设计

1.工作原理及工艺动作过程

一机械系统的输入构件 1 在转动副 A 中作等速回转，转速 $n_1 = 60$ r/min。执行构件 2 绕转动副 N 摆动，要求：① 执行构件在 15 s 内自位置 Ⅰ 经位置 Ⅱ 摆至位置 Ⅲ；② 停顿 15 s；③ 接着在 10 s 内由位置 Ⅲ 摆回至位置 Ⅰ；④ 然后停顿 20 s。已知执行构件摆角 $\psi = 120°$，且摆动时的运动规律不限。根据实际工况条件，各固定铰链点（包括可选用的铰链点）之间的相对位置关系如附图 2-1 所示，执行构件 2 上的生产阻力曲线如附图 2-2 所示，试设计这一机械系统运动方案。设计时要求该机械系统的运动链尽可能短，并且结构紧凑。

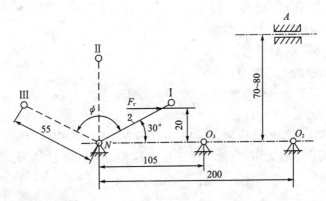

附图 2-1　各固定铰链点之间的相对位置

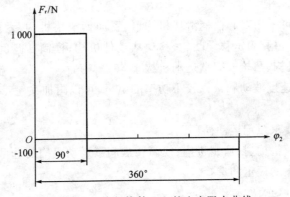

附图 2-2　执行构件 2 上的生产阻力曲线

2.课程设计任务及要求

根据设计题目中的运动要求,进行该机械系统的总体运动方案设计。即按照机械的用途、功能及工况条件等提出的要求和系统中构件的运动位置要求等进行机构的选型、尺度综合及主要参数优选等,从而绘出该机械系统的总体运动方案的机构运动简图,并对系统中某些机构进行分析与设计。

在设计中要求积极主动查找、收集和钻研有关参考资料,并灵活应用所学知识,积极构思、发挥聪明才智与创新精神,设计出至少两种以上机械系统传动方案,进行分析比较后,选择出较佳方案。

题目3 蜂窝煤成型机构设计

1.工作原理及工艺动作过程

冲压式蜂窝煤成型机是我国城镇蜂窝煤(通常又称煤饼,在圆柱形饼状煤中冲出若干通孔)生产厂的主要生产设备,它将煤粉加入转盘上的模筒内,经冲头冲压成蜂窝煤。

为了实现蜂窝煤冲压成型,冲压式蜂窝煤成型机必须完成以下几个动作:

(1)煤粉加料。

(2)冲头将蜂窝煤压制成型。

(3)清除冲头和出煤盘的积屑的扫屑运动。

(4)将在模筒内冲压后的蜂窝煤脱模。

(5)将冲压成型的蜂窝煤输送装箱。

2.原始数据及设计要求

(1)蜂窝煤成型机的生产能力:30 次/min。

(2)驱动电机:Y180L-8,功率 $N=11$ kW,转速 $n=730$ r/min。

(3)冲压成型时的生产阻力达到 50 000 N。

(4)为改善蜂窝煤成型机的质量,希望在冲压后有一短暂的保压时间。

(5)由于冲头要产生较大压力,希望冲压机构具有增力功能,以增大有效力作用,减小原动机的功率。

3.设计方案提示

冲压式蜂窝煤成型机应考虑 3 个机构的选型和设计。冲压和脱模机构、扫屑机构和模筒转盘的间歇运动机构。

冲压和脱模机构可采用对心曲柄滑块机构、偏置曲柄滑块机构、六杆冲压机构;扫屑机构可采用附加滑块摇杆机构、固定移动凸轮-移动从动件机构;模筒转盘间歇运动机构可采用槽轮机构、不完全齿轮机构、凸轮式间歇运动机构。

为了减小机器的速度波动和选择较小功率的电机,可以附加飞轮。

4.设计任务

(1)按工艺动作要求拟定运动循环图。

(2)进行冲压脱模机构、扫屑刷机构、模筒转盘间歇运动机构的选型。

(3)机械运动方案的评定和选择。

(4)进行飞轮设计(选做)。

(5)按选定的电动机和执行机构运动参数拟定机械传动方案。

(6)画出机械运动方案简图。

(7) 对传动机构和执行机构进行运动尺寸计算。

(8) 编写设计说明书运动方案和主要机构设计。

题目4 四工位专用机床运动方案和主要机构设计

1. 工作原理及工艺动作过程

四工位专用机床是在四个工位 Ⅰ、Ⅱ、Ⅲ、Ⅳ（见附图 2-3）上分别完成工件的装卸、钻孔、扩孔、铰孔工作的专用加工设备。机床的执行动作有两个：一是装有工件的回转工作台的间歇转动；二是装有三把专用刀具的主轴箱的往复移动（刀具的转动由专用电机驱动）。两个执行动作由同一台电机驱动，工作台转位机构和主轴箱往复运动机构按动作时间顺序分支并列，组合成一个机构系统。

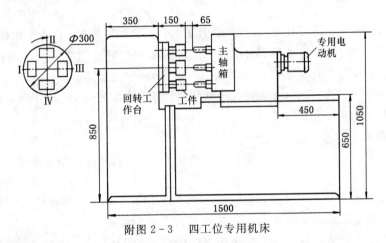

附图 2-3 四工位专用机床

2. 原始数据及设计要求

(1) 刀具顶端离开工作表面 65 mm，快速移动送进 60 mm 后，再匀速送进 60 mm（包括 5 mm 刀具切入量、45 mm 工件孔深、10 mm 刀具切出量，如附图 2-4 所示），然后快速返回。回程和进程的平均速度之比 K=2。

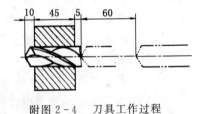

附图 2-4 刀具工作过程

(2) 刀具匀速进给速度为 2 mm/s，工件装卸时间不超过 10 s。

(3) 机床生产率约 60 件/h。

(4) 执行机构及传动机构能装入机体内。

(5) 传动系统电机为交流异步电动机，功率 1.5 kW，转速 960 r/min。

3. 设计方案提示

(1) 回转台的间歇转动，可采用槽轮机构、不完全齿轮机构、凸轮式间歇运动机构。

(2) 主轴箱的往复移动，可采用圆柱凸轮机构、移动从动件盘形凸轮机构、凸轮-连杆机构、平面连杆机构等。

(3) 由生产率可求出一个运动循环所需的时间 T=60 s，刀具匀速送进 60 mm 所需时间 t=30 s，刀具其余移动（包括快速送进 60 mm，快速返回 120 mm）共需 30 s。回转工作台静止时间为 40 s，因此足够工件装卸所需时间。

4. 设计任务

（1）按工艺动作过程拟定运动循环图。

（2）进行回转台间歇转动机构、主轴箱刀具移动机构的选型，并进行机械运动方案的评价和选择。

（3）根据电机参数和执行机构运动参数进行传动方案的拟订。

（4）画出机械运动方案图。

（5）机械传动系统和执行机构的尺度计算。

（6）编写设计说明书。

题目 5　平压印刷机运动方案和主要机构设计

1. 工作原理及工艺动作过程

平压印刷机是一种简易印刷机，适用于印刷八开以下的印刷品。它的工作原理：将油墨刷在固定的平面铅字版上，然后将装了白纸的平面印头紧密接触而完成一次印刷。其工作过程犹如盖图章，平压印刷机中的"图章"是不动的，纸张贴近时完成印刷。

平压印刷机需要实现三个动作：装有白纸的平面印头往复摆动，油辊在固定铅字版上上下滚动，油盘转动使油辊上油墨均匀。

2. 原始数据及设计要求

（1）实现印头、油辊、油盘运动的机构由一个电动机带动，通过传动系统使其具有 1 600 ～ 1 800 次 /h 印刷的能力。

（2）电动机功率 $N = 0.75$ kW，转速 $n_电 = 910$ r/min，电动机可放在机架的左侧或底部。

（3）印头摆角为 70°，印头返回行程和工作行程的平均速度之比 $K = 1.118$。

（4）油辊摆动自垂直位置运动到铅字版下端的摆角为 110°。

（5）油盘直径为 400 mm，油辊起始位置就在油盘边缘。

（6）要求机构的传动性能良好，结构紧凑，易于制造。

3. 设计任务

（1）确定总功能，并进行功能分解。

（2）根据工艺动作要求拟订运动循环图。

（3）进行印头、油辊、油盘机构及其相互连接传动的选型。

（4）按选定的电动机及执行机构运动参数拟订机械传动方案。

（5）画出机械运动方案简图。

（6）对执行机构进行尺寸综合。

（7）对往复摆动执行机构进行运动分析，绘制从动件位移、速度、加速度线图。

（8）编写设计说明书。

题目 6　旋转型灌装机运动方案设计

1. 设计题目

设计旋转型灌装机运动方案。在转动工作台上对包装容器（如玻璃瓶）连续灌装流体（如饮料、酒、冷霜等），转台有多工位停歇，以实现灌装、封口等工序。为保证在这些工位上能够准确地灌装、封口，应有定位装置。如附图 2-5 所示，工位 1：输入空瓶；工位 2：灌装；工位 3：封口；工位 4：输出包装好的容器。

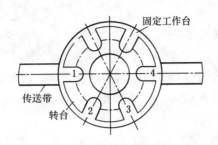

附图 2-5　旋转型灌装机结构

该机采用电动机驱动,传动方式为机械传动,技术参数见附表 2-1。

附表 2-1　旋转型灌装机技术参数

方案号	转台直径 /mm	电动机转速 /(r · min⁻¹)	灌装速度 /(L · min⁻¹)
A	600	1 440	10
B	550	1 440	12
C	500	960	10

2. 设计任务

(1) 旋转型灌装机应包括连杆机构、凸轮机构、齿轮机构三种常用机构。

(2) 设计传动系统并确定其传动比分配。

(3) 图纸上画出旋转型灌装机的运动方案简图,并用运动循环图分配各机构运动节拍。

(4) 用计算机辅助软件对连杆机构进行速度、加速度分析,绘出运动线图。图解法或解析法设计平面连杆机构。

(5) 凸轮机构的设计计算。按凸轮机构的工作要求选择从动件的运动规律,确定基圆半径,校核最大压力角与最小曲率半径。对盘状凸轮要用计算机辅助软件计算出理论廓线、实际廓线值。画出从动件运动规律线图及凸轮廓线图。

(6) 齿轮机构的设计计算。

(7) 编写设计计算说明书;

(8) 可进一步完成平面连杆机构(或灌装机)的计算机动态演示等。

3. 设计提示

(1) 采用灌瓶泵灌装流体,泵固定在某工位的上方。

(2) 采用软木塞或金属冠盖封口,它们可由气泵吸附在压盖机构上,由压盖机构压入(或通过压盖模将瓶盖紧固在)瓶口。设计者只需设计作直线往复运动的压盖机构。压盖机构可采用移动导杆机构等平面连杆机构或凸轮机构。

(3) 此外,需要设计间歇传动机构,以实现工作转台间歇传动。为保证停歇可靠,还应有定位(锁紧)机构。间歇机构可采用槽轮机构、不完全齿轮机构等。定位(锁紧)机构可采用凸轮机构等。

题目 7　转动导杆机构运动分析

1. 分析题目

对如附图 2-6 所示转动导杆机构进行运动分析。已知:$r_1 = 80$ mm,$r_3 = 60$ mm,$L_{AD} = 24$ mm,$L_{BC} = 300$ mm,$L_{BS4} = 150$ mm,$n_1 = 60$ r/min。

2. 分析内容

(1) 进行机构的结构分析；

(2) 绘制点 S_4 的连杆曲线；

(3) 绘制构件 3 的运动线图（即角位移、角速度和角加速度线图）；

(4) 绘制滑块 C 的运动线图（即位移、速度和加速度线图）。

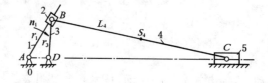

附图 2-6　转动导杆机构

题目 8　压床机构综合与传动系统设计

1. 设计题目

压床是应用广泛的锻压设备，用于钢板矫直、压制零件等。如附图 2-7 所示为某压床的运动示意图。电动机经联轴器带动三级齿轮（z_1-z_2、z_3-z_4、z_5-z_6）减速器将转速降低，带动冲床执行机构（六杆机构 $ABCDEF$）的曲柄 AB 转动（见附图 2-8），六杆机构使冲头 5 上下往复运动，实现冲压工艺。

现要求完成六杆机构的尺寸综合，并进行三级齿轮减速器的传动比分配。

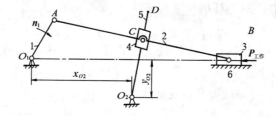

附图 2-7　压床的运动示意图

2. 设计数据

六杆机构的中心距 x_1、x_2、y，构件 3 的上下极限位置角 ψ'_3、ψ''_3，滑块 5 的行程 H，比值 CE/CD、EF/DE，曲柄转速 n_1 以及冲头所受的最大阻力 F_{max} 等列于附表 2-2。

附表 2-2　六杆机构的设计数据

已知参数 方案	$x_1/$ mm	$x_2/$ mm	$y/$ mm	$\psi'_3/$ (°)	$\psi''_3/$ (°)	$H/$ mm	$\dfrac{CE}{CD}$	$\dfrac{EF}{DE}$	$n_1/$ (r·min^{-1})	$F_{max}/$ kN
1	50	140	220	60	120	150	0.5	0.25	100	6
2	60	170	260	60	120	180	0.5	0.25	120	5
3	70	200	310	60	120	210	0.5	0.25	90	9

3. 设计任务

(1) 针对附图 2-8 所示的压床执行机构方案，依据设计要求和已知参数，确定各构件的运动尺寸，绘制机构运动简图，并分析组成该机构的基本杆组。

（2）假设曲柄等速转动，取机构的 12 个位置，画出滑块 5 的位移、速度和加速度的变化规律曲线。

（3）在压床工作过程中，冲头所受的阻力变化曲线如附图 2-9 所示，在不考虑各处摩擦、构件重力和惯性力的条件下，分别求曲柄 1 所需的驱动力矩。

（4）确定电动机的功率与转速。

（5）取曲柄轴为等效构件，要求其速度波动系数小于 3‰，在不考虑其他构件转动惯量的条件下，确定应加于曲柄轴上的飞轮转动惯量。

（6）编写课程设计说明书。

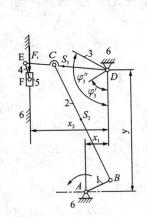

附图 2-8　压床六杆机构

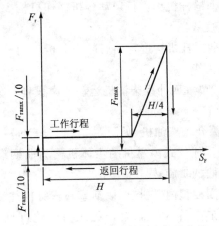

附图 2-9　冲头所受的阻力变化曲线

题目 9　汽车风窗刮水器机构设计与分析

1. 机构简介与设计数据

（1）机构简介。汽车风窗刮水器是用于汽车刮水的驱动装置，如附图 2-10(a) 所示。风窗刮水器工作时，由电动机带动齿轮装置，传至曲柄摇杆机构 1-2-3-4。电动机单向连续转动，刷片杆 4 作左右往复摆动，要求左右摆动的平均速度相同。其中，刮水刷的工作阻力矩 M 与曲柄转角 φ 的关系如附图 2-10(b) 所示。

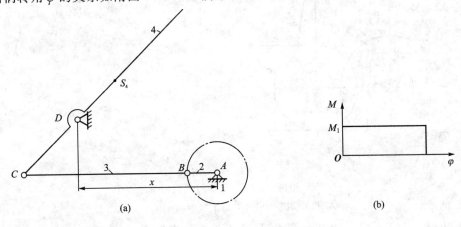

(a)　　　　　　　　　　　　　　　(b)

附图 2-10　汽车风窗刮水器

(a) 机动示意图；(b) 工作阻力矩曲线

（2）设计数据。设计数据如附表 2-3 所示。

附表 2-3　设计数据

设计内容	曲柄摇杆机构的设计及运动分析					曲柄摇杆机构动态静力分析		
符号	n_1	k	φ	l_{AB}	x	l_{DS_4}	G_4	J_{S_4}	M_1
单位	r/min		(°)	mm	mm	mm	N	kg·m₂	N·mm
数据	30	1	120	60	180	100	15	0.01	500

2.设计内容

（1）对曲柄摇杆机构进行运动分析。作机构12个位置的速度和加速度线图，构件4的角速度与角加速度线图。

（2）对曲柄摇杆机构进行动态静力分析。确定机构一个位置的各个运动副反力及应加于曲柄上的平衡力矩。

题目 10　单缸四冲程柴油机运动方案设计与分析

1.机构简介与设计数据

（1）机构简介。柴油机（见附图 2-11(a)）是一种内燃机，它将燃料燃烧时所产生的热能转变为机械能。往复式内燃机的主体机构为曲柄滑块机构，以汽缸内的燃气压力推动活塞3经连杆2而使曲柄1旋转。

本设计是四冲程内燃机，即以活塞在汽缸内往复移动四次（对应曲柄两转）完成一个工作循环。在一个工作循环中，汽缸内的压力变化可见示功图（用示功器从汽缸内测得），如附图 2-11(b) 所示，它表示汽缸容积（与活塞位移 s 成正比）与压力的变化关系，现将四个冲程压力变化作一简单介绍。

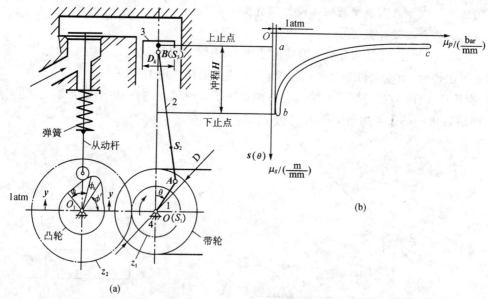

附图 2-11　柴油机机构

（a）机构简图；（b）示功图　（1bar = 10⁵ Pa）

进气冲程。活塞下行，对应曲柄转角 $\theta = 0° \rightarrow 180°$。进气阀开，燃气开始进入汽缸，汽缸内指示压力略低于 1 atm（1 atm = 101.325 kPa），一般以 1 atm 计算，如示功图上的 $a \rightarrow b$。

压缩冲程。活塞上行，曲柄转角 $\theta=180°\to360°$。此时进气完毕，进气阀关闭，已吸入的空气受到压缩，压力渐高，如示功图上的 $b\to c$。

膨胀(做功)冲程。在压缩冲程终了时，被压缩的空气温度已超过柴油自燃的温度，因此，在高压下射入的柴油立刻爆炸燃烧，汽缸内压力突增至最高点，燃气压力推动活塞下行对外做功，曲柄转角 $\theta=360°\to540°$，随着燃气的膨胀，汽缸容积增加，压力逐渐降低，如图上 $c\to b$。

排气冲程。活塞上行，曲柄转角 $\theta=540°\to720°$。排气阀开，废气被驱出，汽缸内压力略高于 1 atm，一般亦以 1 atm 计算，如图上的 $b\to a$。

· 进排气阀的启闭是由凸轮机构控制的，附图 2-11(a) 中 $y\!-\!y$ 剖面有进、排气阀各一只(图中只画了进气凸轮)。凸轮机构是通过曲柄轴 O 上的齿轮 z_1 和凸轮轴 O_1 上的齿轮 z_2 来传动的。由于一个工作循环中，曲柄轴转两转而进、排气阀各启闭一次，所以齿轮的传动比 $i_{12}=\dfrac{n_1}{n_2}=\dfrac{z_2}{z_1}=2$。

由上可知，在组成一个工作循环的四个冲程中，活塞只有一个冲程是对外做功的，其余的三个冲程则需依靠机械的惯性带动。因此，曲柄所受的驱动力是不均匀的，所以其速度波动也较大。为了减少速度波动，曲柄轴上装有飞轮(图上未画)。

(2)设计数据。设计数据如附表 2-4、附表 2-5 所示。

附表 2-4　设计数据表

设计内容	曲柄滑块机构的运动分析				曲柄滑块机构的动态静力分析及飞轮转动惯量的确定								
符号	H	λ	l_{AS_2}	n_1	D_k	D	G_1	G_2	G_3	J_{S_1}	J_{S_2}	J_{S_3}	δ
单位	mm		mm	r/min	mm			N			kg·m²		
数据	120	4	80	1500	100	200	210	20	10	0.1	0.05	0.2	1/100
	齿轮机构的设计				凸轮机构的设计					
z_1	z_2	m	α	h	Φ	Φ_s	Φ'	$[\alpha]$	$[\alpha]'$
		mm	(°)	mm			°		
22	44	5	20	20	50	10	50	30	75

附表 2-5　设计数据表

位置编号	1	2	3	4	5	6	7	8	9	10	11	12
曲柄位置 /(°)	30°	60°	90°	120°	150°	180°	210°	240°	270°	300°	330°	360°
汽缸指示压力 /(10^5N·m²)	1	1	1	1	1	1	1	1	1	6.5	19.5	35
工作过程	进　　气						压　　缩					
12'	13	14	15	16	17	18	19	20	21	22	23	24
375°	390°	420°	450°	480°	510°	540°	570°	600°	630°	660°	690°	720°
60	25.5	9.5	3	3	2.5	2	1.5	1	1	1	1	1
膨　　胀						排　　气					

2.设计内容

(1)曲柄滑块机构的运动分析。已知:活塞冲程 H,连杆与曲柄长度之比 λ,曲柄每分钟转数 n_1。

要求:设计曲柄滑块机构,绘制机构运动简图,作机构滑块的位移、速度和加速度运动线图。

曲柄位置图的做法如附图 2-12 所示,以滑块在上止点时所对应的曲柄位置为起始位置(即 $\theta=0°$),将曲柄圆周按转向分成 12 等份得 12 个位置 $1 \rightarrow 12$,$12'(\theta=375°)$ 为汽缸指示压力达最大值时所对应的曲柄位置,$13 \rightarrow 24$ 为曲柄第二转时对应的各位置。

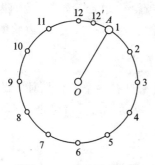

附图 2-12 曲柄位置图

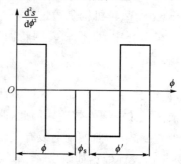

附图 2-13 从动件运动规律图

(2)曲柄滑块机构的动态静力分析。已知:机构各构件的重力 G,绕重心轴的转动惯量 J_s,活塞直径 D_k,示功图数据(见附表 2-5)以及运动分析所得的各运动参数。

要求:确定机构一个位置(同运动分析)的各运动副反力及曲柄上的平衡力矩 M_y。

(3)飞轮设计。已知:机器的速度不均匀系数 δ,曲柄轴的转动惯量 J_{S1},凸轮轴的转动惯量 J_{O1},连杆 2 绕其重心轴的转动惯量 J_{S2},动态静力分析求得的平衡力矩 M_y,阻力矩 M_c 为常数。

要求:用惯性力法确定安装在曲柄轴上的飞轮转动惯量 J_F。

(4)齿轮机构设计。已知:齿轮齿数 z_1、z_2,模数 m,分度圆压力角 α,齿轮为正常齿制,在闭式润滑油池中工作。

要求:选择两轮变位系数,计算齿轮各部分尺寸。

(5)凸轮机构设计。已知:从动件冲程 h,推程和回程的许用压力角 $[\alpha]$、$[\alpha']$,推程运动角 ϕ,远休止角 ϕ_s,回程运动角 ϕ',从动件的运动规律如附图 2-13 所示。

要求:按照许用压力角确定凸轮机构的基本尺寸,选取滚子半径,画出凸轮实际廓线。

题目 11 半自动钻床运动方案设计

1.设计题目

设计加工如附图 2-14 所示工件 $\phi12$ mm 孔的半自动钻床。进刀机构负责动力头的升降,送料机构将被加工工件推入加工位置,并由定位机构使被加工工件可靠固定。

半自动钻床设计数据参见附表 2-6。

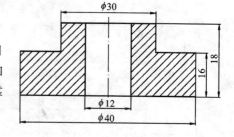

附图 2-14 加工工件

附表 2-6　半自动钻床凸轮设计数据

方案号	进料机构工作行程/mm	定位机构工作行程/mm	动力头工作行程/mm	电动机转速/(r·mm⁻¹)	工作节拍(生产率)/(件·min⁻¹)
A	40	30	15	1 450	1
B	35	25	20	1 400	2
C	30	20	10	960	1

2.设计任务

(1)半自动钻床至少包括凸轮机构、齿轮机构在内的 3 种机构。

(2)设计传动系统并确定其传动比分配。

(3)画出半自动钻床的机构运动方案简图和运动循环图。

(4)凸轮机构的设计计算。按各凸轮机构的工作要求,自选从动件的运动规律,确定基圆半径,校核最大压力角与最小曲率半径。对盘状凸轮要用计算机辅助设计软件计算出理论廓线、实际廓线值。画出从动件运动规律线图及凸轮廓线图。

(5)设计计算其他机构。

(6)编写设计计算说明书。

(7)学生可进一步完成:凸轮的数控加工,半自动钻床的计算机演示验证等。

3.设计提示

(1)钻头由动力头驱动,设计者只需考虑动力头的进刀(升降)运动。

(2)除动力头升降机构外,还需要设计送料机构、定位机构。各机构运动循环要求见附表 2-7。

(3)可采用凸轮轴的方法分配协调各机构运动。

附表 2-7　机构运动循环要求

凸轮轴转角	10°	20°	30°	45°	60°	75°	90°	105°～270°	300°	360°
送料	快进			休止		快退		休止		
定位	休止	快进		休止		快退		休止		
进刀	休止						快进	快进	快退	休止

题目 12　六杆机构运动分析

1.分析题目

对如附图 2-15 所示六杆机构进行运动分析,已知数据如附表 2-8 所示。

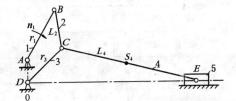

2.分析内容

(1)进行机构的结构分析;

(2)绘制滑块 E 的运动线图(即位移、速度和加速度线图);

附图 2-15　六杆机构

(3)绘制构件 3 和 4 的运动线图(即角位移、角速度和角加速度线图);

(4)绘制点 S_4 的轨迹线图。

附表 2-8 六杆机构已知数据

方案号	$\dfrac{r_1}{mm}$	$\dfrac{r_3}{mm}$	$\dfrac{L_2}{mm}$	$\dfrac{L_4}{mm}$	$\dfrac{L_{AD}}{mm}$	$\dfrac{n_1}{r \cdot min^{-1}}$	$\dfrac{L_{CS4}}{mm}$
1	100	100	100	600	39	45	200
2	110	110	110	600	39	40	220
3	120	120	120	600	39	35	240
4	130	130	130	700	39	30	250
5	100	100	100	400	39	25	130

题目 13 压床机构设计与分析

1.机构简介及设计数据

(1) 机构简介。如附图 2-8 所示为压床机构简图。其中六杆机构 $ABCDEF$ 为其主体机构,电动机经连轴器带动减速器的 3 对齿轮 $z_1—z_2、z_3—z_4、z_5—z_6$ 将转速降低(如附图 2-7 所示),然后带动曲柄 1 转动,六杆机构使滑块 5 克服阻力 F_r(如附图 2-9 所示)而运动。为了减小主轴的速度波动,在曲轴 A 上装有飞轮,在曲柄轴的另一端装有供滑块连杆机构各运动副用的油泵凸轮。

(2) 设计数据。设计数据见附表 2-9。

附表 2-9 设计数据

设计内容	连杆机构的设计及运动分析										齿轮机构的设计			
符号	x_1	x_2	y	φ_3'	φ_3''	H	$\dfrac{CE}{CD}$	$\dfrac{EF}{DE}$	n_1	$\dfrac{BS_2}{BC}$	$\dfrac{DS_3}{DE}$	z_5	z_6	α	m
单位	mm			(°)		mm			r/min					(°)	mm
方案 I	50	140	220	60	120	150	1/2	1/4	100	1/2	1/2	11	38	20	5
方案 II	60	170	260	60	120	180	1/2	1/4	90	1/2	1/2	10	35	20	6
方案 III	70	200	310	60	120	210	1/2	1/4	90	1/2	1/2	11	32	20	6

设计内容	凸轮机构的设计					连杆机构的动态静力分析与飞轮转动惯量的确定						
符号	h	$[\alpha]$	δ_0	δ_{01}	δ_0'	从动杆运动规律	G_2	G_3	G_5	J_{S2}	J_{S3}	F_{rmax}	δ
单位	mm	(°)					N			kg·m²		N	
方案 I	17	30	55	25	85	余弦	660	440	300	0.28	0.085	4 000	1/30
方案 II	18	30	60	30	80	等加速	1 060	720	550	0.64	0.2	7 000	1/30
方案 III	19	30	65	35	75	正弦	1 600	1040	840	1.35	0.39	11 000	1/30

2.设计内容

(1) 连杆机构的设计及运动分析。已知:中心距 x_1、x_2、y,构件 3 的上下极限角 φ_3''、φ_3',滑块的冲程 H,比值 CE/CD、EF/DE,各构件质心 S 的位置,曲柄转速 n_1。

要求:① 设计连杆机构,作机构运动简图;② 取机构的 12 个位置,作构件 3 角速度和角加速度线图;③ 绘制滑块 5 的运动线图。

（2）连杆机构的动态静力分析。已知:各机构的重力 G 及对质心轴的转动惯量 J_s（曲柄 1 和连杆 4 的重力和转动惯量略去不计），阻力线图（见附图 2-9）以及连杆机构设计和运动分析中所得的结果。

要求:确定机构一个位置各运动副中的作用力及加于曲柄上的平衡力矩。

（3）飞轮设计。已知:机器运转的速度不均匀系数 δ，由动态静力分析中所得的平衡力矩 M_b;驱动力矩为常数 M_d，飞轮安装在曲柄轴 A 上。

要求:确定飞轮转动惯量 J_F。

（4）凸轮机构设计。已知:从动件冲程 H，许用压力角 $[\alpha]$，推程运动角 δ_0，远休止角 δ_{01}，回程运动角 δ_0'，从动件的运动规律见附表 2-9，凸轮与曲柄共轴。

要求:按 $[\alpha]$ 确定凸轮机构的基本尺寸，求出理论廓线外凸曲线的最小曲率半径 ρ_{min}，选取滚子半径 r_r，绘制凸轮实际廓线。

（5）齿轮机构设计。已知:齿数 z_5、z_6，模数 m，分度圆压力角 α;齿轮为正常齿制，工作情况为开式传动，齿轮 z_6 与曲柄共轴。

要求:选择两轮变位系数 x_1 和 x_2，计算该齿轮传动的各部分尺寸。

题目 14　铰链式颚式破碎机运动与动力分析

1.设计题目

颚式破碎机是一种用来破碎矿石的机械,如附图 2-16 所示。机器经带传动（图中未画出）使曲柄 2 顺时针方向回转,然后通过构件 3、4、5 使动颚板 6 作往复摆动,当动颚板 6 向左摆向固定于机架 1 上的定颚板 7 时,矿石即被轧碎;当动颚板 6 向右摆离定颚板 7 时,被轧碎的矿石即落下。由于机器在工作过程中载荷变化很大,将影响曲柄和电机的匀速转动,为了减少主轴速度的波动和电动机的容量,在曲柄轴 O_2 的两端各装一个大小和质量完全相同的飞轮,其中一个兼作带轮用。

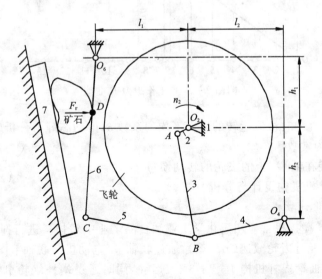

附图 2-16　颚式破碎机机构简图

2.设计数据

设计数据见附表 2-10。

附表 2 – 10 设计数据

设计内容	连杆机构的运动分析									
符号	n_2	L_{O2A}	l_1	l_2	h_1	h_2	l_{AB}	L_{O4B}	l_{BC}	l_{O6C}
单位	r/min	mm								
数据	170	100	1 000	940	850	1 000	1 250	1 000	1 150	1 960

设计内容	连杆机构的动态静力分析								飞轮转动惯量的确定
符号	L_{O6D}	G_3	J_{S3}	G_4	J_{S4}	G_5	J_{S5}	G_6	J_{S6}	δ
单位	mm	N	kg·m²	N	kg·m²	N	kg·m²	N	kg·m²	
数据	600	5 000	25.5	2 000	9	2 000	9	9 000	50	0.15

3.设计任务

（1）连杆机构的运动分析。已知：各机构尺寸及质心位置（构件 2 的质心在 O_2，其余构件的质心位于杆长的中点处），曲柄转速为 n_2。

要求：① 作机构运动简图；② 取机构的 12 个位置，绘制构件 6 的运动线图；③ 绘制构件 3、4、5 的角速度和角加速度线图；④ 绘制构件 3、4、5、6 的运动线图。

（2）连杆机构的动态静力分析。已知：各构件重力 G 及对质心轴的转动惯量 J_S；工作阻力 F_r 曲线如附图 2 – 17 所示，F_r 的作用点为 D，方向垂直于 O_6C；运动分析中所得的结果。

要求：确定机构一个位置的各运动副反作用力及需加在曲柄上的平衡力矩 M_b。

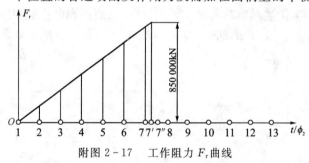

附图 2 – 17 工作阻力 F_r 曲线

（3）飞轮设计。已知：机器运转的速度不均匀系数 δ，由动态静力分析所得的平衡力矩 M_b 以及驱动力矩 M_b 为常数。

要求：确定安装在轴 O_2 上的飞轮的转动惯量 J_F。

题目 15 搅拌机机构设计与分析

1.机构简介与设计数据

（1）机构简介。搅拌机常应用于化学工业和食品工业中对拌料进行搅拌工作，如附图 2 – 18(b) 所示，电动机经过齿轮减速（$z_1—z_2$），通过联轴节（电动机与联轴节图中未画）带动曲柄 2 顺时针转动，驱使曲柄摇杆机构 1—2—3—4 运动，同时通过蜗杆蜗轮机构（5—6）带动容器绕垂直轴缓慢转动。当连杆 3 运动时，固连在其上的拌勺 E 即沿图中虚线所示轨迹运动而将容器中的拌料均匀拨动。

工作时，假定拌料对拌勺的压力 Q 与深度 h 成正比，即产生的阻力按直线变化，如附图

2-18(a) 所示。

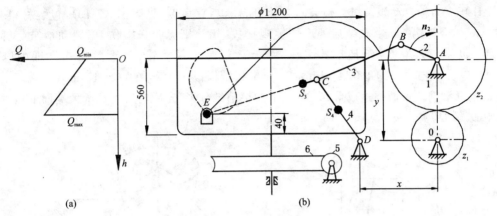

附图 2-18　搅拌机构

(a) 阻力线图；(b) 机构简图

(2) 设计数据。设计数据如附表 2-11 所示。

附表 2-11　设计数据

设计内容 符号 单位 方案	连杆机构的运动分析								连杆机构的动态静力分析 及飞轮转动惯量的确定							
	x	y	l_{AB}	l_{BC}	l_{CD}	l_{BE}	S_3	S_4	n_2	G_3	G_4	J_{S3}	J_{S4}	Q_{max}	Q_{min}	δ
	mm								r/min	N		kg·m²		N		
I	525	400	240	575	405	1 360	位于 BE 中点	位于 CD 中点	70	1 200	400	18.5	0.6	2 000	500	0.05
II	530	405	24	580	410	1 380			65	1 250	420	19	0.35	2 200	550	0.05
III	535	420	245	590	420	1 390			60	1 300	450	19.5	0.7	2 400	600	0.04
IV	545	425	245	600	430	1 400			60	1 350	480	20	0.75	2 600	650	0.04

2. 设计内容

(1) 连杆机构的运动分析。已知：各构件尺寸及重心 S 的位置，中心距 x、y，曲柄 2 每分钟转数 n_2。

要求：① 作机构的运动简图；② 取机构 12 个位置，绘制点 E 的运动线图；③ 绘制构件 3、4 的运动线图；④ 绘制 S_3、S_4 的运动线图。

(2) 连杆机构的动态静力分析。已知：各构件的重量 G 及对重心轴的转动惯量 J_S（构件 2 的质量和转动惯量略去不计），阻力线图（拌勺 E 所受阻力的方向与点 E 的速度方向相反），运动分析中所得的结果。

要求：确定机构两个位置（同运动分析）的各运动副反力及加于曲柄上的平衡力矩。

(3) 飞轮设计。已知：机器运转的速度不均匀系数 δ，由动态静力分析所得的平衡力矩 M_y；驱动力矩为常数。

要求：用惯性力法确定安装在齿轮 2 轴上的飞轮转动惯量 J_F。

题目 16　巧克力糖包装机机构设计与分析

1. 设计题目

设计巧克力糖自动包装机。包装对象为圆台状巧克力糖（见附图 2-19），包装材料为厚 0.08 mm 的金色铝箔纸。包装后外形应美观挺拔，铝箔纸无明显损伤、撕裂和褶皱（见附图 2-20）。包装工艺方案：纸坯形式采用卷筒纸，纸片水平放置，间歇剪切式供纸（见附图 2-21）。包装工艺动作：① 将 64 mm×64 mm 铝箔纸覆盖在巧克力糖 $\phi17$ mm 小端正上方；② 使铝箔纸沿糖块锥面强迫成形；③ 将余下的铝箔纸分半，先后向 $\phi24$ mm 大端面上褶去，迫使包装纸紧贴巧克力糖。

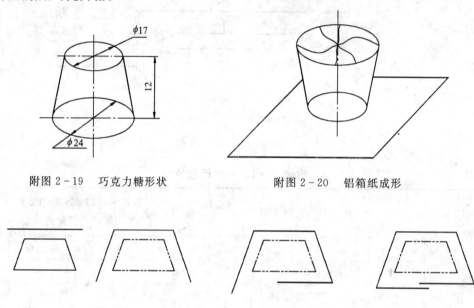

附图 2-19　巧克力糖形状　　　　附图 2-20　铝箔纸成形

附图 2-21　间歇剪切式供纸

2. 设计数据

设计数据如附表 2-12 所示。

附表 2-12　设计数据表

方案号	1	2	3	4	5	6	7	8
电动机转速 /(r·min⁻¹)	1 440	1 440	1 440	960	960	820	820	780
每分钟包装糖果数目	120	90	60	120	90	90	80	60

具体设计要求如下：

（1）要求设计糖果包装机的间歇剪切供纸机构、铝箔纸锥面成形机构、褶纸机构以及巧克力糖果的送推料机构。

（2）整台机器外形尺寸（宽×高）不超过 800 mm×1 000 mm。

（3）锥面成形机构不论采用平面连杆机构、凸轮机构或者其他常用机构，要求成形动作尽量等速，启动与停顿时冲击小。

3. 设计任务

（1）巧克力糖包装机一般应包括凸轮机构、平面连杆机构、齿轮机构等。

（2）设计传动系统并确定其传动比分配。

（3）在图纸上画出机器的机构运动方案简图和运动循环图。

（4）设计平面连杆机构。并对平面连杆机构进行运动分析,绘制运动线图。

（5）设计凸轮机构。确定运动规律,选择基圆半径,计算凸轮廓线值,校核最大压力角与最小曲率半径。绘制凸轮机构设计图。

（6）设计计算齿轮机构。

（7）编写设计计算说明书。

（8）学生可进一步完成凸轮的数控加工。

4.设计提示

（1）剪纸与供纸动作连续完成。

（2）铝箔纸锥面成形机构一般可采用凸轮机构、平面连杆机构等。

（3）实现褶纸动作的机构有多种选择,包括凸轮机构、摩擦滚轮机构等。

（4）巧克力糖果的送推料机构可采用平面连杆机构、凸轮机构。

（5）各个动作应有严格的时间顺序关系。

题目 17　六杆机构运动与动力分析

1.分析题目

对如附图 2-22 所示六杆机构进行运动与动力分析,各构件长度,构件 3、4 绕质心的转动惯量如附表 2-13 所示,构件 1 的转动惯量忽略不计。构件 1、3、4、5 的质量 G_1、G_3、G_4、G_5,作用在构件 5 上的阻力 $P_{工作}$、$P_{空程}$,不均匀系数 δ 的已知数值如附表 2-14 所示。构件 3、4 的质心位置在杆长中点处。

2.分析内容

（1）对机构进行结构分析;

（2）绘制滑块 F 的运动线图（即位移、速度和加速度线图）;

（3）绘制构件 3 的角速度和角加速度线图（即角位移、角速度和角加速度线图）;

（4）各运动副中的反力;

（5）加在原动件 1 上的平衡力矩;

（6）确定安装在轴 A 上的飞轮转动惯量。

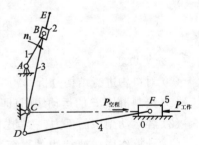

附图 2-22　六杆机构

附表 2-13　设计数据（一）

方案号	$\dfrac{L_{DF}}{mm}$	$\dfrac{L_{CE}}{mm}$	$\dfrac{L_{CD}}{mm}$	$\dfrac{L_{AB}}{mm}$	$\dfrac{L_{AC}}{mm}$	$\dfrac{n_1}{r \cdot min^{-1}}$	$\dfrac{J_{S3}}{kg \cdot m^2}$	$\dfrac{J_{S4}}{kg \cdot m^2}$
1	480	500	160	120	300	100	0.18	0.11
2	495	550	165	130	350	90	0.20	0.13
3	510	575	170	140	375	80	0.22	0.16
4	525	600	175	150	400	70	0.23	0.17
5	540	625	180	160	425	80	0.25	0.19

附表 2-14   设计数据(二)

方案号	$\dfrac{G_1}{\text{kg}}$	$\dfrac{G_3}{\text{kg}}$	$\dfrac{G_4}{\text{kg}}$	$\dfrac{G_5}{\text{kg}}$	$\dfrac{P_{工作}}{\text{N}}$	$\dfrac{P_{空程}}{\text{N}}$	δ
1	12	60	40	60	1000	100	1/50
2	13	70	50	70	1200	120	1/45
3	14	75	55	80	1400	140	1/40
4	15	80	60	90	1600	160	1/35
5	16	85	65	100	1800	180	1/30

题目 18　摇动运输筛机构运动与动力分析

1.分析题目

对如附图 2-23 所示摇动运输筛机构进行运动与动力分析,各构件长度、滑块 5 的质量 G_5、构件 1 转速 n_1、不均匀系数 δ 的已知数据如附表 2-15 所示。

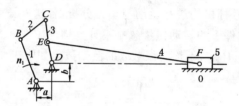

附图 2-23　摇动运输筛机构

2.分析内容

(1) 对机构进行结构分析;

(2) 绘制滑块 F 的运动线图(即位移、速度和加速度线图);

(3) 各运动副中的反力(只考虑滑块 5 的惯性力);

(4) 计算作用在轴 A 上的平衡力矩;

(5) 确定安装在轴 A 上的飞轮转动惯量。

附表 2-15   设计数据

方案号	$\dfrac{L_{BC}}{\text{mm}}$	$\dfrac{L_{DE}}{\text{mm}}$	$\dfrac{L_{CD}}{\text{mm}}$	$\dfrac{L_{AB}}{\text{mm}}$	$\dfrac{L_{EF}}{\text{mm}}$	$\dfrac{a}{\text{mm}}$	$\dfrac{b}{\text{mm}}$	$\dfrac{n_1}{\text{r}\cdot\text{min}^{-1}}$	δ	$\dfrac{G_5}{\text{kg}}$
1	300	150	300	300	1500	90	75	56	1/35	35000
2	200	100	200	200	1000	60	50	69	1/40	6000

题目 19　移动从动件凸轮机构设计

1. 机构简介与设计数据

(1) 机构简介。如附图 2-24 所示为常用于各种机器润滑系统供油装置的活塞式油泵。电动机经齿轮 $z_1—z_2$ 带动凸轮 1,从而推动活塞杆 2(从动件)作往复运动,杆 2 下行时将油从管道中压出,称为工作行程;上行时自油箱中将油吸入,称为空回行程。其运动规律常用等加减速运动、余弦加速度与正弦加速度运动等。

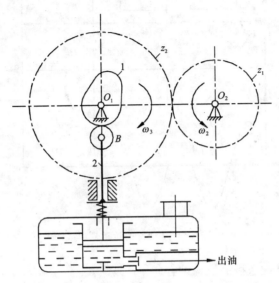

附图 2-24　活塞式油泵机构简图

(2) 设计数据。设计数据见附表 2-16。

附表 2-16　设计数据表

方案	符号 单位	h	n_1	$[\alpha]$	$[\alpha']$	ϕ	ϕ_s	ϕ'	ϕ'_s	从动件运动规律
		mm	r·min^{-1}				(°)			
I		60	300	30	60	90	10	90	170	等加减速(加速度比例系数 $\mu = 2$)
II		70	300	30	60	90	10	90	170	加速度按余弦变化
III		80	300	30	60	90	10	90	170	加速度按正弦变化

2. 凸轮机构设计

已知:凸轮每分钟转数,从动件行程 h 及运动规律(见附图 2-25),推程、回程的许用压力角 $[\alpha]$、$[\alpha']$。

要求:绘制从动件运动线图,根据许用压力角确定基圆半径,选取滚子半径,画出凸轮实际廓线。

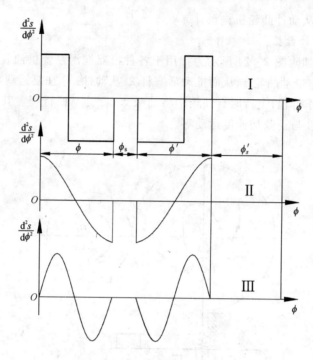

附图 2-25　从动件的运动规律线图

题目 20　块状物品推送机的机构综合

1. 设计题目

在自动包裹机的包装作业过程中,经常需要将物品从前一工序推送到下一工序。现要求设计一用于糖果、香皂等包裹机中的物品推送机,将块状物品从一位置向上推送到所需的另一位置,如附图 2-26 所示。

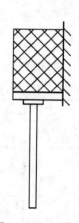

2. 设计数据与要求

(1) 向上推送距离量 $s = 120$ mm,生产率为每分钟推送物品 120 件。

(2) 推送机的原动机为同步转速 3 000 r/min 的三相交流电动机,通过减速装置带动执行机构主动件等速转动。

附图 2-26　工作要求

(3) 由物品处于最低位置时开始,当执行机构主动件转过 150°时,推杆从最低位置运动到最高位置;当主动件再转过 120°时,推杆从最高位置又回到最低位置;最后当主动件再转过 90°时,推杆在最低位置停留不动。

(4) 设推杆在上升运动过程中,推杆所受的物品重力和摩擦力为常数,其值为 500 N;设推杆在下降运动过程中,推杆所受的摩擦力为常数,其值为 100 N。

(5) 在满足行程的条件下,要求推送机的效率高(推程最大压力角小于 35°),结构紧凑,振动噪声小。

3. 设计任务

(1) 至少提出 3 种运动方案,然后进行方案分析评比,选出一种运动方案进行机构综合。

（2）确定电动机的功率与满载转速。

（3）设计传动系统中各机构的运动尺寸,绘制推送机的机构运动简图。

（4）在假设电动机等速运动的条件下,绘制推杆在一个运动周期中位移、速度和加速度变化曲线。

（5）如果希望执行机构主动件的速度波动系数小于3%,求应在执行机构主动件轴上加多大转动惯量的飞轮（其他构件转动惯量忽略不计）。

4.设计提示

实现推送机推送要求的执行机构方案很多,下面给出几种供设计时参考:

（1）凸轮机构。如附图2-27所示的凸轮机构,可使推杆实现任意的运动规律,但行程较小。

（2）凸轮-齿轮组合机构。如附图2-28所示的凸轮-齿轮组合机构,可以将摆动从动件的摆动转化为齿轮齿条机构的齿条直线往复运动。当扇形齿轮的分度圆半径大于摆杆长度时,可以加大齿条的位移量。

（3）凸轮-连杆组合机构。如附图2-29所示的凸轮-连杆组合机构也可以实现行程放大功能,但效率较低。

（4）连杆机构。如附图2-30所示的连杆机构由曲柄摇杆机构 $ABCD$ 与曲柄滑块机构 GHK 通过连杆 EF 相连组合而成。连杆 BC 上点 E 的轨迹,在 e_1、e_2 部分近似呈以点 F 为圆心的圆弧形,因此,杆 FG 在图示位置有一段时间实现近似停歇。

（5）固定凸轮-连杆组合机构。如附图2-31所示的固定凸轮-连杆组合机构,可视为连杆长度 BD 可变的曲柄滑块机构,改变固定凸轮的轮廓形状,滑块可实现预期的运动规律。

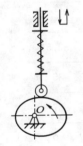
附图2-27　凸轮机构

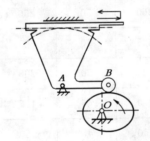
附图2-28　凸轮-齿轮组合机构

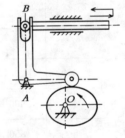
附图2-29　凸轮-连杆组合机构

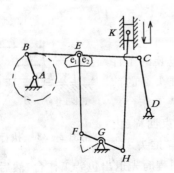
附图2-30　连杆机构

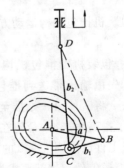
附图2-31　固定凸轮-连杆组合机构

题目 21 六杆机构运动分析

1.分析题目

对如附图 2-32 所示六杆机构进行运动与动力分析,各构件长度、滑块 5 的质量 G、构件 1 转速 n_1、不均匀系数 δ 的已知数据如附表 2-17 所示。

2.分析内容

(1) 对机构进行结构分析;

(2) 绘制滑块 D 的运动线图(即位移、速度和加速度线图);

(3) 绘制构件 3 和 4 的运动线图(即角位移、角速度和角加速度线图);

(4) 绘制点 S_4 的运动轨迹。

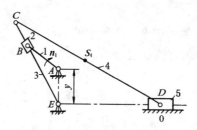

附图 2-32 六杆机构

附表 2-17 设计数据

方案号	$\dfrac{L_{CD}}{\mathrm{mm}}$	$\dfrac{L_{EC}}{\mathrm{mm}}$	$\dfrac{y}{\mathrm{mm}}$	$\dfrac{L_{AB}}{\mathrm{mm}}$	$\dfrac{L_{CS4}}{\mathrm{mm}}$	$\dfrac{n_1}{\mathrm{r \cdot min^{-1}}}$
1	975	360	50	250	400	23.5
2	975	325	50	225	350	33.5
3	900	300	50	200	300	35
4	900	270	45	175	290	37
5	850	250	45	150	280	40

题目 22 包装机推包机构运动方案设计

1.设计题目

现需设计某一包装机的推包机构,要求待包装的工件 1(见附图 2-33)先由输送带送到推包机构的推头 2 的前方,然后由该推头 2 将工件由 a 处推至 b 处(包装工作台),再进行包装。为了提高生产率,希望在推头 2 结束回程(由 b 至 a)时,下一个工件已送到推头 2 的前方。这样推头 2 就

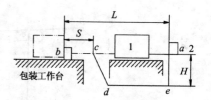

附图 2-33 执行构件运动要求

可以马上再开始推送工件。这就要求推头 2 在回程时先退出包装工作台,然后再低头,即从台面的下面回程,因而就要求推头 2 按图示的 $abcdea$ 线路运动,即实现"平推 — 水平退回 — 下降 — 降位退回 — 上升复位"的运动。

2.设计数据与要求

要求每5～6 s包装一个工件,且给定:$L=100$ mm,$S=25$ mm,$H=30$ mm,行程速比系数 K 在1.2～1.5范围内选取,推包机由电动机驱动。

在推头回程中,除要求推头低位退回外,还要求其回程速度高于工作行程的速度,以便缩短空回行程的时间,提高工效。至于"cdea"部分的线路形状不作严格要求。

3.设计任务

(1)至少提出两种运动方案,然后进行方案分析评比,选出一种运动方案进行设计。

(2)确定电动机的功率与转速。

(3)设计传动系统中各机构的运动尺寸,绘制推包机的机构运动简图。

(4)对输送工件的传动系统提出一种方案并进行设计。

4.参考方案

(1)采用偏置滑块机构与凸轮机构的组合机构。偏置滑块机构与往复移动凸轮机构的组合如附图2-34所示。在此方案中,偏置滑块机构可实现行程较大的往复直线运动,且具有急回特性,同时利用往复移动凸轮来实现推头的小行程低头运动的要求,这时需要对心曲柄滑块机构将转动变换为移动凸轮的往复直线运动。

如果采用直动推杆盘形凸轮机构或摆动推杆盘形凸轮机构,可有另两种方案(见附图2-35、附图2-36)。

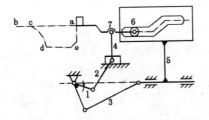 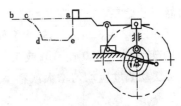

附图2-34　偏置滑块机构与往复移动
　　　　　　凸轮机构的组合

附图2-35　偏置滑块机构与盘形凸轮
　　　　　　机构的组合之一

(2)采用导杆机构与凸轮机构的组合机构(见附图2-37)。

(3)采用双凸轮机构与摇杆滑块机构的组合机构(见附图2-38)。

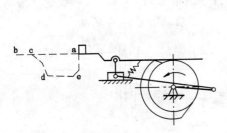 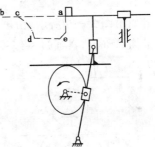

附图2-36　偏置滑块机构与盘形凸轮
　　　　　　机构的组合之二

附图2-37　导杆机构与凸轮机构的
　　　　　　组合机构

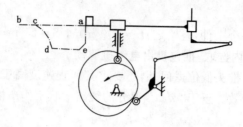

附图 2-38　双凸轮机构与摇杆滑块机构的组合机构

题目 23　游戏机机构设计

1. 设计题目

某游乐场欲添设一新的游乐项目,该项目是在一暗室中,让一画有景物的屏幕(观众可以看见屏幕上的景物),由静止逐渐开始左右晃动,晃动的角度由小变大,并越来越大,最后屏幕竟旋转起来,转数周后,屏幕渐趋静止。

由于观众在暗室中仅能看见屏幕上的景物,根据相对运动原理,观众将产生一个错觉,他不认为是屏幕在晃动,反而认为是自己在晃动,并且晃动得越来越厉害,最后竟旋转起来,这是一个有惊无险的游乐项目。

现要求设计一机械传动装置,使屏幕能实现上述运动规律。

2. 设计数据与要求

屏幕由静止开始晃动时的摆角约60°,每分钟晃动次数约10～12次,屏幕由开始晃动到出现整周转动,历时约2～3 min,约转十多转后,屏幕又渐趋静止。欲利用一三相交流异步电动机带动,其同步转速为1 000 r/min 或 1 500 r/min,功率约1 kW。

要求屏幕摆动幅度应均匀增大或稍呈加速的趋势。

3. 设计任务

(1) 至少提出两种传动方案,然后进行方案分析评比,选出一种传动方案进行设计。

(2) 确定电动机的型号。

(3) 设计传动系统中各机构的运动尺寸,并绘制出机构运动简图。

(4) 作必要的运动分析和动力分析。

4. 参考方案

参考方案如附图 2-39 所示,由电动机通过一级带传动 1—2—3、一级蜗杆传动 4—5 带动一曲柄摇杆机构 $ABCD$,再通过一级齿轮传动 6—7 带动屏幕左右晃动。

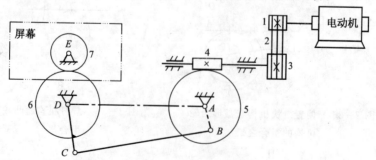

附图 2-39　游戏机机构运动方案

为了改变屏幕晃动幅度的大小,使之逐渐增大,并最终使屏幕作连续回转,可采用如下三种方法来实现:

(1) 摇杆长度不变,逐渐增大曲柄 AB 的长度。

(2) 曲柄长度不变,逐渐缩短摇杆 CD 的长度。

(3) 同时改变曲柄和摇杆的长度,但这样将使结构复杂,不足取。

如何在不停车的状态下改变曲柄或摇杆的长度呢? 如附图2-40和附图2-41所示为两种供参考的方案。

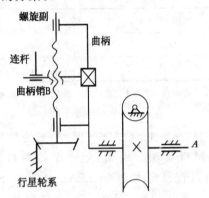

附图 2-40 改变曲柄长度方案之一   附图 2-41 改变曲柄长度方案之二

题目 24 健身球检验分类机机构设计

1. 设计题目

设计健身球自动检验分类机机构,将不同直径尺寸的健身球(石料)按直径分类。检测后送入各自指定位置,整个工作过程(包括进料、送料、检测、接料)自动完成。

健身球直径范围为 $\phi40 \sim \phi46$ mm,要求分类机将健身球按直径的大小分为 3 类。

(1) $\phi40 \leqslant$ 第一类 $\leqslant \phi42$。

(2) $\phi42 <$ 第二类 $\leqslant \phi44$。

(3) $\phi44 <$ 第三类 $\leqslant \phi46$。

其他技术要求见附表 2-18。

附表 2-18 健身球分类机设计数据

方案号	电机转速 /(r · min⁻¹)	生产率(检球速度)/(个 · min⁻¹)
A	1 440	20
B	960	10
C	720	15

2. 设计任务

(1) 健身球检验分类机一般至少包括凸轮机构、齿轮机构等在内的 3 种机构。

(2) 设计传动系统并确定其传动比分配。

(3) 绘制健身球检验分类机机构运动方案简图和运动循环图。

（4）绘制凸轮机构设计图（包括位移曲线、凸轮廓线和从动件的初始位置）；要求确定运动规律，选择基圆半径，校核最大压力角与最小曲率半径，确定凸轮廓线。盘状凸轮用计算机辅助机构设计软件设计，圆柱凸轮用图解法设计。

（5）设计计算其中一对齿轮机构。

（6）可进一步完成凸轮的数控加工，健身球检验分类机的计算机演示验证等。

附表 2-19 为设计任务分配表。

附表 2-19　设计任务分配表

学生编号	1	2	3	4	5	6	7	8	9
电动机转速	A	B	C	A	B	C	A	B	C
生产率	A	B	C	B	C	A	C	A	B

3.设计提示

健身球自动检验分类机是创造性较强的一个题目，可以有多种运动方案实现。一般的思路如下：

（1）球的尺寸控制可以靠 3 个不同直径的接料口实现。例如：第一个接料口直径为 42 mm，中间接料口直径为 44 mm，而第 3 个接料口直径稍大于 46 mm。使直径小于（等于）42 mm 的球直接落入第一个接料口，直径大于 42 mm 的球先卡在第一个接料口，然后由送料机构将其推出滚向中间接料口，以此类推。

（2）球的尺寸控制还可由凸轮机构实现。

（3）此外，需要设计送料机构、接料机构、间歇机构等。可由曲柄滑块机构、槽轮机构等实现。

题目 25　台式电风扇摇头机构设计

1.设计题目

风扇的直径为 $\phi300$ mm，电扇电动机转速 $n=1\,450$ r/min，电扇摇头周期 $T=10$ s。电扇摆动角度 ψ 与行程速比系数 k 的设计要求及任务分配见附表 2-20。

附表 2-20　台式电风扇摆头机构设计数据

方案号	电扇摆角 ψ	行程速比系数 k
A	80	1.010
B	85	1.015
C	90	1.020
D	95	1.025
E	100	1.030
F	105	1.050

2.设计任务

（1）按给定主要参数，拟定机械传动系统总体方案。

（2）画出机构运动方案简图。

（3）分配蜗轮蜗杆、齿轮传动比，确定它们的基本参数，设计计算几何尺寸。

（4）应用计算机辅助机构设计软件确定平面连杆机构的运动学尺寸，它应满足摆角 ψ 及行

程速比系数 k。并对平面连杆机构进行运动分析,绘制运动线图。验算曲柄存在的条件,验算最小传动角(最大压力角)。

(5)提出调节摆角的结构方案,并进行分析计算。

(6)学生可进一步完成台式电风扇摇头机构的计算机动态演示验证。

3.设计提示

常见的摇头机构有杠杆式、滑板式和撅拔式等,本设计可采用平面连杆机构实现。由装在电动机主轴尾部的蜗杆带动蜗轮旋转,蜗轮与铰链四杆机构的连杆做成一体,并以铰链四杆机构的连杆作为原动件,则机架、两个连架杆都作摆动,其中一个连架杆相对于机架的摆动即是摇头动作(见附图2-42)。机架可取 $80 \sim 90$ mm。

图2-42 风扇摇头机构

题目26 高位自卸汽车机构设计

1.设计题目

目前国内生产的自卸汽车其卸货方式为散装货物沿汽车大梁卸下,卸货高度都是固定的。若需要将货物卸到较高处或使货物堆积得较高些,目前的自卸汽车就难以满足要求。为此需设计一种高位自卸汽车(见附图2-43),它能将车厢举升到一定高度后再倾斜车厢卸货(见附图2-44、附图2-45)。

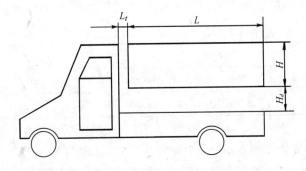

附图2-43 高位自卸汽车

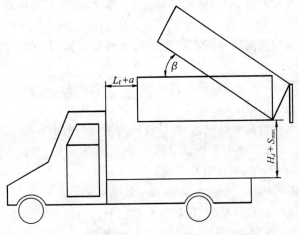

附图2-44 卸货状态

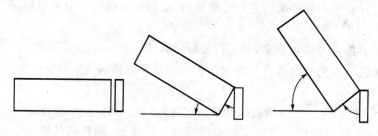

附图 2-45　卸货过程

设计要求和有关数据如下：

（1）具有一般自卸汽车的功能。

（2）在比较水平的状态下，能将满载货物的车厢平稳地举升到一定的高度，最大升程 S_{max} 见附表 2-21。

附表 2-21　设计数据

方案号	车箱尺寸($L \times W \times H$)/mm³	S_{max}/mm	a/mm	T/kg	L_t/mm	H_d/mm
A	4 000 × 2 000 × 640	1 800	380	5 000	300	500
B	3 900 × 2 000 × 640	1 850	350	4 800	300	500
C	3 900 × 1 800 × 630	1 900	320	4 500	280	470
D	3 800 × 1 800 × 630	1 950	300	4 200	280	470
E	3 700 × 1 800 × 620	2 000	280	4 000	250	450
F	3 600 × 1 800 × 610	2 050	250	3 900	250	450

（3）为方便卸货，要求车厢在举升过程中逐步后移（见附图 2-45）。车厢处于最大升程位置时，其后移量 a 见附表 2-21。为保证车厢的稳定性，其最大后移量 a_{max} 不得超过 $1.2a$。

（4）在举升过程中可在任意高度停留卸货。

（5）在车厢倾斜卸货时，后厢门随之联动打开；卸货完毕，车厢恢复水平状态，后厢门也随之可靠关闭。

（6）举升和翻转机构的安装空间不超过车厢底部与大梁间的空间，后厢门打开机构的安装面不超过车厢侧面。

（7）结构尽量紧凑、简单、可靠，具有良好的动力传递性能。

2.设计任务

（1）高位自卸汽车应包括起升机构、翻转机构和后厢门打开机构。

（2）提出 2～3 个方案。主要考虑满足运动要求、动力性能、制造与维护方便、结构紧凑等方面的因素，对方案进行论证，确定最优方案。

（3）画出最优方案的机构运动方案简图和运动循环图。

（4）对高位自卸汽车的起升机构、翻转机构和后厢门打开机构进行尺度综合及运动分析，求出各机构输出件位移、速度、加速度，画出机构运动线图。

（5）学生可进一步完成高位自卸汽车的模型实验验证。

3. 设计提示

高位自卸汽车中的起升机构、翻转机构和后厢门打开机构都具有行程较大、作往复运动及承受较大载荷的共同特点。齿轮机构比较适合连续的回转运动,凸轮机构适合行程和受力都不太大的场合。因此,齿轮机构与凸轮机构都不太适合用在此场合,而连杆机构比较适合在这里的应用。

题目 27 碾压式切管机机构设计

1. 工作原理及工艺动作过程

碾压式切管机是用刀片碾压的方法切断金属管,机器必须完成如下 5 个动作:

(1) 送料;

(2) 一对滚筒旋转;

(3) 圆盘刀片碾压;

(4) 清除切屑;

(5) 金属管输送。

2. 原始数据及设计要求

(1) 生产能力:35 根/min(滚筒转两转切断 1 根)。

(2) 管子直径:3/8 ~ 4 in(英寸)。

(3) 驱动电机:功率 $N = 1.5$ kW,转速 $n = 1\,410$ r/min。

(4) 刀片机构应具有增力功能。

3. 设计任务

(1) 执行机构选型与设计。构思出至少 5 种运动方案,并在说明书中画出运动方案草图,经对所有运动方案进行分析比较后,选择其中自认为比较好的方案进行详细设计,该机构最好具有急回运动特性。

(2) 对选择的方案画出机构运动循环图。

(3) 对传动系统进行方案设计。

(4) 对选择的方案进行尺寸设计。

(5) 用计算机辅助机构分析软件对机构进行运动学分析,并画出输出机构的位移、速度和加速度线图。

(6) 绘制最终方案的机构运动简图。

题目 28 钢板翻转机机构设计

1. 工作原理及工艺动作过程

该机构具有将钢板翻转 180° 的功能。如附图 2-46 所示,钢板翻转机的工作过程如下:当钢板 T 由辊道送至左翻板 W_1 时,W_1 开始顺时针方向转动,转至铅垂位置偏左 10° 左右时,与逆时针方向转动的右翻板 W_2 会合,接着 W_1 与 W_2 一同转至铅垂位置偏右 10° 左右。然后,W_1 折回到水平位置,与此同时,W_2 顺时针方向转动到水平位置,从而完成钢板翻转任务。

2. 原始数据及设计要求

(1) 原动件由电机驱动。

(2) 每分钟翻钢板 10 次。

(3) 其他尺寸如附图 2-46 所示。

(4) 许用传动角 $[\gamma] = 50°$。

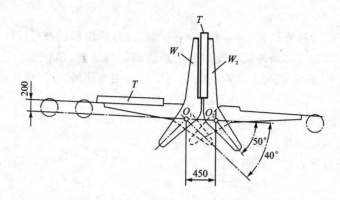

附图 2-46　钢板翻转机机构工作原理

3.设计任务

(1)用图解法完成机构系统的运动方案设计,并用机构创新模型加以实现。

(2)绘制出机构方案运动简图,并对所设计的机构方案进行简要的说明。

题目 29　设计平台印刷机主传动机构

1.工作原理及工艺动作过程

平台印刷机的工作原理是复印原理,即将铅版上凸出的痕迹借助于油墨压印到纸张上。平台印刷机一般由输纸、着墨(即将油墨均匀涂抹在嵌于版台的铅版上)、压印、收纸等四部分组成。如附图 2-47 所示,平台印刷机的压印动作是在卷有纸张的滚筒与嵌有铅版的版台之间进行。整部机器中各机构的运动均由同一电机驱动。运动由电机经过减速装置后分成两路,一路经传动机构 Ⅰ 带动版台作往复直线运动,另一路经传动机构 Ⅱ 带动滚筒作回转运动。当版台与滚筒接触时,在纸上压印出字迹或图形。

版台工作行程中有三个区段(如附图 2-48 所示)。在第一区段:送纸、着墨机构相继完成输纸、着墨作业;在第二区段:滚筒和版台完成压印动作;在第三区段:收纸机构进行收纸作业。

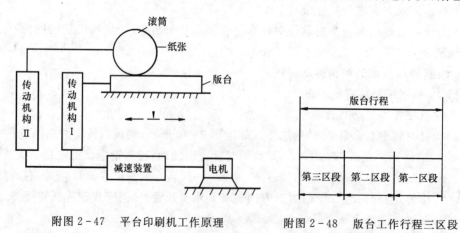

附图 2-47　平台印刷机工作原理　　　　附图 2-48　版台工作行程三区段

本题目所要设计的主传动机构就是指版台的传动机构 Ⅰ 和滚筒的传动机构 Ⅱ。

2.原始数据及设计要求

(1)印刷生产率为 180 张 /h。

(2) 版台行程长度为 500 mm。

(3) 压印区段长度为 300 mm。

(4) 滚筒直径为 116 mm。

(5) 电机转速为 6 r/min。

3. 设计任务

(1) 设计能实现平台印刷机的主运动。版台作往复直线运动、滚筒作连续或间歇转动的机构运动方案,要求在压印过程中,滚筒与版台之间无相对滑动,即在压印区段,滚筒表面点的线速度相等;为保证整个印刷幅面上印痕浓淡一致,要求版台在压印区内的速度变化限制在一定的范围内(应尽可能小),并用机构创新模型加以实现。

(2) 绘制出机构方案的运动简图,并对所设计的机构方案进行简要的说明。

题目 30　设计玻璃窗的开闭机构设计

1. 原始数据及设计要求

(1) 窗框开闭的相对角度为 90°。

(2) 操作构件必须是单一构件,要求操作省力。

(3) 在开启位置时,人在室内能擦洗玻璃的正反两面。

(4) 在关闭位置时,机构在室内的构件必须尽量靠近窗槛。

(5) 机构应支承起整个窗户的重力。

2. 设计任务

(1) 用图解法完成机构的运动方案设计,并用机构创新模型加以实现。

(2) 绘制出机构方案的运动简图,并对所设计的机构系统进行简要的说明。

题目 31　坐躺两用摇动椅机构设计

1. 原始数据及设计要求

(1) 坐躺角度为 90°～150°。

(2) 摇动角度为 25°。

(3) 操作动力源为手动与重力。

(4) 安全舒适。

2. 设计任务

(1) 用图解法完成机构系统的运动方案设计,并用机构创新模型加以实现。

(2) 绘制出机构系统的运动简图,并对所设计的机构系统进行简要说明。

题目 32　步进送料机机构设计

1. 设计题目

设计某自动生产线的一部分 —— 步进送料机机构。如附图 2 - 49 所示,加工过程要求若干个相同的被输送的工件间隔相等的距离 a,在导轨上向左依次间歇移动,即每个零件耗时 t_1 移动距离 a 后间歇时间 t_2。考虑到动停时间之比 $K = t_1/t_2$ 之值较特殊,以及耐用性、成本、维修方便等因素,不宜采用槽轮、凸轮等高副机构,而应设计平面连杆机构。

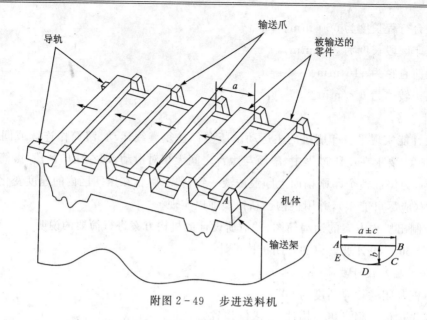

附图 2-49　步进送料机

2.设计要求

(1)电机驱动,即必须有曲柄。

(2)输送架平动,其上任一点的运动轨迹近似为附图 2-49 右下所示闭合曲线(以下将该曲线简称为轨迹曲线)。

(3)轨迹曲线的 AB 段为近似的水平直线段,其长度为 a,允差为 $\pm c$(这段对应于工件的移动);轨迹曲线的 CDE 段的最高点低于直线段 AB 的距离至少为 b,以免零件停歇时受到输送架的不应有的回碰。有关数据如附表 2-22 所示。

(4)在设计图中绘出机构的四个位置,AB 段和 CDE 段各绘出两个位。需注明机构的全部几何尺寸。

附表 2-22　设计数据

方案号	a/mm	c/mm	b/mm	t_1/s	t_2/s
A	300	20	50	1	2
B	300	20	55	1	2
C	350	20	50	1	3
D	350	20	55	1	3
E	400	20	50	2	4
F	400	20	55	2	4

2.设计任务

(1)步进送料机一般至少包括连杆机构和齿轮机构两种常用机构。

(2)设计传动系统并确定其传动比分配。

（3）画出步进送料机的机构运动方案简图和运动循环图。

（4）对平面连杆机构进行尺度综合，并进行运动分析；验证输出构件的轨迹是否满足设计要求；求出机构中输出件的速度、加速度；画出机构运动线图。

（5）进一步完成步进送料机的模型实验验证。

3. 设计提示

（1）由于设计要求构件实现轨迹复杂并且封闭的曲线，所以输出构件采用连杆机构中的连杆比较合适。

（2）由于对输出构件的运动时间有严格的要求，可以在电机输出端先采用齿轮机构进行减速。如果再加一级蜗杆蜗轮减速，会使机构的结构更加紧凑。

（3）由于输出构件尺寸较大，为提高整个机构的刚度和运动的平稳性，可以考虑采用对称结构（虚约束）。

题目 33　牛头刨床机构分析与设计

1. 机构简介

牛头刨床是一种用于平面切削加工的机床（见附图 2-50(a)）。电动机经皮带传动 d_{O_5}—d_{O_3} 和齿轮传动 z'_0—z'_1 和 z_1—z_2，带动曲柄 2 和固结在其上的凸轮 8。刨床工作时，由导杆机构 2、3、4、5、6 带动刨头 6 作往复运动，刨头右行时，进行切削，称为工作行程，此时要求速度较低并且均匀，以减少电动机容量和提高切削质量；刨头左行时，刨刀不切削，称为空回行程，此时要求速度较高，以提高生产率。为此应采用有急回作用的导杆机构。刨刀每切削完一次，利用空回行程的时间，凸轮 8 通过四杆机构 1—9—10—11 与棘轮机构带动螺旋机构（见附图 2-50(a)），使工作台连同工件作一次进给运动，以便刨刀继续切削。刨刀在工作行程中，受到很大的切削阻力，在切削的前后各有一段约 $0.05H$ 的空刀距离，如附图 2-50(b) 所示，而空回行程中则没有切削阻力。因此刨头在整个运动循环中，受力变化是很大的，这就影响了主轴的匀速运转，故需安装飞轮来减少主轴的速度波动，以提高切削质量和减少电动机容量。

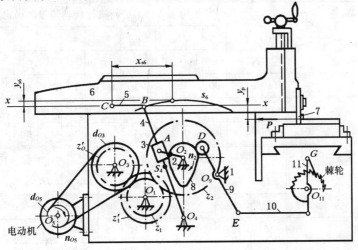

(a)

附图 2-50　牛头刨床

(a) 牛头刨床机机构

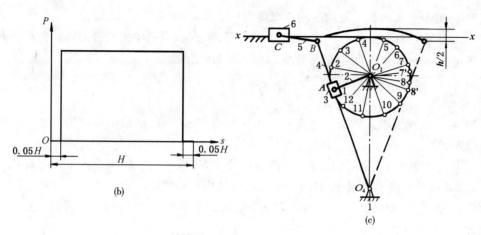

续附图 2-50　牛头刨床

(b) 刨刀受力图；(c) 刨刀运动机构

2. 设计数据

已知设计数据如附表 2-23 所示。

附表 2-23　牛头刨床机构原始数据

设计内容 符号 单位 方案	导杆机构的运动分析								导杆
	n_2	$l_{O_2O_4}$	l_{O_2A}	l_{O_4B}	l_{BC}	$l_{O_4S_4}$	x_{s6}	y_{s6}	G_4
	r/min				mm				N
I	60	380	110	540	$0.25l_{O_4B}$	$0.5l_{O_4B}$	240	50	200
II	64	350	90	580	$0.3l_{O_4B}$	$0.5l_{O_4B}$	200	50	220
III	72	430	110	810	$0.36l_{O_4B}$	$0.5l_{O_4B}$	180	40	220

设计内容 符号 单位 方案	机构动态静力分析飞轮转动惯量的确定												
	G_6	P	y_P	Js_4	δ	n_{O_5}	z_1	z'_0	z'_1	J_{O_2}	J_{O_1}	J_{O_3}	J_{O_5}
	N		mm	kg·m²		r/min				kg·m²			
I	700	7 000	80	1.1	0.15	1 440	10	20	40	0.5	0.3	0.2	0.2
II	800	9 000	80	1.2	0.15	1 440	13	16	40	0.5	0.4	0.25	0.2
III	620	8 000	100	1.2	0.16	1 440	15	19	50	0.5	0.3	0.2	0.2

设计内容 符号 单位 方案	凸轮机构设计						齿轮机构设计				
	φ_{max}	l_{O9D}	$[\alpha]$	δ_0	δ_{01}	δ_0'	d_{O_5}	d_{O_3}	m_{12}	$m_{0'1'}$	α
	(°)	mm	(°)				mm				(°)
I	15	125	40	75	10	75	100	300	6	3.5	20
II	15	135	38	70	10	70	100	300	6	4	20
III	15	130	42	75	10	65	100	300	6	3.5	20

3.设计内容

(1) 导杆机构的运动分析。已知:曲柄每分钟转速 n_2,各构件尺寸,刨头导路 x—x 位于导杆端点 B 所作圆弧高的平分线上,如附图 2-50(c) 所示。

要求:① 作机构运动简图;② 作机构的结构分析;③ 取机构 12 个位置(见附图 2-50(c)),绘制点 C 的运动线图。

(2) 导杆机构动态静力分析。已知:各构件质心位置及质量 G(曲柄 2、滑块 3 和连杆 5 的质量都可忽略不计),导杆 4 绕质心的转动惯量 J_{S4} 如附表 2-23 所示,切削力 P 的变化规律如附图 2-50(b) 所示。

要求:求机构一个位置运动副中反作用力及曲柄 2 上所需的平衡力矩。

(3) 飞轮设计。已知:机器运转的速度不均匀系数 δ,由动态静力分析所得的平衡力矩 M,具有定传动比的各构件的转动惯量,电动机、曲柄的转速及某些齿轮齿数(见附表 2-23)。驱动力矩为常数。

要求:确定安装在轴 O_2 上的飞轮转动惯量 J_F,并设计飞轮。

(4) 凸轮机构设计。已知:摆杆 9 为等加速等减速运动规律,其推程运动角 δ_0,远休止角 δ_{01},回程运动角 δ'_0(见附图 2-51),摆杆长度 l_{O_9D},最大摆角 φ_{max},许用压力角 $[\alpha]$,凸轮与曲柄固连。

要求:确定凸轮的基本尺寸,选取滚子半径,画出凸轮实际廓线。

(5) 齿轮机构设计。已知:电动机、曲柄的转速 n_{05}、n_2,皮带轮直径 d_{O_5}、d_{O_3},某些齿轮的齿数 z,模数 m,分度圆压力角 α(见附表 2-23),齿轮为正常齿制,工作情况为开式传动。

要求:计算齿轮 z_2 的齿数,选择齿轮副 z_1—z_2 的变位系数,计算该对齿轮传动的各部分尺寸。

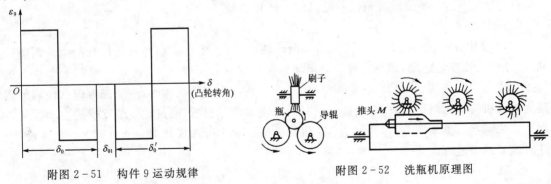

附图 2-51　构件 9 运动规律　　　　附图 2-52　洗瓶机原理图

题目 34　洗瓶机推瓶机构设计

1.机构简介

附图 2-52 所示是洗瓶机有关部件的工作情况示意图。待洗的瓶子放在两个转动着的导辊上,导辊带动瓶子旋转。当推头 M 把瓶推向前进时,转动着的刷子就把瓶子外面洗净。当前一个瓶子将洗涮完毕时,后一个待洗的瓶子已进入导辊待推。

2.原始设计数据和设计要求

(1) 瓶子尺寸。大端直径 $D=80$ mm,长 200 mm,小端直径 $d=25$ mm(见附图 2-53)。

(2) 推进距离 $l=600$ mm,推瓶机构应使推头 M 以接近均匀的速度推瓶,平稳地接触和脱离瓶子,然后,推头快速返回原位,准备第二个工作循环。

(3) 按生产率的要求,推程平均速度为 $v=45$ mm/s,返回的平均速度为工作行程的3倍。

(4) 机构传力性能良好,结构紧凑,制造方便。

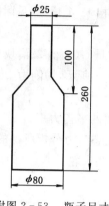

附图 2-53　瓶子尺寸

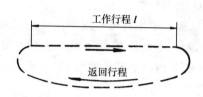

附图 2-54　推头运动轨运

3.设计任务

(1) 洗瓶机应包括齿轮、平面连杆机构等常用机构或组合机构。

(2) 设计传动系统并确定其传动比分配。

(3) 画出机构运动方案简图和运动循环图。

(4) 设计组合机构实现运动要求,并对从动件进行运动分析。也可以设计平面连杆机构以实现运动轨迹,并对平面连杆机构进行运动分析,绘出运动线图。

(5) 其他机构的设计计算。

(6) 学生可进一步完成洗瓶机推瓶机构的计算机动态演示等。

4.设计方案

根据设计要求,推头 M 可走附图2-54所示轨迹,而且在 $l=600$ mm工作行程中作匀速运动,在其前后作变速运动,回程时有急回运动特性。对这种运动要求,通常要用若干个基本机构组合成的组合机构,各司其职,协调动作,才能实现。当选择机构时,一般先考虑选择满足轨迹要求的机构(基础机构),而沿轨迹运动时的速度要求,则往往通过改变基础机构主动件的运动速度来满足。如附图2-55所示为5个机构方案。学生可选择其中一个方案进行尺度设计,并对设计结果进行运动分析。

5.设计提示

分析设计要求可知,洗瓶机主要由推瓶机构、导辊机构、转刷机构组成。设计的推瓶机构应使推头 M 以接近均匀的速度推瓶,平稳地接触和脱离瓶子,然后,推头快速返回原位,准备第二个工作循环。

根据设计要求,推头 M 可走如附图2-54所示轨迹,而且推头 M 在工作行程中应作匀速直线运动,在工作段前后可有变速运动,回程时有急回。

实现本题要求的机构方案有很多,可用多种机构组合来实现。

(1) 凸轮-铰链四杆机构方案。如附图2-55(a)(d)(e)所示,铰链四杆机构的连杆2上点 M 走近似于所要求的轨迹,点 M 的速度由等速转动的凸轮通过构件3的变速转动来控制。由于此方案的曲柄1是从动件,所以要注意度过死点的措施。

（2）五杆组合机构方案。确定一条平面曲线需要两个独立变量,因此具有两自由度的连杆机构都具有精确再现给定平面轨迹的特征。点 M 的速度和机构的急回特征,可通过控制该机构的两个输入构件间的运动关系来得到,如用凸轮机构、齿轮或四连杆机构来控制,等等。

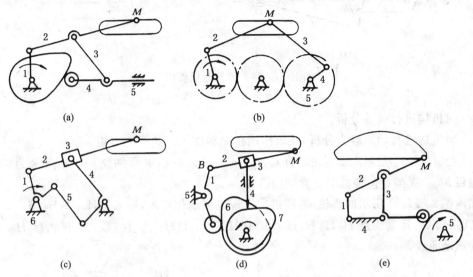

附图 2-55　实现推头轨迹机构方案

（a）凸轮-连杆组合机构；（b）齿轮-连杆组合机构；（c）六杆机构；

（d）凸轮-连杆组合机构；（e）凸轮-连杆组合机构

如附图 2-55(c) 所示为两个自由度五杆低副机构,1、4 为它们的两个输入构件,这两构件之间的运动关系用凸轮、齿轮或四连杆机构来实现,从而将原来两自由度机构系统封闭成单自由度系统。

（3）齿轮-铰链五杆机构。如附图 2-55(b) 所示的铰链五杆机构是两自由度机构,铰链点 M 可精确再现给定的轨迹,点 M 的运动速度和急回特征由齿轮控制。这个机构方案的缺点是急回特征控制较难。

（4）优化方法设计铰链四杆机构。可用数值方法或优化方法设计铰链四杆机构,以实现预期的运动轨迹(见附图 2-55(e)),运动轨迹的具体数值由设计者画图确定,一般不要超过 9 个点的给定坐标值。

题目 35　摆动运送机构设计

1.已知条件

如附图 2-56(a) 所示,行程速比系数 $K=1.6$,原动件曲柄 1 的转速 $n_1=75$ r/min,运输距离 $H=300$ mm,其他要求和尺寸为 $L_{min}=1\,200$ mm,$a=300$ mm,$b=130$ mm,摇杆两极限位置之间夹角 $\Delta\psi=60°$,铰链点 C 可以在 O_2B 的延长线上,也可以不在该线上,摇杆两极限位置 O_2C_1 和 O_2C_2 与过点 O_2 垂直于导路的垂线对称;构件 2、3、4、5 的重力分别为 $G_2=60$ N,$G_3=170$ N,$G_4=200$ N,$G_5=450$ N;其质心分别在各杆长中点,绕质心的转动惯量分别为 $J_{S2}=0.05$ kg·m²,$J_{S3}=0.12$ kg·m²,$J_{S4}=7$ kg·m²;滑块 5 工作行程阻力 F_r 如附图 2-56(b) 所示,回程阻力为零;其余不计。

2.设计任务

（1）设计机构运动尺寸并绘制机构运动简图。

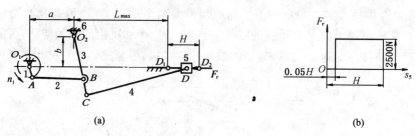

附图 2-56 摆动运输机构

(a) 机构方案；(b) 工作阻力

(2) 对机构进行运动分析。

(3) 对机构进行动态静力分析，并求作用在原动件 1 上的平衡力矩 M_b。

(4) 绘制机构运动线图，即滑块 5 的 $s_D - \varphi_1$、$v_D - \varphi_1$、$a_D - \varphi_1$ 曲线图及 $M_b - \varphi_1$ 平衡力矩线图。

题目 36 火柴盒包装机中装盒机构设计

如附图 2-57(a) 所示的凸轮-连杆机构实现包装动作要求，输入构件 GC 上点 H 实现附图 2-57(b) 所示的运动轨迹 $H_A H_B H_C H_D$，其中 $H_B H_C$、$H_A H_D$ 为直线段，$H_A H_B$、$H_C H_D$ 为余弦加速度运动曲线。

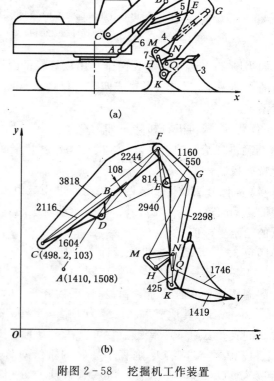

(a)

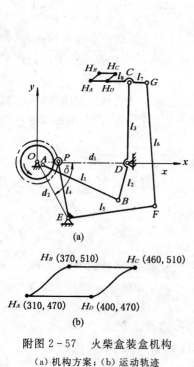

$H_B (370, 510)$ $H_C (460, 510)$

$H_A (310, 470)$ $H_D (400, 470)$

(b)

附图 2-57 火柴盒装盒机构

(a) 机构方案；(b) 运动轨迹

$A(1410, 1508)$

$C(498.2, 103)$

(b)

附图 2-58 挖掘机工作装置

(a) 挖掘机组成；(b) 各运动副位置；

1. 已知条件

各构件参数为 $l_8 = 220$ mm，$l_{OA} = 32$ mm，$x_D = 530$ mm，$y_D = 0$，$d_2 = 360$ mm，$l_4 =$

340 mm,$l_5=500$ mm,$l_6=700$ mm,$l_7=100$ mm,$\delta=-60°$,凸轮的基圆半径 $r_0=120$ mm, 滚子半径$r_r=20$ mm。

2. 设计任务

(1) 确定 CD 杆的长度 l_3 及摆角。

(2) 设计曲柄摇杆机构 $OABD$。

(3) 确定从动件 PEF 的摆角变化规律。

(4) 设计凸轮轮廓曲线。

题目 37　正铲液压挖掘机工作装置设计

1. 机构简介与设计数据

正铲挖掘机工作装置运动简图如附图 2-58(a) 所示,由动臂 1、斗杆 2、铲斗 3、铲斗油缸 4、动臂油缸 6、斗杆油缸 5 等组成。在机构的运动过程中,要求铲斗在其工作空间实现挖掘抬起、倾倒等各种各样的位置。铲斗作水平面运动,有 3 个自由度的铲斗运动靠铲斗油缸通过连杆机构实现。铲斗油缸 4 的一端与斗杆在点 G 铰接,另一端与三角架 NHM 在点 M 铰接。铲斗油缸伸缩时,三角架 NHM 绕斗杆上点 N 转动,借以完成破碎、装斗、调整切削角、卸载等动作。动臂和动臂油缸在转台上的铰链点分别为 C 和 A,它们的位置用直角坐标表示如附图 2-58(c) 所示。D、E 分别为斗杆油缸与动臂和斗杆的铰接点。3 个油缸的主要参数如附表 2-24 所示。其他尺寸如附图 2-58(b) 所示。

附表 2-24　油缸参数

油缸名称	工作压力 /MPa	全缩时长度 /mm	全伸时长度 /mm	行程 /mm
动臂油缸	28	1 580	2 660	1 080
斗杆油缸	28	1 600	2 660	1 060
铲斗油缸	28	1 400	2 320	920

2. 设计内容

(1) 铲斗运动机构设计。铲斗运动机构可视为六杆机构,斗杆可视为机架,油缸、三角架 MHN、连杆 HK 及铲斗为活动构件。试确定三角架 MHN 和连杆 HK 的尺寸,使铲斗在油缸带动下能转动 120°(以 FQ 为始边逆时针方向度量,使 $\angle FQV$ 能在 $145°\sim265°$ 范围内变化)。另外,还要保证两个传动角 γ_1 和 $\gamma_2(\gamma_1=\angle GMN,\gamma_2=\angle HKQ)$ 的最小值小于 40°(图中点 N 也可不在 FQ 连线上)。

设计要求:绘制机构运动简图,以斗杆上 GQ 连线为基准标定各铰链位置、各构件相关角度和尺寸。

(2) 工作装置运动分析。选定斗杆油缸的某一伸缩长度(由教师给每个学生指定),分析在铲斗油缸全伸的情况下动臂油缸从全缩到全伸时斗尖 V 的位移、速度和加速度,动臂的角位移、角速度、角加速度等。假设油缸伸缩量 s 的变化规律如下:

$$s=\frac{H}{2}\left(1-\cos\frac{\pi}{2}t\right)$$

式中,H 为动臂油缸的总行程;t 为时间,其值为 $0\sim2$ s,即动臂油缸从全缩到全伸所需的时间为 2 s。

设计要求：绘制铲斗尖 V 的 x、y 方向运动线图。

(3) 工作装置受力分析。受力分析时不计各构件本身的质量，在 Q、V 连线中点处假设有一铅垂载荷 W，取 $W=10\,000$ N，分析动臂油缸运动时（斗杆油缸处于指定伸缩长度，铲斗油缸全伸），A、B、C、D、E、F 铰链处的受力情况及动臂油缸和斗杆油缸中油的压力变化的曲线图。

题目 38 装载机的工作装置设计

1. 机构简介

装载机的工作装置由铲斗 1、连杆 2、动臂 3、摇臂 4、转斗油缸 5 和动臂油缸 6 等组成。动臂在动臂油缸作用下使铲斗举升或下落。转斗连杆机构 $ABCDEFG$ 在转斗油缸驱动下使铲斗能相对于动臂绕点 A 转动（见附图 2-59）。

2. 设计内容

(1) 动臂油缸行程的确定及转斗连杆机构的设计。已知条件：动臂上的 G、I、A 三铰链点成一直线，A、I 间距离 $l_{AI}=1.16$ m，I、G 间距离 $l_{IG}=1.24$ m，$a=1.85$ m，$b=0.34$ m，水平距离 $c=0.056$ m，铲斗举到最高位置（即动臂油缸全伸）时铰链 A 离地面的高度为 2.45 m，铲斗完全落下（即动臂油缸全缩）时点 A 离地面高度为 $d=0.20$ m。

要求：确定动臂油缸的行程并设计转斗连杆机构。转斗连杆机构中的 B、C、D、E、F 各铰链点的位置及转斗油缸的行程均自行确定，但要保证：

1) 当动臂处于任何卸料位置不动时（此时动臂油缸封闭），在转斗油缸作用下通过连杆机构使铲斗下转卸料，卸料角不小于 45°，这样可保证卸料干净（铲斗尺寸自行确定）。

2) 在动臂油缸作用下举升物料过程中（此时动臂油缸封闭），连杆机构应使铲斗保持平移或接近平移，铲斗转角不大于 15°，以免装满的物料撒落。

3) 铰链点 F 距地面高度不得超过 2.3 m。

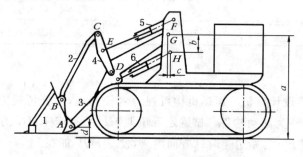

附图 2-59 装载机工作装置组成

(2) 工作装置的运动学分析和力分析。固定转斗油缸，确定铲斗装满物料时的质心位置，然后分析动臂油缸伸长（即举升物料时）铲斗质心运动的位移、速度、加速度以及动臂摆动的角位移、角速度和角加速度，并分析各铰链中的受力及两油缸中的压力变化。另外，还需检查铲斗在举升过程中角度位置变化情况。动臂油缸伸长时伸长量 s 的变化规律如下：

$$s=\frac{H}{2}\left(1-\cos\frac{\pi}{2}t\right)$$

式中，H 为动臂油缸的总行程；t 为时间，其值为 $0\sim 2$ s，即动臂油缸从全缩到全伸的总时间为 2 s。

每个同学只作动臂油缸处于某一位置（具体由指导教师指定）时的运动分析，并绘制铲斗质心的 x、y 方向位移线图，机构运动简图，速度及加速度分析图，铲斗质心位移线图。

受力分析时各构件质量不计,只计铲斗质心处的铅垂载荷 W,取 $W=15\,000$ N,画出动臂油缸中油压力随行程的变化曲线图。

题目 39　拖拉机转向机构设计

1. 机构简介

江淮 50 型拖拉机的转向,是通过铰链四杆机构 $O_A ABO_B$ 驱使前轮转动来实现的(两前轮分别与两连架杆 $O_A A$、$O_B B$ 相连),如附图 2-60 所示。

当拖拉机沿直线行驶时(转弯半径 $R=\infty$),左、右两轮轴线与机架 $O_A O_B$ 成一直线;当拐弯时,理论上要求两前轮轴线的延长线的交点 O,能落在后轴的延长线上,如附图 2-60 所示(这样,整个车身就绕点 O 转动,四轮都能与地面作纯滚动,以减少轮胎的磨损)。因此,根据不同的弯道半径 R,就要求左、右两轮轴线(即两摇杆 $O_A A$、$O_B B$)分别转过不同的角度 φ 和 ψ,其关系如下:

当附图 2-60 为拖拉机左拐弯时,则有

$$\tan\varphi = \frac{L}{R - \dfrac{B}{2}}$$

$$\tan\psi = \frac{L}{R + \dfrac{B}{2}}$$

所以,φ 与 ψ 的函数关系为

$$\cot\psi - \cot\varphi = \frac{B}{L}$$

同理,当拖拉机右拐弯时,由于对称性,所以有 $\cot\varphi - \cot\psi = \dfrac{B}{L}$。因此,转向机构 $O_A ABO_B$ 的设计应尽量满足以上转角要求。

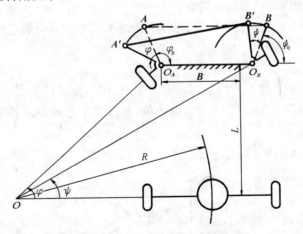

附图 2-60　拖拉机转向机构

2. 设计数据

江淮 50 型拖拉机,$L=1\,900$ mm,$B=957$ mm,最小转弯半径 $R_{\min}=2\,400$ mm。要求拖拉机沿直线行驶时,铰链四杆机构左右对称,以保证左、右拐弯时,具有相同的特性。

设计铰链四杆机构,并分析在相同的转角 φ 时,机构所实现的 ψ_m 与理论值 ψ 间的误差。

3. 设计内容及步骤

(1) 根据转弯半径范围 $R_{min}=2\,400$ mm 和 $R_{max}=\infty$（直线行驶），求出理论上要求的转角 φ 和 ψ 的对应值，作 $\psi=\psi(\varphi)$ 曲线。

(2) 按给定两连架杆两对对应角位移且尽可能满足直线行驶时，机构左右对称的附加要求，设计铰链四杆机构 $O_A ABO_B$。

在 $\psi=\psi(\varphi)$ 曲线上选取两点，得两连架杆两对对应角位移值，作为要求机构精确实现的目标（建议取 $\varphi \geqslant 19°$ 和 $45°$ 两值）。机构初始位置可试取 $\varphi_0=109°$（相应 $\psi_0=71°$）。

(3) 对所设计机构进行分析。用解析法求出机构所实现的 $\psi_m=\psi_m(\varphi)$ 与理论值 $\psi=\psi(\varphi)$ 进行比较。由计算结果，绘制误差曲线 $\Delta\psi(\varphi)$。

(4) 用图解法检验机构在常用转角范围 $\varphi \leqslant 20°$ 时的最小传动角 γ_{min}。

题目 40   印刷机送纸机构设计

1. 已知条件

电动机为 JO2 型，转速为 1 430 r/min，电机与送纸机构距离为 2.5 m，要求吸头每分钟吸送纸 30 张，吸头每次吸纸时沿图 11−11(b) 轨迹运动，送纸距离为 40 mm，送纸时纸前端升高 10 mm，同时要求每次吸剩下的纸由压脚配合压紧，避免吸头多带纸张。

2. 设计要求

(1) 按工作要求对机构进行运动方案设计，包括由原动机-执行机构的传动方案和执行机构的运动方案。

(2) 设计机构中所需凸轮轮廓线，并画出其机构运动简图及运动线图。

(3) 设计计算出所需连杆机构的各杆长。

(4) 设计计算出所需齿轮机构各部分尺寸。

(5) 画出所设计的送纸机构运动简图。

(6) 取机构的 12 个位置，对吸头进行运动分析并画出吸头运动轨迹线图。

题目 41   书本打包机构设计

1. 设计题目

设计书本打包机，在连续生产线上实现自动送书，用牛皮纸将一摞（5 本）书包成一包，并在两端贴好标签，如附图 2−61 所示。书摞的包、封过程工艺顺序及各工位布置分别如附图 2−62 和附图 2−63 所示。

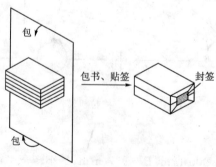

附图 2−61   书本打包机的功用

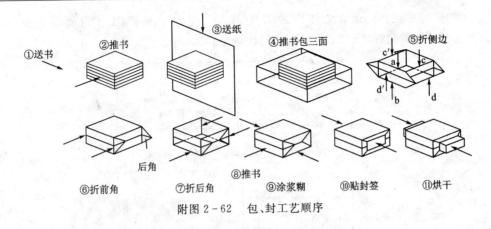

附图 2-62　包、封工艺顺序

（1）送书。横向送一摞书进入流水线。

（2）推书。纵向推一摞书前进到工位 a，使它与工位 b～g 上的 6 摞书贴紧在一起。

（3）送纸。包装牛皮纸使用整卷筒纸，由上向下送够长度后裁切。

（4）继续推书前进到工位 b。在工位 b 书摞上下方设置有挡板，以挡住书摞上下方的包装纸，所以书摞被推到工位 b 时实现三面包装，这一工序共推进 a～g 的 7 摞书。

（5）推书机构回程。折纸机构动作，先折侧边将纸包成筒状，再折两端上、下边。

（6）继续折前角。将包装纸折成如附图 2-62 所示实线位置的形状。

（7）再次推书前进折后角。推书机构又进到下一循环的工序 4，此时将工位 b 上的书推到工位 c。在此过程中，利用工位 c 两端设置的挡板实现折后角。

（8）在实现上一步工序的同时，工位 c 的书被推至工位 d。

（9）在工位 d 向两端涂浆糊。

（10）在工位 e 贴封签。

（11）在工位 f、g 用电热器把浆糊烘干。

（12）在工位 h，人工将包封好的书摞取下。

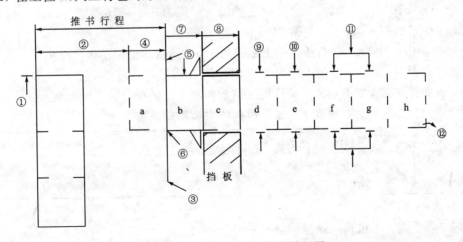

附图 2-63　包、封工位布置（俯视图）

附图 2-64 所示为由总体设计规定的各部分的相对位置和有关尺寸。其中 O 为机器主轴的位置,A 为机器中机构的最大允许长度,B 为最大允许高度,y_0 为工作台面距主轴的高度,(x,y) 为主轴的位置坐标,(x_1,y_1) 为纸卷的位置坐标。

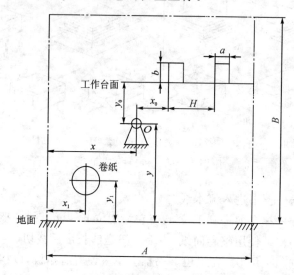

附图 2-64　打包机各部分的相对位置及有关尺寸和范围

2.原始数据及设计要求

(1) 机构的尺寸范围:$A=2\,000$ mm,$B=1\,600$ mm;工作台面位置 $y_0=400$ mm;主轴位置 $x=1\,000\sim1\,100$ mm,$y=300\sim400$ mm;纸卷位置 $x_1=300$ mm,$y_1=300$ mm。

为了保证工作安全、台面整洁,推书机构最好放在工作台面以下。

(2) 工艺要求的数据。① 书摞尺寸:宽度 $a=130\sim140$ mm,长度 $b=180\sim220$ mm,高度 $c=180\sim220$ mm;② 推书起始位置 $x_0=200$ mm;③ 推书行程 $H=400$ mm;④ 推书次数(主轴转速)$n=(10\pm0.1)$r/min;⑤ 主轴转速不均匀系数 $\delta\leqslant1/4$;⑥ 纸卷直径 $d=400$ mm。

(3) 纵向推书运动要求。

1) 推书运动循环:整个机器的运动以主轴回转一周为一个循环周期。因此,可以用主轴的转角表示推书机构从动件(推头或滑块)的运动时间。

① 推书动作占时 1/3 周期,相当于主轴转角 120°;② 快速退回动作占时小于 1/3 周期,相当于主轴转角 100°;③ 停止不动占时大于 1/3 周期,相当于主轴转角 140°。

每个运动时期纵向推书机构从动件的工艺动作与主轴转角的关系见附表 2-25。

附表 2-25　纵向推书机构运动要求

主轴转角	推书机构执行滑块的动作	主轴转角	推书机构执行滑块的动作
0°～80°	推单摞书前进	120°～220°	滑块退回
80°～120°	推 7 摞书前进,同时折后角	220°～360°	滑块停止不动

附图 2-65 为推书机构运动循环图。

2) 推书前进和退回时,要求采用等加速、等减速运动规律。

(4) 其他机构的运动关系如附表 2-26 所示。

附表 2－26　　其他机构运动要求

工艺动作	主轴转角	工艺动作	主轴转角
横向送书	$150° \sim 340°$	送纸	$200° \sim 360° \sim 70°$
折侧边,折两端上下边,折前角	$180° \sim 340°$	裁纸	$70° \sim 80°$
涂浆糊,贴封签,烘干	$180° \sim 340°$		

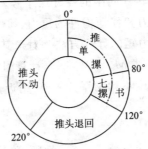

附图 2－65　　纵向推书机构运动循环图

(5) 工作阻力。

1) 每摞书的质量为 4.6 kg,推书滑块的质量为 8 kg。

2) 横向推书机构的阻力假设为常数,相当于主轴上有等效阻力矩 $M_{c4} = 4$ N·m。

3) 送纸、裁纸机构的阻力也假设为常数,相当于主轴上有等效阻力矩 $M_{c5} = 6$ N·m。

4) 折后角机构的阻力相当于 4 摞书的摩擦阻力。

5) 折边、折前角机构的阻力总和,相当于主轴上受到等效阻力矩 M_{c6}。其大小可用机器在纵向推书行程中(即主轴转角从 0° 转至 120° 范围中)主轴所受纵向推书阻力矩的平均值 M_{c3} 表示为

$$M_{c6} = 6M_{c3}$$

其中,M_{c3} 的大小可由下式求出:

$$M_{c3} = \frac{\sum_{i=1}^{n} M_{ci}}{n}$$

式中,M_{ci} 为推程中各分点的阻力矩的值;n 为推程中的分点数。

6) 涂浆糊、贴封签和烘干机构的阻力总和,相当于主轴上受到等效阻力矩 M_{c7},其大小可用 M_{c3} 表示为

$$M_{c7} = 8M_{c3}$$

3.设计任务

(1) 根据给定的原始数据和工艺要求,构思并选定机构方案。内容包括纵向推书机构和送纸、裁纸机构,以及从电动机到主轴之间的传动机构,确定传动比分配。

(2) 书本打包机一般应包括凸轮机构、齿轮机构、平面连杆机构等 3 种以上常用机构。

(3) 按比例画出机构运动简图,标注出主要尺寸;画出包、封全过程中机构的运动循环图(全部工艺动作与主轴转角的关系图)。

(4) 设计平面连杆机构,并进行运动分析,绘制运动线图。

(5) 设计凸轮机构。确定运动规律,选择基圆半径,校核最大压力角与最小曲率半径,设

计凸轮廓线。

(6)设计计算其中一对齿轮机构的几何参数。

(7)进一步对平面连杆机构进行力分析,求出主轴上的阻力矩在主轴旋转一周中的一系列数值,即

$$M_{ci} = M_c(\varphi_i)$$

式中,φ_i 为主轴的转角;i 为主轴回转一周中的各分点序号。

进行力分析时,只考虑工作阻力和移动构件的重力、惯性力和移动副中的摩擦阻力。为简便起见,计算时可近似地利用等效力矩的计算方法。对于其他运动构件,可借助于各运动副的效率值做近似估算。画出阻力矩曲线 $M_{ci} = M_c(\varphi_i)$,计算阻力矩的平均值 M_{c3}。

(8)根据力矩曲线和给定的速度不均匀系数 δ 值,用近似方法(不计各构件的质量和转动惯量)计算出飞轮的等效转动惯量。

4.设计提示

(1)此题包含较丰富的机构设计与分析内容,教师可以根据情况确定学生全部或部分完成该题目设计任务,也可由一组学生完成全题。

(2)推书机构、送纸机构、裁纸机构之间有严格的时间匹配与顺序关系,应考虑这些机构之间的传动链设计。

题目 42　垫圈内径检测装置机构设计与分析

1.设计题目

设计垫圈内径检测装置机构,检测钢制垫圈内径是否在公差允许范围内。被检测的工件由推料机构送入后沿一条倾斜的进给滑道连续进给,直到最前边的工件被止动机构控制的止动销挡住而停止。然后,升降机构使装有微动开关的压杆探头下落,检测探头进入工件的内孔。此时,止动销离开进给滑道,以便让工件浮动。

检测的工作过程如附图 2-66 所示。当所测工件的内径尺寸符合公差要求时(见附图 2-66(a)),微动开关的触头进入压杆的环形槽,微动开关断开,发出信号给控制系统(图中未绘出),在压杆离开工件后,把工件送入合格品槽。如工件内径尺寸小于合格的最小直径时(见附图 2-66(b)),压杆的探头进入内孔深度不够,微动开关闭合,发出信号给控制系统,使工件进入废品槽。如工件内径尺寸大于允许的最大直径时(见附图 2-66(c)),微动开关仍闭合,控制系统将工件送入另一废品槽。

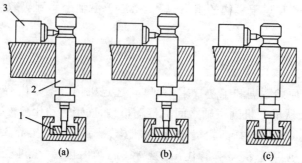

附图 2-66　垫圈内径检测过程
(a)内径尺寸合格;(b)内径尺寸太小;(c)内径尺寸太大
1—工件;2—带探头的压杆;3—微动开关

具体设计要求见附表 2-27。

附表 2-27　平垫圈内径检测装置设计数据

方案号	被测钢制平垫圈尺寸				电动机转速 / $(r \cdot min^{-1})$	每次检测时间 /s
	公称尺寸 /mm	内径 /mm	外径 /mm	厚度 /mm		
A	10	10.5	20	2	1 440	5
B	12	13	24	2.5	1 440	6
C	20	21	37	3	1 440	8
D	30	31	56	4	960	8
E	36	37	66	5	960	10

2.设计要求

(1)要求设计该检测装置的推料机构、控制止动销的止动机构、压杆升降机构。一般应包括凸轮机构、平面连杆机构以及齿轮机构等常用机构。该装置的微动开关以及控制部分的设计本题不做要求。

(2)设计垫圈内径检测装置的传动系统并确定其传动比分配。

(3)画出机器的机构运动方案简图和运动循环图。

(4)设计平面连杆机构。并对平面连杆机构进行运动分析,绘制运动线图。

(5)设计凸轮机构。确定运动规律,选择基圆半径,用计算机辅助机构设计软件绘制凸轮廓线,校核最大压力角与最小曲率半径。

(6)设计计算齿轮机构几何参数。

3.设计提示

(1)由于止动销的动作与压杆升降动作有严格的时间匹配与顺序关系,建议考虑使用凸轮轴解决这个问题。

(2)推料动作与上述两个动作的时间匹配不是特别严格,可以采用平面连杆机构,也可以采用间歇机构。

题目 43　自动喂料搅拌机机构设计

1.设计题目

设计用于化学工业和食品工业的自动喂料搅拌机机构。物料的搅拌动作如下:电动机通过减速装置带动容器绕垂直轴缓慢整周转动;同时,固连在容器内的拌勺点 E 沿附图 2-67(a)虚线所示轨迹运动,将容器中拌料均匀搅动。物料的喂料动作如下:物料呈粉状或粒状,定时从漏斗中漏出,输料持续一段时间后漏斗自动关闭。喂料机的开启、关闭动作应与搅拌机同步。物料搅拌好以后的输出可不考虑。

工作时假定拌料对拌勺的压力与深度成正比,即产生的阻力呈线性变化,如附图 2-67(b)所示。附表 2-28 为自动喂料搅拌机拌勺 E 的搅拌轨迹数据。附表 2-29 为自动喂料搅拌机运动分析数据。附表 2-30 为自动喂料搅拌机动态静力分析及飞轮转动惯量数据。

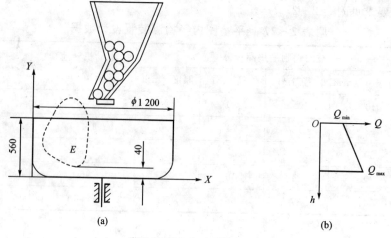

附图 2-67　自动喂料搅拌机

（a）喂料搅拌机外形尺寸；（b）阻力变化曲线

附表 2-28　搅拌勺 E 的搅拌轨迹数据表

位置号	i	1	2	3	4	5	6	7	8
方案 A	X_i	525	500	470	395	220	100	40	167
	Y_i	148	427	662	740	638	460	200	80
方案 B	X_i	510	487	454	380	205	84	23	192
	Y_i	153	368	670	748	646	467	205	82
方案 C	X_i	520	495	467	370	260	72	15	150
	Y_i	150	310	570	750	705	462	200	82
方案 D	X_i	505	493	475	373	196	75	13	185
	Y_i	185	332	524	763	660	480	225	103
方案 E	X_i	530	505	485	400	230	150	80	195
	Y_i	160	490	670	750	640	550	300	80

附表 2-29　自动喂料搅拌机运动分析数据表

方案号	固定铰链 A、D 位置				电动机转速 /	容器转速 /	每次搅拌	物料装入容
	X_A/mm	Y_A/mm	X_D/mm	Y_D/mm	$(\text{r} \cdot \text{min}^{-1})$	$(\text{r} \cdot \text{min}^{-1})$	时间 /s	器时间 /s
A	1 700	400	1 200	0	1 440	70	60	40
B	1 725	405	1 200	0	1 440	65	80	50
C	1 730	410	1 200	0	1 440	60	90	50
D	1 735	420	1 200	0	720	60	100	60
E	1 745	425	1 200	0	720	55	120	60

附表 2－30　　自动喂料搅拌机动态静力分析及飞轮转动惯量数据表

方案号	Q_{max}/N	Q_{min}/N	δ	S_2	S_3	m_2/kg	m_3/kg	$J_{S2}/(kg \cdot m^2)$	$J_{S3}/(kg \cdot m^2)$
A	2 000	500	0.05	位于连杆2中点	位于从动连架杆3中点	120	40	1.85	0.06
B	2 200	550	0.05			125	42	1.90	0.065
C	2 400	600	0.04			130	45	1.95	0.07
D	2 600	650	0.04			135	48	2.00	0.075
E	2 800	700	0.04			140	50	2.10	0.08

2.设计要求

(1) 自动喂料搅拌机应包括齿轮(或蜗杆蜗轮)机构、连杆机构、凸轮机构等 3 种以上机构。

(2) 设计自动喂料搅拌机的运动示意图、运动循环图。

(3) 设计实现搅料拌勺点 E 轨迹的机构,一般可采用铰链四杆机构。该机构的两个固定铰链 A、D 的坐标值已在附表 2－29 给出。

(4) 对平面连杆机构进行运动分析,求出机构从动件在点 E 的位移(轨迹)、速度、加速度;求机构的角位移、角速度、角加速度;取机构 12 个位置,画出机构运动线图。

(5) 对连杆机构进行动态静力分析。曲柄 1 的质量与转动惯量略去不计,平面连杆机构从动件 2、3 的质量 m_2、m_3 及其转动惯量 J_{S2}、J_{S3} 以及阻力曲线 Q 参见附表 2－30。根据 Q_{min}、Q_{max} 和拌勺工作深度 h 绘制阻力线图,拌勺所受阻力方向始终与点 E 速度方向相反。根据各构件重心的加速度以及各构件角加速度确定各构件惯性力 F_i 和惯性力偶距 M_i,将其合成为一力,求出该力至重心的距离 $L_h = M_i/F_i$,将所得结果列表。应用计算机辅助机构分析软件求出各位置的机构阻力、各运动副反作用力、平衡力矩,将计算结果列表。

(6) 飞轮转动惯量的确定。飞轮安装在高速轴上,已知机器运转不均匀系数 δ(见附表 2－30)以及阻力变化曲线。注意拌勺进入容器及离开容器时的两个位置,其阻力值不同(其中一个为零),应分别计算。驱动力矩 M_d 为常数。绘制 $M_r - \varphi$(全循环等效阻力矩曲线)、$M_d - \varphi$(全循环等效驱动力矩曲线)、$\Delta E - \varphi$(全循环动能增量曲线)等曲线。求飞轮转动惯量 J_F。

(7) 设计实现喂料动作的凸轮机构。根据喂料动作要求,并考虑机器的基本尺寸与位置,设计控制喂料机开启动作的摆动从动件盘形凸轮机构。确定其运动规律,选取基圆半径与滚子半径,应用计算机辅助机构设计软件设计凸轮实际廓线,校核最大压力角与最小曲率半径。

(8) 设计实现缓慢整周回转的齿轮机构(或蜗杆蜗轮机构)。

3.设计提示

(1) 此题包含较丰富的机构设计与分析内容,如平面连杆机构实现运动轨迹的设计、平面连杆机构的运动分析与动态静力分析、飞轮转动惯量确定,以及齿轮机构设计、凸轮机构设计等。由于题量较大,教师可根据情况确定全部或部分完成该题的设计任务,也可以由一组学生完成全题。

(2) 可使固联在铰链四杆机构连杆上的某点作为拌勺的点 E,实现预期的搅料轨迹。由于点 E 轨迹仅要求实现 8 点坐标,可以用多种方法设计该平面连杆机构。

题目 44　六杆机构运动与动力分析

1.分析题目

对如附图 2-68 所示六杆机构进行运动与动力分析,各构件长度、构件 1 的转速如附表 2-31 所示。构件 2、3、5 的重量 G_2、G_3、G_5,作用在构件 3 上的阻力 $P_{工作}$、$P_{空程}$,不均匀系数 δ,构件 2、5 绕质心的转动惯量的已知数据如附表 2-32 所示。构件 2、5 的质心位置在杆长中点处,构件 1 的转动惯量、构件 4 的质量忽略不计。

2.分析内容

(1) 进行机构的结构分析;

(2) 绘制滑块 E 的运动线图(即位移、速度和加速度线图);

(3) 绘制构件 5 的运动线图(即角位移、角速度和角加速度线图);

(4) 分析各运动副中的反力;

(5) 加在原动件 1 上的平衡力矩;

(6) 确定安装在轴 A 上的飞轮转动惯量。

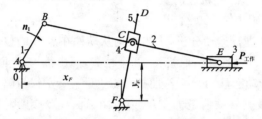

附图 2-68　六杆机构

附表 2-31　设计数据(一)

方案号	$\dfrac{L_{BC}}{mm}$	$\dfrac{L_{FD}}{mm}$	$\dfrac{L_{BE}}{mm}$	$\dfrac{L_{AB}}{mm}$	$\dfrac{x_F}{mm}$	$\dfrac{y_F}{mm}$	$\dfrac{n_1}{r \cdot min^{-1}}$
1	125	295	250	50	125	150	100
2	150	300	300	60	130	175	90
3	175	350	350	70	140	200	80
4	200	375	400	80	150	225	70
5	225	425	450	90	160	225	80

附表 2-32　设计数据(二)

方案号	$\dfrac{G_2}{kg}$	$\dfrac{G_3}{kg}$	$\dfrac{G_5}{kg}$	$\dfrac{P_{工作}}{N}$	$\dfrac{P_{空程}}{N}$	δ	$\dfrac{J_{S2}}{kg \cdot m^2}$	$\dfrac{J_{S5}}{kg \cdot m^2}$
1	25	30	35	500	50	1/50	0.11	0.12
2	30	35	40	550	55	1/45	0.12	0.12
3	35	40	45	600	60	1/45	0.14	0.14
4	40	45	50	650	65	1/40	0.15	0.145
5	45	50	55	675	67.5	1/40	0.16	0.18

题目 45　六杆机构运动与动力分析

1.分析题目

对如附图 2-69 所示六杆机构进行运动与动力分析,各构件长度、构件 1 的转速如附表 2-33 所示。构件 1、2、3、5 的重量 G_1、G_2、G_3、G_5,作用在构件 5 上的阻力 $P_{工作}$、$P_{空程}$,不均匀系数 δ,构件 2、3 绕质心的转动惯量的已知数值如附表 2-34 所示。构件 2、3 的质心位置在杆长中点处,构件 1 的转动惯量忽略不计。

2.分析内容

(1)进行机构的结构分析;

(2)绘制滑块 D 的运动线图(即位移、速度和加速度线图);

(3)绘制构件 5 的运动线图(即角位移、角速度和角加速度线图);

(4)分析各运动副中的反力;

(5)加在原动件 1 上的平衡力矩;

(6)确定安装在轴 A 上的飞轮转动惯量。

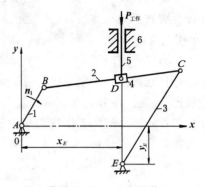

附图 2-69　六杆机构

附表 2-33　设计数据(一)

方案号	$\dfrac{x_E}{\text{mm}}$	$\dfrac{L_{EC}}{\text{mm}}$	$\dfrac{L_{BC}}{\text{mm}}$	$\dfrac{L_{AB}}{\text{mm}}$	$\dfrac{x_E}{\text{mm}}$	$\dfrac{y_E}{\text{mm}}$	$\dfrac{n_1}{\text{r}\cdot\text{min}^{-1}}$
1	100	250	200	50	100	−180	400
2	120	300	240	60	120	−230	375
3	140	350	280	70	140	−250	350
4	150	375	320	80	150	−300	350
5	160	400	360	90	160	−320	325

附表 2-34　设计数据(二)

方案号	$\dfrac{G_1}{\text{kg}}$	$\dfrac{G_2}{\text{kg}}$	$\dfrac{G_3}{\text{kg}}$	$\dfrac{G_5}{\text{kg}}$	$\dfrac{P_{工作}}{\text{N}}$	$\dfrac{P_{空程}}{\text{N}}$	$\dfrac{J_{S2}}{\text{kg}\cdot\text{m}^2}$	$\dfrac{J_{S3}}{\text{kg}\cdot\text{m}^2}$	δ
1	5	20	25	30	300	30	0.105	0.116	1/15
2	6	24	30	35	325	32	0.115	0.126	1/10
3	7	28	35	40	350	35	0.120	0.150	1/18
4	8	32	37	45	375	37	0.130	0.195	1/20
5	9	36	40	50	400	40	0.135	0.210	1/19

题目 46　急救叠式担架车机构设计

1.机构简介与设计要求

(1)机构简介:折叠式担架车常用于灾难急救中,如果折叠式担架车能在急救中实现担架与担架车的转换,那会大大降低急救时间,挽救伤者的生命和财产损失。如附图2-70所示是一种折叠式担架车方案,该方案充分地利用了平面连杆机构的运动特性和基本原理,其中台板1承担病人,支杆3、3′,触板连杆4、4′,短连杆5、5′,长连杆6、6′,通过若干个转动副与台板相连。该方案中应用了8个万向轮2,同高度的4个为一组,展开时一组工作,折叠时另一组工作。连杆之间由转动副连接,该担架车由两套这种连杆机构组合而成,其中,左右对称的支杆、触板连杆、短连杆分别组成两套复合铰链。根据需要,该车有两个工作状态:高位工作状态和低位工作状态。高位工作状态是该车作为担架车急救时推行使用,而低位工作状态则是该车作为担架或进入救护车时使用。高位工作状态时,由挂钩7锁死。

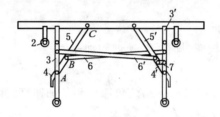

附图2-70　折叠式担架车示意图

(2)设计要求:满足人和救护车的尺寸,以人为本,方便使用。

2.设计任务

(1)进行机构运动尺寸设计。

(2)绘制机构运动简图,并对设计的机构进行简要说明。

题目47　干草摊晒机机构设计

1.机构简介与设计要求

(1)机构简介:干草摊晒机常用于农业中对小麦秸秆等进行摊晒,如附图2-71所示,碾轮1经过链传动5带动曲柄4顺时针转动,驱动曲柄摇杆机构2—3—4—6运动。当连杆3运动时,固定在其上的摊晒头C即沿图中虚线所示轨迹运动而将干草摊晒均匀。

(2)设计要求:碾轮作为并轮自行车轮,人力驱动。

2.设计任务

(1)进行机构运动方案设计,包括并轮自行车方案设计。

(2)取定点C轨迹尺寸,设计曲柄摇杆机构构件的运动尺寸。

(3)绘制机构运动简图,并对设计的机构进行简要说明。

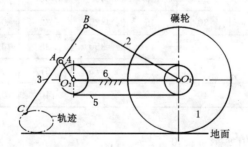

附图2-71　干草摊晒机机构

题目 48　六杆机构运动与动力分析

1. 分析题目

六杆机构运动和动力分析。已知：① 机构运动简图如附图 2-72 所示；② 转速：$n_1 =$ 120 r/min；③ 尺寸：$l_{OA} = 200$ mm，$l_{AB} = 900$ mm，$l_{CB} = 300$ mm，$l_{AS2} = 450$ mm，$l_{BD} =$ 500 mm，$l_{BS4} = 250$ mm，$L = 810$ mm，$\alpha = 31°$，$e = 190$ mm；④ 构件质量：$m_1 = 50$ kg，$m_2 =$ 225 kg，$m_3 = 50$ kg，$m_4 = 125$ kg，$m_5 = 60$ kg；⑤ 构件的转动惯量：$J_{S2} = 0.080\ 8$ kg·m²，$J_{S4} =$ 0.266 kg·m²，构件 1 的转动惯量忽略不计；⑥ 该机构在工作行程时滑块 5 受到生产阻力 $F_r = 210$ N。

2. 分析内容

(1) 对机构进行结构分析；

(2) 绘制点 C 和 D 的运动线图（即位移、速度和加速度线图）；

(3) 绘制构件 2 和 4 的运动线图（即角位移、角速度和角加速度线图）；

(4) 分析各运动副中的反力；

(5) 加在原动件 1 上的平衡力矩；

(6) 确定安装在轴 O 上的飞轮转动惯量。

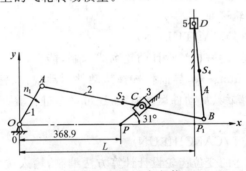

附图 2-72　六杆机构

附录 3　计算机辅助机构设计与分析软件简介

机械原理课程计算机辅助机构设计与分析软件是应用 Visual C++语言平台开发的。该软件包由计算机辅助机构运动与动力分析软件(JYCAE)、计算机辅助机构设计软件(JYCAD)组成，能有效地辅助学生完成机械原理课程作业、课程设计作业、课外机械创新设计竞赛及工程技术人员的机构设计与分析任务。

一、计算机辅助机构分析软件(JYCAE)

1. 平面Ⅱ级机构运动与动力分析软件(JYCAEYL)

应用第 3、4 章讲述的机构运动与力分析的基本杆组法开发了平面连杆机构运动分析和动态静力分析软件——JYCAEYL 软件，适用于平面Ⅱ级机构的分析。将 kinstatic 文件夹复制到计算机中，用鼠标左键双击可执行文件 jycaeyl.exe 的文件名，就可运行该软件。该软件采用界面化输入，只要按照界面要求正确输入机构各已知参数和机构运动简图中表示运动副、点和构件序号的字母和数字后,软件就可给出计算结果和各种根据计算结果绘出的曲线图形。该软件既可用于教学,也可用于工程实际设计,详见参考文献[46]。

2.平面四杆机构特性分析软件(JYCAESGTX)

该程序应用第6章讲述的平面连杆机构的运动特性、传力特性分析方法编制。该程序能实现平面四杆机构类型的判定、急回特性判定、最大与最小压力角及其位置求解、死点判定等。运行文件jycesgtx.exe,界面化输入已知参数,程序就可给出机构特性分析结果。

二、计算机辅助机构设计软件(JYCAD)

1.平面四杆机构设计(JYCAD4GAN)

该程序应用第6章讲述的连杆机构实现预定运动规律的解析设计方法编制。该程序能实现按期望函数设计四杆机构。运行文件jycad4gan.exe,选择插值方法与期望函数,界面化输入已知参数,程序就可给出机构各构件的相对长度计算结果。

2.平面四杆机构连杆曲线图谱的绘制(JYCADTUPU)

该程序能绘制平面四杆机构连杆上特定点的轨迹曲线,供应用"连杆曲线图谱"设计四杆机构时参考。运行文件jycadtupu.exe,界面化输入原动件起点坐标及各杆长度,程序就可自动绘制出连杆上特定点的轨迹曲线。

3.平面凸轮机构设计(JYCADTULUN)

该程序应用第7章讲述的解析法设计凸轮廓线编制,能自动完成平面凸轮机构凸轮廓线的设计。运行文件jycadtulun.exe,界面化选择从动件运动规律、输入基圆半径等已知参数,程序就可自动绘制出凸轮廓线、从动件运动曲线,还可动态进行验证。该程序还能按许用压力角确定凸轮的最小基圆半径。

4.变位齿轮机构设计(JYCADCHILUN)

该程序应用第8章讲述的变位齿轮设计计算方法编制,输入按"封闭图"选择的齿轮变位系数等已知参数,程序能自动完成齿轮机构几何尺寸的计算。运行文件jycadchilun.exe,界面化选择与输入已知参数,程序就可自动给出变位齿轮的几何参数。程序中提供了大量选择变位系数的封闭图。

5.渐开线齿轮齿形范成加工仿真(JYCADFANCHENG)

该程序应用第8章讲述的变位齿轮设计计算方法编制,输入按"封闭图"选择的齿轮变位系数等已知参数,程序能自动完成齿轮机构几何尺寸的计算。运行文件jycadfancheng.exe,界面化选择与输入已知参数,程序就可动态的绘制出渐开线齿轮齿形范成加工过程。

参 考 文 献

[1] 申永胜.机械原理教程[M].北京:清华大学出版社,1999.

[2] 孙桓,陈作模.机械原理[M].7版.北京:高等教育出版社,2006.

[3] 机械原理电算程序集编写组.机械原理电算程序集[M].北京:高等教育出版社,1987.

[4] 安子军.机械原理[M].北京:机械工业出版社,1998.

[5] 濮良贵.机械设计[M].北京:高等教育出版社,1997.

[6] 藤森洋三.供料过程自动化图册[M].贺相,译.北京:机械工业出版社,1985.

[7] 周明溥,曹志奎,金孟浩.机械原理课程设计[M].上海:上海科学技术出版社,1987.

[8] 罗洪田.机械原理课程设计指导书[M].北京:高等教育出版社,1998.

[9] 华大年.机械原理[M].北京:高等教育出版社,1994.

[10] Shigley J E, Uicker J J, Jr. Theory of Machines and Mechanisms[M]. New York:
McGraw-Hill,1980.

[11] 纽厄尔,等.精巧机构设计实例[M].孔庆征,译.北京:中国铁道出版社,1987.

[12] 洪允楣.机构设计的组合与变异方法[M].北京:机械工业出版社,1982.

[13] 申永胜.机械原理辅导与习题[M].北京:清华大学出版社,1999.

[14] 姜琪.机械运动方案及机构设计——机械原理课程设计题例及指导[M].北京:高等教
育出版社,1992.

[15] 朱景梓.渐开线齿轮变位系数的选择[M].北京:人民教育出版社,1982.

[16] 吕庸厚.组合机构设计[M].上海:上海科学技术出版社,1996.

[17] 黄锡恺,郑文纬.机械原理[M].北京:高等教育出版社,1995.

[18] 曹惟庆,徐曾荫.机构设计[M].北京:机械工业出版社,1993.

[19] 程崇恭,杜锡珩,黄志辉.机构运动简图设计[M].北京:机械工业出版社,1994.

[20] 厄尔德曼,桑多尔.机构设计、分析与综合[M].庄细荣,党祖祺,译.北京:高等教育出版
社,1992.

[21] 孟宪源.现代机构手册[M].北京:机械工业出版社,1994.

[22] 常见机构的原理及应用编写组.常见机构的原理及应用[M].北京:机械工业出版社,
1978.

[23] 华大年,华志宏,吕静平.连杆机构设计[M].上海:上海科学技术出版社,1995.

［24］ 李学荣,等.连杆曲线图谱[M].重庆:重庆出版社,1993.

［25］ 黄越平,徐进进.自动化机构设计构思实用图例[M].北京:中国铁道出版社,1993.

［26］ 天津大学.机械原理[M].北京:人民教育出版社,1981.

［27］ 梁崇高.平面连杆机构的计算设计[M].北京:高等教育出版社,1993.

［28］ 石永刚,徐振华.凸轮机构设计[M].上海:上海科学技术出版社,1995.

［29］ 葛文杰.机械原理常见题型解析及模拟题[M].西安:西北工业大学出版社,1999.

［30］ 李枢仪,赵韩.机械原理[M].武汉:武汉理工大学出版社,2001.

［31］ 傅祥志.机械原理[M].武汉:华中科技大学出版社,2002.

［32］ 谢进,万朝燕,杜立杰.机械原理[M].北京:高等教育出版社,2004.

［33］ 曹维庆,等.连杆机构的分析与综合[M].北京:科学出版社,2002.

［34］ 赵卫军.机械原理[M].西安:西安交通大学出版社,2003.

［35］ 裘建新.机械原理课程设计指导书[M].北京:高等教育出版社,2005.

［36］ 师忠秀,王继荣.机械原理课程设计指导书[M].北京:机械工业出版社,2004.

［37］ 陆凤仪.机械原理课程设计[M].北京:机械工业出版社,2002.

［38］ 张永安,徐锦康,王超英.机械原理课程设计[M].北京:高等教育出版社,1995.

［39］ 王三民,机械原理与课程设计[M].北京:机械工业出版社,2005.

［40］ 牛鸣歧,王保民,王振南.机械原理设计手册[M].重庆:重庆大学出版社,2001.

［41］ 王洪民.机械原理课程上机与设计[M].南京:东南大学出版社,2005.

［42］ 王洪田.机械原理课程设计指导书[M].北京:高等教育出版社,1986.

［43］ 邹慧君.机械原理课程设计手册[M].北京:高等教育出版社,2007.

［44］ 王淑仁.机械原理课程设计[M].北京:科学出版社,2006.

［45］ 别兹魏谢尔尼 E C.机械原理习题及作业汇编[M].张世民,译.北京:高等教育出版社,
1959.

［46］ 王守宇.机械原理多媒体教学系统[M].西安:西安电子科技大学出版社,2007.

［47］ 徐锦康.机械设计[M].北京:高等教育出版社,2001.

本书有配套多媒体光盘,若有需要,请与作者联系:JXGCX@chd.edu.cn。